500kV及以下变电站继电保护故障仿真模拟案例

主　编　胡　静　李昌飞

副主编　刘芳芳　郭　培

中国电力出版社
CHINA ELECTRIC POWER PRESS

内 容 提 要

本书主要围绕 500kV 及以下变电站继电保护展开，共分七章，包括交流二次回路故障案例分析、线路故障案例分析、变压器故障案例分析、备用电源自动投入装置进线故障案例分析、断路器故障案例分析、母线故障案例分析及复杂转换性故障案例分析。并结合大量现场案例，对故障前运行方式、故障过程简介、保护动作情况及故障录波进行深入分析和讲解。

本书理论结合实际、通俗易懂、案例丰富。可作为从事继电保护专业运维、管理和研发等相关专业技术和管理人员参考书。

图书在版编目（CIP）数据

500kV 及以下变电站继电保护故障仿真模拟案例 / 胡静，李昌飞主编．--北京：中国电力出版社，2024．6．-- ISBN 978-7-5198-8997-5

Ⅰ. TM77

中国国家版本馆 CIP 数据核字 2024UA8502 号

出版发行：中国电力出版社
地　　址：北京市东城区北京站西街 19 号（邮政编码 100005）
网　　址：http://www.cepp.sgcc.com.cn
责任编辑：肖　敏（010-63412363）　代　旭
责任校对：黄　蓓　马　宁
装帧设计：郝晓燕
责任印制：石　雷

印　　刷：三河市航远印刷有限公司
版　　次：2024 年 6 月第一版
印　　次：2024 年 6 月北京第一次印刷
开　　本：787 毫米×1092 毫米　16 开本
印　　张：16.75
字　　数：391 千字
印　　数：0001—2500 册
定　　价：116.00 元

编 委 会

前　言

　　故障录波器是分析电网故障的可靠依据，对保障电力系统的安全稳定运行具有重要意义。当前，现场继电保护一线班组人员及专业管理人员对故障录波图的识图分析技能掌握不全，电网故障事件分析水平参差不齐。提高继电保护从业人员的故障分析能力，可提升继电保护专业人员理论水平、实践能力和异常处置分析能力。

　　本书内容共七章，内容依托继电保护故障仿真系统，模拟电网各类典型故障案例，从而分析继电保护动作行为及故障录波波形特点。案例涵盖 500kV 以及下电压等级的常规变电站和智能变电站故障，分为交流二次回路故障、线路故障、变压器故障、备用电源自动投入装置进线故障、断路器故障、母线故障及复杂转换性故障，每个案例按照故障前运行方式、故障过程简介、保护动作情况及故障录波分析四个方面进行详细阐述和归纳总结。

　　本书通过图文并茂的方式，展示了 59 个案例的故障录波图，目的是通过分析故障时保护安装处的电气量变化特点，帮助读者快速掌握电网各类故障录波图波形的分析方法，提高现场继电保护从业人员的电网事故分析能力。

　　本书由国网河南省电力公司技能培训中心承担牵头编写工作，国网河南省电力公司电力科学研究院、国网河南省电力公司郑州供电公司、国网河南省电力公司超高压公司、国网河南省电力公司平顶山供电公司、国网河南省电力公司新乡供电公司、国网河南省电力公司洛阳供电公司协助编写。

　　由于编写时间仓促，书中难免存在疏漏之处，恳请各位专家和读者提出宝贵意见。

编者

2024 年 6 月

目 录

第一章 交流二次回路故障案例分析

第一节 交流电压回路故障

案例一：A相电压断线

1. 故障前运行方式

某220kV变电站为双母线接线方式，其中Ⅰ线运行于220kV北母，Ⅱ线运行于220kV南母，其中Ⅰ线线路保护双套配置，A套型号为PSL-602U，B套型号为WXH-803，故障前系统运行方式如图1-1所示。

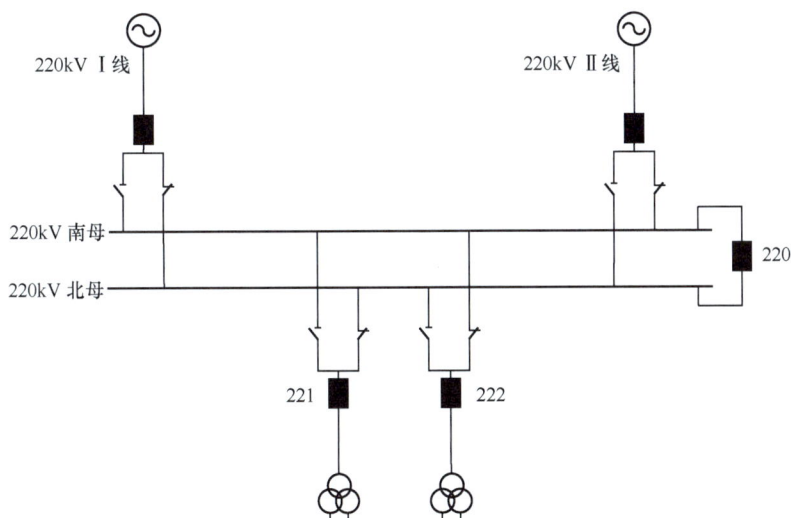

图1-1 故障前系统运行方式

2. 故障过程简介

某日，220kVⅠ线A、B套保护装置均报"TV断线"，距离保护退出，零序方向元件退出，经检查发现为TV并列屏北母电压输出A相端子短接连片松动，由于未发生其他故障，无断路器跳闸，系统运行方式不变。

3. 保护动作情况

保护动作情况见表 1-1，故障发生前，装置正常运行。故障发生后，装置经固定延时报"TV 断线"，距离保护被闭锁，零序保护退出方向元件。

表 1-1　　　　　　　　　　　　　保护动作情况

0ms	TV 并列屏 220kV 北母 A 相电压端子短接连片松动
约 1000ms	220kV Ⅰ 线 B 套保护装置报"TV 断线"
约 1250ms	220kV Ⅰ 线 A 套保护装置报"TV 断线"

4. 故障录波分析

（1）母线电压波形。发生故障时，母线电压波形如图 1-2 所示，220kV Ⅰ 母（北母）A 相电压下降为 0，B、C 相及 Ⅱ 母（南母）三相电压基本不变，无外接零序电压产生。

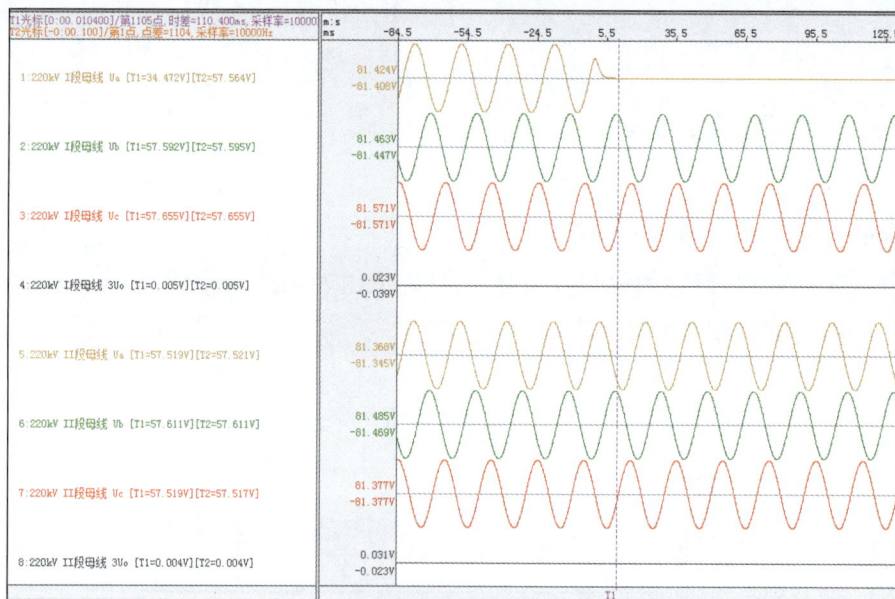

图 1-2　故障时的母线电压波形

（2）序分量图。如图 1-3 所示，故障前三相电压正常，无零序负序电压。

图 1-3　故障前的母线电压序分量图

如图 1-4 所示，故障后 A 相电压突变为 0，自产零序与故障前 A 相电压等大反相，等于 B 相和 C 相电压矢量和。

2

图 1-4 故障后的母线电压序分量图

由对称分量法可知

$$\dot{U}_1 = (\dot{U}_a + \alpha\dot{U}_b + \alpha^2\dot{U}_c)/3 \qquad (1\text{-}1)$$

$$\dot{U}_2 = (\dot{U}_a + \alpha^2\dot{U}_b + \alpha\dot{U}_c)/3 \qquad (1\text{-}2)$$

$$\dot{U}_0 = (\dot{U}_a + \dot{U}_b + \dot{U}_c)/3 \qquad (1\text{-}3)$$

根据式（1-1）～式（1-3），计算得出理论值 $U_1 = 38.47\text{V}$、$U_2 = 19.23\text{V}$、$U_0 = 57.78\text{V}$，与实际值基本相同。其中，$\dot{U}_a$、$\dot{U}_b$、$\dot{U}_c$ 为母线三相电压，$\dot{U}_1$、$\dot{U}_2$、$\dot{U}_0$ 分别为母线正序电压、负序电压、零序电压，α 为旋转算子。

WXH-803 装置的"TV 断线"检测设置，有两种带有延时的判据：

1）三相电压之和不为零，用于检测一相或两相断线，$U_a + U_b + U_c > 7\text{V}$。

2）三相失压检测，三相电压有效值均低于 8V，且任一相电流大于 $0.04I_n$ 或三相电流均小于 $0.04I_n$ 且无跳位开入。其中，I_n 为 TA 二次额定电流，值为 5A 或 1A。

此时装置满足条件 1），故装置正常报出"TV 断线"信号。

PSL-602U 装置"TV 断线"判据为：

1）$|U_a + U_b + U_c| > 8\text{V}$；

2）$3U_2 > U_n/2$ 且 $3I_2 < \max(I_n/4, 3I_1/4)$。

其中，I_n 为 TA 二次额定电流，值为 5A 或 1A；U_n 为 TV 二次额定电压，值为 57.735V；I_2 为负序电流；I_1 为正序电流。

故障时同时满足两个判据，装置经延时后报出"TV 断线"信号。

案例二：A、B 相电压断线

1. 故障前运行方式

某 220kV 变电站为双母线接线方式，其中 I 线运行于 220kV 北母，II 线运行于 220kV 南母，其中 I 线线路保护双套配置，A 套型号为 PSL-602U、B 套型号为 WXH-803，故障前系统运行方式如图 1-5 所示。

2. 故障过程简介

某日，220kV I 线 A、B 套保护装置均报"TV 断线"，距离保护退出，零序方向元件退出，经检查发现为 TV 并列屏北母电压输出 A、B 相端子短接连片松动，由于未发生其他故障，无断路器跳闸，系统运行方式不变。

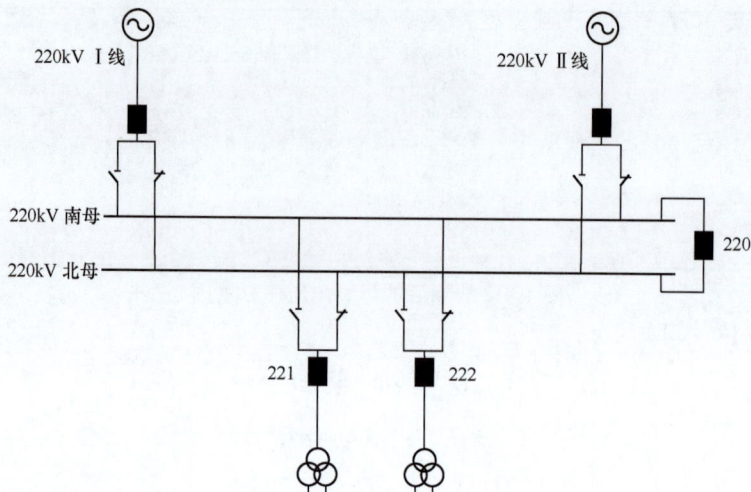

图 1-5　故障前系统运行方式

3. 保护动作情况

故障发生前,装置正常运行。故障发生后,保护动作情况见表 1-2,装置经固定延时报"TV 断线",距离保护被闭锁,零序保护退出方向元件。

表 1-2　　　　　　　　　　　　　　　　保护动作情况

0ms	TV 并列屏220kV 北母A、B相电压端子短接连片松动
约1000ms	220kV Ⅰ线B套保护装置报"TV 断线"
约1250ms	220kV Ⅰ线A套保护装置报"TV 断线"

4. 故障录波分析

(1)故障发生时母线电压波形。发生故障时,母线电压波形如图 1-6 所示,220kV Ⅰ母(北母)A、B 相电压下降为 0,C 相及Ⅱ母(南母)三相电压基本不变,无外接零序电压产生。

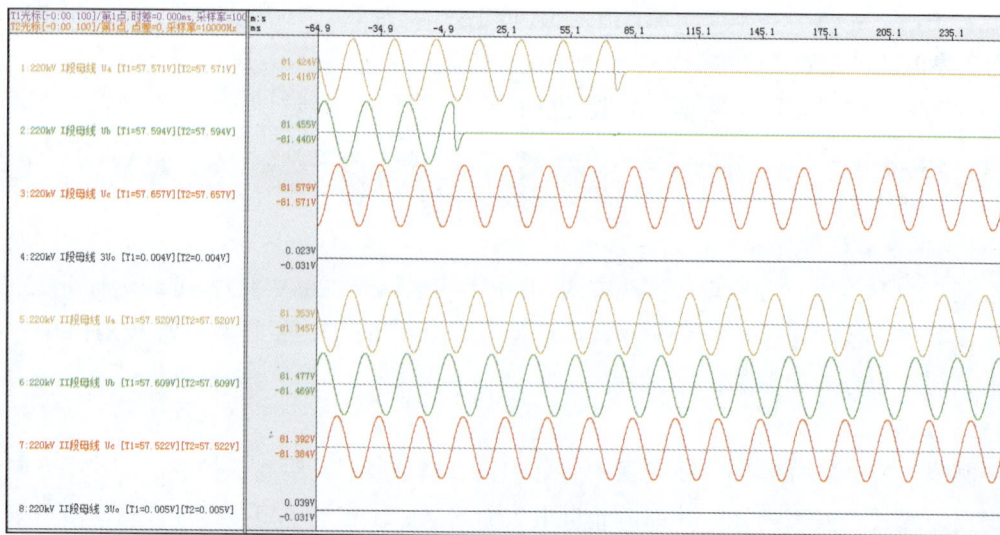

图 1-6　故障时的母线电压波形

（2）序分量图。如图 1-7 所示，故障前三相电压正常，无零序负序电压。

图 1-7　故障前的母线电压序分量图

如图 1-8 所示，故障后 A、B 相电压突变为 0，白产零序等于 C 相电压。

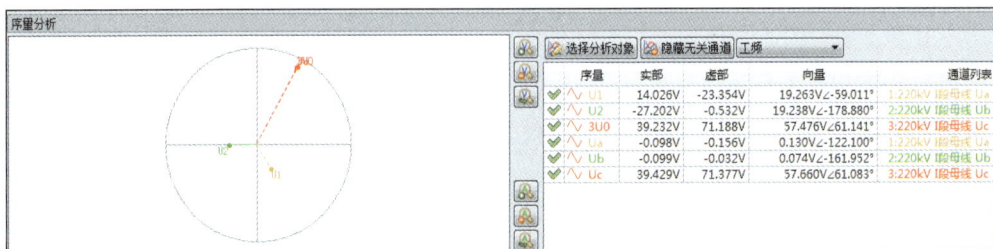

图 1-8　故障后的母线电压序分量图

根据对称分量法式（1-1）～式（1-3），计算得出理论值 U_1 =19.23V、U_2 =19.23V、U_0 =57.78V，与实际值基本相同。

WXH-803 装置的 "TV 断线" 检测设置有两种带有延时的判据：

（1）三相电压之和不为零，用于检测一相或者两相断线。$U_a + U_b + U_c > 7V$；

（2）三相失压检测，三相电压有效值均低于 8V，且任一相电流大于 $0.04I_n$ 或三相电流均小于 $0.04I_n$ 且无跳位开入。

此时装置满足条件（1），故装置正常报出 "TV 断线" 信号。

PSL-602U 装置 "TV 断线" 判据为：

（1）$|U_a + U_b + U_c| > 8V$；

（2）$3U_2 > U_n/2$ 且 $3I_2 < \max(I_n/4, 3I_1/4)$。

故障时同时满足两个判据，装置经延时后报出 "TV 断线" 信号。

案例三：A、B 相电压反接

1. 故障前运行方式

某 220kV 变电站为双母线接线方式，其中 Ⅰ 线运行于 220kV 北母，Ⅱ 线运行于 220kV 南母，其中 Ⅰ 线线路保护双套配置，A 套型号为 PSL-602U、B 套型号为 WXH-803，故障前系统运行方式如图 1-9 所示。

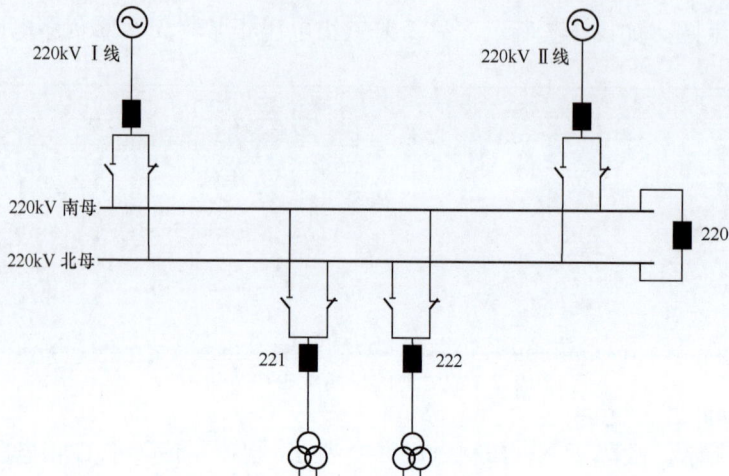

图 1-9　故障前系统运行方式

2. 故障过程简介

某日，220kV Ⅰ线 A、B 套线路保护装置在线路新送试运行期间，在推上两套线路电压空气开关后，A 套线路保护经 1min 左右的时间后报出 "TV 反序" 信号，同时点亮告警灯，B 套线路保护无异常现象。

3. 保护动作情况

保护动作情况见表 1-3，异常发生后，装置告警灯点亮，但无保护闭锁信号。

表 1-3　　　　　　　　　　　　　保护动作情况

0ms	推上Ⅰ线A套线路保护交流电压空气开关
约60s时	220kV Ⅰ线A套线路保护装置报 "TV反序"

4. 故障录波分析

（1）故障发生时母线电压波形。故障时的母线电压波形如图 1-10 所示，波峰或波谷可以明显看出Ⅰ母电压相序错误。

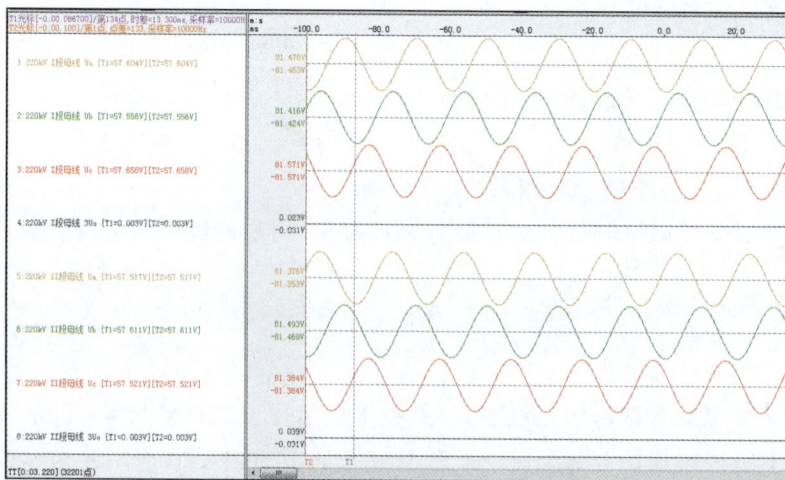

图 1-10　故障时的母线电压波形

（2）序分量图。由图 1-11 所示，由序量分析可知，负序分量与 A 相电压相同。

序量	实部	虚部	向量	通道列表
✕ U1	-0.023V	0.012V	0.018V∠153.021°	1:220kV I段母线 Ua
✕ U2	25.317V	77.433V	57.606V∠71.895°	2:220kV I段母线 Ub
✕ 3	0.141V	-0.053V	0.106V∠-20.597°	3:220kV I段母线 Uc
✓ Ua	25.341V	77.427V	57.607V∠71.877°	1:220kV I段母线 Ua
✓ Ub	-79.649V	-16.795V	57.559V∠-168.093°	2:220kV I段母线 Ub
✓ Uc	54.449V	-60.686V	57.652V∠-48.101°	3:220kV I段母线 Uc

图 1-11　A 套保护电压相量图

根据对称分量法式（1-1）～式（1-3），计算得出理论值 U_1 =0V、U_2 =57.78V、U_0 =0V，与实际值基本相同。

A 套线路保护带有电压异常判别功能，当 $3U_2 > 0.5U_n$ 且 $U_2 > 4 \times U_1$ 时，延时 60s 报"TV 反序"，发运行异常信号，TV 反序不闭锁保护。

目前运行的九统一保护均带有 TV 异常检测功能，其中包括 TV 反序检测，在发生 TV 反序情况时装置仅经固定延时发出告警，并不会闭锁保护功能。

案例四：N 相电压断线

1. 故障前运行方式

某 220kV 变电站为双母线接线方式，其中 I 线运行于 220kV 北母，II 线运行于 220kV 南母，其中 I 线线路保护双套配置，A 套型号为 PSL-602U、B 套型号为 WXH-803，故障前系统运行方式如图 1-12 所示。

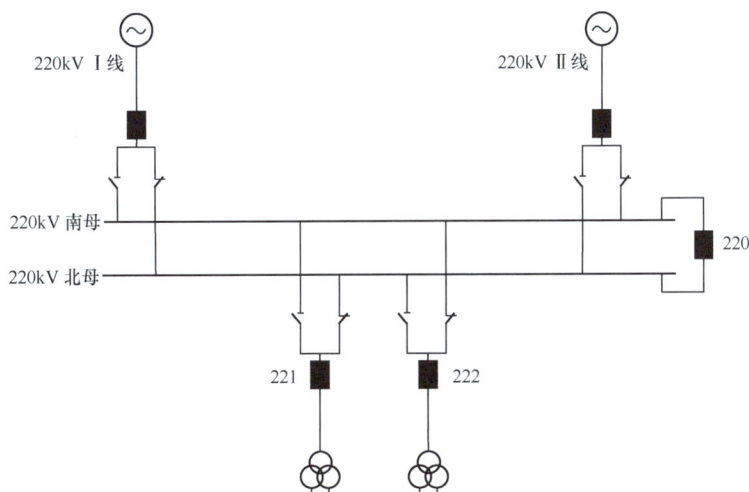

图 1-12　故障前系统运行方式

2. 故障过程简介

某日，在对 220kV I 线 A、B 套线路保护装置定检期间，在进行回路绝缘电阻测试时，发现 B 套线路保护电压回路 N600 对地绝缘升高，进一步检查发现外回路 N 线虚接，造成 N 线断线情况发生。

3. 保护动作情况

调取装置启动录波发现，在 N 线断线时刻，保护电压有很明显的畸变。

4. 故障录波分析

（1）故障时电压波形。如图 1-13 所示，故障时北母电压波形发生畸变，谐波含量增加。

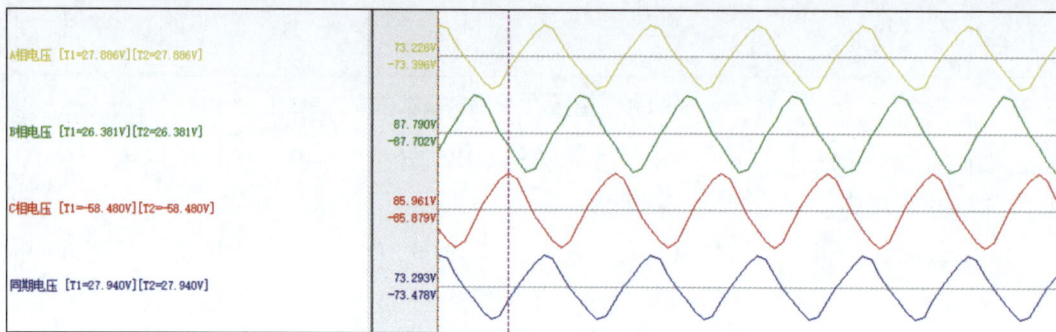

图 1-13　故障时北母（Ⅰ母）的电压波形图

（2）谐波分析。由图 1-14 和图 1-15 的谐波分析可得，电压波形中 3 次谐波含量增加。

	基波分量	直流分量	2次谐波	3次谐波	4次谐波	5次谐波
:A相电流	0.030A∠-3.98°	0.003A; 8.68%	0.001A; 4.59%	0.003A; 9.35%	0.003A; 9.67%	0.002A; 7.39%
:B相电流	0.032A∠-118.35°	0.004A; 13.29%	0.002A; 5.75%	0.004A; 13.29%	0.001A; 3.32%	0.001A; 4.62%
:C相电流	0.030A∠117.23°	0.005A; 17.70%	0.002A; 7.08%	0.004A; 12.76%	0.002A; 7.08%	0.001A; 4.52%
:零序电流	0.002A∠-146.57°	0.004A; 178.8…	0.001A; 44.72%	0.001A; 63.25%	0.001A; 44.72%	0.002A;100.00%
:A相电压	48.012V∠148.14°	0.011V; 0.02%	0.051V; 0.11%	5.306V; 11.05%	0.016V; 0.03%	0.233V; 0.48%
:B相电压	58.193V∠24.24°	0.013V; 0.02%	0.071V; 0.12%	5.310V; 9.13%	0.007V; 0.01%	0.208V; 0.36%
:C相电压	56.674V∠-85.11°	0.025V; 0.04%	0.051V; 0.09%	5.262V; 9.29%	0.013V; 0.02%	0.290V; 0.51%

图 1-14　北母电压谐波分析图

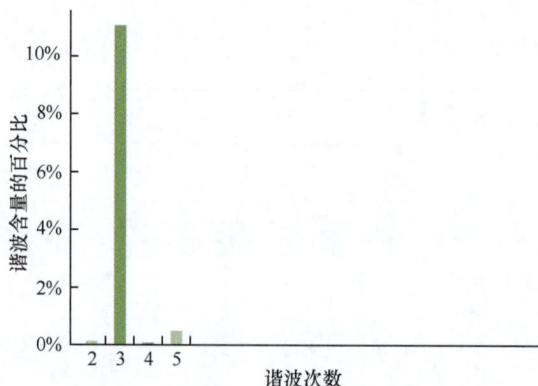

图 1-15　北母 A 相电压谐波分析图

电压 N 线断线造成装置内部 3 次谐波含量显著升高，是因为电压互感器使用的铁磁材料具有非线性特征，互感器的一次输入电压为正弦波，故在铁芯中感应出按正弦规律变化的磁通，而由变化的磁通感应出励磁电流可以分解为基波分量以及三次谐波分量。

当二次电压回路 N 线正常接地时，三次谐波的励磁电流通过电压回路中性线形成回路，从而使感应的二次电压呈现出正弦特征。

当二次电压回路 N 线断开时，励磁电流中的三次谐波分量将无法流通，在 TV 二次侧产生感应电动势，故波形呈现出畸变、含有大量三次谐波的电压波形。

（3）电压中性线断线影响。当系统无故障发生时，N 线断线不会影响保护正常运行。但当有接地故障发生时，保护测得的零序电压就会受到影响，零序保护会失去方向性，严重时会造成装置拒动或误动。

第二节　交流电流回路故障

案例一：A 相电流断线

1. 故障前运行方式

某 220kV 变电站 1 号变压器为 YN/YN/△接线方式，高压侧、中压侧接地运行，变压器保护双套配置，A 套型号为 PCS-978T2，B 套型号为 PRS-778T2。故障前运行方式如图 1-16 所示。

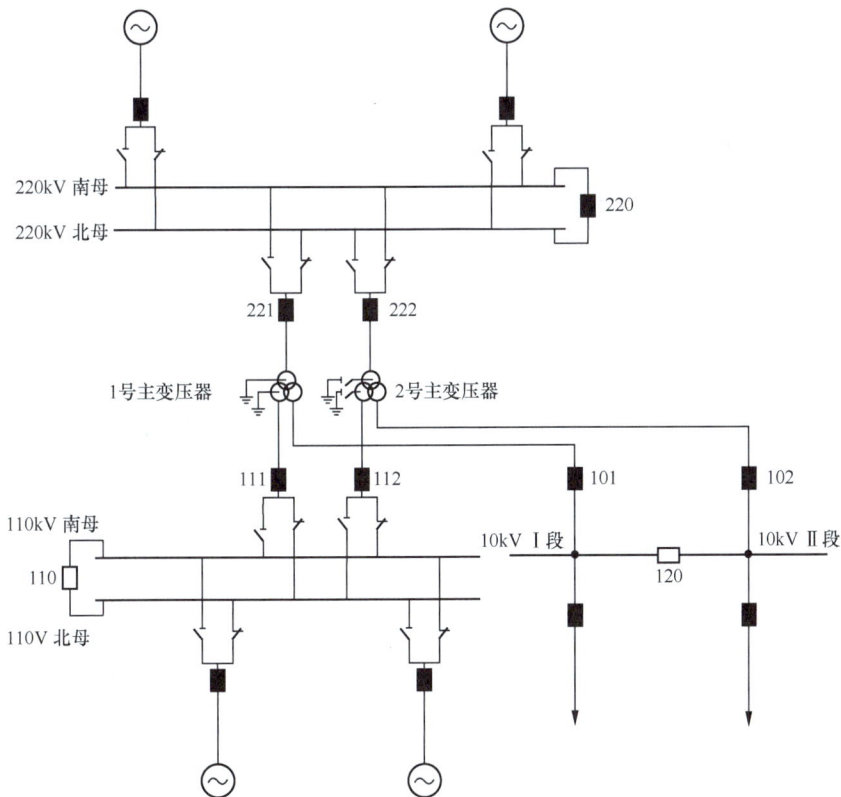

图 1-16　故障前系统运行方式

2. 故障过程简介

某日，220kV 1 号变压器 A 套保护装置报"TA 异常"，经检查为 A 套保护低压侧二次侧电流 A 相端子短接连片松动，由于未发生其他故障，无断路器跳闸，系统运行方式不变。

3. 保护动作情况

故障发生前，装置正常运行。故障发生后，保护动作情况见表 1-4，装置经延时报"TA异常"。

表 1-4   保护动作情况

0ms	220kV 1号变压器A套保护屏A相电流端子短接连片松动
约10s	220kV 1号变压器A套保护报"TA异常"

4. 故障录波分析

（1）故障发生时电流录波波形。故障前变压器低压侧电流录波图如图 1-17 所示，变压器低压侧 A 相电流为 0，产生零序电流，零序电流方向与原 A 相电流相反。

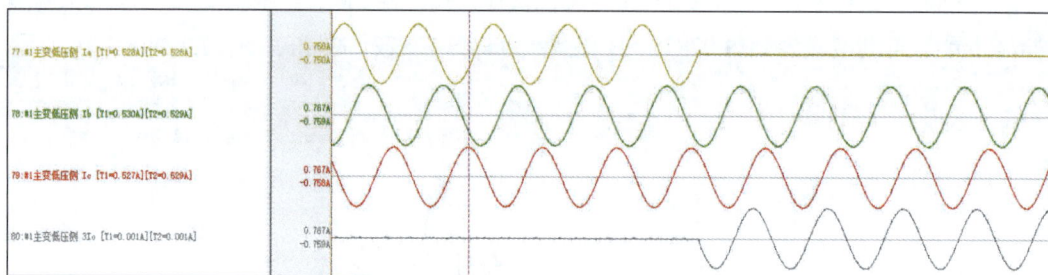

图 1-17   故障前变压器低压侧电流录波图

（2）序分量图。如图 1-18 所示，故障前变压器低压侧三相电流正常，无零序电流及负序电流产生。

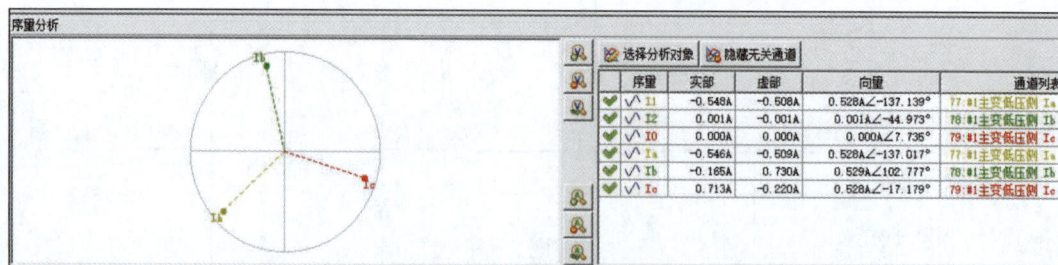

图 1-18   故障前的变压器低压侧电流序网图

如图 1-19 所示，故障后变压器低压侧 A 相电流突变为 0，自产零序与故障前的变压器低压侧 A 相电流等大反相。

图 1-19　故障后的变压器低压侧电流序网图

由对称分量法可知

$$\dot{I}_1 = (\dot{I}_a + \alpha \dot{I}_b + \alpha^2 \dot{I}_c)/3 \qquad (1\text{-}4)$$

$$\dot{I}_2 = (\dot{I}_a + \alpha^2 \dot{I}_b + \alpha \dot{I}_c)/3 \qquad (1\text{-}5)$$

$$\dot{I}_0 = (\dot{I}_a + \dot{I}_b + \dot{I}_c)/3 \qquad (1\text{-}6)$$

根据对称分量法式（1-4）～式（1-6），计算得出理论值 I_1 =0.352A、I_2 =0.176A、I_0 =0.176A，与实际值相同。其中，$\dot{I}_a$、$\dot{I}_b$、$\dot{I}_c$ 为母线三相电流，$\dot{I}_1$、$\dot{I}_2$、$\dot{I}_0$ 分别为母线正序电流、负序电流、零序电流，α 为旋转算子。

PCS-931 差流越限和 TA 断线（差动保护未启动）告警逻辑如下：

1）未引起差动保护启动的差回路异常报警：

当任一相差流大于差流越限定值的时间超过 10s 时，发出差流越限报警信号，不闭锁差动保护。

当检测到差电流异常后，如果同时检测到参与本差动的电流三相不平衡，延时 10s 后报该分支 TA 断线。

其中，差流越限定值为差动定值的 0.8 倍，三相不平衡门槛为 $0.06I_n$。装置采用由△→Y 变化计算差流，并按平衡系数折算至高压侧，低压侧平衡系数 $k = \dfrac{I_{e.h}}{I_{e.l}}$（$I_{e.h}$ 为主变压器高压侧二次额定电流，$I_{e.l}$ 为主变压器低压侧二次额定电流），得到差流为 $I_{cd} = \sqrt{3}kI_{e.h}$，差流越限告警条件为

$$\frac{1}{\sqrt{3}}kI_{e.h} > 0.8 \times 0.5I_{e.h} \qquad (1\text{-}7)$$

解得 k＞0.693。

2）TA 断线告警条件为

$$\begin{cases} \dfrac{1}{\sqrt{3}}kI_{e.h} > 0.8 \times 0.5I_{e.h} \\[2mm] \dfrac{1}{\sqrt{3}}kI_{e.h} > 0.06 \times 5 \end{cases} \qquad (1\text{-}8)$$

解得 k＞0.693。

3）保护设有 TA 异常告警，逻辑如下：装置设有 TA 异常判别判据为当负序电流（零电流）大于 $0.06 I_n$ 后，延时 10s 报该侧 TA 异常，同时发出报警信号，在电流恢复正常后

11

延时 10s 复归。

TA 异常告警条件为

$$kI_{e.1} > 0.06 \times 5 \tag{1-9}$$

解得 $k > 0.019$。

在本案例中，低压侧负荷电流为 0.528A，大约为 0.033 倍 $I_{e.1}$，"差流越限"和"TA 断线"无法告警，"TA 异常"可告警。

案例二：A、B 相电流断线

1. 故障前运行方式

某 220kV 变电站 1 号变压器为 YN/YN/△接线方式，高压侧、中压侧接地运行，保护双套配置，A 套型号为 PCS-978T2、B 套型号为 PRS778T2。故障前运行方式如图 1-20 所示。

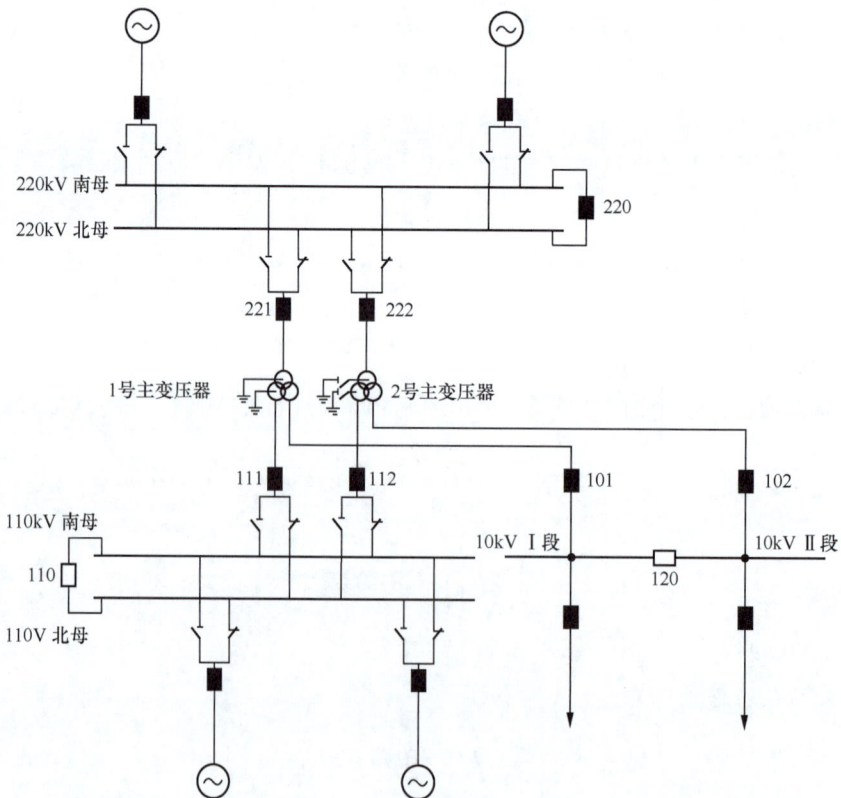

图 1-20　故障前系统运行方式

2. 故障过程简介

某日，220kV 1 号变压器 A 套保护装置报 "TA 异常"，经检查为低压侧二次侧差动电流 A、B 相端子短接连片松动，由于未发生其他故障，无断路器跳闸，系统运行方式不变。

3. 保护动作情况

故障发生前，装置正常运行。故障发生后，保护动作情况见表 1-5，装置经延时报"TA异常"。

表 1-5	保护动作情况
0ms	220kV 1号变压器A套保护屏A、B相电流端子短接连片松动
约10s	220kV 1号变压器A套保护报"TA异常"

4. 故障录波分析

（1）故障发生时变压器低压侧电流录波情况如图 1-21 所示。AB 相二次电流线发生断线时，A、B 相电流变为 0。

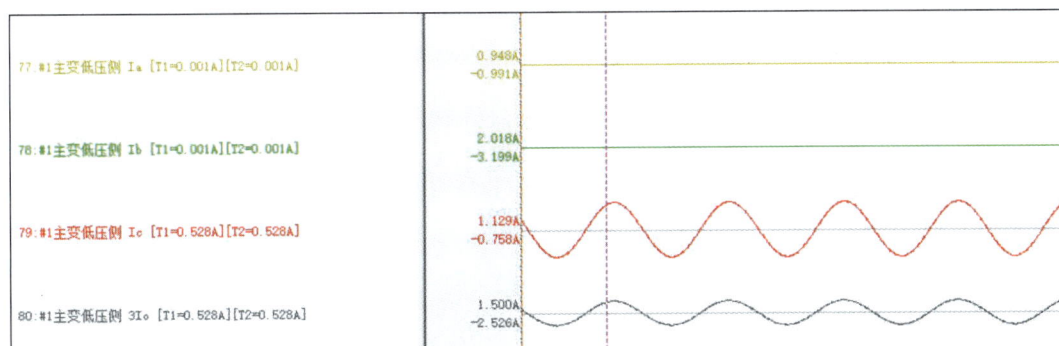

图 1-21　故障发生时变压器低压侧电流录波波形

（2）序分量图。由图 1-22 可知，故障前变压器低压侧三相电流正常，无零负序电流产生。

图 1-22　变压器低压侧电流序分量图

由图 1-23 可知，故障后变压器低压侧 A、B 相电流突变为 0，自产零序与正常变压器低压侧 C 相电流等大同相。

根据对称分量法式（1-4）～式（1-6），计算得出理论值 I_1=0.176A、I_2=0.176A、I_0=0.176A，与实际值相同。

PCS-931 差流越限和 TA 断线（差动保护未启动）告警逻辑如下：

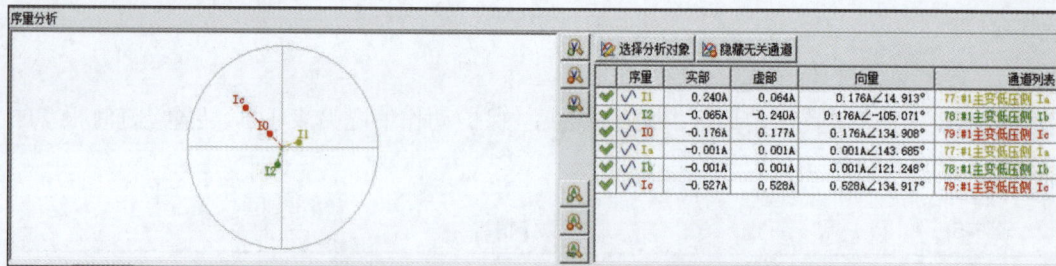

图 1-23　变压器低压侧电流序分量图

1）未引起差动保护启动的差回路异常报警：

当任一相差流大于差流越限定值的时间超过 10s 时发出差流越限报警信号，不闭锁差动保护。

当检测到差电流异常后，如果同时检测到参与本差动的电流三相不平衡，延时 10s 后报该分支"TA 断线"。

其中差流越限定值为差动定值的 0.8 倍，三相不平衡门槛为 $0.06 I_n$。装置采用由△→Y 变化计算差流，并按平衡系数折算至高压侧，低压侧平衡系数 $k = \dfrac{I_{e.h}}{I_{e.l}}$，得到差流为 $I_{cd} = \sqrt{3} k I_{e.h}$，根据差流越限告警条件[式（1-7）]，解得 $k > 0.693$。

2）根据 TA 断线告警条件[式（1-8）]，解得 $k > 0.693$（本例 $I_{e.h} = 1.255 \, \text{A}$）。

3）保护设有 TA 异常告警，逻辑如下：装置设有 TA 异常判别判据为当负序电流（零电流）大于 $0.06 I_n$ 后延时 10s 报该侧 TA 异常，同时发出报警信号，在电流恢复正常后延时 10s 复归。

根据 TA 异常告警条件[式（1-9）]，解得 $k > 0.019$（本例 $I_{e.l} = 15.7 \, \text{A}$）。

在本案例中，低压侧负荷电流为 0.528A，大约为 $0.033 I_{e.l}$，"差流越限"和"TA 断线"无法告警，"TA 异常"可告警。

案例三：A、B 相电流反接

1. 故障前运行方式

某 220kV 变电站 1 号变压器为 YN/YN/△接线方式，高压侧、中压侧接地运行，保护双套配置，A 套型号为 PCS-978T2，B 套型号为 PRS778T2。故障前运行方式如图 1-24 所示。

2. 故障过程简介

某日该 220kV 变电站 1 号变压器新送电后，变压器 A 套保护装置报"TA 异常"，经检查为低压侧二次侧差动电流 A、B 相端子接反。

3. 保护动作情况

故障发生前，装置正常运行。故障发生后，保护动作情况见表 1-6，装置经延时报"TA 异常"。

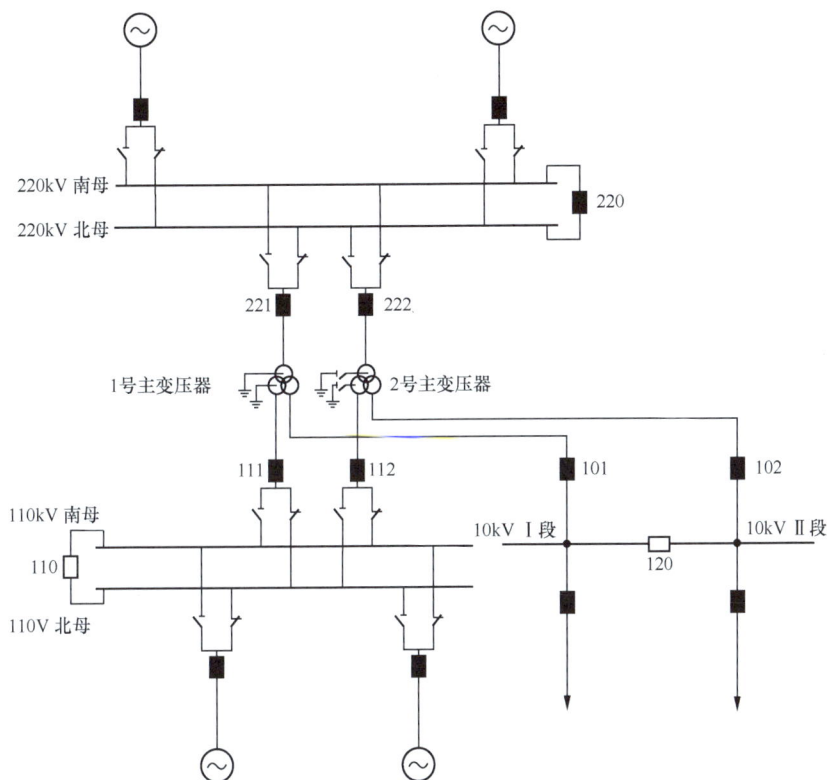

图 1-24 故障前系统运行方式

表 1-6	保护动作情况
0ms	1号变压器新送电，主进断路器合闸带负荷
约10s	220kV 1号变压器A套保护报"TA异常"

4. 故障录波分析

（1）故障发生时变压器低压侧电流录波波形。由图 1-25 可知，故障后变压器低压侧 B 相电流相位超前 A 相。

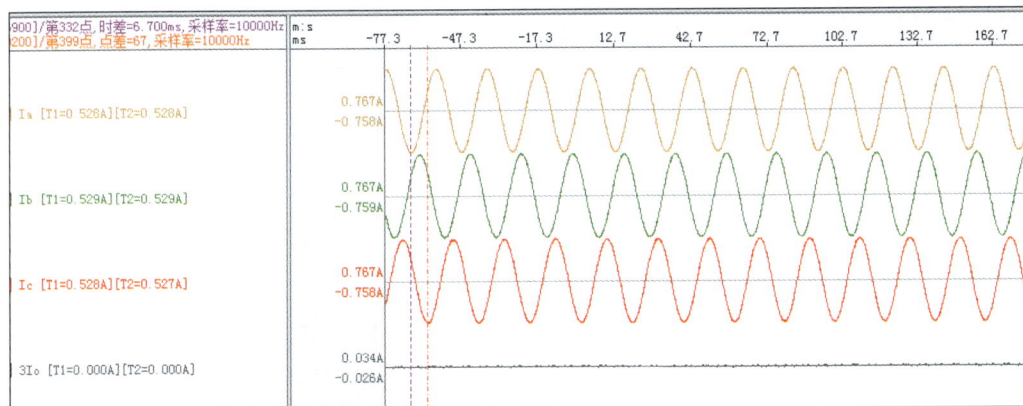

图 1-25 故障发生时变压器低压侧电流录波波形

（2）序分量图。由图 1-26 可知，故障后 AB 反序，产生负序电流，无零序电流产生。

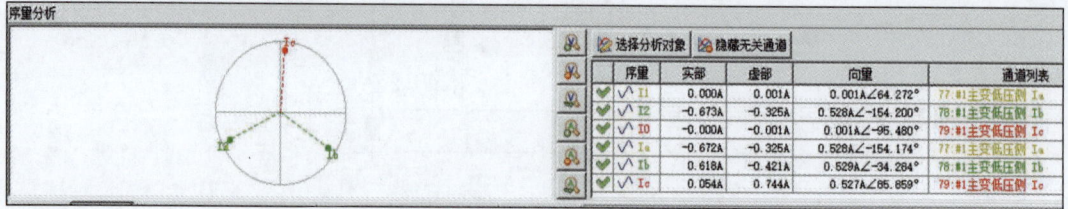

图 1-26　故障后变压器低压侧电流序分量图

根据对称分量法式（1-4）～式（1-6），计算得出理论值 I_1 =0A、I_2 =0.528A、I_0 =0A，与实际值相同。AB 相序接反，满足 TA 异常告警条件，报"TA 异常"。

案例四：A、B 相电流短接

1. 故障前运行方式

某 220kV 变电站 1 号变压器为 YN/YN/△接线方式，高压侧、中压侧接地运行，保护双套配置，A 套型号为 PCS-978T2，B 套型号为 PRS778T2。故障前运行方式如图 1-27 所示。

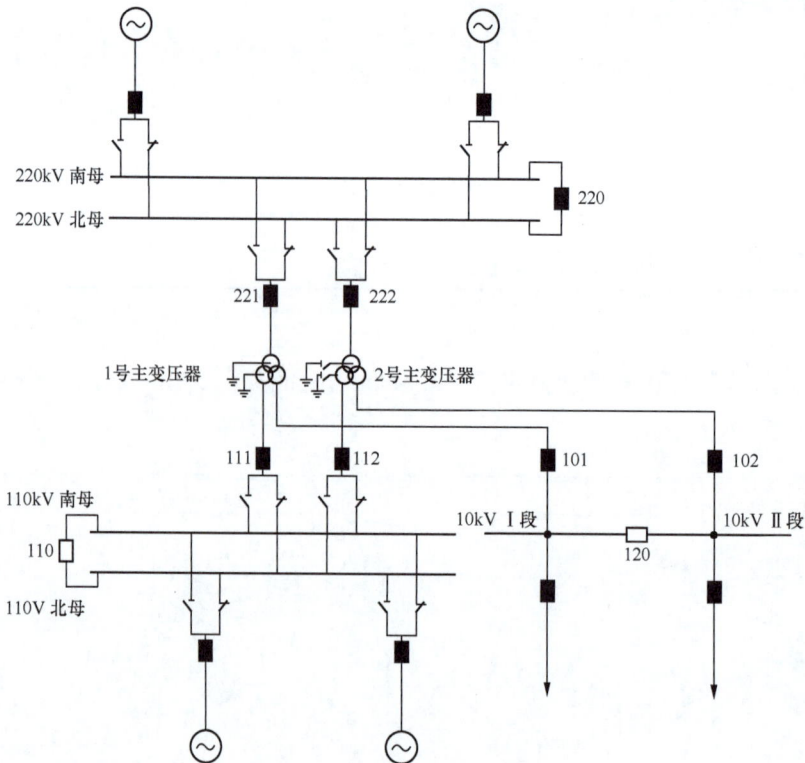

图 1-27　故障前系统运行方式

2. 故障过程简介

某日该 220kV 变电站 1 号变压器新送电后，变压器 A 套保护装置报"TA 异常"，经检查为低压侧二次侧差动电流 A、B 相端子短接。

3. 保护动作情况

故障发生前，装置正常运行。故障发生后，保护动作情况见表 1-7，装置经延时报 "TA 异常"。

表 1-7　　　　　　　　　　　　　　　保护动作情况

0ms	1号变压器新送电，主进断路器合闸
约10s	220kV 1号变压器A套保护报 "TA异常"

4. 故障录波分析

（1）故障发生时电流录波波形。从图 1-28 可知，波形中明显可以看出变压器低压侧 B、C 相幅值相位相同。

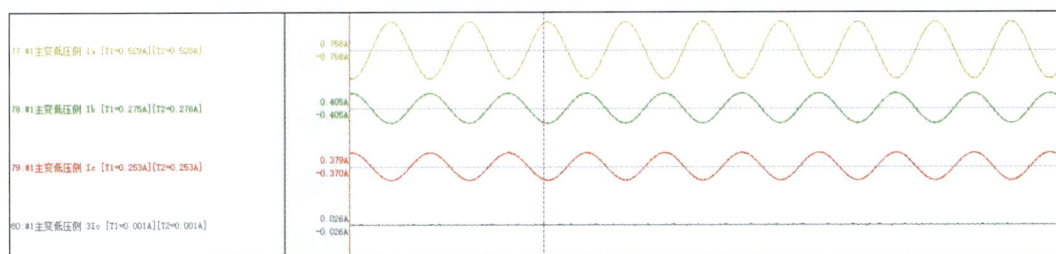

图 1-28　故障发生时变压器低压侧电流录波波形

（2）序分量图。从图 1-29 可知，故障后 B、C 幅值相位相同，与 A 相反相，幅值约为 A 相一半，产生负序电流，无零序电流产生。

图 1-29　故障发生时变压器低压侧电流序分量图

根据对称分量法式（1-4）～式（1-6），计算得出理论值 $I_1 = 0.267A$、$I_2 = 0.267A$、$I_0 = 0A$，与实际值相同。AB 相短接，满足 TA 异常告警条件，报 "TA 异常"。

案例五：A 相电流极性接反

1. 故障前运行方式

某 220kV 变电站 1 号变压器为 YN/YN/△接线方式，高压侧、中压侧接地运行，保护双套配置，A 套型号为 PCS-978T2，B 套型号为 PRS778T2。故障前运行方式如图 1-30 所示。

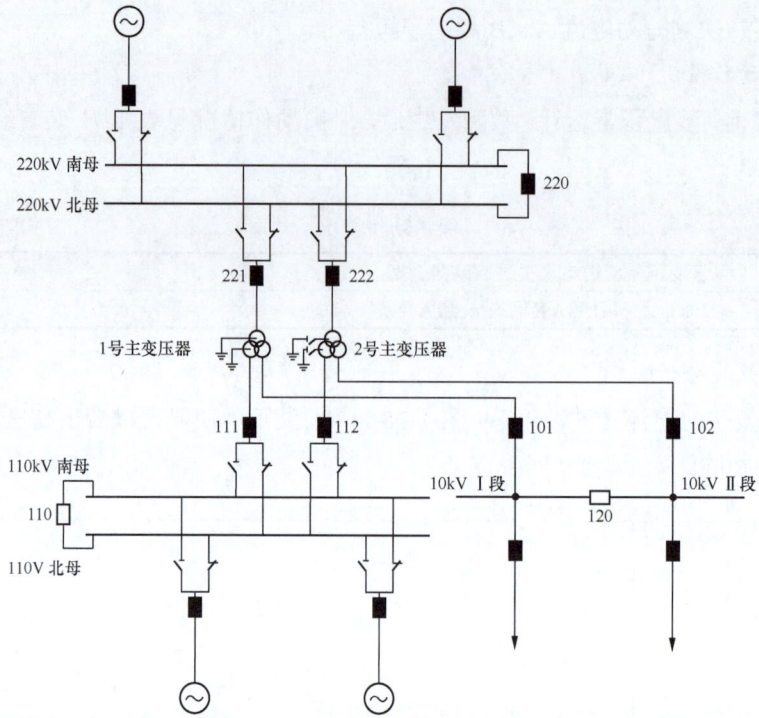

图 1-30　故障前系统运行方式

2. 故障过程简介

某日该 220kV 变电站 1 号变压器新送电后，变压器 A 套保护装置报"TA 异常"，经检查为低压侧二次侧差动电流 AN 相端子接反。

3. 保护动作情况

故障发生前，装置正常运行。故障发生后，保护动作情况见表 1-8，装置经延时报"TA 异常"。

表 1-8　　　　　　　　　　　　　　保护动作情况

0ms	1号变压器新送电，主进断路器合闸
约10s	220kV 1号变压器A套保护报"TA异常"

4. 故障录波分析

（1）故障发生时的变压器低压侧电流录波波形。根据图 1-31，从波峰或波谷明显可以看出变压器低压侧 A 相电流反相。

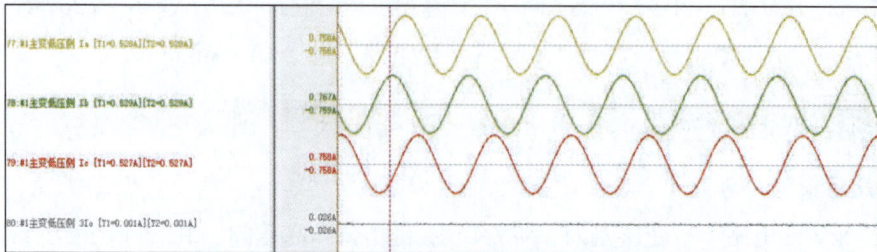

图 1-31　故障发生时的变压器低压侧电流录波波形

18

（2）序分量图。从图 1-32 可知，故障后变压器低压侧 A 相明显反相，产生零序负序电流，零序电流与变压器低压侧 A 相电流同相。

图 1-32　故障发生时的变压器低压侧电流序分量图

根据对称分量法式（1-4）～式（1-6），计算得出理论值 $I_1 = 0.176A$、$I_2 = 0.352A$、$I_0 = 0.352A$，与实际值相同。A 相极性接反，满足 TA 异常告警条件，报 "TA 异常"。

案例六：TA 饱和故障案例

1. 故障前运行方式

某 220kV 变电站 1 号变压器为 YN/YN/△接线方式，高压侧、中压侧接地运行，保护双套配置，A 套型号为 PCS-978T2，B 套型号为 PRS778T2。故障前运行方式如图 1-33 所示。

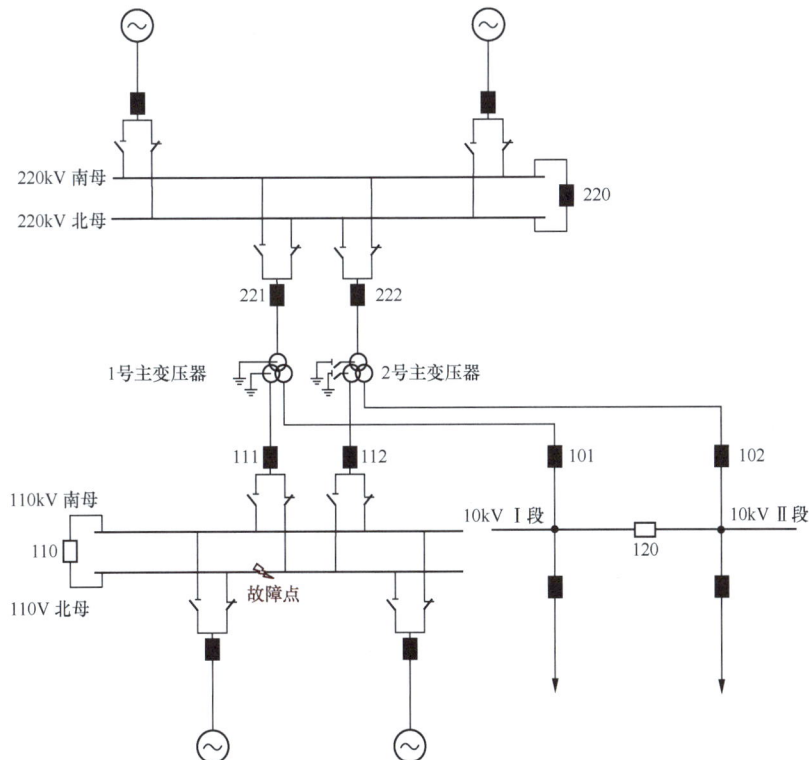

图 1-33　故障前运行方式

2. 故障过程简介

1 号变压器中压侧母线 A 相金属性接地短路，1 号变压器三侧断路器 221、111、101 跳开，故障后运行方式如图 1-34 所示。

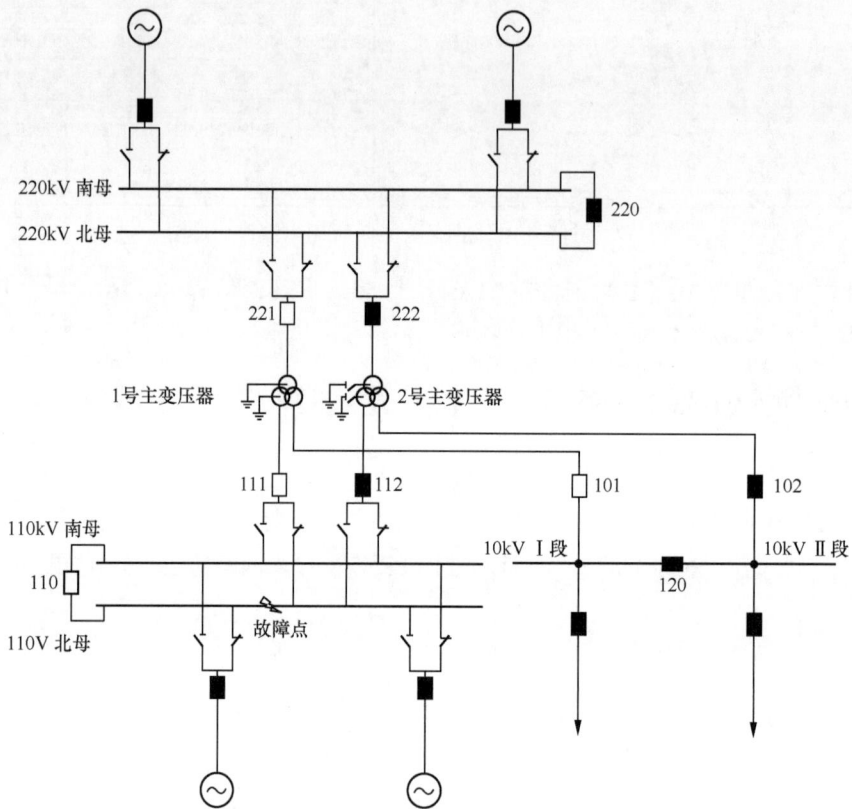

图 1-34　故障后运行方式

3. 保护动作情况

故障发生前，装置正常运行。故障发生后，保护动作情况见表 1-9。

表 1-9　　　　　　　　　　　　　保护动作情况

0ms	1号变压器中压侧母线A相金属性接地短路
约20ms	1号变压器差动速断保护动作、比率差动保护动作，跳1号变压器三侧断路器221、111、101
约210ms	1号变压器三侧断路器跳开，故障隔离

4. 故障录波分析

（1）故障后变压器中压侧电压波形。从图 1-35 可知，变压器中压侧 A 相电压下降为 0，B、C 相电压基本不变。

（2）故障后变压器中压侧电流波形。从图 1-36 可知，变压器中压侧 A 相故障电流约为 8A，B、C 相故障电流约为 2A。

结合变压器中压侧电压特征，判断出现 A 相接地故障，B、C 相出现与 A 相相位相同故障电流的原因是本侧正序分配系数 C_1 与零序分配系数 C_0 不相等。

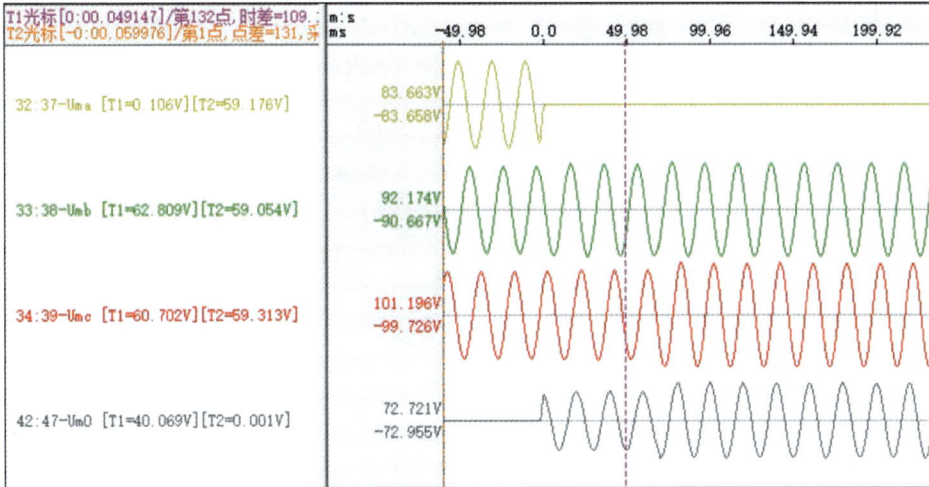

图 1-35　故障后变压器中压侧电压波形图

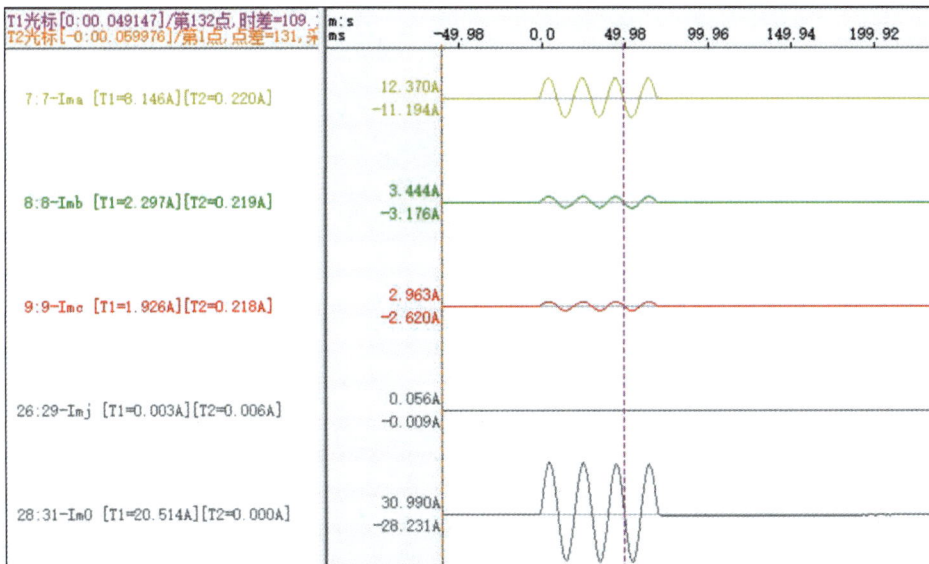

图 1-36　故障后变压器中压侧电流波形图

同时，结合 T1 光标处零序电压与零序电流的相位，可知零序电压超前零序电流约 90°，A 相接地故障发生在变压器反方向，如变压器中压侧母线处。

（3）故障后变压器高压侧电压。从图 1-37 可知，变压器高压侧 A 相电压下降为 48V，B、C 相电压基本不变。

（4）故障后变压器高压侧电流。从图 1-38 可知，变压器高压侧三相故障电流数值均很小，零序电流超前零序电压 90°，说明故障发生在高压侧正方向。

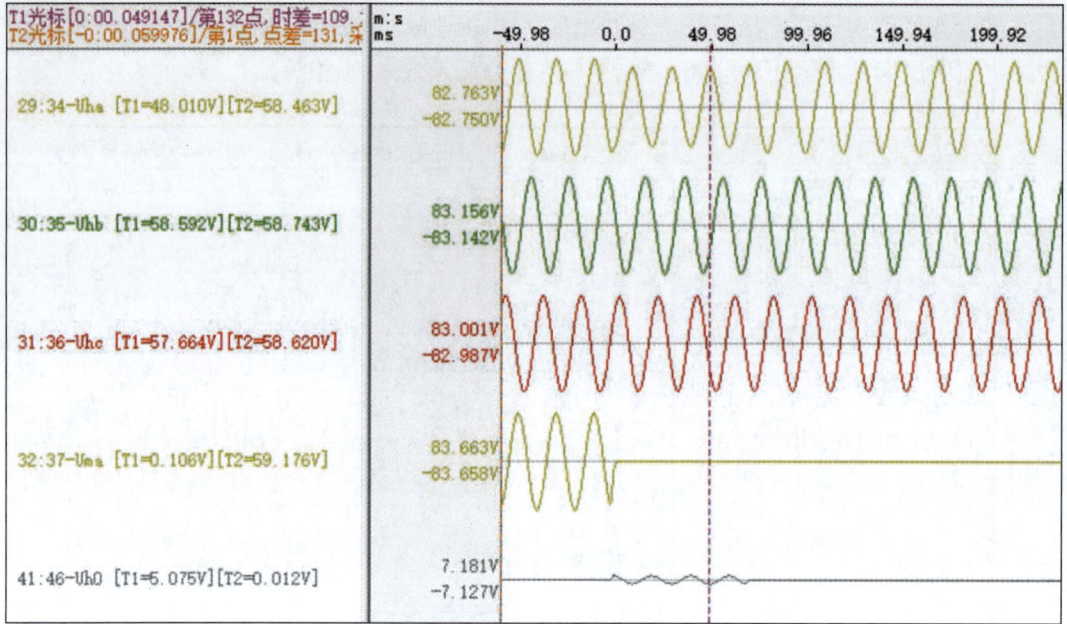

图 1-37　故障后变压器中压侧电压波形图

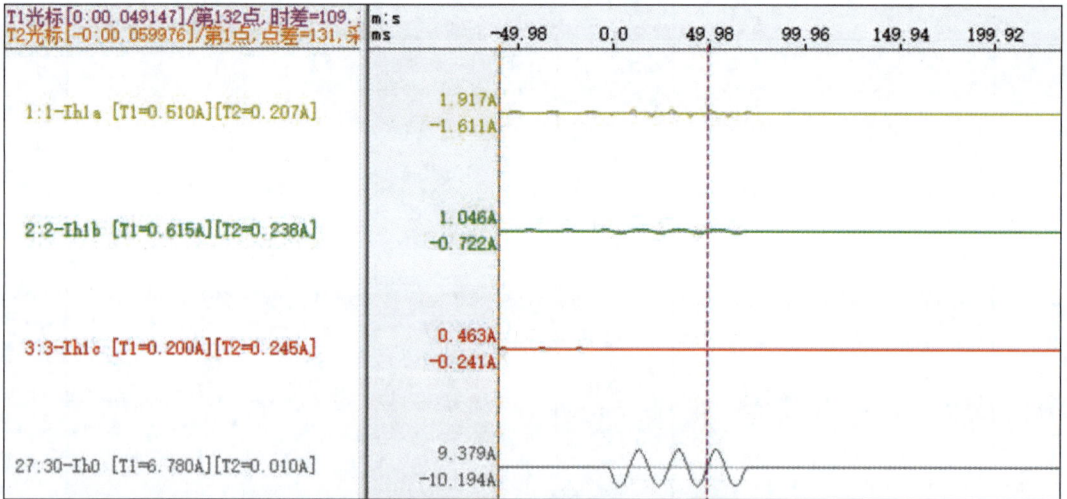

图 1-38　故障后变压器高压侧电流波形图

将变压器高压侧 A 相电流放大，如图 1-39 所示。

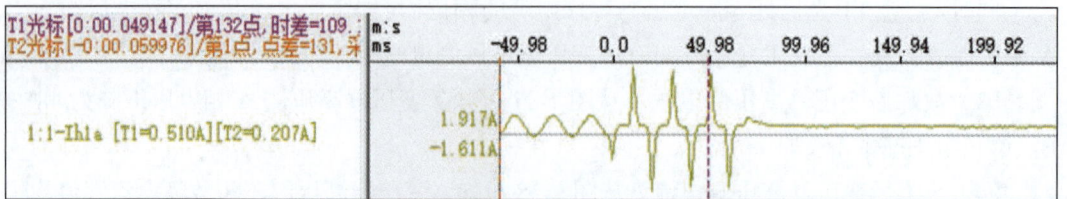

图 1-39　故障后变压器高压侧 A 相电流波形图

对变压器高压侧 A 相电流进行谐波分析，如图 1-40 所示。

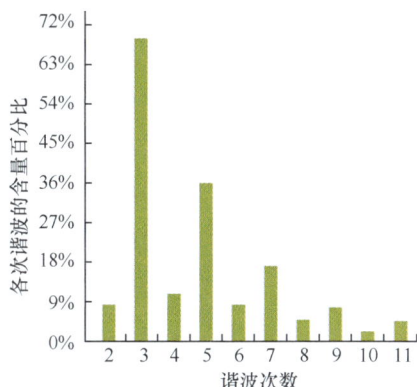

图 1-40　故障后变压器高压侧 A 相电流谐波分析图

综合变压器高压侧 A 相电流的波形特征和谐波，可以得出：故障电流波形出现明显缺损，谐波分量大且以奇次谐波为主，在过零点附近电流基本正常。这是明显的 TA 稳态饱和特征，判断变压器高压侧 A 相 TA 饱和，造成二次电流显著减小。

（5）变压器差动电流。由于故障在中压侧母线上，在变压器高压侧正方向、中压侧反方向，对变压器保护来说是穿越性电流。但由于变压器高压侧 A 相 TA 饱和，二次电流显著减小，如图 1-41 和图 1-42 所示，在经过转角后，产生了 C、A 两相差流，差流中奇次谐波含量同样很高。

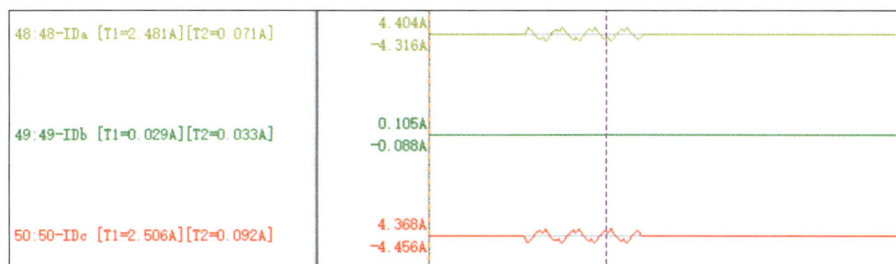

图 1-41　故障后变压器高压侧三相差动电流波形图

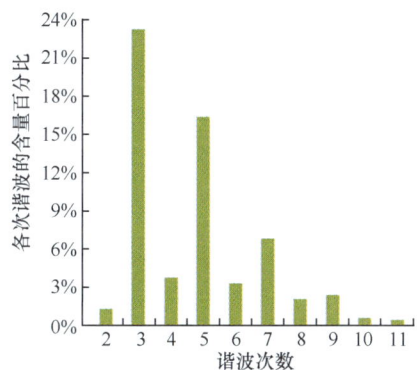

图 1-42　故障后变压器高压侧 A 相差动电流谐波分析图

23

（6）变压器保护动作情况。由于变压器保护 C、A 两相存在差流，满足差动比率条件，且保护装置未能识别出 TA 饱和，造成比率差动保护误动作；同时，故障电流较大、TA 饱和严重，造成差流较大，满足差动速断保护定值，造成差动速断保护误动作，故障后变压器保护动作情况如图 1-43 所示。

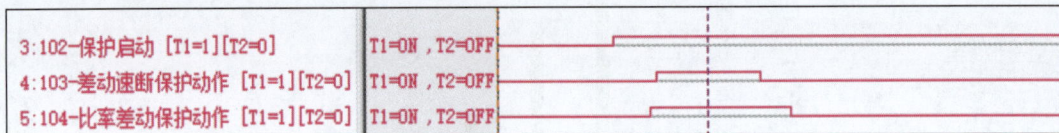

3:102-保护启动 [T1=1][T2=0]	T1=ON , T2=OFF
4:103-差动速断保护动作 [T1=1][T2=0]	T1=ON , T2=OFF
5:104-比率差动保护动作 [T1=1][T2=0]	T1=ON , T2=OFF

图 1-43　故障后变压器保护动作情况分析图

第二章 线路故障案例分析

第一节 110kV 线 路 故 障

案例一：单相金属性接地永久性故障

1. 故障前运行方式

220kV 甲站与 110kV 乙站之间有 110kV 甲乙线，线路全长 13km，甲站为电源侧，乙站为负荷侧，线路两侧断路器为三相联动机构。两侧线路保护均单套配置，型号为 CSC-103，重合闸方式采用三相重合闸。故障前运行方式如图 2-1 所示。

图 2-1 故障前一次接线图

2. 故障过程简介

某日，在 110kV 甲乙线路靠近甲站处，发生 A 相金属性接地永久性故障，甲乙线两侧的断路器三相跳闸，重合闸失败，断路器再次跳闸。故障后运行方式如图 2-2 所示。

图 2-2 故障后一次接线图

3. 保护动作情况

故障发生前，装置正常运行。故障发生后，保护动作情况见表 2-1。

表 2-1	保护动作情况
0ms	110kV甲乙线上靠近甲站处发生A相金属性接地永久故障
约18-28ms	甲乙1纵联差动动作、距离Ⅰ段动作，A相故障，故障测距为3.81km，跳三相。 甲乙2纵联差动动作，A相故障，故障测距10.19km，跳三相
约1082ms	甲乙1重合闸动作，合三相。 甲乙2重合闸动作，合三相
约1137-1153ms	甲乙1距离加速动作、纵联差动动作、零序过电流加速动作，A相故障，跳三相。 甲乙2纵联差动保护动作，A相故障，跳三相

4. 故障录波分析

（1）甲乙1保护。

1）甲乙1电压。如图2-3所示，故障发生时，甲站A相电压降低为9.92V，B、C相电压不变，零序电压49.02V。约110ms，甲乙1断路器三相跳开，甲站三相电压恢复。约1160ms，甲乙1断路器重合，A相故障未消除，甲站A相电压降低为10.12V，零序电压约49V。约1230ms，甲乙1断路器重合失败，断路器三相跳开，甲站三相电压恢复。

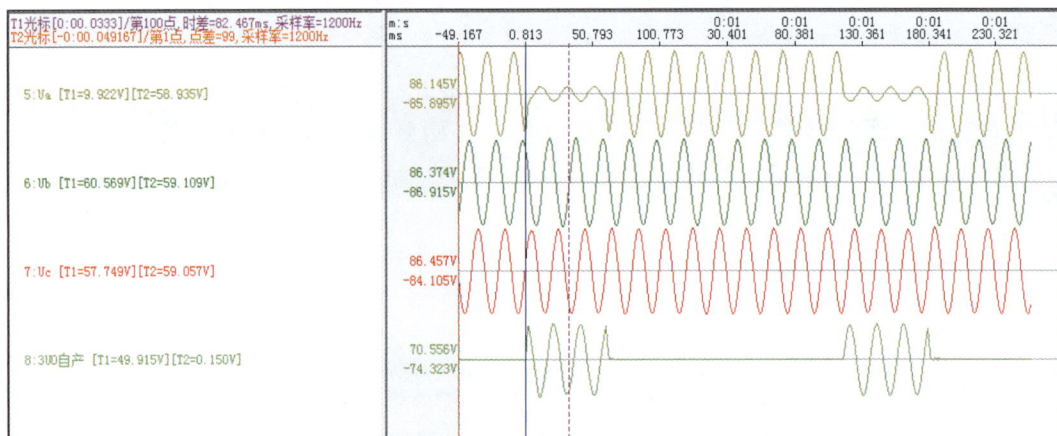

图 2-3　甲乙1电压波形图

2）甲乙1电流。如图2-4所示，故障发生时，甲乙1 A相出现故障电流7.35A，零序电流9.58A。约110ms，甲乙1断路器三跳开，三相电流降为0。约1160ms，甲乙1断路器重合，A相故障未消除，甲乙1 A相故障电流为9.39A，零序电流10.98A。约1230ms，甲乙1断路器重合失败，三相跳开，三相电流降为0。

（2）甲乙2保护。

1）甲乙2电压。如图2-5所示，故障发生时，乙站A相电压降低为0，B、C相电压不变，零序电压约59V。约100ms，甲乙2断路器三相跳开，三相电压降为0。约1160ms，甲乙2断路器重合，A相故障未消除，乙站A相电压为0，B相电压为58.42V，C相电压为58.67V，零序电压为58.16V。约1240ms，甲乙2断路器重合失败，断路器三相跳开，三相电压均降低为0。

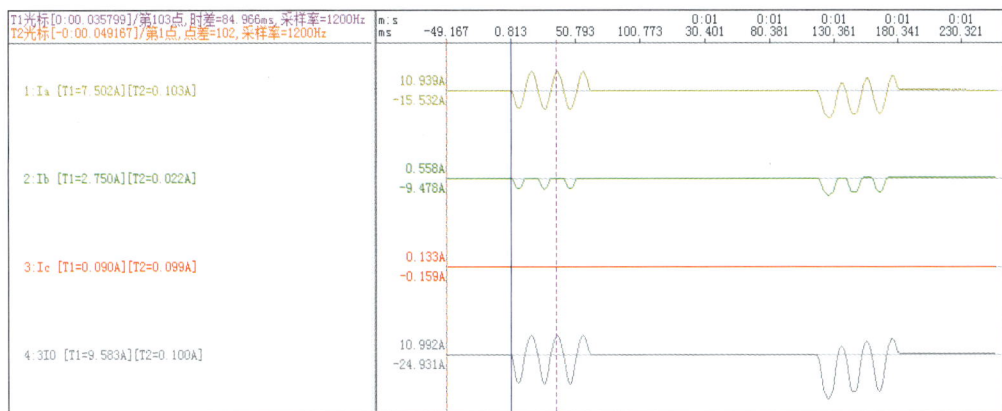

图 2-4　甲乙 1 电流波形图

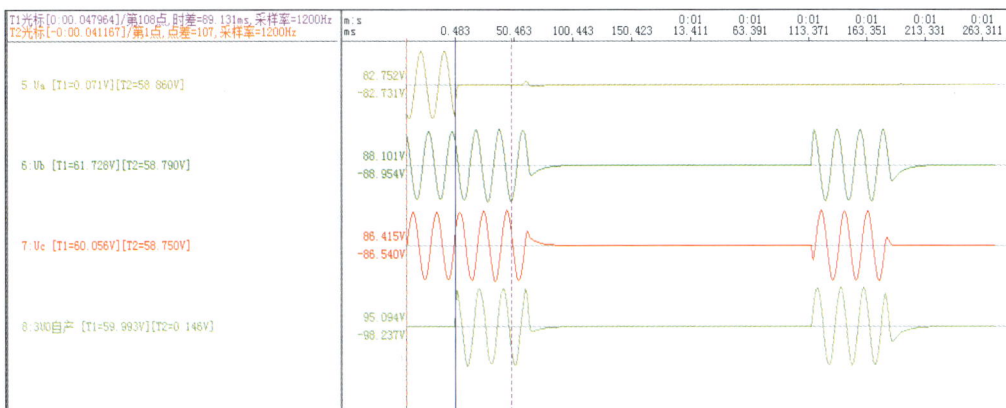

图 2-5　甲乙 2 电压波形图

2）甲乙 2 电流。如图 2-6 所示，故障发生时，乙站甲乙线 A 相电流消失，B、C 相负荷电流不变，无零序电流。约 110ms，甲乙 2 断路器三跳开，三相电流降为 0。约 1160ms，甲乙 2 断路器重合，A 相故障未消除，甲乙 2 A 相电流为 0，B 相电流 0.10A，C 相电流 0.09A，无零序电流。约 1230ms，甲乙 2 断路器重合失败，三相跳开，三相电流降为 0。

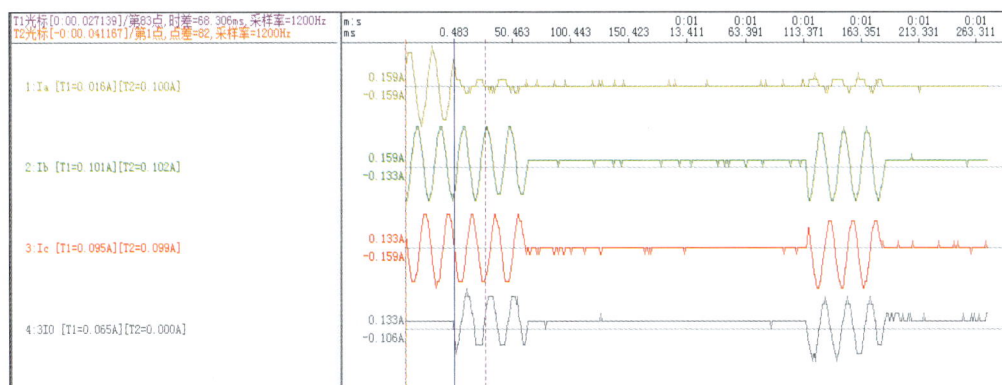

图 2-6　甲乙 2 电流波形图

（3）故障电流、电压相量分析。

1）甲乙 1 三相电流、电压。如图 2-7 和图 2-8 所示，当在 110kV 甲乙线路靠近甲站处发生 A 相金属性接地永久性故障时，甲站故障特征总结如下：

a．甲站 A 相电流增大、电压降低，出现零序电流及零序电压；

b．零序电流与 A 相电流几乎同相，零序电压与 A 相电压反相，A 相电压超前 A 相电流 80°。

		通道	实部	虚部	向量
✓	∿	1:Ia	5.067A	0.000A	3.583A∠0.000°
✓	∿	2:Ib	2.710A	-0.078A	1.917A∠-1.643°
✓	∿	3:Ic	-0.129A	-0.008A	0.092A∠-176.346°
✓	∿	4:3I0	7.675A	-0.085A	5.428A∠-0.634°
✓	∿	5:Ua	7.771V	53.072V	37.928V∠81.670°
✓	∿	6:Ub	66.061V	-53.219V	59.984V∠-38.855°
✓	∿	7:Uc	-76.942V	-31.435V	58.771V∠-157.777°

图 2-7　甲乙 1 电压、电流采样值

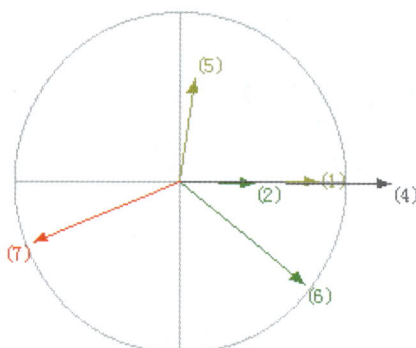

图 2-8　甲乙 1 电压、电流相量图

2）甲乙 2 三相电流、电压。如图 2-9 和图 2-10 所示，当在 110kV 甲乙线路靠近甲站处发生 A 相金属性接地永久性故障时，乙站故障特征总结如下：

a．弱馈侧 A 相负荷电流消失，出现零序电流。

b．弱馈侧 A 相电压降低为 0，出现零序电压。

		通道	实部	虚部	向量
✓	∿	1:Ia	0.019A	-0.000A	0.014A∠-0.000°
✓	∿	2:Ib	-0.050A	-0.131A	0.099A∠-110.707°
✓	∿	3:Ic	-0.060A	0.117A	0.093A∠116.968°
✓	∿	4:3I0	-0.089A	-0.014A	0.064A∠-171.202°
✓	∿	5:Ua	-0.078V	-0.002V	0.055V∠-178.859°
✓	∿	6:Ub	16.936V	85.297V	61.492V∠78.770°
✓	∿	7:Uc	69.440V	-48.698V	59.972V∠-35.042°

图 2-9　甲乙 2 电压、电流采样值

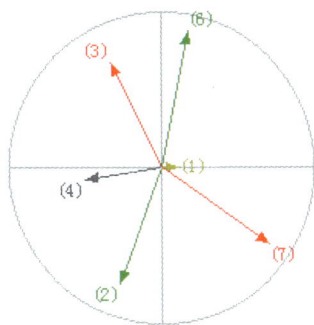

图 2-10　甲乙 2 电压、电流相量图

案例二：两相金属性接地永久性故障

1. 故障前运行方式

220kV 甲站与 110kV 乙站之间有 110kV 甲乙线路，线路全长 13km，甲站为电源侧，乙站为负荷侧，线路两侧的断路器为三相联动机构。两侧线路保护均单套配置，型号为 CSC-103，重合闸方式采用三相重合闸。故障前运行方式如图 2-11 所示。

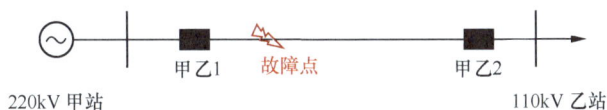

图 2-11　故障前一次设备运行状态

2. 故障过程简介

某日，在 110kV 甲乙线路靠近甲站处，发生 BC 相金属性接地永久性故障，甲乙线两侧三相跳闸，然后重合闸动作，随后重合失败后三相跳闸。故障后运行方式如图 2-12 所示。

图 2-12　故障后一次设备运行状态

3. 保护动作情况

故障发生前，装置正常运行。故障发生后，保护动作情况见表 2-2。

表 2-2　保护动作情况

0ms	110kV甲乙线上靠近甲站处发生BC相金属性接地永久性故障
约15～65ms	甲乙1相间距离Ⅰ段动作、纵联差动动作，BC相故障，故障测距2.98km，跳三相。 甲乙2纵联差动动作，BC相故障，故障测距11.00km，跳三相
约1080ms	甲乙1重合闸动作，合三相。 甲乙2重合闸动作，合三相
约1137～1215ms	甲乙1距离加速动作、纵联差动动作、零序过带你流加速动作，BC相故障，跳三相。 甲乙2纵联差动动作，BC相故障，跳三相

4. 故障录波分析

（1）甲乙 1 保护。

1）甲乙 1 电压。如图 2-13 所示，故障发生时，甲乙 1 B 相电压降低为 8.12V，C 相电压降低为 9.20V，A 相电压不变，零序电压约 46.69V。约 110ms，甲乙 1 断路器三相跳开，甲站三相电压恢复。约 1160ms，甲乙 1 断路器重合，BC 相接地故障未消除，B 相电压降低为 8.07V，C 相电压降低为 9.30V，A 相电压不变，零序电压约 46.69V。约 1230ms，甲乙 1 断路器重合失败，断路器三相跳开，甲站三相电压恢复。

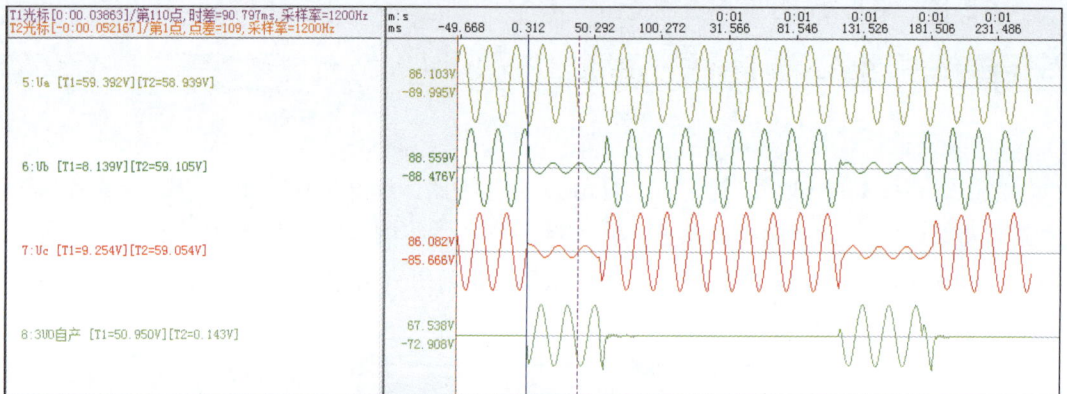

图 2-13 甲乙 1 电压波形图

2）甲乙 1 电流。如图 2-14 所示，故障发生时，甲乙 1 B 相出现 9.13A 故障电流，C 相故障电流为 9.23A，零序电流 6.99A。约 110ms，甲乙 1 断路器三跳开，三相电流降为 0。约 1160ms，甲乙 1 断路器重合，BC 相故障未消除，甲乙 1 B 相故障电流为 8.06A，C 相故障电流为 7.92A，零序电流 7.01A。约 1230ms，甲乙 1 断路器重合失败，三相跳开，三相电流降为 0。

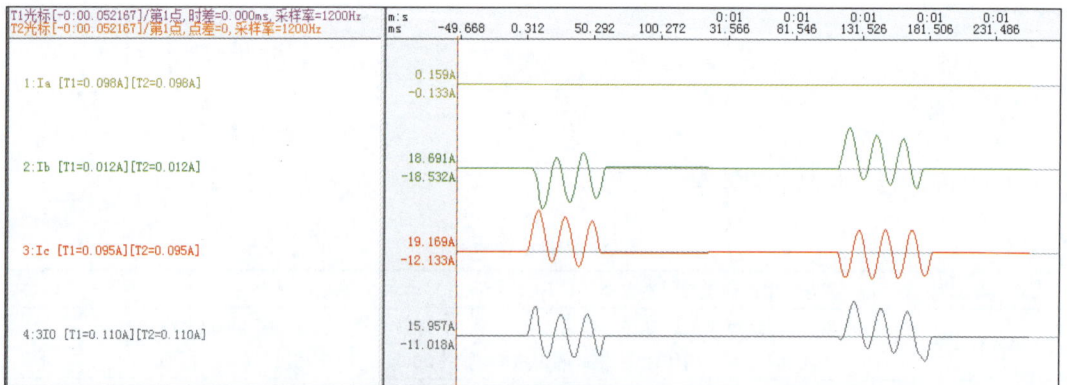

图 2-14 甲乙 1 电流波形图

（2）甲乙 2 保护。

1）甲乙 2 电压。如图 2-15 所示，故障发生时，甲乙 2 A 相电压不变，B、C 相电压下降为 0，零序电压约 62.09V。约 110ms，甲乙 2 断路器三相跳开，三相电压降为 0。约 1160ms，甲乙 2 断路器重合，BC 相故障未消除，乙站 B、C 相电压为 0，A 相电压为 62.02V，零序电压约为 61.13V。约 1230ms，甲乙 2 断路器重合失败，断路器三相跳开，三相电压均降低为 0。

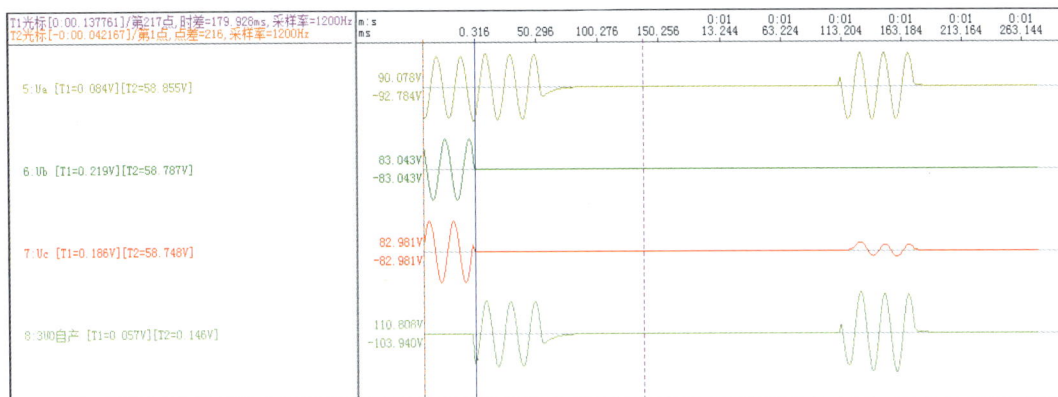

图 2-15　甲乙 2 电压波形图

2）甲乙 2 电流。如图 2-16 所示，故障发生时，甲乙 2 B 相、C 相负荷电流消失，A 相为负荷电流，无零序电流。约 110ms，甲乙 2 断路器三跳开，三相电流降为 0。约 1160ms，甲乙 2 断路器重合，甲乙 2 B 相、C 相无电流，A 相为负荷电流，无零序电流。约 1230ms，甲乙 2 断路器重合失败，三相跳开，三相电流降为 0。

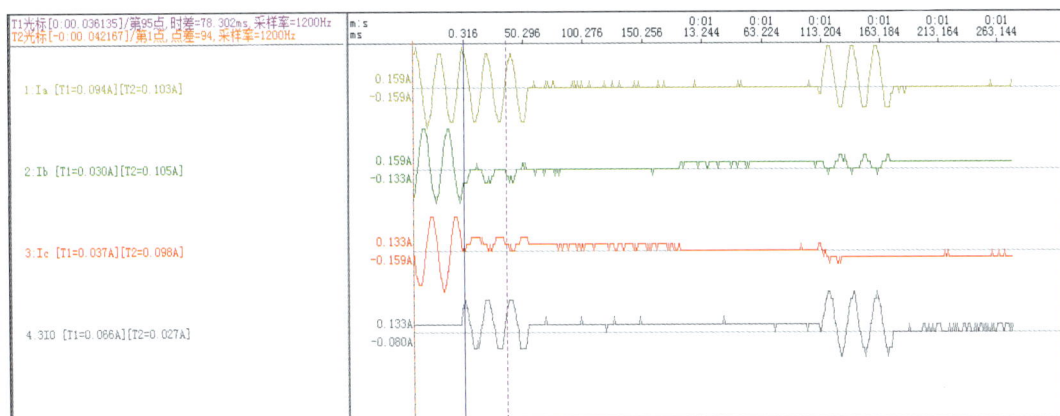

图 2-16　甲乙 2 电流波形图

（3）故障电流、电压相量分析。

1）甲乙 1 三相电流、电压。如图 2-17 和图 2-18 所示，当在 110kV 甲乙线路靠近甲站处发生 BC 相金属性接地永久性故障时，甲站故障特征总结如下：

a．甲站 BC 相电流增大，BC 相电压减小。

b．甲站出现零序电流、零序电压，零序电流超前零序电压约 110°。

c．零序电流相量位于 B、C 相故障电流之间。

通道			实部	虚部	向量
✔	〰	1:Ia	0.126A	0.000A	0.089A∠0.000°
✔	〰	2:Ib	-10.333A	1.008A	7.341A∠174.427°
✔	〰	3:Ic	6.431A	8.136A	7.334A∠51.676°
✔	〰	4:3I0	-3.770A	9.155A	7.001A∠112.383°
✔	〰	5:Ua	80.254V	24.287V	59.290V∠16.837°
✔	〰	6:Ub	-6.633V	-9.346V	8.104V∠-125.362°
✔	〰	7:Uc	-11.292V	6.426V	9.187V∠150.356°

图 2-17　甲乙 1 电压、电流采样值

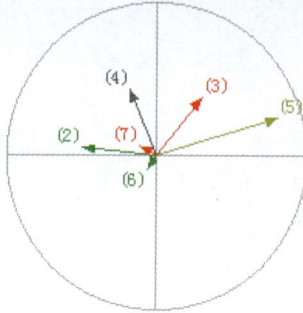

图 2-18　甲乙 1 电压、电流相量图

2）甲乙 2 三相电流、电压。如图 2-19 和图 2-20 所示，当在 110kV 甲乙线路靠近甲站处发生 BC 相金属性接地永久性故障时，乙站故障特征总结如下：

a. 乙站 BC 相负荷电流消失，BC 相电压降为 0；

b. 乙站出现零序电压，几乎无零序电流。

通道			实部	虚部	向量
✔	〰	1:Ia	0.133A	-0.000A	0.094A∠-0.000°
✔	〰	2:Ib	-0.028A	0.005A	0.020A∠169.162°
✔	〰	3:Ic	-0.022A	0.007A	0.016A∠162.368°
✔	〰	4:3I0	0.085A	0.004A	0.060A∠2.396°
✔	〰	5:Ua	-84.289V	-27.575V	62.709V∠-161.884°
✔	〰	6:Ub	0.178V	0.083V	0.139V∠25.008°
✔	〰	7:Uc	-0.083V	-0.077V	0.080V∠-137.022°

图 2-19　甲乙 2 电压、电流采样值

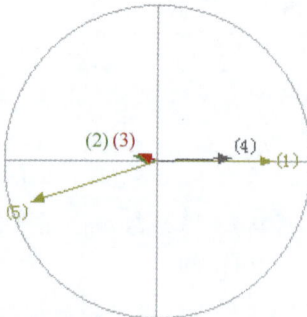

图 2-20　甲乙 2 电压、电流相量图

1. 故障前运行方式

220kV 甲站与 110kV 乙站之间有 110kV 甲乙线，线路全长 13km，甲站为电源侧，乙站为负荷侧，线路两侧的断路器为三相联动机构。两侧线路保护均单套配置，型号为CSC-103，重合闸方式采用三相重合闸。故障前运行方式如图 2-21 所示。

图 2-21 故障前一次设备运行状态

2. 故障过程简介

某日，在 110kV 甲乙线路靠近甲站处，发生 BC 相间金属性短路永久性故障，甲乙线两侧三相跳闸，然后重合闸动作，随后重合失败后三相跳闸。故障后运行方式如图 2-22 所示。

图 2-22 故障后一次设备运行状态

3. 保护动作情况

故障发生前，装置正常运行。故障发生后，保护动作情况见表 2-3。

表 2-3 保护动作情况

0ms	110kV甲乙线上靠近甲站处发生BC相间金属性短路永久性故障
约15～68ms	甲乙1相间距离Ⅰ段动作、纵联差动动作，BC相故障，故障测距为2.67km，跳三相。 甲乙2纵联差动动作，BC相故障，故障测距11.31km，跳三相。
约1110ms	甲乙1重合闸动作，合三相。 甲乙2重合闸动作，合三相
约1125～1195ms	甲乙1距离加速动作、纵联差动动作，BC相故障，跳三相。 甲乙2纵联差动保护动作，BC相故障，跳三相

4. 故障录波分析

（1）甲乙 1 保护。

1）甲乙 1 电压。如图 2-23 所示，故障发生时，甲乙 1 A 相电压不变，B 相电压降为29.89V，C 相电压降为 30.09V，无零序电压。约 105ms，甲乙 1 断路器三相跳开，甲站三相电压恢复。约 1160ms，甲乙 1 断路器重合，BC 相短路故障未消除，B 相电压降为 30.01V，C 相电压降为 30.03V，A 相电压为 59.04V，无零序电压。约 1210ms，甲乙 1 断路器重合失败，断路器三相跳开，甲站三相电压恢复。

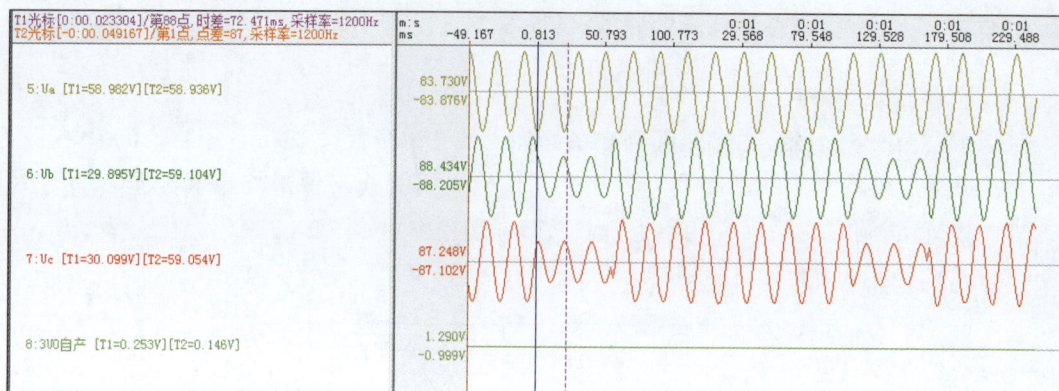

图 2-23 甲乙 1 电压波形图

2）甲乙 1 电流。如图 2-24 所示，故障发生时，甲乙 1 B 相出现故障电流 10.64A，C 相出现与 B 相反相的故障电流 10.58A，无零序电流。约 105ms，甲乙 1 断路器三跳开，三相电流降为 0。约 1160ms，甲乙 1 断路器重合，BC 相故障未消除，甲乙 1 B 相故障电流为 10.51A，C 相故障电流为 10.52A，无零序电流。约 1210ms，甲乙 1 断路器重合失败，三相跳开，三相电流降为 0。

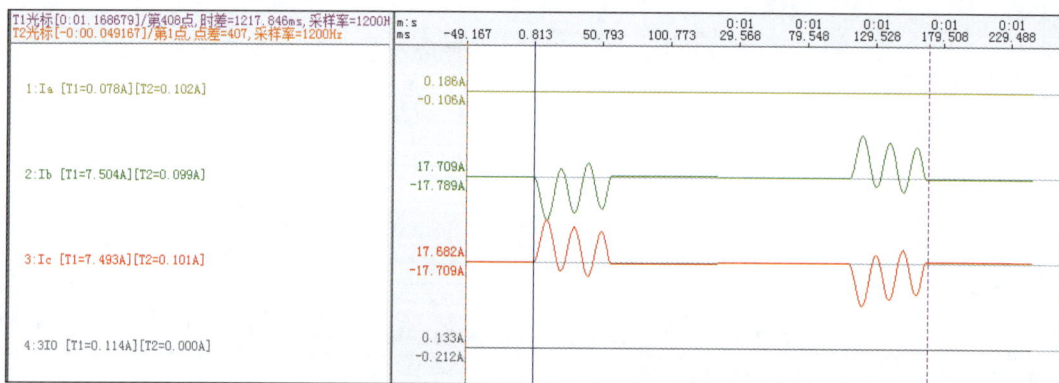

图 2-24 甲乙 1 电流波形图

（2）甲乙 2 保护。

1）甲乙 2 电压。如图 2-25 所示，故障发生时，甲乙 2 A 相电压不变，B 相电压降低为 29.31V，C 相电压降低为 29.20V，无零序电压。约 110ms，甲乙 1 断路器三相跳开，甲站三相电压恢复。约 1140ms，甲乙 1 断路器重合，BC 相短路故障未消除，B 相电压降低为 14.53V，C 相电压降低为 15.47V，A 相电压为 58.94V。约 1230ms，甲乙 1 断路器重合失败，断路器三相跳开，甲站三相电压恢复。

2）甲乙 2 电流。如图 2-26 所示，故障发生时，甲乙 2 三相负荷电流不变，无零序电流。约 110ms，甲乙 2 断路器三跳开，三相电流降为 0。约 1140ms，甲乙 2 断路器重合，甲乙 2 A 相电流负荷电流 0.08A，B、C 相无电流，无零序电流。约 1310ms，甲乙 2 断路器重合失败，三相跳开，三相电流降为 0。

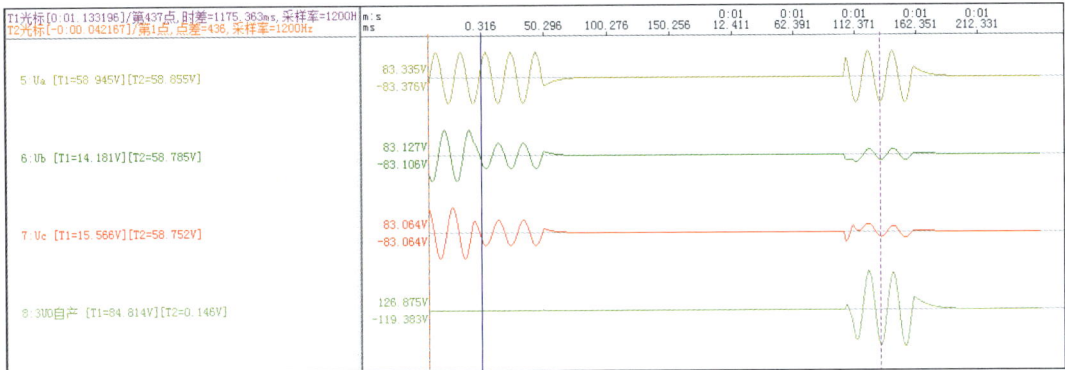

图 2-25　甲乙 2 电压波形图

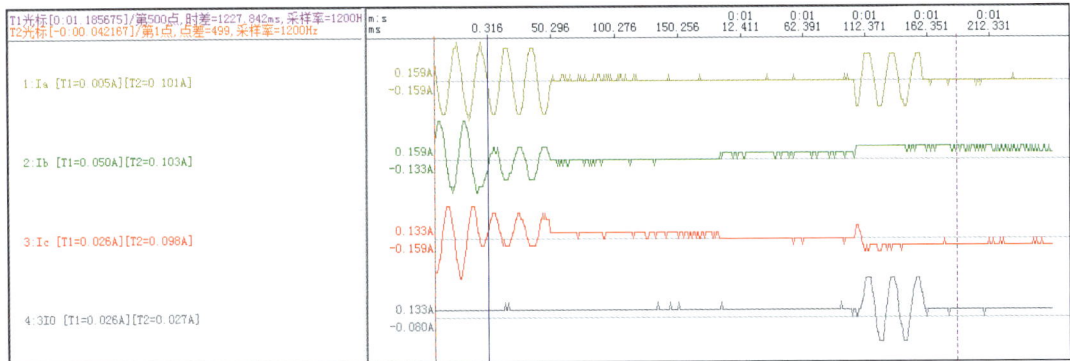

图 2-26　甲乙 2 电流波形图

（3）故障电流相量分析。

1）甲乙 1 三相电流、电压。如图 2-27 和图 2-28 所示，当在 110kV 甲乙线路靠近甲站处发生 BC 相间金属性短路永久性故障时，甲站故障特征总结如下：

a. 甲站 BC 相电流增大，BC 相电压降低；

b. 甲站无零序电流、零序电压；

c. 甲站 B 相电流与 C 相电流大小相等，方向相反。

通道		实部	虚部	向量
✓ ∿	1:Ia	0.108A	0.000A	0.077A∠0.000°
✓ ∿	2:Ib	-9.032A	-5.749A	7.571A∠-147.525°
✓ ∿	3:Ic	9.019A	5.775A	7.573A∠32.632°
✓ ∿	4:3I0	0.154A	0.049A	0.114A∠17.616°
✓ ∿	5:Ua	78.443V	28.578V	59.034V∠20.017°
✓ ∿	6:Ub	-36.231V	-22.216V	30.052V∠-148.485°
✓ ∿	7:Uc	-42.119V	-6.868V	30.176V∠-170.738°

图 2-27　甲乙 1 电流、电压采样值

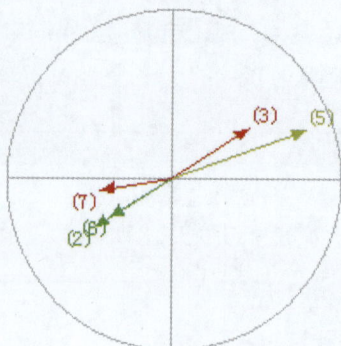

图 2-28　甲乙 1 电流、电压相量图

2）甲乙 2 三相电流、电压。如图 2-29 和图 2-30 所示，当在 110kV 甲乙线路靠近甲站处发生 BC 相间金属性短路永久性故障时，乙站故障特征总结如下：

a．乙站 BC 相负荷电流几乎不变，无零序电流；

b．乙站 BC 相电压降低，无零序电压。

	通道	实部	虚部	向量
✔ 〰	1:Ia	0.113A	0.000A	0.080A∠0.000°
✔ 〰	2:Ib	0.000A	0.000A	0.000A∠29.319°
✔ 〰	3:Ic	0.004A	-0.000A	0.002A∠-0.681°
✔ 〰	4:3I0	0.114A	0.003A	0.081A∠1.431°
✔ 〰	5:Ua	-78.432V	-28.241V	58.945V∠-160.198°
✔ 〰	6:Ub	-19.704V	-2.463V	14.041V∠-172.874°
✔ 〰	7:Uc	-12.787V	-8.164V	10.727V∠-147.441°

图 2-29　甲乙 2 电压、电流采样值

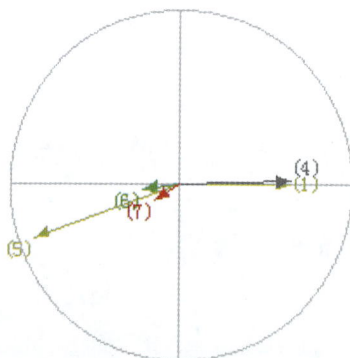

图 2-30　甲乙 2 电压、电流相量图

案例四：三相金属性短路永久性故障

1. 故障前运行方式

220kV 甲站与 110kV 乙站之间有 110kV 甲乙线，线路全长 13km，甲站为电源侧，乙站为负荷侧，线路两侧的断路器为三相联动机构。两侧线路保护均单套配置，型号为

CSC-103，重合闸方式采用三相重合闸。故障前运行方式如图 2-31 所示。

图 2-31 故障前一次设备运行状态

2. 故障过程简介

某日，在 110kV 甲乙线路靠近甲站处，发生 ABC 三相金属性短路永久性故障，甲乙线两侧三相跳闸，然后重合闸动作，随后重合失败后三相跳闸。故障后运行方式如图 2-32 所示。

图 2-32 故障后一次设备运行状态

3. 保护动作情况

故障发生前，装置正常运行。故障发生后，保护动作情况见表 2-4。

表 2-4　　　　　　　　　　　　　　保护动作情况

0ms	110kV甲乙线上靠近甲站处发生ABC三相金属性短路永久性故障
约18～74ms	甲乙1相间距离Ⅰ段动作、纵联差动作，ABC三相故障，故障测距为2.95km，跳三相。 甲乙2纵联差动作，ABC三相故障，故障测距11.25km，跳三相
约1110ms	甲乙1重合闸动作，合三相。 甲乙2重合闸动作，合三相
约1137～1204ms	甲乙1距离加速动作、纵联差动作，ABC相故障，跳三相。 甲乙2纵联差动保护动作，ABC相故障，跳三相

4. 故障录波分析

（1）甲乙 1 保护。

1）甲乙 1 电压。如图 2-33 所示，故障发生时，甲乙 1 三相电压均降低，A 相电压降低为 6.88V，B 相电压降低为 6.65V，C 相电压降低为 6.82V，无零序电压。约 110ms，甲乙 1 断路器三相跳开，甲站三相电压恢复。约 1160ms，甲乙 1 断路器重合，短路故障未消除，A 相电压降低为 6.79V，B 相电压降低为 6.67V，C 相电压降低为 6.72V，无零序电压。约 1230ms，甲乙 1 断路器重合失败，断路器三相跳开，甲站三相电压恢复。

2）甲乙 1 电流。如图 2-34 所示，故障发生时，甲乙 1 三相均出现故障电流，A 相故障电流为 8.05A，B 相故障电流为 8.66A，C 相故障电流为 9.45A，无零序电流。约 110ms，甲乙 1 断路器三跳开，三相电流降为 0。约 1160ms，甲乙 1 断路器重合，短路故障未消除，甲乙 1 A 相故障电流为 8.93A，B 相故障电流为 7.91A，C 相故障电流为 8.58A，无零序电流。约 1230ms，甲乙 1 断路器重合失败，三相跳开，三相电流降为 0。

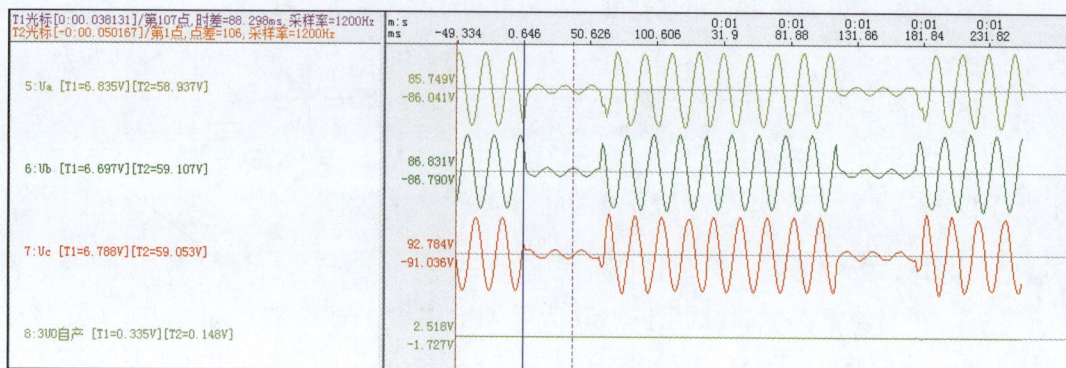

图 2-33　甲乙 1 电压波形图

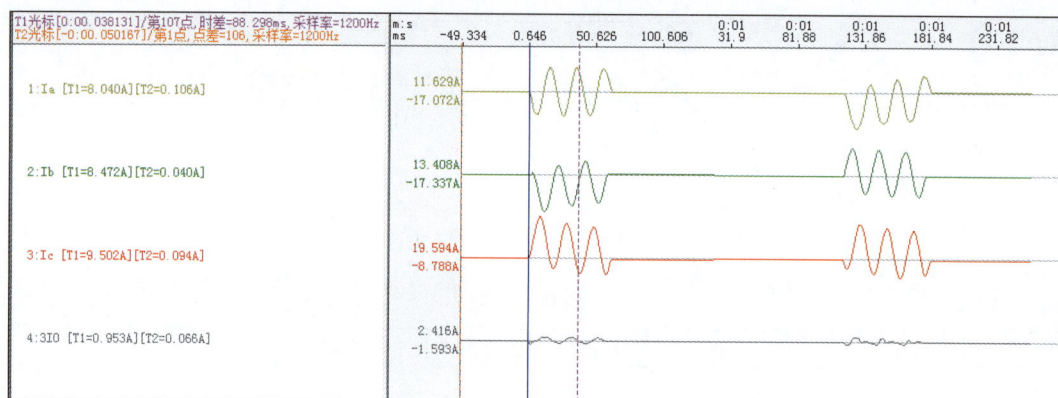

图 2-34　甲乙 1 电流波形图

（2）甲乙 2 保护。

1）甲乙 2 电压。如图 2-35 所示，故障发生时，甲乙 2 三相电压降低为 0，无零序电压。约 150ms，甲乙 2 断路器三相跳开，甲站三相电压未恢复。约 1190ms，甲乙 2 断路器重合，三相短路故障未消除，三相电压降低为 0，无零序电压。约 1230ms，甲乙 2 断路器重合失败，断路器三相跳开，甲站三相电压恢复。

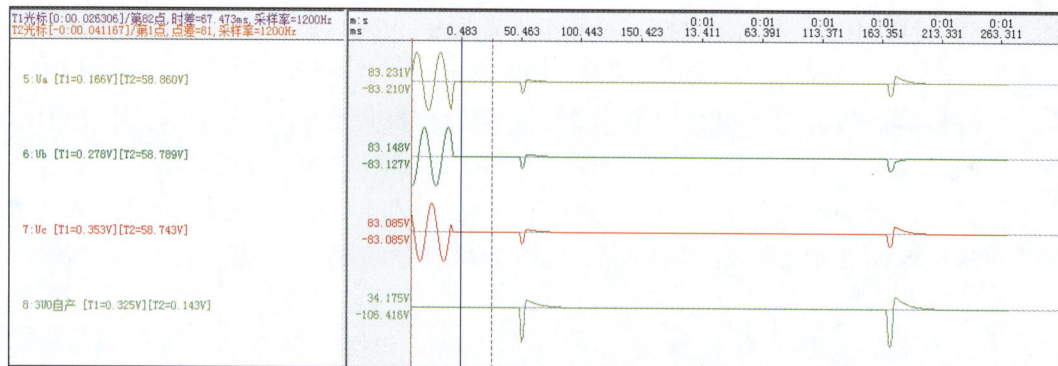

图 2-35　甲乙 2 电压波形图

2）甲乙 2 电流。如图 2-36 所示，故障发生时，甲乙 2 三相负荷电流消失，无零序电流。约 150ms，甲乙 2 断路器三跳开，三相电流为 0。约 1190ms，甲乙 2 断路器重合，相短路故障未消除，三相电流为 0，无零序电流。约 1230ms，甲乙 2 断路器重合失败，三相跳开，三相电流降为 0。

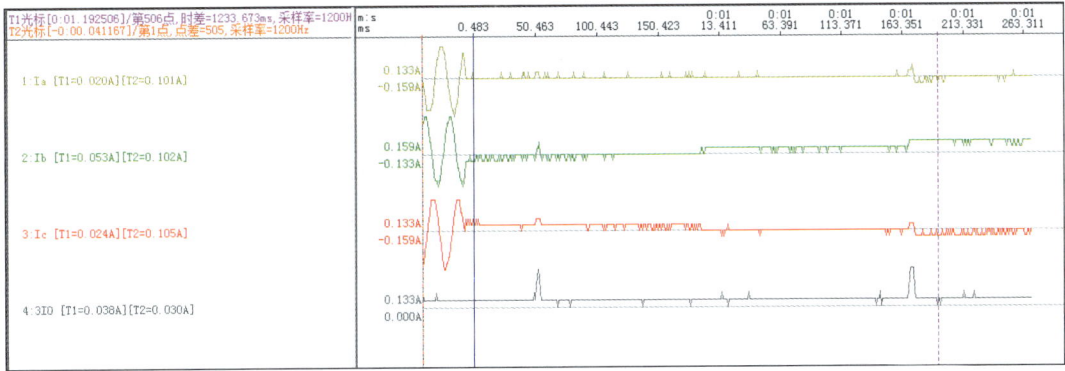

图 2-36 甲乙 2 电流波形图

（3）故障电流、电压相量分析。

1）甲乙 1 三相电流、电压。如图 2-37 和图 2-38 所示，当在 110kV 甲乙线路靠近甲站处发生 ABC 三相金属性短路永久性故障时，甲站故障特征如下：

a. 甲站 ABC 相电流增大，ABC 相电压降低；

b. 甲站无零序电流、零序电压；

c. 甲站相电流超前相电流 80° 左右。

	通道	实部	虚部	向量
✓	1:Ia	11.616A	0.000A	8.214A∠0.000°
✓	2:Ib	-5.559A	-8.020A	6.900A∠-124.728°
✓	3:Ic	-6.193A	8.361A	7.357A∠126.525°
✓	4:3I0	-0.097A	0.446A	0.323A∠102.311°
✓	5:Ua	-5.617V	17.542V	13.025V∠107.754°
✓	6:Ub	20.357V	-21.178V	20.772V∠-46.132°
✓	7:Uc	-14.719V	3.786V	10.747V∠165.574°

图 2-37 甲乙 1 电压、电流采样值

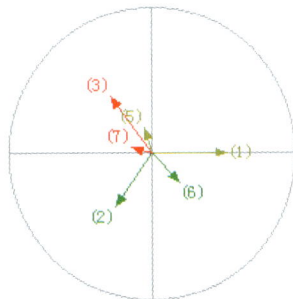

图 2-38 甲乙 1 电压、电流相量图

2）甲乙 2 三相电流、电压。如图 2-39 和图 2-40 所示，当在 110kV 甲乙线路靠近甲站处发生 ABC 三相金属性短路永久性故障时，乙站故障特征总结如下：

a. 乙站 ABC 相电流电压均为 0；

b. 乙站无零序电流、零序电压。

	通道	实部	虚部	向量
✔	1:Ia	0.010A	0.000A	0.007A∠0.000°
✔	2:Ib	0.000A	-0.000A	0.000A∠-39.520°
✔	3:Ic	0.005A	-0.004A	0.005A∠-37.124°
✔	4:3I0	0.005A	-0.007A	0.006A∠-54.394°
✔	5:Ua	-6.620V	-2.495V	5.002V∠-159.353°
✔	6:Ub	-0.529V	5.058V	3.596V∠95.967°
✔	7:Uc	-6.589V	-2.494V	4.982V∠-159.266°

图 2-39　甲乙 2 电压、电流采样值

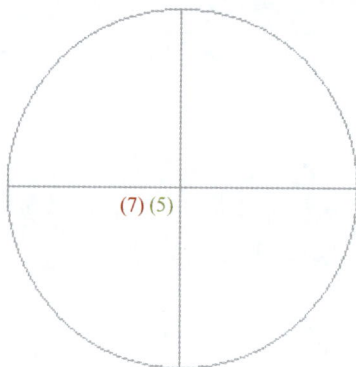

图 2-40　甲乙 2 电压、电流相量图

案例五：相间经过渡电阻短路永久性故障

1. 故障前运行方式

220kV 甲站与 110kV 乙站之间有 110kV 甲乙线，线路全长 13km，甲站为电源侧，乙站为负荷侧，线路两侧的断路器为三相联动机构。两侧线路保护均单套配置，型号为 CSC-103，重合闸方式采用三相重合闸。故障前运行方式如图 2-41 所示。

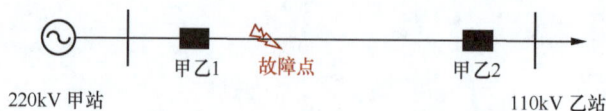

图 2-41　故障前一次设备运行状态

2. 故障过程简介

某日，在 110kV 甲乙线路靠近甲站处，发生 BC 两相经过渡电阻短路永久性故障，甲乙线两侧三相跳闸，然后重合闸动作，随后重合失败后三相跳闸。故障后运行方式如图 2-42 所示。

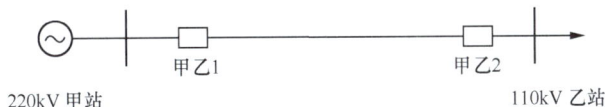

图 2-42 故障后一次设备运行状态

3. 保护动作情况

故障发生前，装置正常运行。故障发生后，保护动作情况见表 2-5。

表 2-5 保护动作情况

0ms	110kV甲乙线上靠近甲站处发生BC两相经过渡电阻短路永久性故障
约33～110ms	甲乙1纵联差动动作，BC相故障，故障测距为2.59km，跳三相。 甲乙2纵联差动动作，BC相故障，故障测距11.56km，跳三相
约1140ms	甲乙1重合闸动作，合三相。 甲乙2重合闸动作，合三相
约1250～1310ms	甲乙1纵联差动动作，BC相故障，跳三相。 甲乙2纵联差动动作，BC相故障，跳三相

4. 故障录波分析

（1）甲乙 1 保护。

1）甲乙 1 电压。如图 2-43 所示，故障发生时，甲乙 1 三相电压几乎不变，无零序电压。约 120ms，甲乙 1 断路器三相跳开，甲站三相电压恢复。约 1170ms，甲乙 1 断路器重合，三相电压无明显变化，无零序电压。约 1340ms，甲乙 1 断路器重合失败，断路器三相跳开，甲站三相电压恢复。

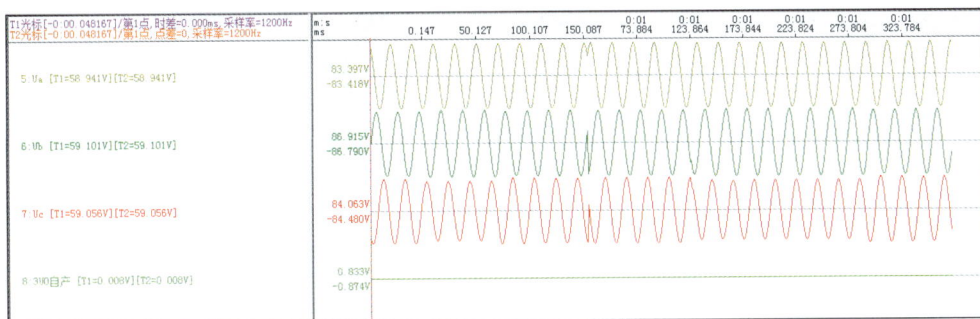

图 2-43 甲乙 1 电压波形图

2）甲乙 1 电流。如图 2-44 所示，故障发生时，甲乙 1 B 相出现 1.14A 故障电流，C 相出现与 B 相反相的故障电流 1.16A，无零序电流。约 120ms，甲乙 1 断路器三跳开，三相电流降为 0。约 1170ms，甲乙 1 断路器重合，BC 相故障未消除，甲乙 1 B 相故障电流为 1.14A，C 相故障电流为 1.17A，无零序电流。约 1340ms，甲乙 1 断路器重合失败，三相跳开，三相电流降为 0。

（2）甲乙 2 保护。

1）甲乙 2 电压。如图 2-45 所示，故障发生时，甲乙 2 三相电压不变，A 相电压为 58.85V，B 相电压为 58.78V，C 相电压为 58.74V，无零序电压。约 180ms，甲乙 2 断路器三相跳开，甲站三相电压为 0。约 1170ms，甲乙 2 断路器重合，BC 相短路故障未消除，三相电压恢

41

复。约 1370ms，甲乙 2 断路器重合失败，断路器三相跳开，甲站三相电压为 0。

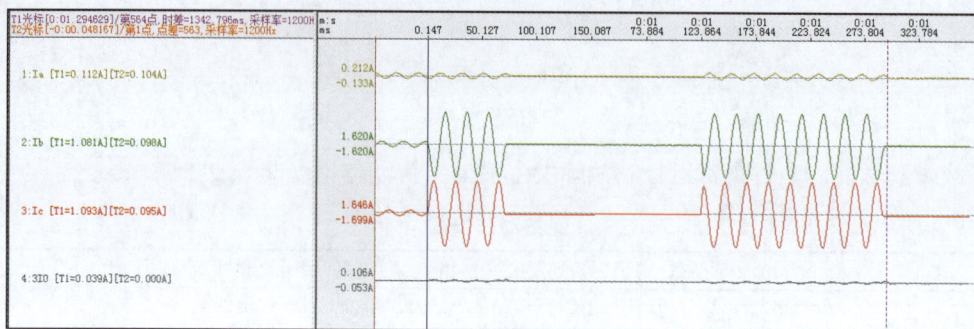

图 2-44　甲乙 1 电流波形图

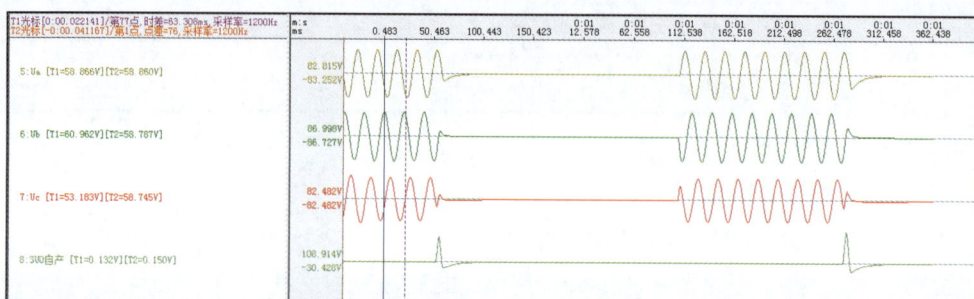

图 2-45　甲乙 2 电压波形图

2）甲乙 2 电流。如图 2-46 所示，故障发生时，甲乙 2 三相负荷电流不变，无零序电流。约 180ms，甲乙 2 断路器三跳开，三相电流降为 0。约 1170ms，甲乙 2 断路器重合，甲乙 2 三相无电流，无零序电流。约 1370ms，甲乙 2 断路器重合失败，三相跳开，三相电流降为 0。

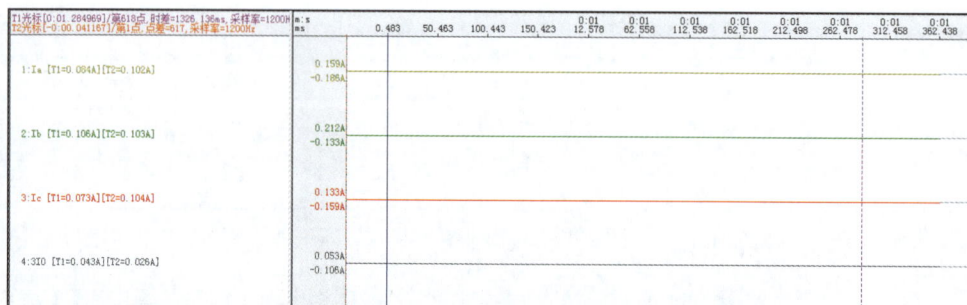

图 2-46　甲乙 2 电流波形图

（3）故障电流、电压相量分析。

1）甲乙 1 三相电流、电压。如图 2-47 和图 2-48 所示，当在 110kV 甲乙线路靠近甲站处发生 BC 两相经过渡电阻短路永久性故障时，甲站故障特征总结如下：

a. 甲站 BC 相电流增大，BC 相电压几乎不变；

b. 甲站无零序电流、零序电压；

c. 甲站 B 相电流与 C 相电流大小相等，方向相反。

通道		实部	虚部	向量
✓ ∿	1:Ia	0.142A	-0.000A	0.100A∠-0.000°
✓ ∿	2:Ib	0.181A	-1.601A	1.139A∠-83.550°
✓ ∿	3:Ic	-0.324A	1.613A	1.163A∠101.351°
✓ ∿	4:3I0	-0.010A	0.023A	0.018A∠114.012°
✓ ∿	5:Ua	79.286V	25.710V	58.937V∠17.966°
✓ ∿	6:Ub	-27.425V	-81.775V	60.989V∠-108.540°
✓ ∿	7:Uc	-52.042V	55.987V	54.050V∠132.909°

图 2-47　甲乙 1 电压、电流采样值

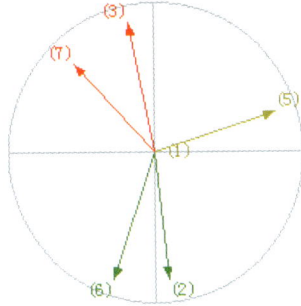

图 2-48　甲乙 1 电压、电流相量图

2）甲乙 2 三相电流、电压。如图 2-49 和图 2-50 所示，当在 110kV 甲乙线路靠近甲站处发生 BC 两相经过渡电阻短路永久性故障时，乙站故障特征总结如下：

a. 乙站 BC 相电压不变，无零序电压；

b. 乙站负荷电流不变，无零序电流。

通道		实部	虚部	向量
✓ ∿	1:Ia	0.145A	0.000A	0.102A∠0.000°
✓ ∿	2:Ib	-0.095A	-0.114A	0.105A∠-129.702°
✓ ∿	3:Ic	-0.054A	0.122A	0.095A∠113.856°
✓ ∿	4:3I0	0.000A	0.000A	0.000A∠65.988°
✓ ∿	5:Ua	-78.507V	-27.696V	58.866V∠-160.568°
✓ ∿	6:Ub	26.438V	82.077V	60.974V∠72.146°
✓ ∿	7:Uc	51.908V	-54.433V	53.186V∠-46.360°

图 2-49　甲乙 2 电压、电流采样值

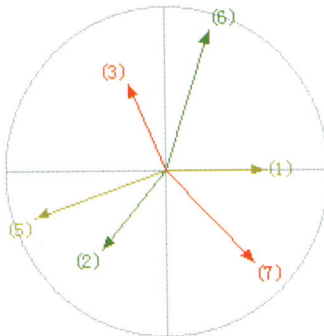

图 2-50　甲乙 2 电压、电流相量图

43

第二节　220kV 线 路 故 障

案例一：单相经过渡电阻接地永久性故障

1. 故障前运行方式

A 站为 500kV 昌世变电站，B 站为 220kV 顺安变电站。顺安变电站为智能站，昌世变电站为常规站。220kVⅡ昌顺线双套线路保护配置 NSR-303、WXH-803。故障前，全站设备均按照正常方式运行，运行方式如图 2-51 所示。

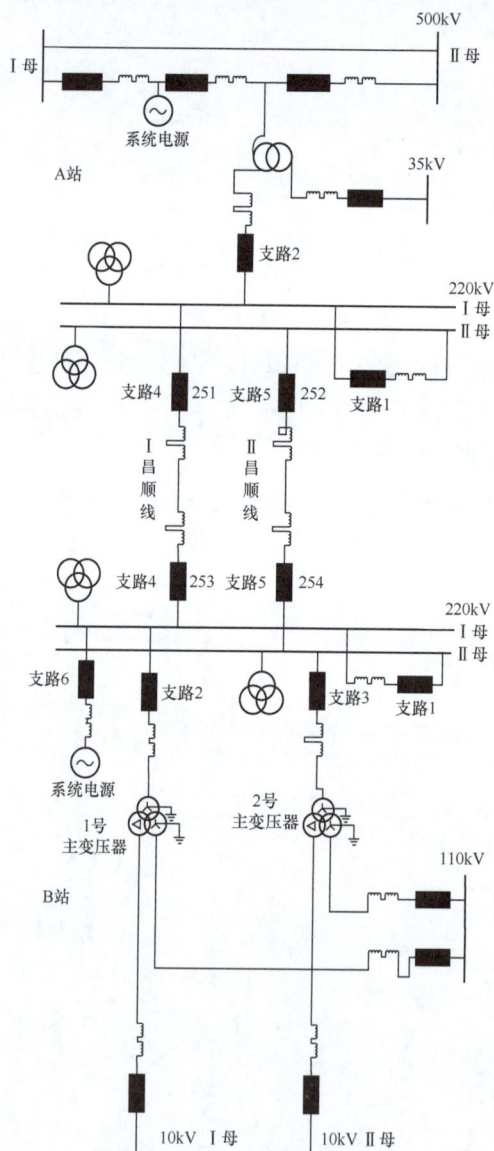

图 2-51　故障前运行方式

2. 故障过程简介

顺安变电站Ⅱ昌顺2（254）出口处，B相经过渡电阻永久接地。故障后昌世变电站Ⅱ昌顺1断路器（252）三相分位，顺安变电站Ⅱ昌顺2断路器（254）三相分位。故障后运行方式如图2-52所示。

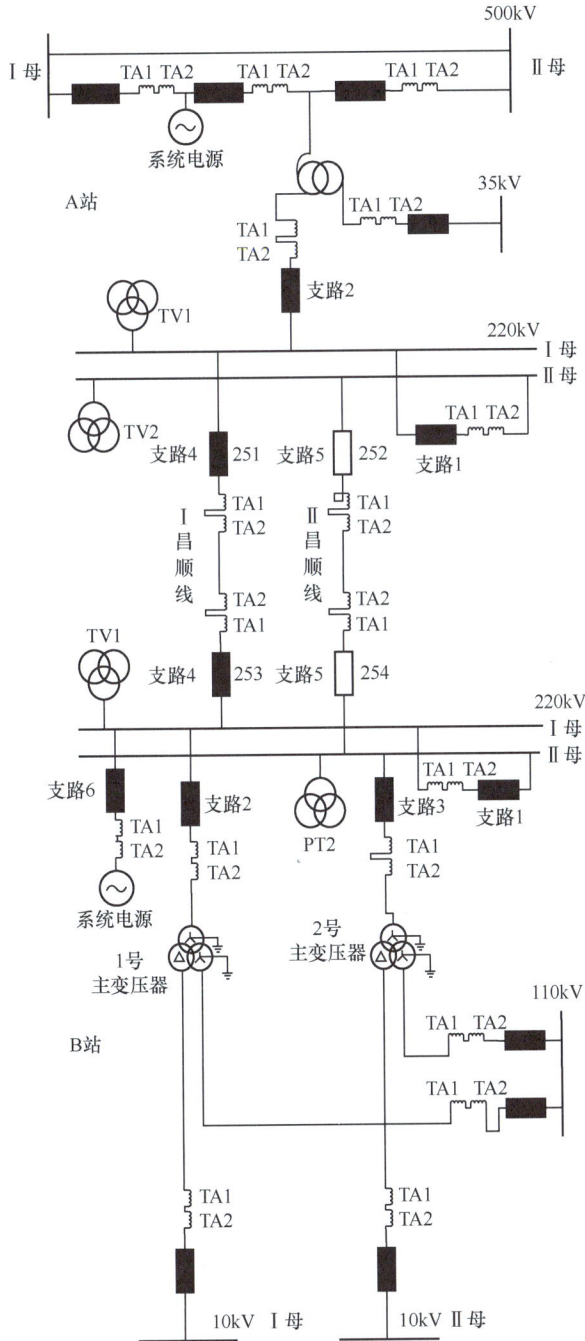

图2-52　故障后运行方式

3. 保护动作情况

故障发生前，装置正常运行。故障发生后，保护动作情况见表 2-6。

表 2-6 保护动作情况

0ms	顺安变电站Ⅱ昌顺2出口处B相经过渡电阻永久接地故障
约16ms	顺安变电站Ⅱ昌顺线通道1、通道2差动保护动作，分相差动动作。Ⅱ昌顺2断路器B相跳闸。昌世变电站Ⅱ昌顺线通道1、通道2差动保护动作，分相差动动作。Ⅱ昌顺1断路器B相跳闸
约1061ms后	顺安变电站Ⅱ昌顺2断路器重合闸动作，Ⅱ昌顺2断路器B相重合。昌世变电站Ⅱ昌顺1断路器重合闸动作，Ⅱ昌顺1断路器B相重合
约1138ms	顺安变电站Ⅱ昌顺线通道1、通道2差动保护动作，分相差动动作，Ⅱ昌顺2断路器三相跳闸。昌世变电站Ⅱ昌顺线通道1、通道2差动保护动作，分相差动动作，Ⅱ昌顺1断路器三相跳闸
约1170ms	故障完全隔离

4. 故障录波分析

昌世变电站 220kV Ⅱ昌顺线故障录波如图 2-53 和图 2-54 所示。

（1）220kV Ⅱ昌顺线线路电流。

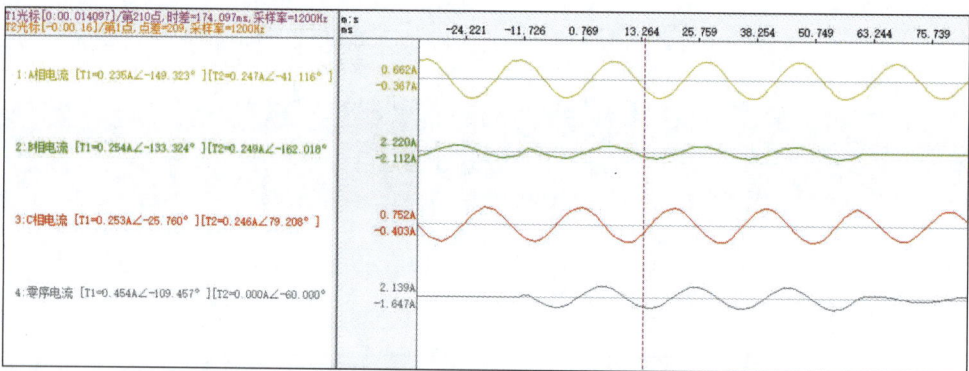

图 2-53 昌世变电站 220kV Ⅱ昌顺线线路电流波形图

（2）220kV Ⅱ昌顺线线路电压。

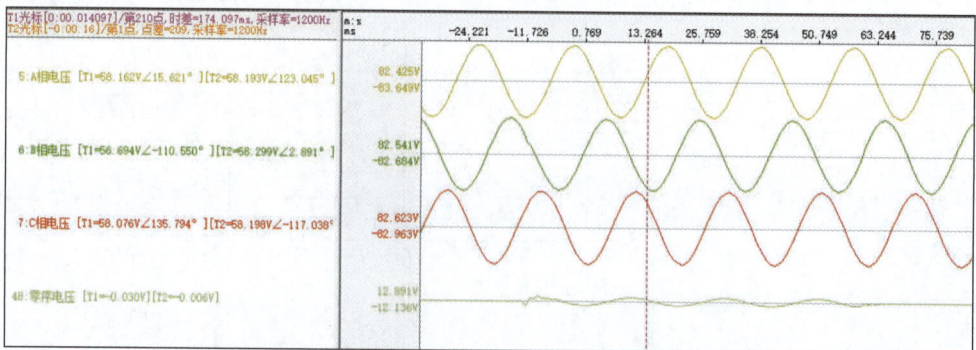

图 2-54 昌世变电站 220kV Ⅱ昌顺线线路电压波形图

顺安变电站 220kV Ⅱ昌顺线故障录波如图 2-55 和图 2-56 所示。

（1）220kV Ⅱ昌顺线线路电流。

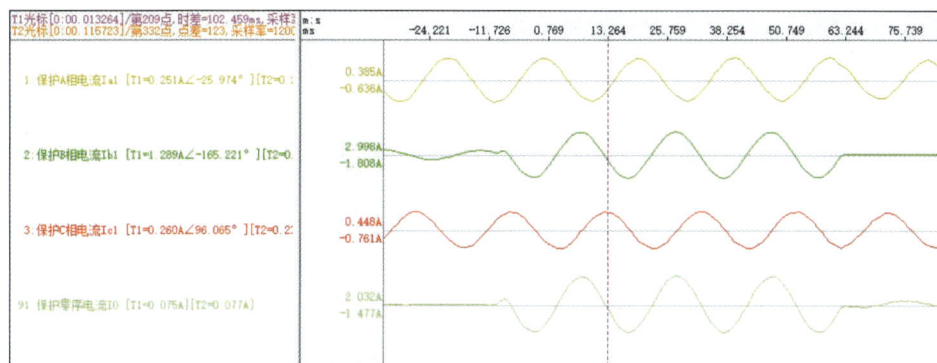

图 2-55 顺安变电站 220kV Ⅱ 昌顺线线路电流波形图

（2）220kV Ⅱ 昌顺线线路电压。

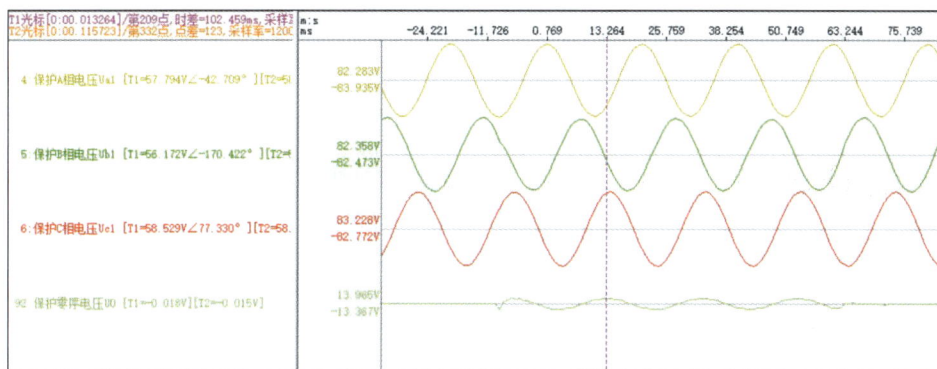

图 2-56 顺安变电站 220kV Ⅱ 昌顺线线路电压波形图

故障发生时，220kV 系统 B 相电流增大，电压变化不大。Ⅱ昌顺线顺安变电站侧 B 相电压滞后 B 相电流 5°左右，昌世变电站侧 B 相电压超前 B 相电流 22°左右；线路两端均存在零序电压、零序电流，且零序电压滞后零序电流 100°左右。说明系统发生 B 相经过渡电阻接地故障。

由于两侧Ⅱ昌顺线接地距离Ⅰ段均未动作，说明该故障为高阻接地故障；对故障电流、电压大小进行定量分析可得，故障点位于顺安变电站Ⅱ昌顺 2 出口处。由于保护经历了重合闸后又加速三跳，说明该故障为永久性故障。

综上，该故障为Ⅱ昌顺线顺安变电站Ⅱ昌顺 2 出口处 B 相经过渡电阻永久接地故障。

5．单相接地故障录波图要点

（1）一相电流增大，一相电压降低；出现零序电流、零序电压。

（2）电流增大、电压降低为同一相别。

（3）零序电流相位与故障相电流同相，零序电压与故障相电压反相。

（4）当线路发生单相金属性接地时，故障相电压超前故障相电流约 80°；零序电流超前零序电压 110°左右。当线路发生单相经过渡电阻接地时，两非故障相电压差与故障前保持不变，保护安装处故障相电流滞后故障相电压角度变化范围为 0°～80°。

案例二：两相经过渡电阻接地永久性故障

1. 故障前运行方式

A 站为 500kV 昌世变电站，B 站为 220kV 顺安变电站。顺安变电站为智能站，昌世变电站为常规站。220kVⅡ昌顺线双套线路保护配置 NSR-303、WXH-803。故障前，全站设备均按照正常方式运行，运行方式如图 2-57 所示。

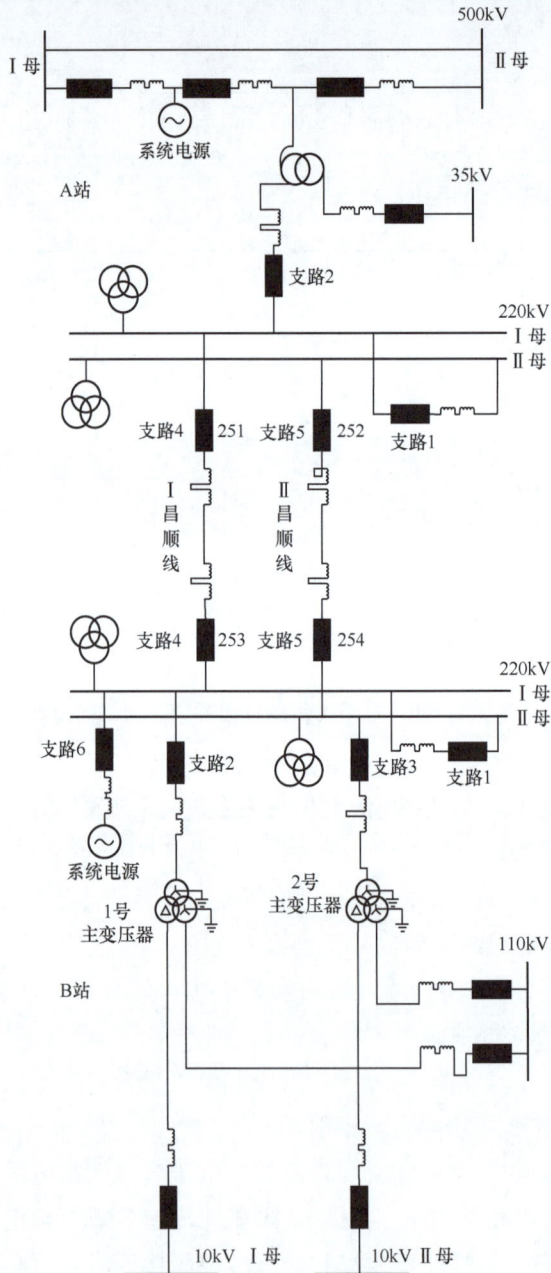

图 2-57　故障前运行方式

2．故障过程简介

顺安变电站Ⅱ昌顺 2（254）出口处，AB 相间经过渡电阻永久接地。故障后昌世变电站Ⅱ昌顺 1 断路器（252）三相分位，顺安变电站Ⅱ昌顺 2 断路器（254）三相分位。故障后运行方式如图 2-58 所示。

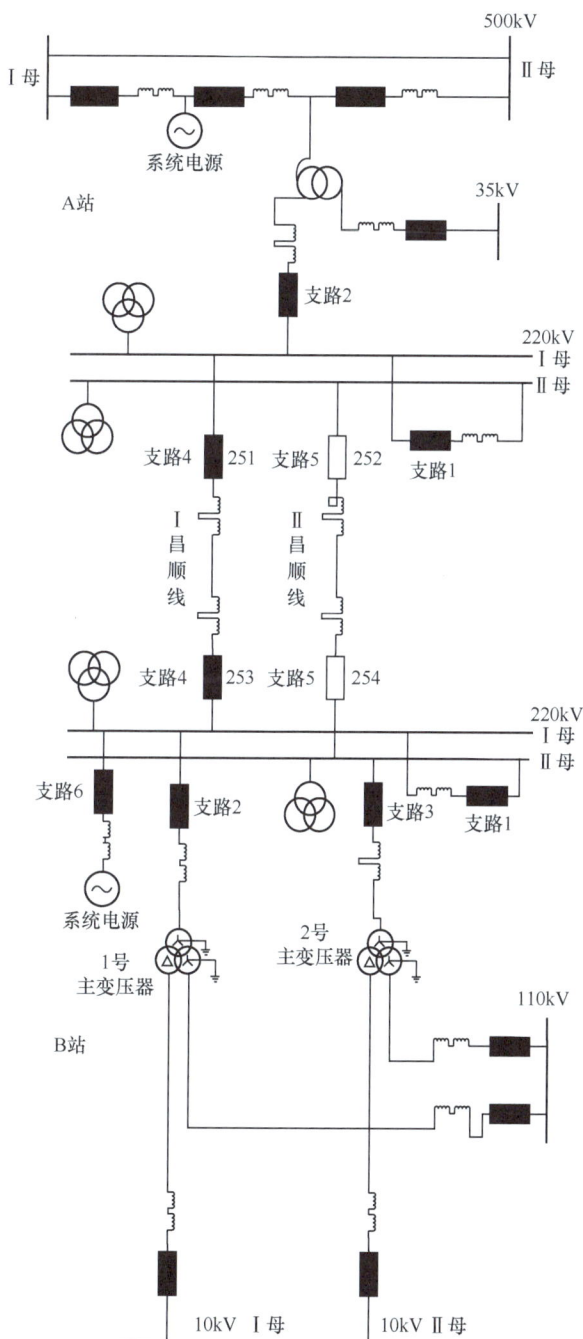

图 2-58　故障后运行方式

3．保护动作情况

故障发生前，装置正常运行。故障发生后，保护动作情况见表 2-7。

表 2-7   保护动作情况

0ms	顺安变电站Ⅱ昌顺2出口处AB相间经过渡电阻永久接地故障
约19ms	顺安变电站Ⅱ昌顺线通道1、通道2差动保护动作，分相差动动作。Ⅱ昌顺2断路器A、B、C三相跳闸。昌世变电站Ⅱ昌顺线通道1、通道2差动保护动作，分相差动动作。Ⅱ昌顺1断路器A、B、C三相跳闸
约70ms后	故障完全隔离

4．故障录波分析

昌世变电站 220kVⅡ昌顺线故障录波如图 2-59 和图 2-60 所示。

（1）220kVⅡ昌顺线线路电流。

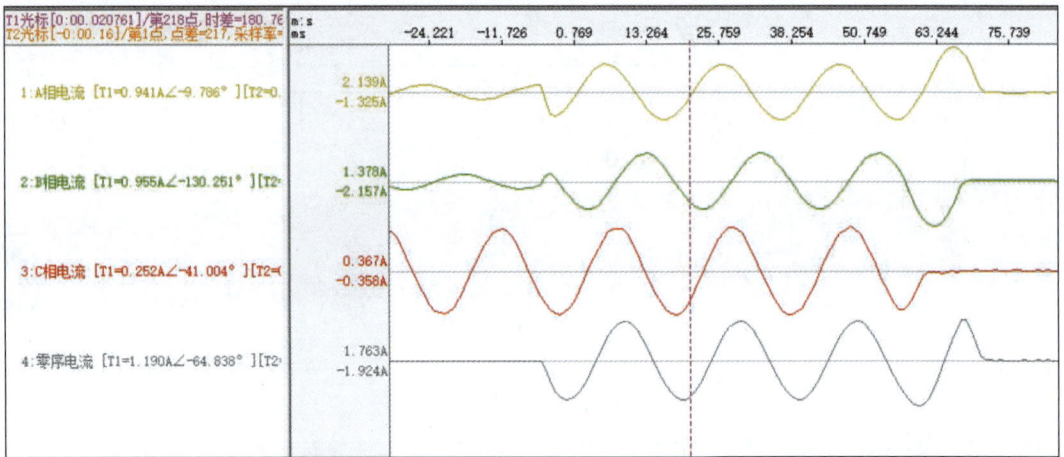

图 2-59　昌世变电站 220kVⅡ昌顺线线路电流波形图

（2）220kVⅡ昌顺线线路电压。

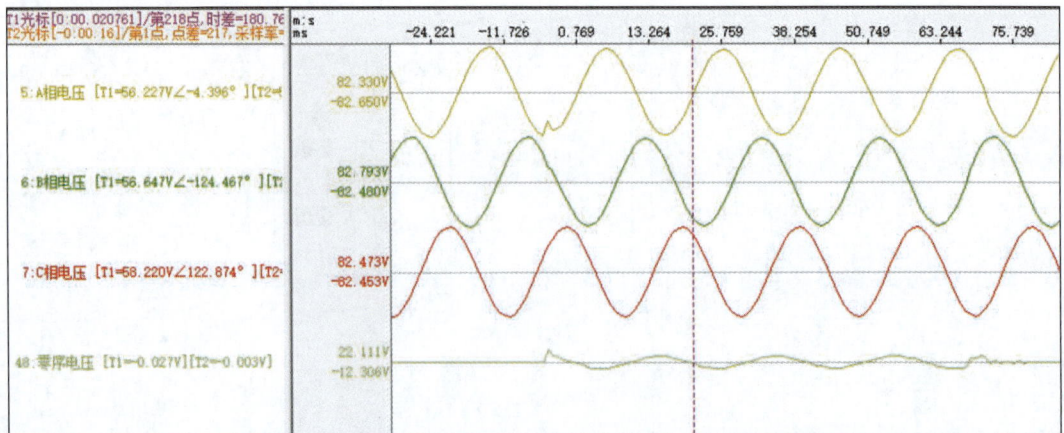

图 2-60　昌世变电站 220kVⅡ昌顺线线路电压波形图

顺安变电站 220kV Ⅱ 昌顺线故障录波如图 2-61 和图 2-62 所示。

（1）220kV Ⅱ 昌顺线线路电流。

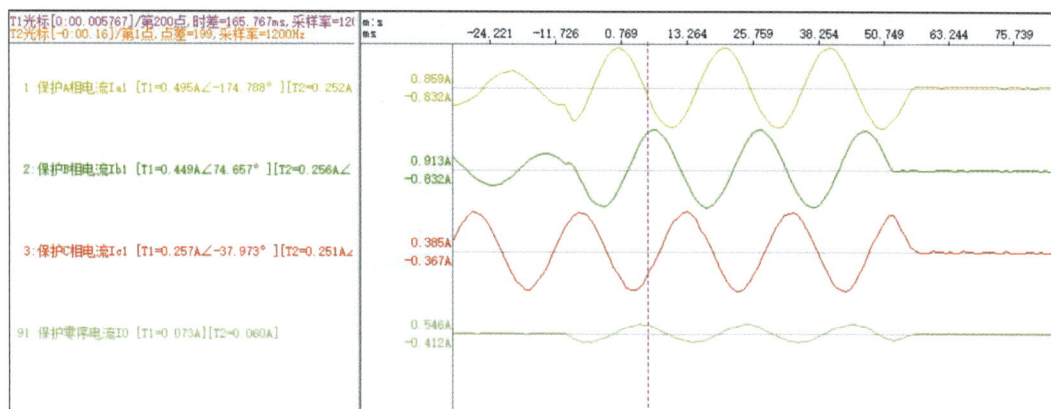

图 2-61 顺安变电站 220kV Ⅱ 昌顺线线路电流波形图

（2）220kV Ⅱ 昌顺线线路电压。

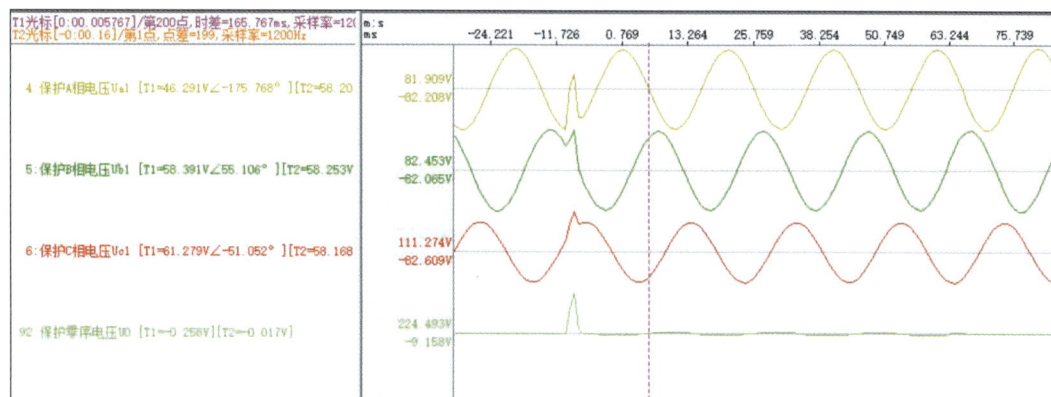

图 2-62 顺安变电站 220kV Ⅱ 昌顺线线路电压波形图

故障发生时，220kV 系统 A、B 相电流增大，顺安变电站侧 C 相电压增大。Ⅱ 昌顺线顺安变电站侧 A、B 相电压大小相等，A 相电压超前 B 相电压 120°；A、B 相电流大小相等，A相电流超前 B 相电流 120°；说明该线路发生 AB 相相间故障，且为近顺安变电站侧故障。

线路两侧均存在零序电流、零序电压，说明该线路发生接地故障。定量分析可得，A、B 相接地电阻均大于 0Ω，且两侧距离保护均未动作，说明该线路发生高阻接地故障。

综上，该故障为 Ⅱ 昌顺线顺安变电站 Ⅱ 昌顺 2 出口处 B 相经过渡电阻永久接地故障。

案例三：两相金属性短路永久性故障

1. 故障前运行方式

A 站为 500kV 昌世变电站，B 站为 220kV 顺安变电站。顺安变电站为智能站，昌世变

51

电站为常规站。220kVⅡ昌顺线双套线路保护配置 NSR-303、WXH-803。故障前，全站设备均按照正常方式运行，运行方式如图 2-63 所示。

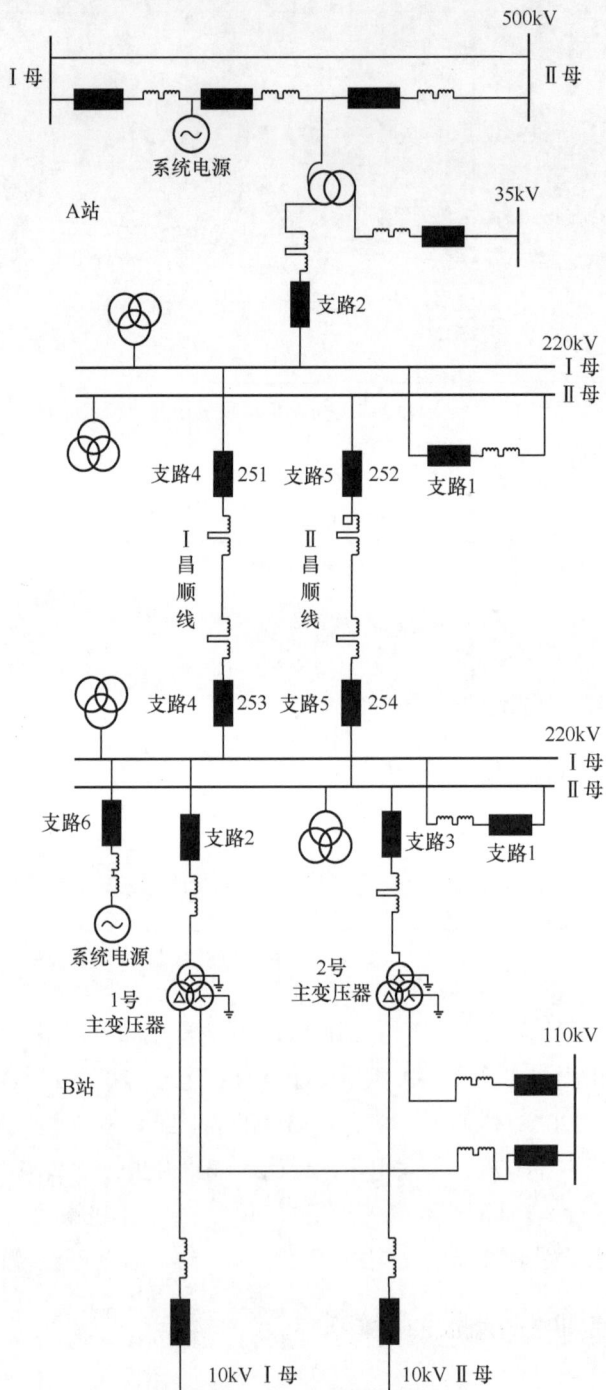

图 2-63　故障前运行方式

2. 故障过程简介

Ⅱ昌顺线线路中段发生 A、B 相间金属性永久性短路。故障后昌世变电站Ⅱ昌顺 1
断路器（252）三相分位，顺安变电站Ⅱ昌顺 2 断路器（254）三相分位。故障后运行方
式如图 2-64 所示。

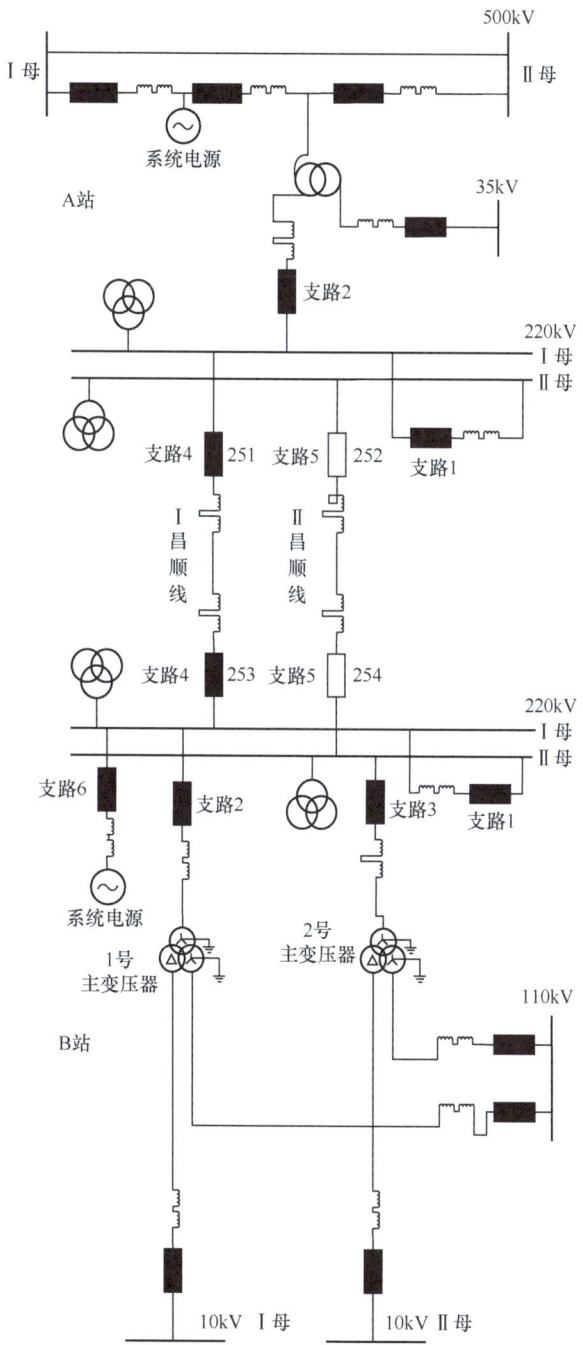

图 2-64　故障后运行方式

3. 保护动作情况

故障发生前，装置正常运行。故障发生后，保护动作情况见表 2-8。

表 2-8　　保护动作情况

0ms	Ⅱ昌顺线线路中段发生A、B相间金属性永久性短路故障
约7ms	顺安变电站Ⅱ昌顺线通道1、通道2差动保护动作，分相差动动作，相间距离Ⅰ段动作。Ⅱ昌顺2断路器A、B、C三相跳闸。 昌世变电站Ⅱ昌顺线通道1、通道2差动保护动作，分相差动动作，相间距离Ⅰ段动作。Ⅱ昌顺1断路器A、B、C三相跳闸
约50ms后	故障完全隔离

4. 故障录波分析

昌世变电站 220kV Ⅱ昌顺线故障录波如图 2-65 和图 2-66 所示。

（1）220kV Ⅱ昌顺线线路电流。

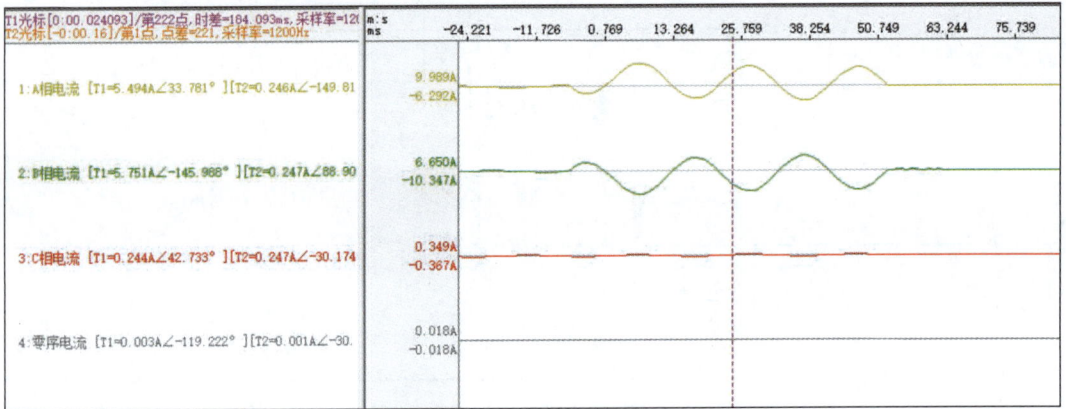

图 2-65　昌世变电站 220kV Ⅱ昌顺线线路电流波形图

（2）220kV Ⅱ昌顺线线路电压。

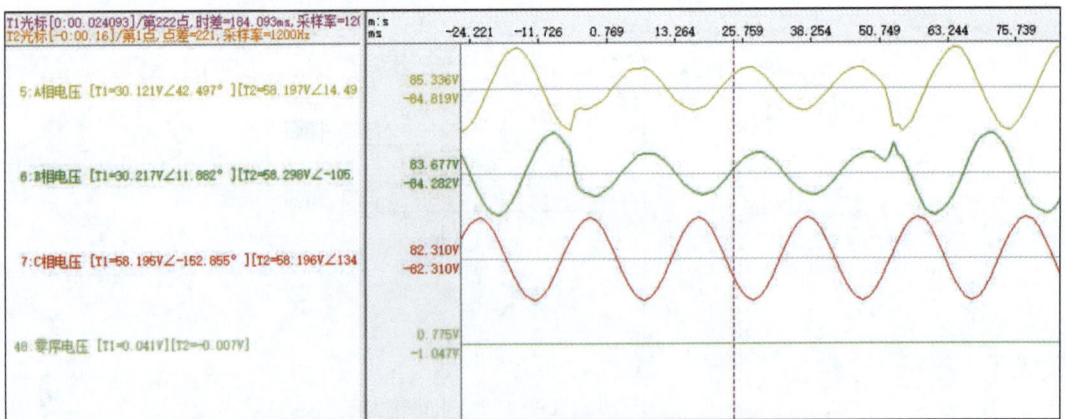

图 2-66　昌世变电站 220kV Ⅱ昌顺线线路电压波形图

顺安变电站 220kV Ⅱ 昌顺线故障录波如图 2-67 和图 2-68 所示。

（1）220kV Ⅱ 昌顺线线路电流。

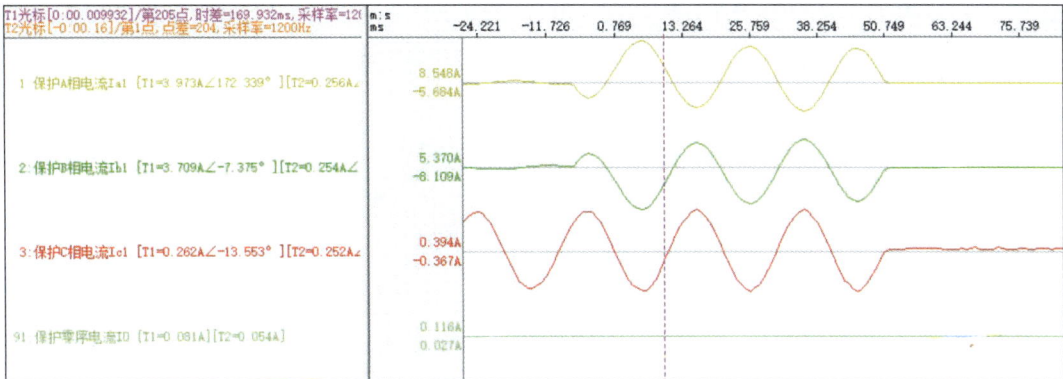

图 2-67　顺安变电站 220kV Ⅱ 昌顺线线路电流波形图

（2）220kV Ⅱ 昌顺线线路电压。

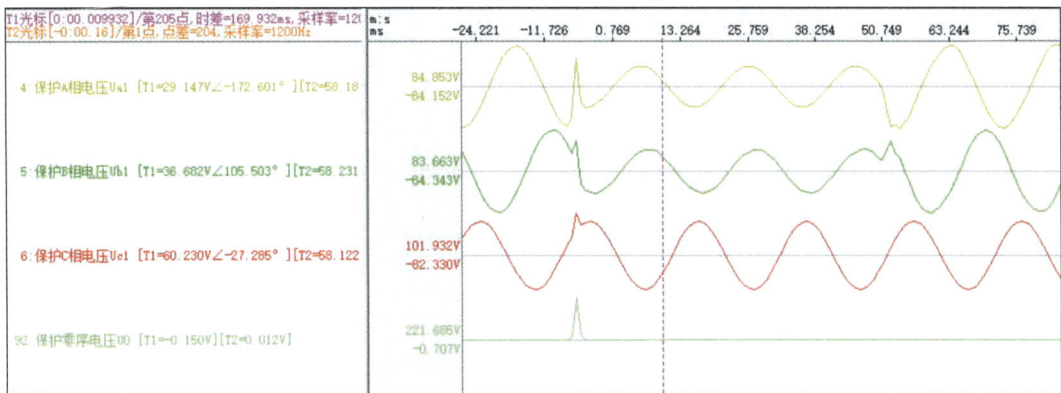

图 2-68　顺安变电站 220kV Ⅱ 昌顺线线路电压波形图

故障发生时，220kV 系统 A、B 相电流增大，电压几乎无变化。线路两侧 A、B 相电流大小相等，方向相反，C 相电流几乎无变化，说明该线路发生 A、B 相间短路。

线路两侧均未产生零序电流、零序电压，说明该线路发生金属性故障。三相电压均未发生明显变化，说明故障点位于线路中段。

综上，该故障为 Ⅱ 昌顺线线路中段发生 A、B 相间金属性永久性短路故障。

5.　两相短路故障录波图要点

（1）两相电流增大，两相电压降低；没有零序电流、零序电压。

（2）电流增大、电压降低为相同两个相别。

（3）两个故障相电流基本反相。

（4）故障相间电压超前故障相间电流约 80°。

案例四：三相金属性短路永久性故障

1. 故障前运行方式

A 站为 500kV 昌世变电站，B 站为 220kV 顺安变电站。顺安变电站为智能站，昌世变电站为常规站。220kV Ⅱ 昌顺线双套线路保护配置 NSR-303、WXH-803。故障前，全站设备均按照正常方式运行，运行方式如图 2-69 所示。

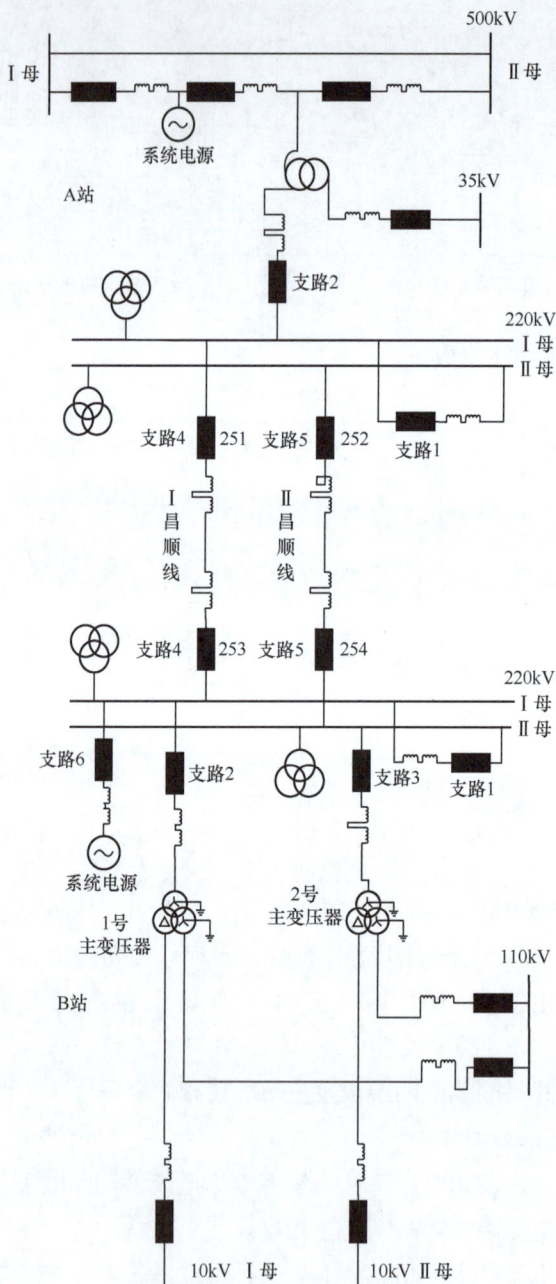

图 2-69　故障前运行方式

2. 故障过程简介

Ⅱ昌顺线近顺安变电站侧发生 A、B、C 三相相间金属性永久性短路。故障后昌世变电站Ⅱ昌顺 1 断路器（252）三相分位，顺安变电站Ⅱ昌顺 2 断路器（254）三相分位。故障后运行方式如图 2-70 所示。

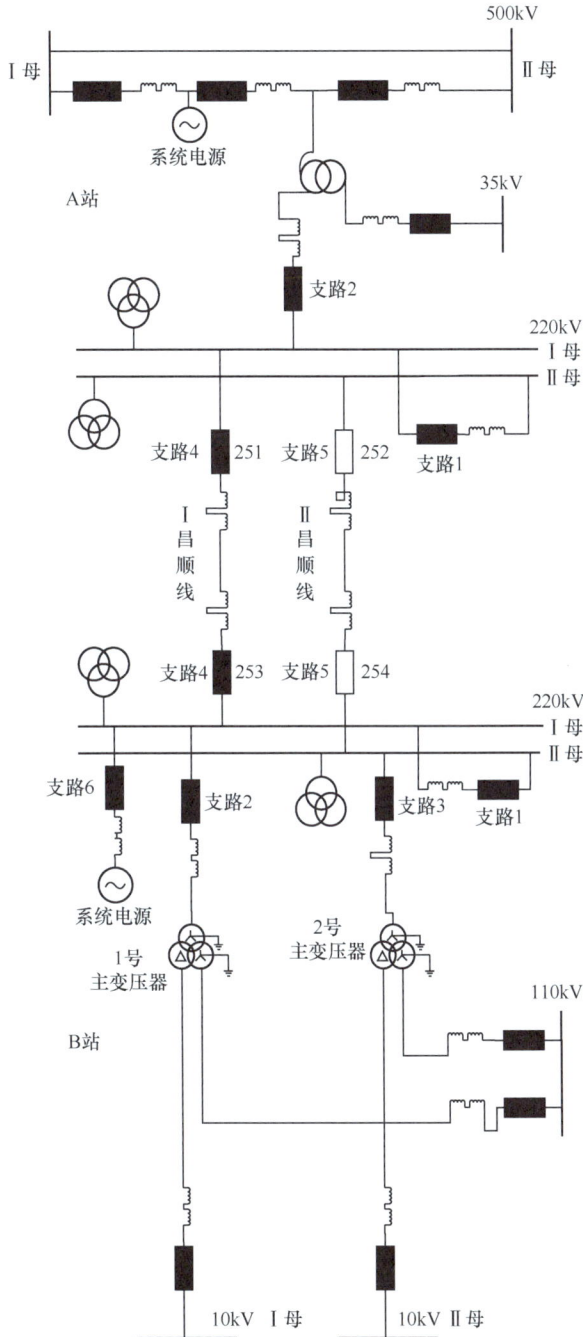

图 2-70 故障后运行方式

3. 保护动作情况

故障发生前，装置正常运行。故障发生后，保护动作情况见表2-9。

表 2-9 保护动作情况

0ms	Ⅱ昌顺线近顺安变电站侧发生A、B、C三相相间金属性永久性短路故障
约4ms	顺安变电站Ⅱ昌顺线通道1、通道2差动保护动作，分相差动动作，相间距离Ⅰ段动作。Ⅱ昌顺2断路器A、B、C三相跳闸。 昌世变电站Ⅱ昌顺线通道1、通道2差动保护动作，分相差动动作。Ⅱ昌顺1断路器A、B、C三相跳闸
约42ms后	故障完全隔离

4. 故障录波分析

昌世变电站220kVⅡ昌顺线故障录波如图2-71和图2-72所示。

（1）220kVⅡ昌顺线线路电流。

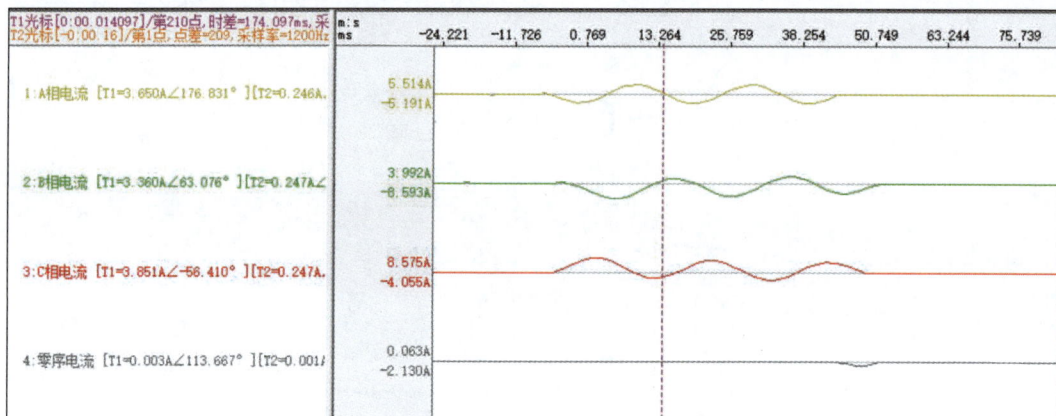

图 2-71 昌世变电站220kVⅡ昌顺线线路电流波形图

（2）220kVⅡ昌顺线线路电压。

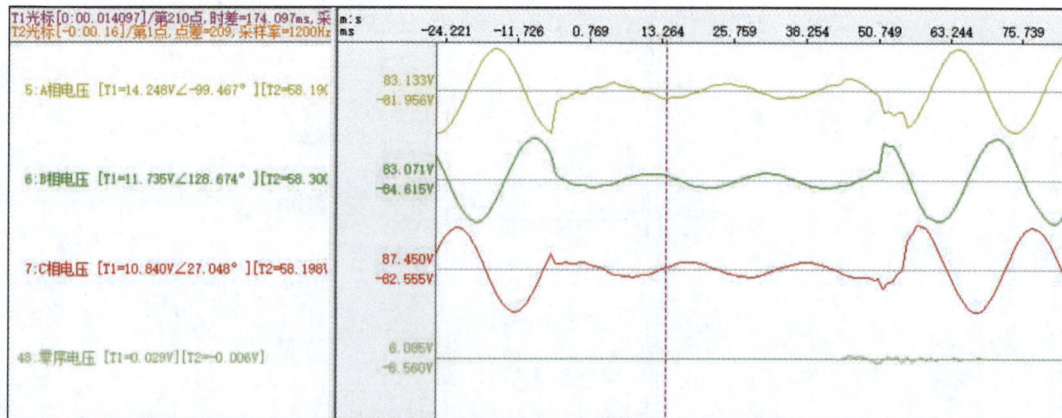

图 2-72 昌世变电站220kVⅡ昌顺线线路电压波形图

顺安变电站 220kV Ⅱ 昌顺线故障录波如图 2-73 和图 2-74 所示。

（1）220kV Ⅱ 昌顺线线路电流。

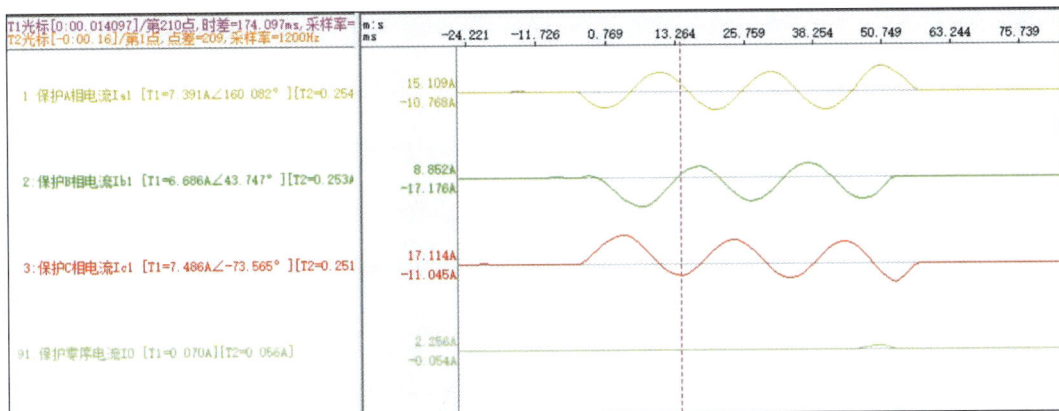

图 2-73 顺安变电站 220kV Ⅱ 昌顺线线路电流波形图

（2）220kV Ⅱ 昌顺线线路电压。

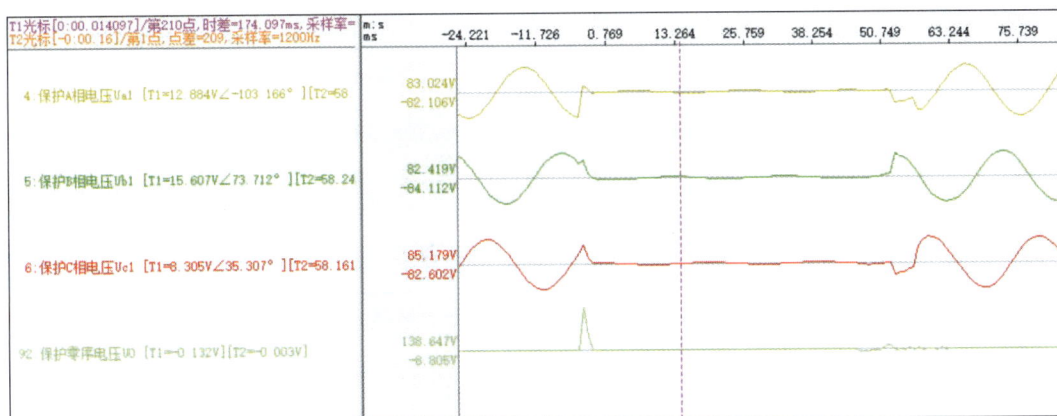

图 2-74 顺安变电站 220kV Ⅱ 昌顺线线路电压波形图

故障发生时，220kV 系统 A、B、C 三相电流增大，电压减小。线路两侧 A、B、C 三相电流、电压大小相等，呈正序分布，说明该线路发生 A、B、C 三相短路。线路两侧均未产生零序电流、零序电压，说明该线路发生金属性故障。顺安变电站侧电压降低较多，且顺安变电站侧相间距离 Ⅰ 段动作，说明故障点位于 Ⅱ 昌顺线近顺安变电站侧。

综上，该故障为 Ⅱ 昌顺线靠近顺安变电站侧发生 A、B、C 三相相间金属性永久性短路故障。

5. 三相短路故障录波图要点

（1）三相电流增大，三相电压降低；没有零序电流、零序电压。

（2）故障相电压超前故障相电流约 80°；故障相间电压超前故障相间电流同样约 80°。

1. 故障前运行方式

A 站为 500kV 昌世变电站，B 站为 220kV 顺安变电站。顺安变电站为智能站，昌世变电站为常规站。220kV Ⅱ 昌顺线双套线路保护配置 NSR-303、WXH-803。故障前，全站设备均按照正常方式运行，运行方式如图 2-75 所示。

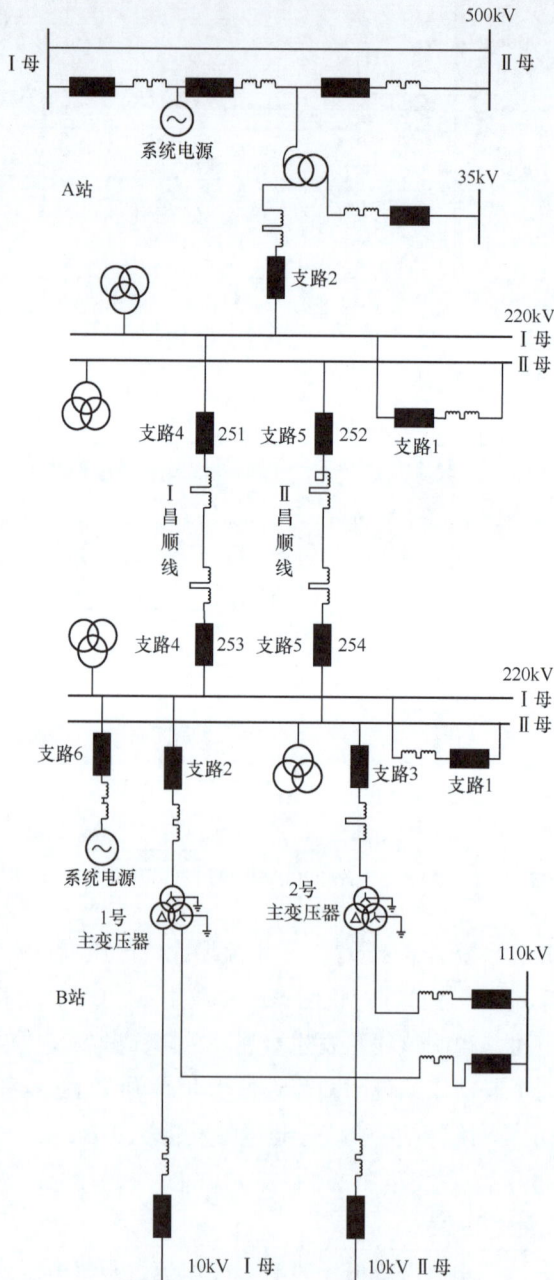

图 2-75 故障前运行方式

2. 故障过程简介

Ⅱ昌顺线 A、B 相间经过渡电阻金属性永久性短路。故障后昌世变电站Ⅱ昌顺 1 断路器（252）三相分位，顺安变电站Ⅱ昌顺 2 断路器（254）三相分位。故障后运行方式如图 2-76 所示。

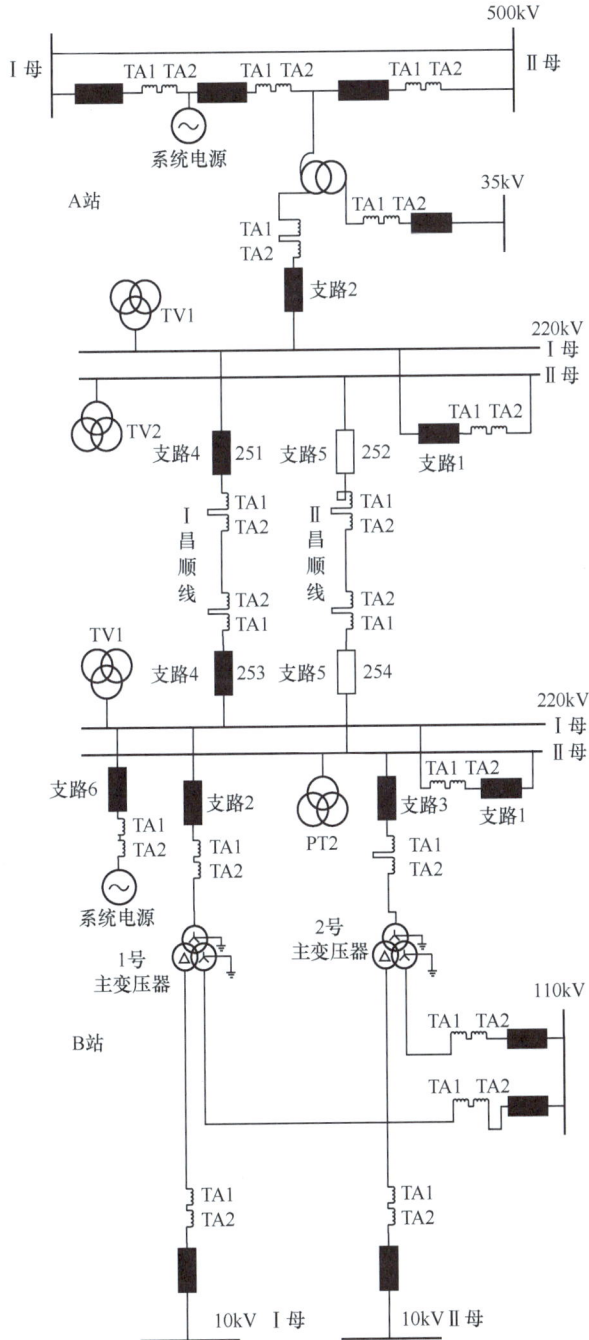

图 2-76 故障后运行方式

3. 保护动作情况

故障发生前，装置正常运行。故障发生后，保护动作情况见表 2-10。

表 2-10　　　　　　　　　　　　　　保护动作情况

0ms	Ⅱ昌顺线A、B相间经过渡电阻金属性永久性短路故障
约23ms	顺安变电站Ⅱ昌顺线通道1、通道2差动保护动作，分相差动作。Ⅱ昌顺2断路器A、B、C三相跳闸。 昌世变电站Ⅱ昌顺线通道1、通道2差动保护动作，分相差动作。Ⅱ昌顺1断路器A、B、C三相跳闸。
约62ms后	故障完全隔离

4. 故障录波分析

昌世变电站 220kVⅡ昌顺线故障录波如图 2-77 和图 2-78 所示。

（1）220kVⅡ昌顺线线路电流。

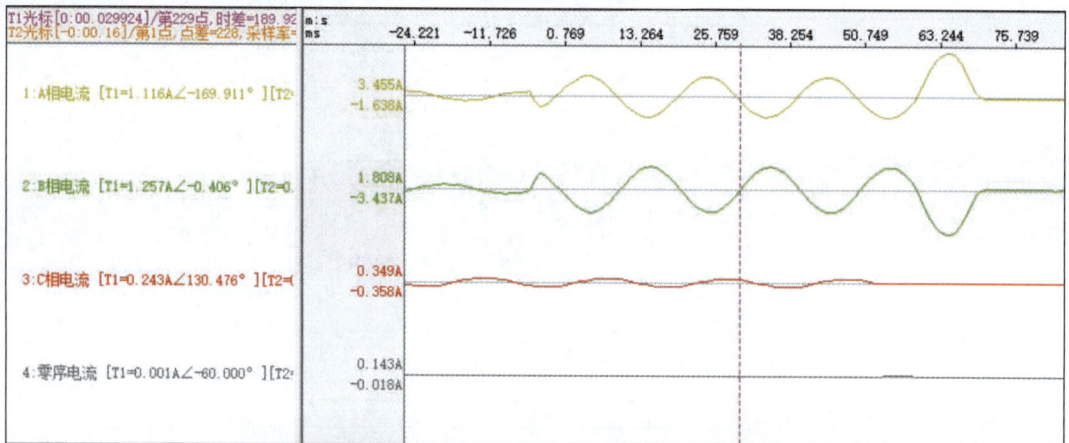

图 2-77　昌世变电站 220kVⅡ昌顺线线路电流波形图

（2）220kVⅡ昌顺线线路电压。

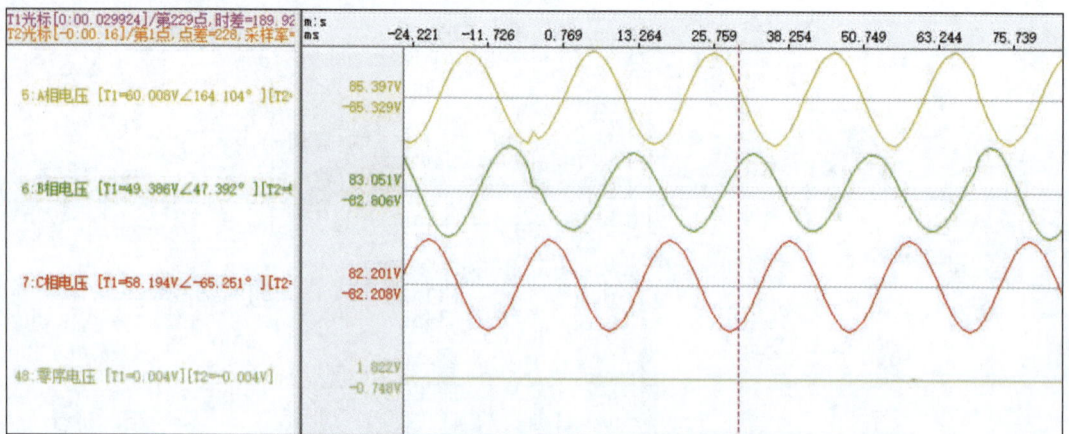

图 2-78　昌世变电站 220kVⅡ昌顺线线路电压波形图

顺安变电站 220kV Ⅱ 昌顺线故障录波如图 2-79 和图 2-80 所示。

（1）220kV Ⅱ 昌顺线线路电流。

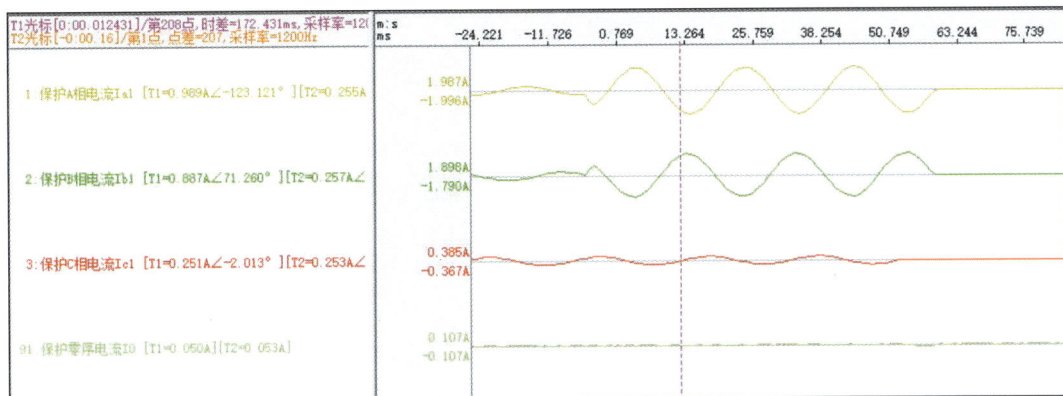

图 2-79 顺安变电站 220kV Ⅱ 昌顺线线路电流波形图

（2）220kV Ⅱ 昌顺线线路电压。

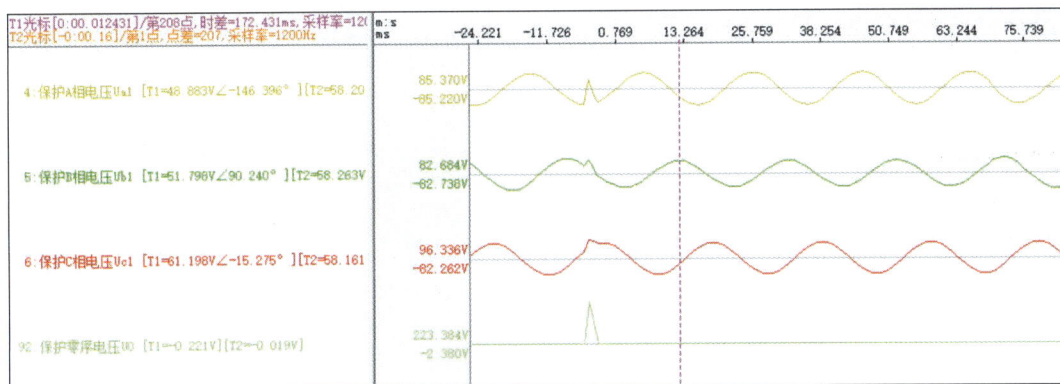

图 2-80 顺安变电站 220kV Ⅱ 昌顺线线路电压波形图

故障发生时，220kV 系统 A、B 相电流增大。线路两侧 A、B 相电流大小相等、方向相反，说明该线路发生 A、B 相间短路。线路两侧 A、B 相电压幅值不相等，其中 A 相电压幅值大于 B 相电压幅值，A、B 相电压相位相对于 C 相不对称，说明该线路发生 A、B 相间经过渡电阻短路。线路两侧均不存在零序电流、零序电压，说明该线路发生金属性短路。

综上，该故障为 Ⅱ 昌顺线 A、B 相间经过渡电阻金属性永久性短路故障。

5. 两相接地短路故障录波图要点

（1）两相电流增大，两相电压降低；出现零序电流、零序电压。

（2）电流增大、电压降低为相同两个相别。

（3）零序电流相位处于两故障相电流相位之间。

（4）故障相间电压超前故障相间电流约 80°；零序电流超前零序电压约 110°。

案例六：线路跨线故障

1. 故障前运行方式

220kV 甲站与 220kV 乙站之间由Ⅰ甲乙线、Ⅱ甲乙线双回线连接，两站均有电源。故障前运行方式如图 2-81 所示。

2. 故障过程简介

该双回线上靠近甲站处发生Ⅰ甲乙线 A 相跨Ⅱ甲乙线 B 相跨线瞬时性故障，Ⅰ甲乙线两侧保护跳 A 相、重合闸，Ⅰ甲乙线两侧保护跳 B 相、重合闸，故障后运行方式如图 2-82 所示。

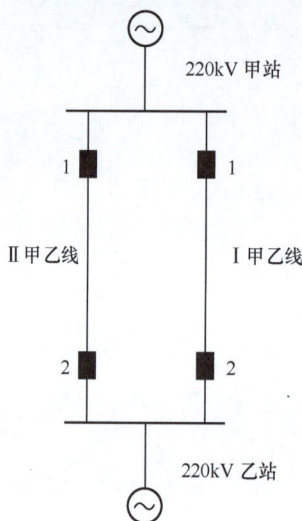

图 2-81　故障前运行方式　　　　图 2-82　故障后运行方式

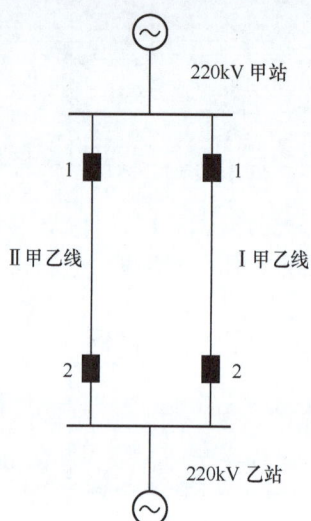

3. 保护动作情况

故障发生前，装置正常运行。故障发生后，保护动作情况见表 2-11。

表 2-11　　　　　　　　　　保护动作情况

0ms	双回线上靠近甲站处发生Ⅰ甲乙线A相跨Ⅱ甲乙线B相跨线故障
约8～18ms	Ⅰ甲乙1纵联差动保护、距离保护动作，跳A相。 Ⅰ甲乙2纵联差动保护动作，跳A相。 Ⅱ甲乙1纵联差动保护、距离保护动作，跳B相。 Ⅱ甲乙2纵联差动保护动作，跳B相
约1070ms	Ⅰ甲乙1重合闸动作，合A相。 Ⅰ甲乙2重合闸动作，合A相。 Ⅱ甲乙1重合闸动作，合B相。 Ⅱ甲乙2重合闸动作，合B相

4. 故障录波分析

（1）Ⅰ甲乙1保护。

1）Ⅰ甲乙1电压。如图 2-83 所示，故障发生时，甲站 A 相电压降低为 39V 左右，B

相电压降低为 24V 左右，C 相电压不变，Ⅰ甲乙 1 抽压同步降低，无零序电压。约 50ms，Ⅰ甲乙 1 A 相跳开，甲站三相电压恢复，Ⅰ甲乙 1 抽压降低至约为 0V。约 1200ms，Ⅰ甲乙线两侧重合成功，Ⅰ甲乙 1 抽压恢复。

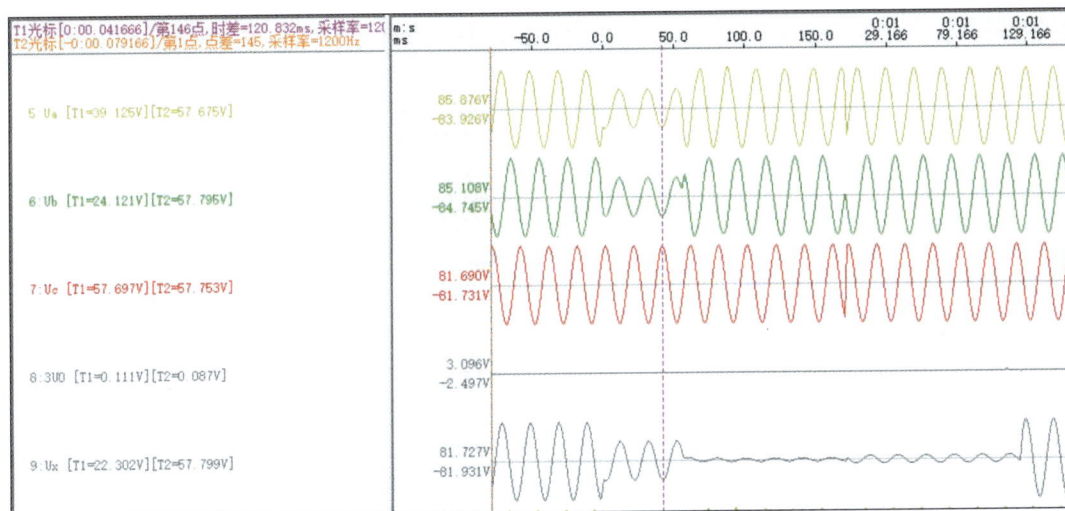

图 2-83 Ⅰ甲乙 1 线路电压波形

2）Ⅰ甲乙 1 电流。如图 2-84 所示，故障发生时，Ⅰ甲乙 1 A 相出现 4.2A 故障电流，B 相出现同相 1.4A 故障电流，零序电流约 5.7A。约 50ms，Ⅰ甲乙 1 A 相跳开，A 相电流逐渐降为 0。约 1200ms，Ⅰ甲乙线两侧 A 相重合成功，Ⅰ甲乙 1 三相电流恢复为负荷电流。

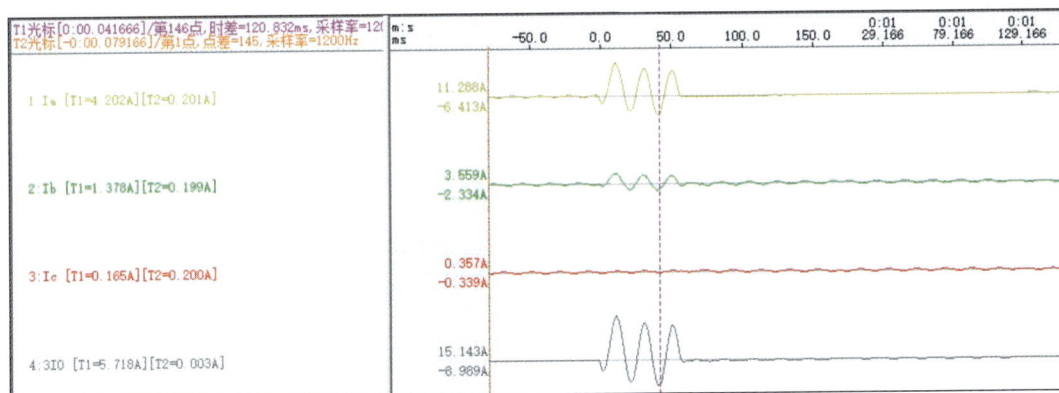

图 2-84 Ⅰ甲乙 1 线路电流波形

（2）Ⅰ甲乙 2 保护。

1）Ⅰ甲乙 2 电压。如图 2-85 所示，故障发生时，乙站 A 相电压降低为 38V 左右，B 相电压降低为 30V 左右，C 相电压不变，Ⅰ甲乙 2 抽压同步降低，无零序电压。约 50ms，Ⅰ甲乙 2 A 相跳开，乙站三相电压恢复，Ⅰ甲乙 2 抽压降低至约为 0V。约 1200ms，Ⅰ甲乙线两侧重合成功，Ⅰ甲乙 2 抽压恢复。

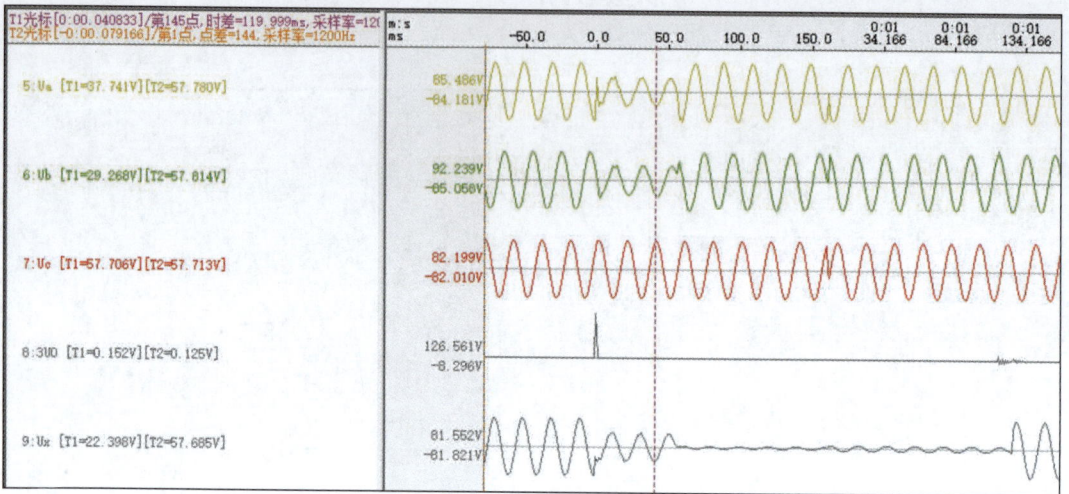

图 2-85　Ⅰ甲乙 2 线路电压波形

2）Ⅰ甲乙 2 电流。如图 2-86 所示，故障发生时，Ⅰ甲乙 2 A 相出现 1.6A 故障电流，B 相出现反相 1.5A 故障电流，无零序电流。与Ⅰ甲乙 1 保护电流相比，A 相电流同相，B 相电流近乎等大反相。约 50ms，Ⅰ甲乙 2 A 相跳开，A 相电流逐渐降为 0。约 1200ms，Ⅰ甲乙线两侧 A 相重合成功，Ⅰ甲乙 2 三相电流恢复为负荷电流。

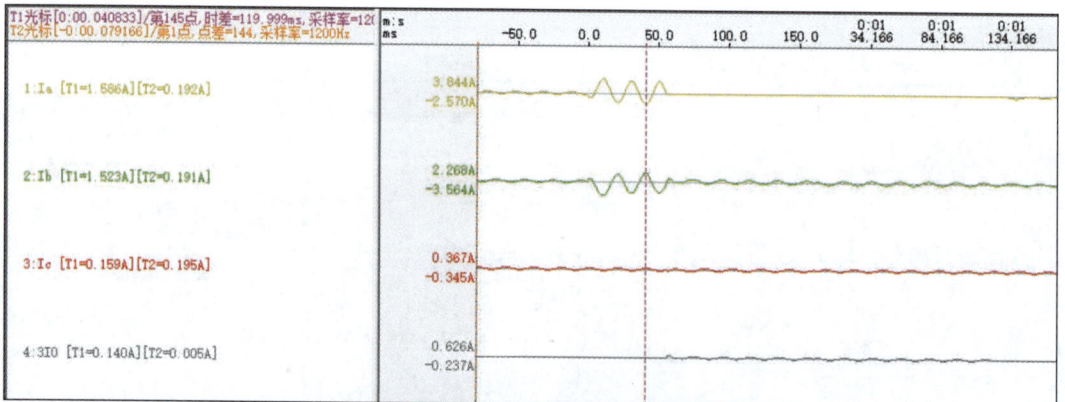

图 2-86　Ⅰ甲乙 1 线路电流波形

（3）Ⅱ甲乙 1 保护。

1）Ⅱ甲乙 1 电压。Ⅱ甲乙 1 线路电压波形如图 2-87 所示，甲站电压如前所述。

2）Ⅱ甲乙 1 电流。如图 2-88 所示，故障发生时，Ⅱ甲乙 1 A 相出现 1.7A 故障电流，B 相出现同相 4.6A 故障电流，零序电流约 6A。约 50ms，Ⅱ甲乙 1 B 相跳开，B 相电流逐渐降为 0。约 1200ms，Ⅱ甲乙线两侧 A 相重合成功，Ⅱ甲乙 1 三相电流恢复为负荷电流。

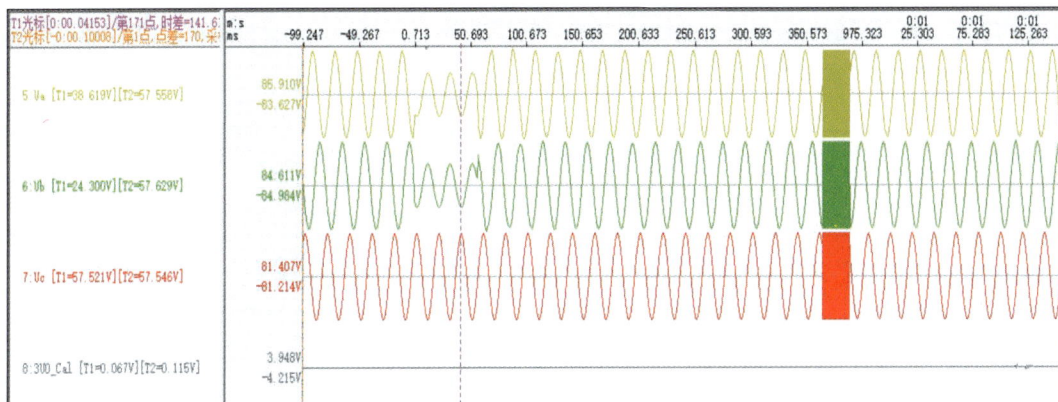

图 2-87　Ⅱ甲乙 1 线路电压波形

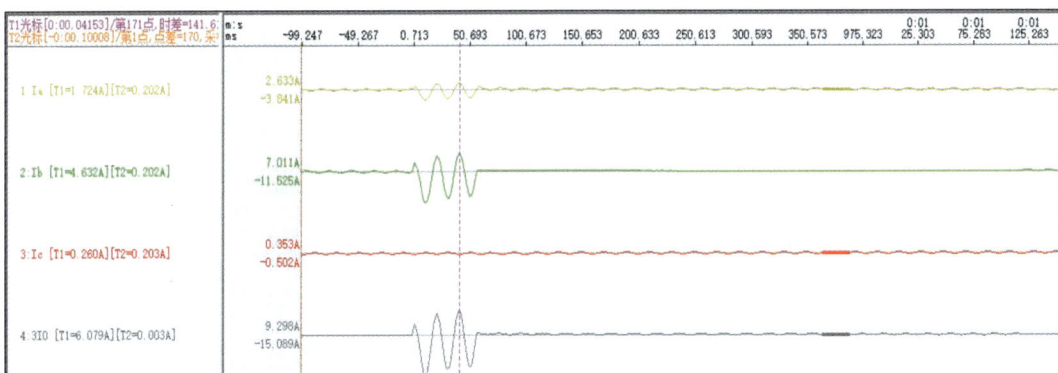

图 2-88　Ⅱ甲乙 1 线路电流波形

（4）Ⅱ甲乙 2 保护。

1）Ⅱ甲乙 2 电压。Ⅱ甲乙 2 线路电压波形如图 2-89 所示，乙站电压如前所述。

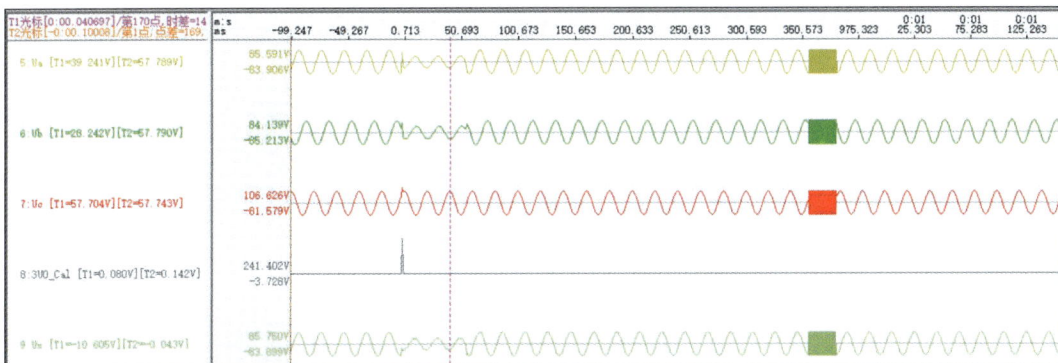

图 2-89　Ⅱ甲乙 2 线路电压波形

2）Ⅱ甲乙 2 电流。如图 2-90 所示，故障发生时，Ⅱ甲乙 2 A 相出现 1.6A 故障电流，B 相出现反相 1.2A 故障电流，无零序电流。与Ⅱ甲乙 1 保护电流相比，B 相电流同相，

A 相电流近乎等大反相。约 50ms，Ⅱ甲乙 2A 相跳开，B 相电流逐渐降为 0。约 1200ms，Ⅱ甲乙线两侧 B 相重合成功，Ⅱ甲乙 2 三相电流恢复为负荷电流。

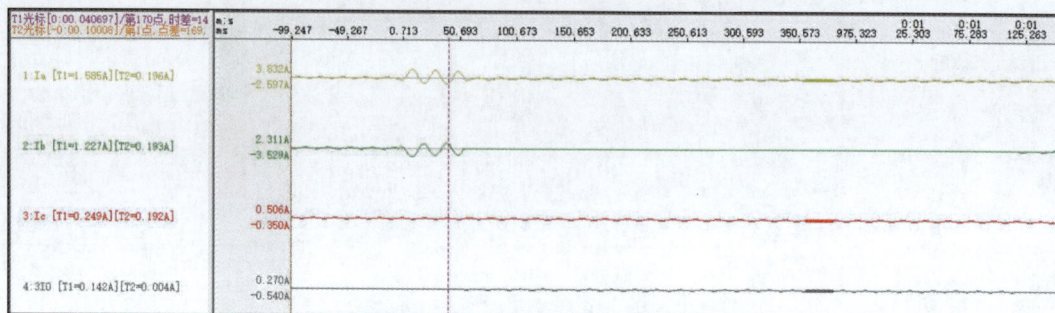
图 2-90　Ⅱ甲乙 2 线路电流波形

（5）故障电流相量分析。双回线两侧保护 A、B 两相电流采样值和相量图如图 2-91 和图 2-92 所示。

		通道	实部	虚部	相量
✔	∿	1：Ⅰ甲乙1Ia	7.605A	−0.000A	5.378A∠−0.000°
✔	∿	2：Ⅰ甲乙1Ib	2.492A	0.393A	1.784A∠8.956°
✔	∿	3：Ⅱ甲乙1Ia	−2.747A	−0.626A	1.992A∠−167.172°
✔	∿	4：Ⅱ甲乙1Ib	−7.859A	−0.714A	5.580A∠−174.811°
✔	∿	5：Ⅰ甲乙2Ia	2.783A	0.261A	1.977A∠5.347°
✔	∿	6：Ⅰ甲乙2Ib	−2.493A	−0.286A	1.774A∠−173.451°
✔	∿	7：Ⅱ甲乙2Ia	2.021A	1.943A	1.982A∠43.872°
✔	∿	8：Ⅱ甲乙2Ib	−1.789A	−1.750A	1.769A∠−135.623°

图 2-91　双回线两侧保护 A、B 两相电流采样值

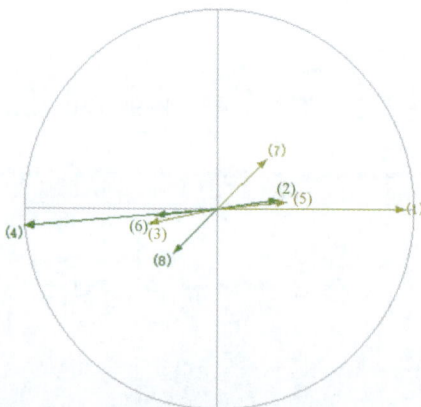
图 2-92　双回线两侧保护 A、B 两相电流相量图

以下对同杆并架双回线异名相跨线不接地短路故障量特征进行理论分析。为了简化分析，假设两侧电源都是理想电源，不考虑电源阻抗，且线路元件为线性元件，即可利用电路理论中叠加法，先分析在 M 侧电源作用下的故障量特征，然后再分析在 N 侧电源作用下的故障量特征，最后对其进行叠加即得出所需结果。

假设 N 侧电源断路，分析在 M 侧电源作用下短路电流的流向。如图 2-93 所示，短路

电流①从 C 相电源流出，在 M 侧 C 相母线形成两路电流（短路电流②和短路电流③），其中短路电流②流入 1 线的 C 相，而短路电流③流入 2 线的 C 相，而后通过 N 侧的 C 相母线流入 1 线的 C 相，在短路点 K 处和短路电流②汇合，通过短路点 K 流入 2 线的 A 相后再次分流（短路电流④和短路电流⑤），其中短路电流④流经 2 线的 A 相，而短路电流⑤先流经 2 线的 A 相，然后通过 N 侧的 A 相母线流入 1 线的 A 相，在 M 侧的 A 相母线和短路电流④汇合形成短路电流⑥后，流入 M 侧 A 相电源，最终形成整个短路电流通路。通过以上的分析，可以看出：当发生跨线故障时，故障相（1 线 C 相、2 线 A 相）流过短路电流，由于 C 相母线和短路点 K 的分流作用，非故障相（1 线 A 相、2 线 C 相）也流过短路电流；但是 1、2 线的 B 相没有短路电流流过。

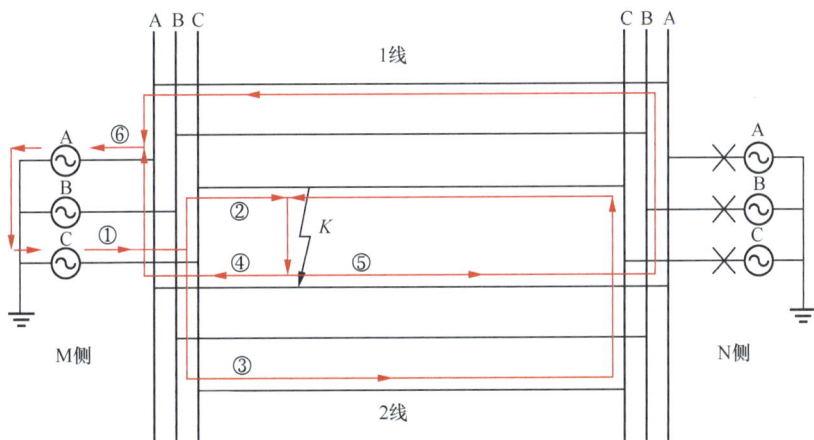

图 2-93 M 侧电源作用下的短路电流流向图

假设 M 侧电源断路，N 侧电源作用下的短路电流流向图如图 2-94 所示，只在 N 侧电源作用下短路电流的流向和只有 M 侧电源作用的短路电流流向基本相同，在此不作赘述。

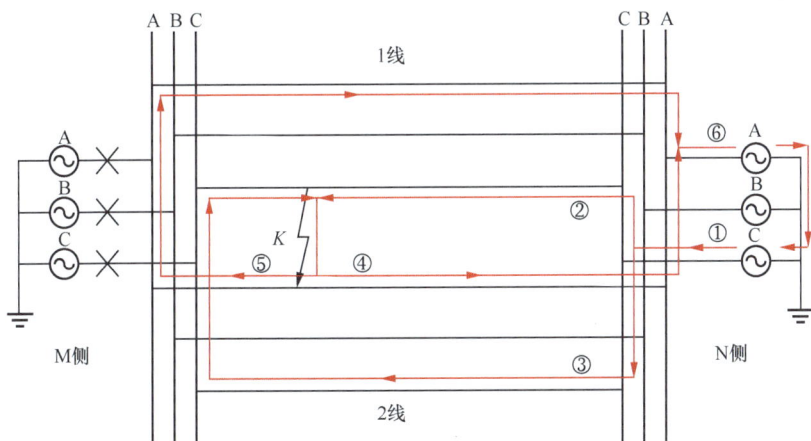

图 2-94 N 侧电源作用下的短路电流流向图

利用电路叠加原理, 由两侧电源单独作用下短路电流分析可得出两侧电源共同作用下线路两侧短路电流的方向和大小, 经过计算分析后, 得出以下结论:

1) 对于故障相而言:

a. M 侧两故障相流过的短路电流大小相等, 方向相反。1 线 C 相短路电流从母线流向短路点, 而 2 线 A 相短路电流从短路点流向母线。

b. N 侧两故障相流过的短路电流大小相等, 方向相反。1 线 C 相短路电流从母线流向短路点, 而 2 线 A 相短路电流从短路点流向母线。

c. 当故障点靠近 M 侧, 则 M 侧故障相短路电流大于 N 侧故障相短路电流; 当故障点在线路中点, 则 M 侧故障相短路电流等于 N 侧故障相短路电流; 当故障点靠近 N 侧, 则 M 侧故障相短路电流小于 N 侧故障相短路电流。

2) 对于非故障相而言:

a. 1 线 A 相流过穿越性短路电流, 2 线 C 相也流过穿越性短路电流, 其方向相反, 大小相等。

b. 当故障点靠近 M 侧, 则 1 线 A 相短路电流从 M 侧流向 N 侧, 2 线 C 相短路电流从 N 侧流向 M 侧; 当故障点在线路中点, 则 1 线 A 相和 2 线 C 相不流过短路电流; 当故障点靠近 N 侧, 1 线 A 相短路电流从 N 侧流向 M 侧, 2 线 C 相短路电流从 M 侧流向 N 侧。

根据以上两点分析, 当故障点靠近 M 侧时, 可得如图 2-95 所示的短路电流分布图, 与本案例中电流特征相同。

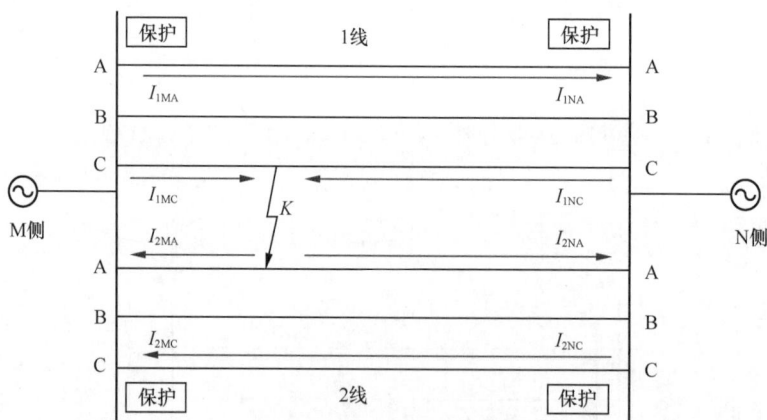

图 2-95 跨线故障短路电流分布图

由于是同杆并架双回线, 所以发生跨线不接地相间故障时, 对于母线电压来说和单回线不接地相间故障相同: 故障相电压跌落但大小相等, 母线电压没有零序分量。

第三章　变压器故障案例分析

第一节　变压器主保护动作跳闸故障

1. 故障前运行方式

某 220kV 变电站 1 号变压器为 YN/YN/△接线方式，高压侧、中压侧变压器中性点接地运行，中、低压侧均为负荷支路。保护双套配置 PST1200U、PRS778T2，保护功能正常投入。故障前运行方式如图 3-1 所示。

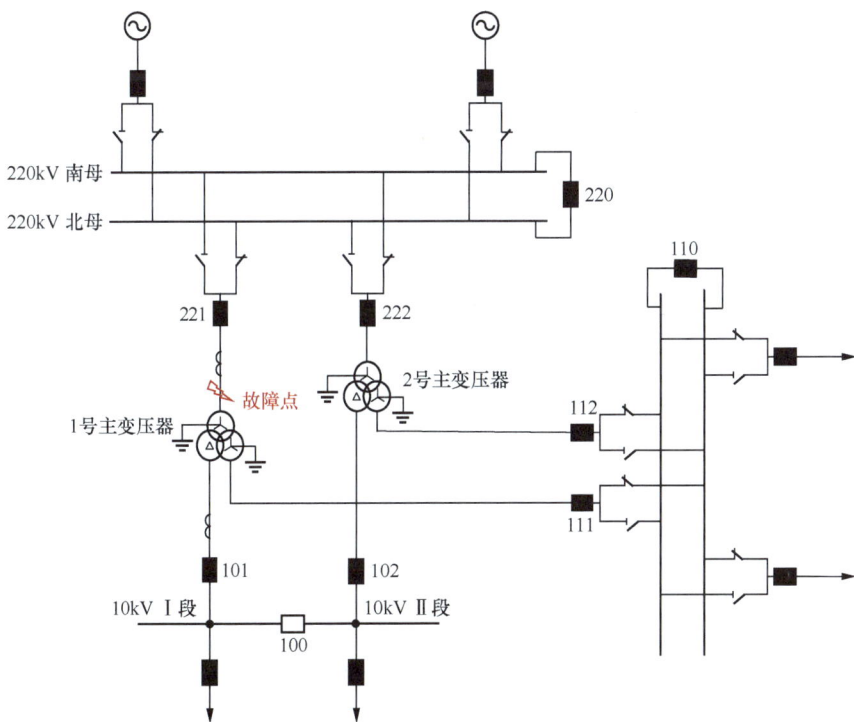

图 3-1　故障前系统运行方式

2. 故障过程简介

1 号变压器高压侧 A 相金属性接地短路，1 号变压器三侧断路器 221、111、101 跳开，故障后运行方式如图 3-2 所示。

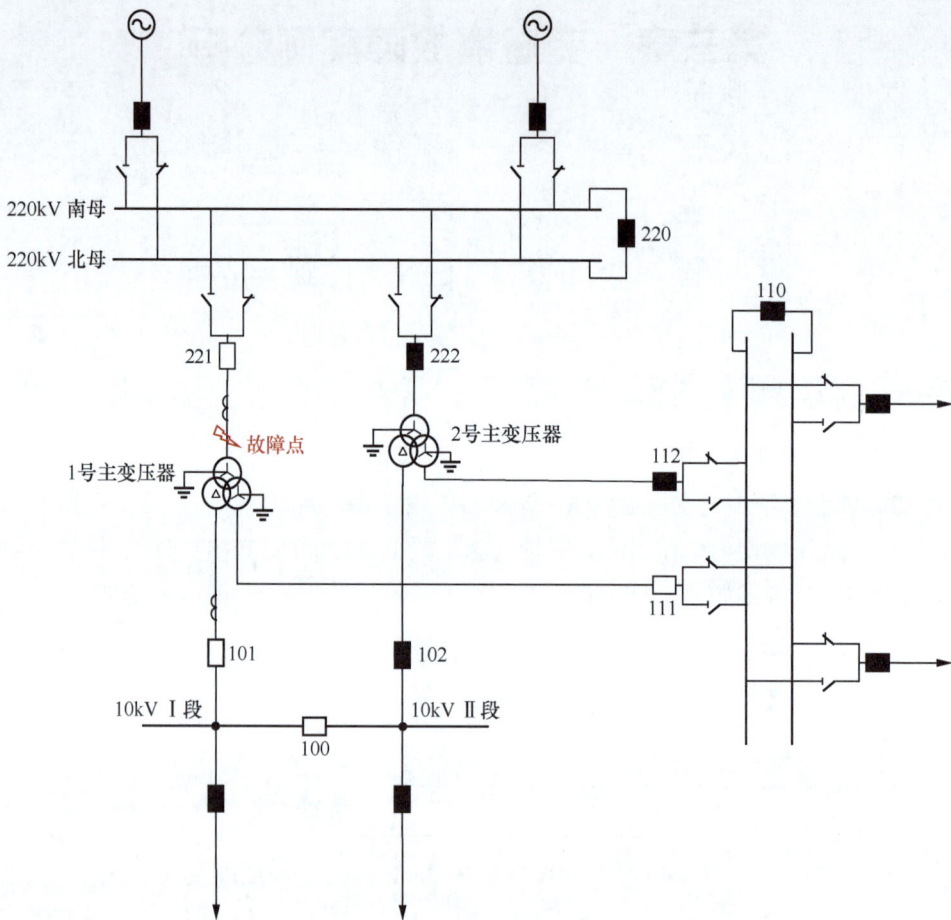

图 3-2　故障后系统运行方式

3. 保护动作情况

故障发生前，装置正常运行。故障发生后，保护动作情况见表 3-1。

表 3-1　保护动作情况

0ms	1号变压器高压侧套管引出线发生A相金属性接地短路
12ms	1号变压器差动速断保护动作，跳1号变压器三侧断路器221、111、101
23ms	比率差动保护动作，跳1号变压器三侧断路器221、111、101
约65ms	1号变压器三侧断路器跳开，故障隔离

4. 故障录波分析

如图 3-3 所示，故障期间高压侧 A 相电压为 0，B、C 相电压基本不变；高压侧 A 相故障电流为 8.065A，B、C 相电流很小。高压侧电压电流相量图如图 3-4 所示，高压侧电压电流采样值如图 3-5 所示。

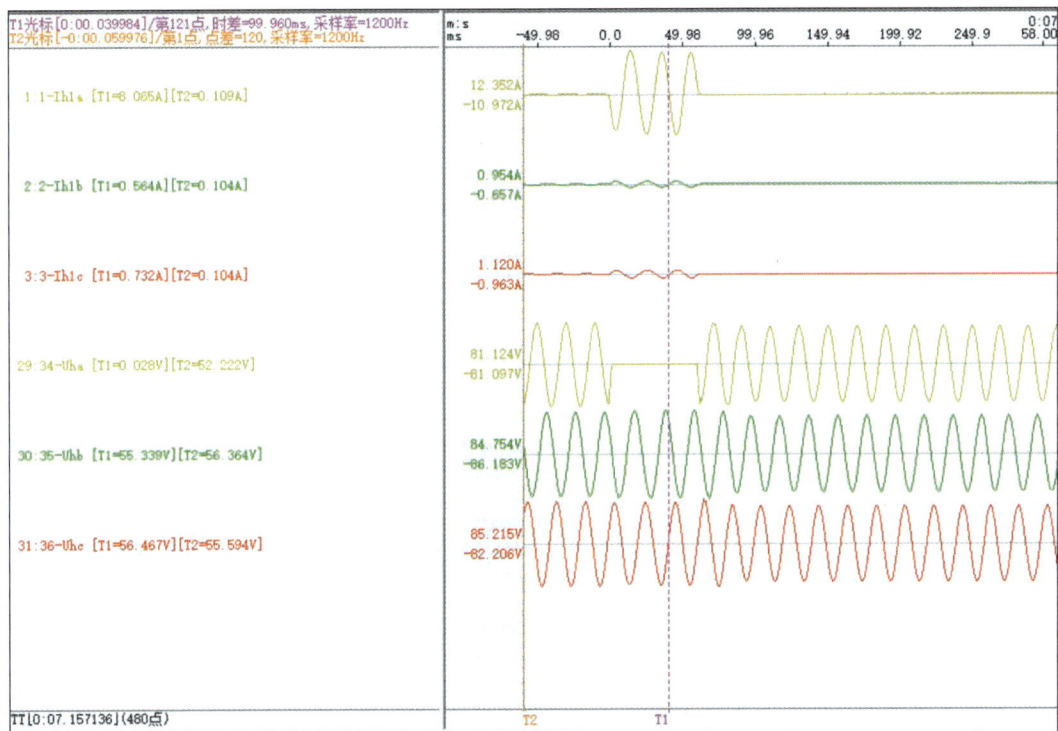

图 3-3　高压侧电压电流波形图

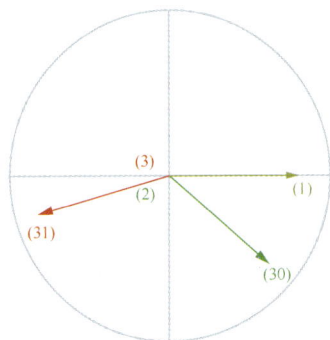

图 3-4　高压侧电压电流相量图

通道	实部	虚部	向量
1:1-Ih1a	−11.220A	2.048A	8.065A∠169.656°
2:2-Ih1b	0.778A	−0.173A	0.564A∠−12.505°
3:3-Ih1c	0.985A	−0.319A	0.732A∠−17.942°
29:34-Uha	−0.039V	−0.006V	0.028V∠−171.366°
30:35-Uhb	−49.347V	60.743V	55.339V∠129.090°
31:36-Uhc	79.504V	7.485V	56.467V∠5.378°

图 3-5　高压侧电压电流采样值

如图 3-6 所示，故障期间低压侧 A 相电压为 31.242V，B 相电压 55.751V，C 相电压 32.321V。低压侧三相电流接近于零。低压侧电压电流相量图如图 3-7 所示，低压侧电压电流采样值如图 3-8 所示。

73

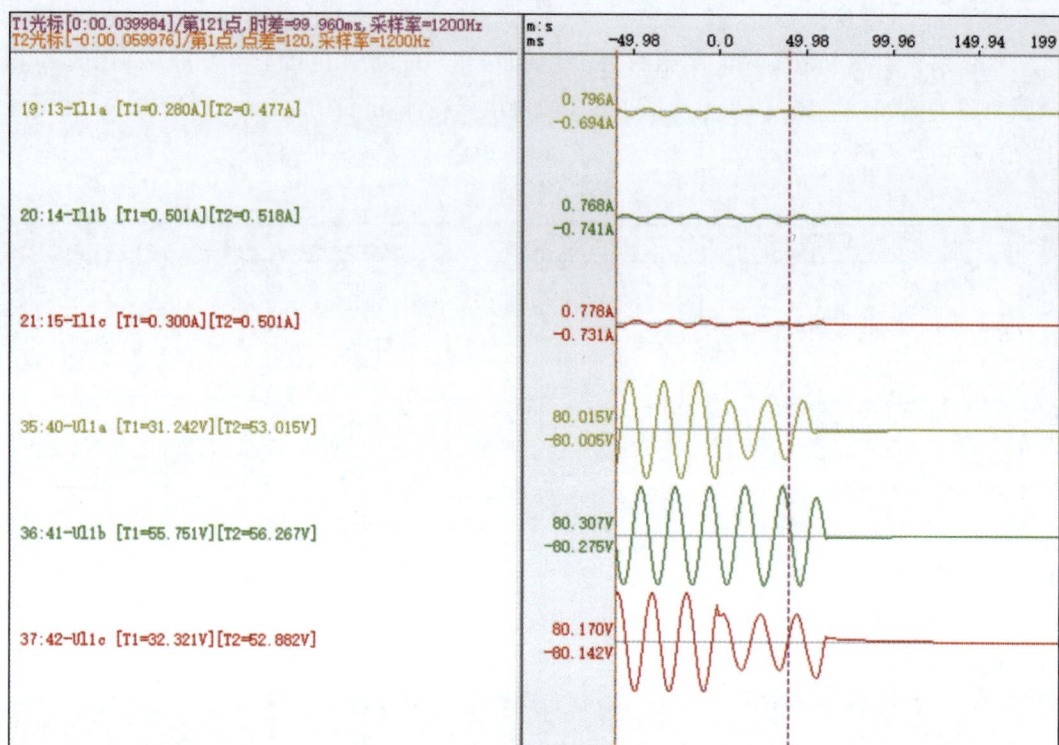

图 3-6　低压侧电压电流波形图

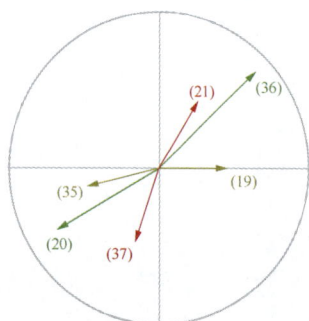

图 3-7　低压侧电压电流相量图

		通道	实部	虚部	向量
✔	∿	19:13-Il1a	-0.147A	0.368A	0.280A∠111.807°
✔	∿	20:14-Il1b	0.556A	-0.440A	0.501A∠-38.330°
✔	∿	21:15-Il1c	-0.418A	0.070A	0.300A∠170.529°
✔	∿	35:40-Ul1a	25.822V	-35.852V	31.242V∠-54.237°
✔	∿	36:41-Ul1b	-71.247V	33.769V	55.751V∠154.640°
✔	∿	37:42-Ul1c	45.657V	2.160V	32.321V∠2.708°

图 3-8　低压侧电压电流采样值

如图 3-9 所示，故障期间高压侧零序电压 30.293V，中压侧零序电压 21.085V，两者接近同相。

高压侧零序电流 2.553A。由图 3-3 及图 3-5 可知，自产零序电流超前零序电压，故障点在用于产生自产电流的独立 TA 的正方向；由图 3-11 可知，外接零序电流滞后零序电压，说明故障点在外接零序 TA（套管 TA）的反方向。因此分析，故障点在套管 TA 与独立 TA 之间，相别为 A 相接地故障。

高、中压侧零序电压电流相量图如图 3-10 所示，高、中压侧零序电压电流采样值如图 3-11 所示。

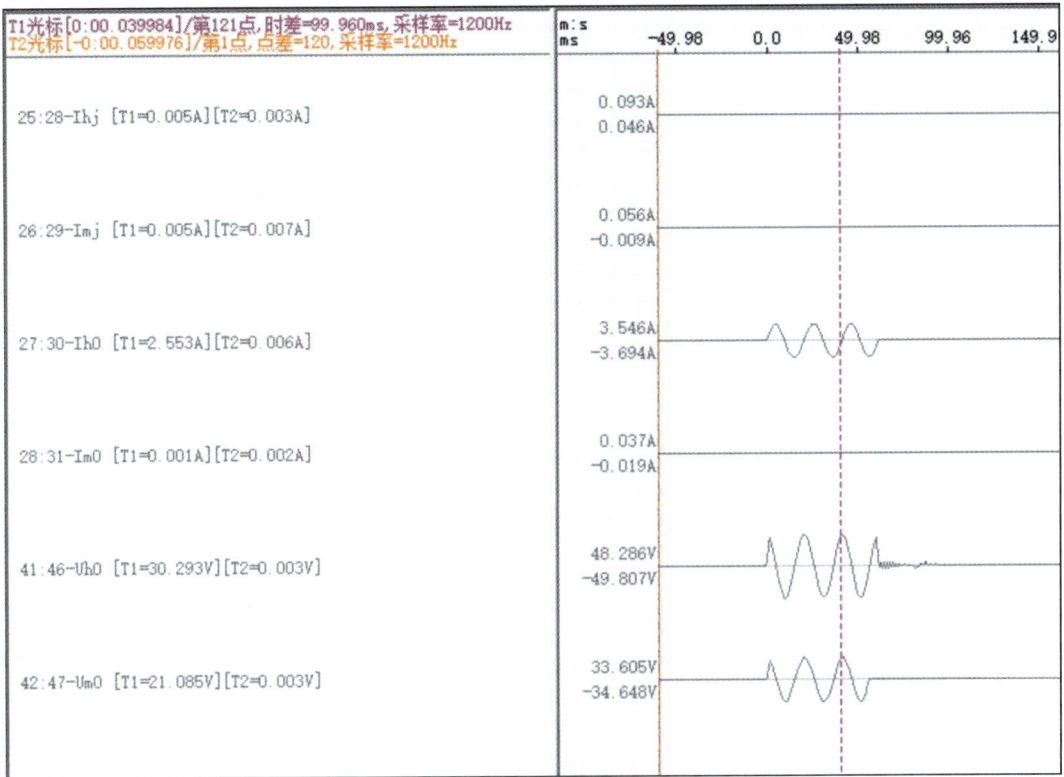

图 3-9　高、中压侧零序电压电流波形图

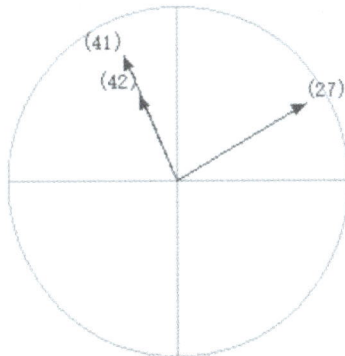

图 3-10　高、中压侧零序电压电流相量图

	通道	实部	虚部	向量
✓	⋁ 25:28-Ihj	0.004A	-0.005A	0.005A∠-47.487°
✓	⋁ 26:29-Imj	0.005A	-0.004A	0.005A∠-36.659°
✓	⋁ 27:30-Ih0	3.448A	-1.071A	2.553A∠-17.247°
✓	⋁ 28:31-Im0	0.000A	0.001A	0.001A∠90.000°
✓	⋀ 41:46-Uh0	17.355V	39.168V	30.293V∠66.102°
✓	⋀ 42:47-Um0	12.189V	27.213V	21.085V∠65.872°

图 3-11　高、中压侧零序电压电流采样

500kV 及以下变电站继电保护故障仿真模拟案例

如图 3-12 所示，由于 PRS778T2 型号变压器保护装置计算差流时采用 Y 侧转角，因此当高压侧 A 相区内接地时，B 相差流为 0，A、C 相差流等大反相。图 3-13 为其相量图，图 3-14 为其采样值。

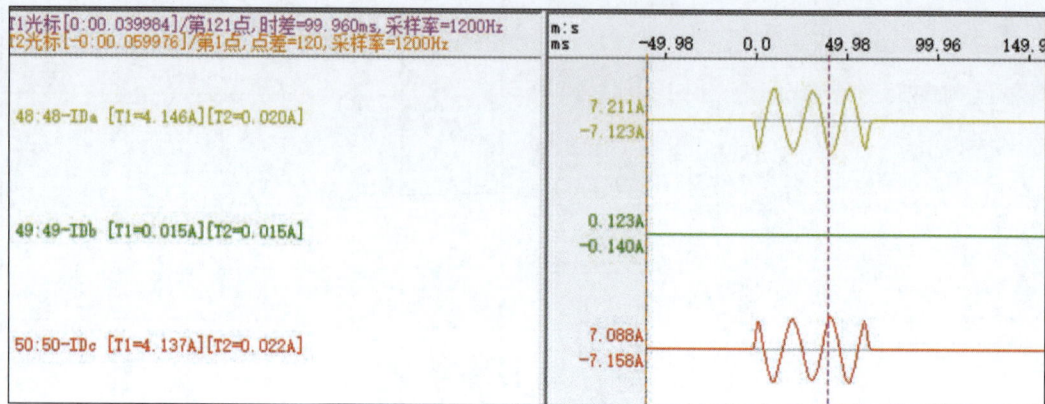

图 3-12 差动电流波形

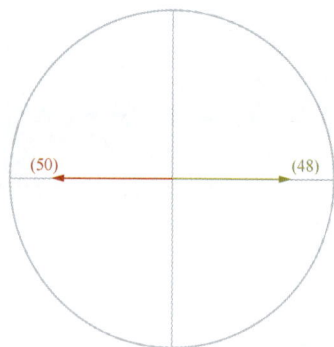

图 3-13 差动电流相量图

图 3-14 差动电流采样值

通道	实部	虚部	向量
48:48-IDa	-2.988A	-5.044A	4.146A∠-120.643°
49:49-IDb	0.021A	0.002A	0.015A∠5.081°
50:50-IDc	2.965A	5.043A	4.137A∠59.545°

如图 3-15 所示，由于 A 相区内故障，12.495ms，差动速断动作；23.324ms，比率差动动作。

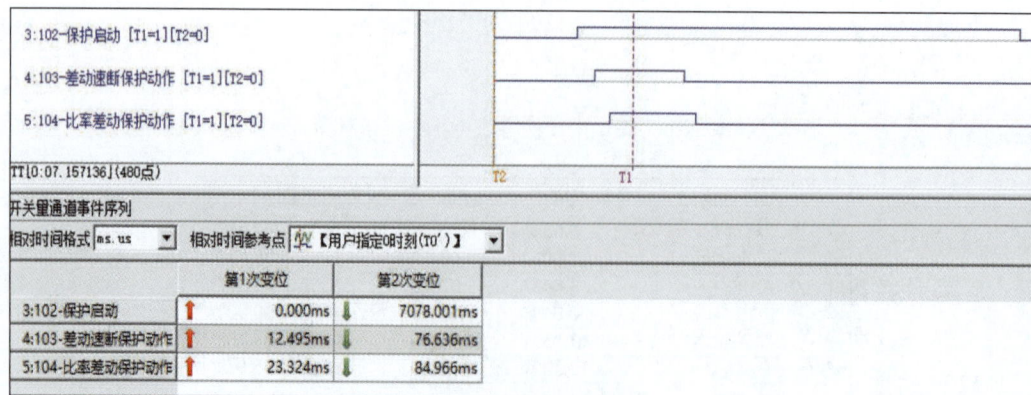

图 3-15 变压器保护动作情况

	第1次变位	第2次变位
3:102-保护启动	0.000ms	7078.001ms
4:103-差动速断保护动作	12.495ms	76.636ms
5:104-比率差动保护动作	23.324ms	84.966ms

案例二：高压侧区内 A、B 相短路故障

1. 故障前运行方式

某 220kV 变电站 1 号变压器为 YN/YN/△接线方式，高压侧、中压侧变压器中性点接地运行，中、低压侧均为负荷支路。保护双套配置 PST1200U、PRS778T2，保护功能正常投入。故障前运行方式如图 3-16 所示。

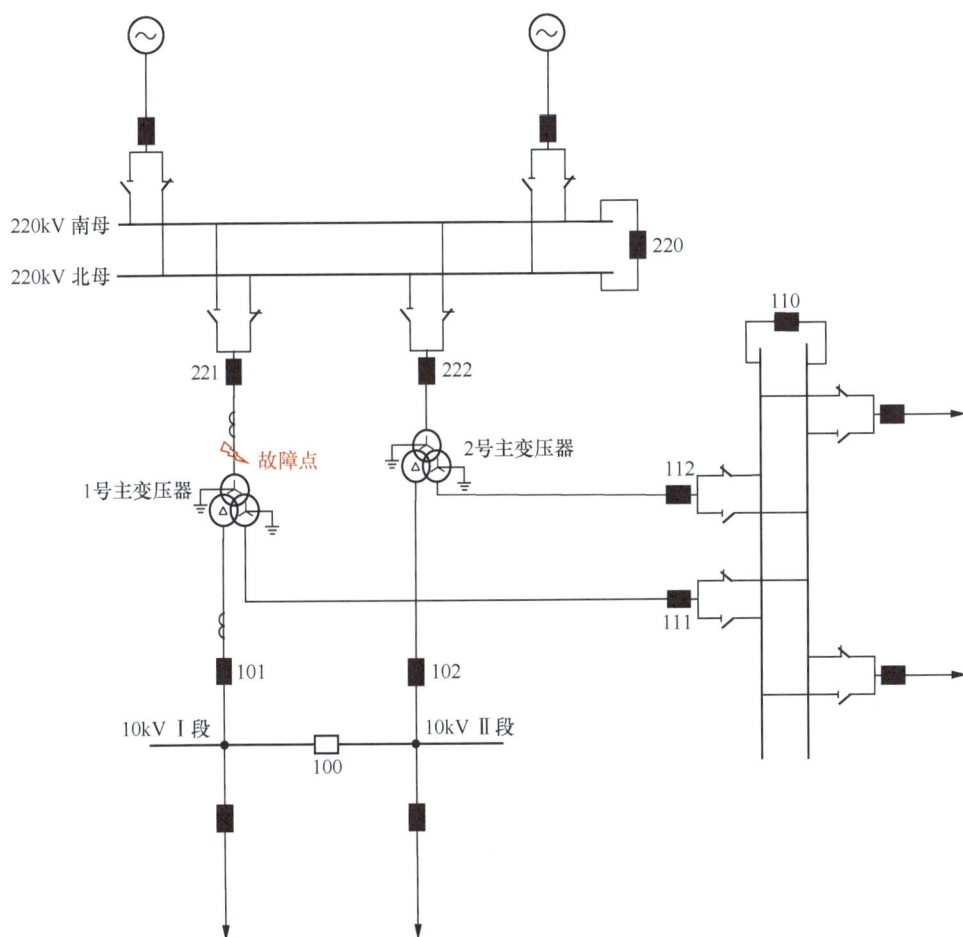

图 3-16　故障前系统运行方式

2. 故障过程简介

1 号变压器高压侧区内 A、B 相短路故障，1 号变压器三侧断路器 221、111、101 跳开，故障后运行方式如图 3-17 所示。

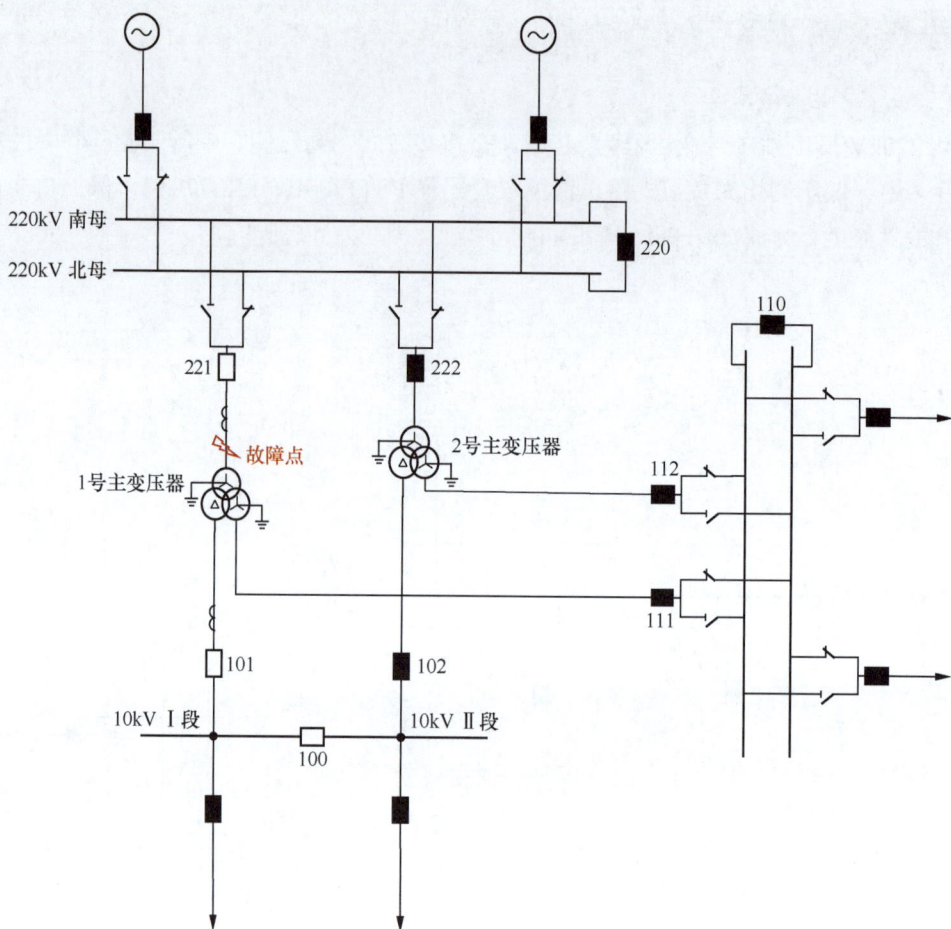

图 3-17　故障后系统运行方式

3. 保护动作情况

故障发生前，装置正常运行。故障发生后，保护动作情况见表 3-2。

表 3-2　　　　　　　　　　　　保护动作情况

0ms	1号变压器高压侧套管引出线发生高压侧区内A、B相短路故障
10ms	1号变压器差动速断保护动作，跳1号变压器三侧断路器221、111、101
23ms	比率差动保护动作，跳1号变压器三侧断路器221、111、101
约58ms	1号变压器三侧断路器跳开，故障隔离

4. 故障录波分析

如图 3-18 所示，故障期间高压侧 A 相电压与 B 相电压相等，约 27V；A 相电流与 B 相电流大小相等，方向相反，约为 7A。

高压侧电压、电流相量图如图 3-19 所示，高压侧电压、电流采样值如图 3-20 所示。

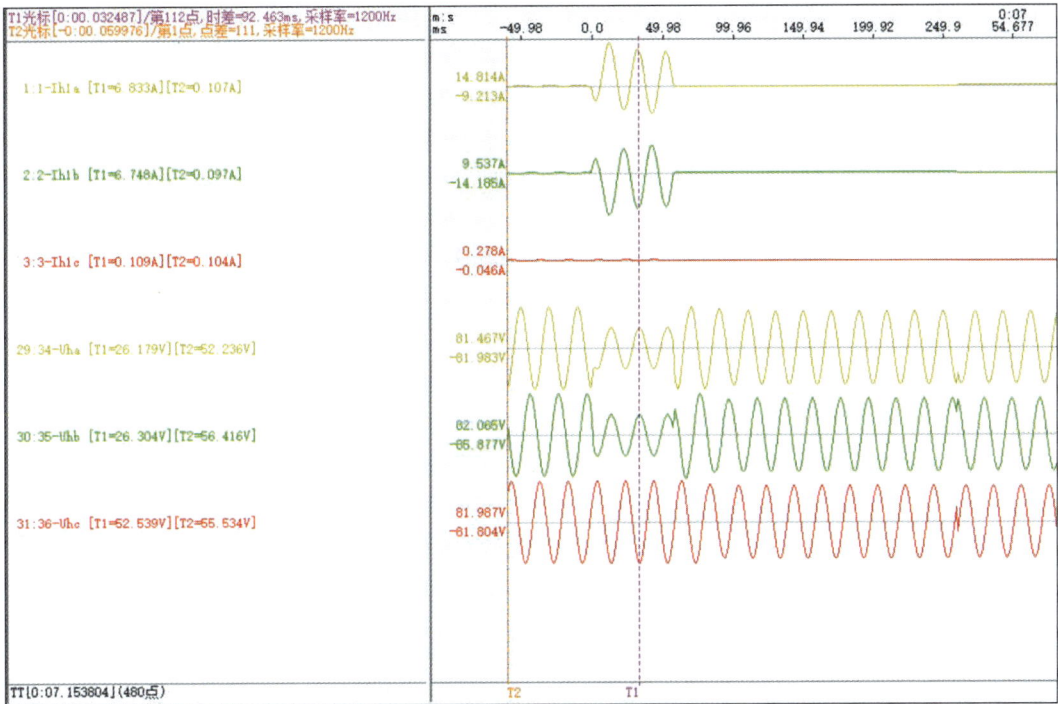

图 3-18 高压侧电压、电流波形图

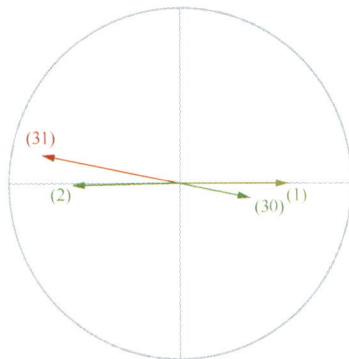

图 3-19 高压侧电压、电流相量图

	通道	实部	虚部	向量
✔	1:1-Ih1a	5.551A	8.602A	7.239A∠57.166°
✔	2:2-Ih1b	-5.404A	-8.535A	7.143A∠-122.339°
✔	3:3-Ih1c	-0.132A	-0.085A	0.111A∠-147.310°
✔	29:34-Uha	26.796V	27.514V	27.157V∠45.757°
✔	30:35-Uhb	26.924V	27.630V	27.279V∠45.741°
✔	31:36-Uhc	-53.864V	-55.128V	54.499V∠-134.336°

图 3-20 高压侧电压、电流采样值

如图 3-21 所示，故障期间低压侧 A 相电压接近 0，B 相电压与 C 相电压近似相等，约

45V；低压侧三相电流近似为 0。低压侧电压、电流相量图如图 3-22 所示，低压侧电压、电流采样值如图 3-23 所示。

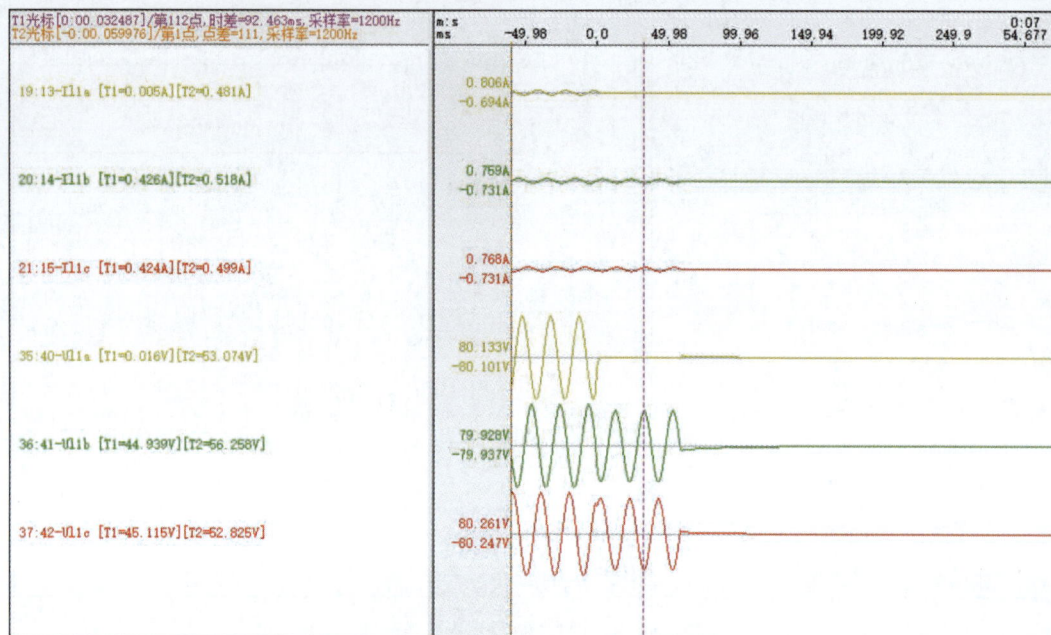

图 3-21　低压侧电压、电流波形图

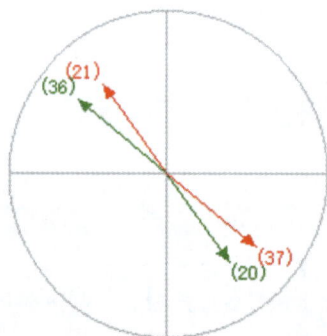

图 3-22　低压侧电压、电流相量图

	通道	实部	虚部	向量
✓ ⋁	19:13-Il1a	0.003A	-0.006A	0.005A∠-67.243°
✓ ⋁	20:14-Il1b	-0.307A	-0.518A	0.426A∠-120.618°
✓ ⋁	21:15-Il1c	0.307A	0.515A	0.424A∠59.214°
✓ ⋀	35:40-Ul1a	0.021V	-0.005V	0.016V∠-13.871°
✓ ⋀	36:41-Ul1b	17.893V	60.982V	44.939V∠73.648°
✓ ⋀	37:42-Ul1c	-17.766V	-61.279V	45.115V∠-106.168°

图 3-23　低压侧电压、电流采样值

由于故障为高压侧相间短路，无零序电压及零序电流，如图 3-24 所示。

图 3-24　高、中压侧零序电压、电流波形图

如图 3-25 所示，A 相差流为 8.567A，B 相为 4.286A，C 相位 4.278A，B、C 相差流大小相等，方向相同，与 A 相差流方向相反。差动电流相量图如图 3-26 所示，差动电流采样值如图 3-27 所示。

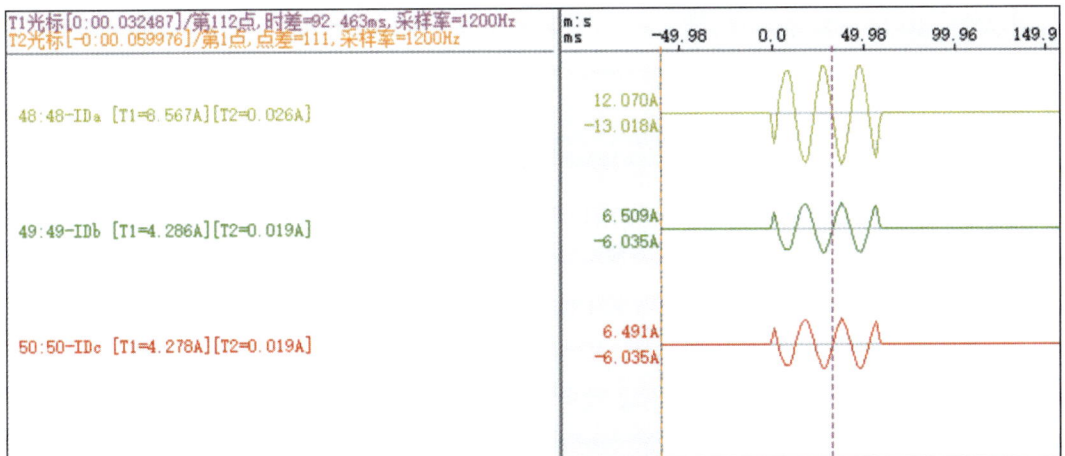

图 3-25　差动电流波形

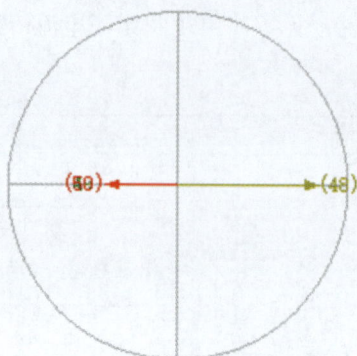

图 3-26　差动电流相量图

	通道	实部	虚部	向量
✔ √	48:48-IDa	−11.902A	2.263A	8.567A∠169.232°
✔ √	49:49-IDb	5.953A	−1.142A	4.286A∠−10.858°
✔ √	50:50-IDc	5.945A	−1.124A	4.278A∠−10.708°

图 3-27　差动电流采样值

如图 3-28 所示，10.829ms，差动速断保护动作，23.324ms，比率差动保护动作。

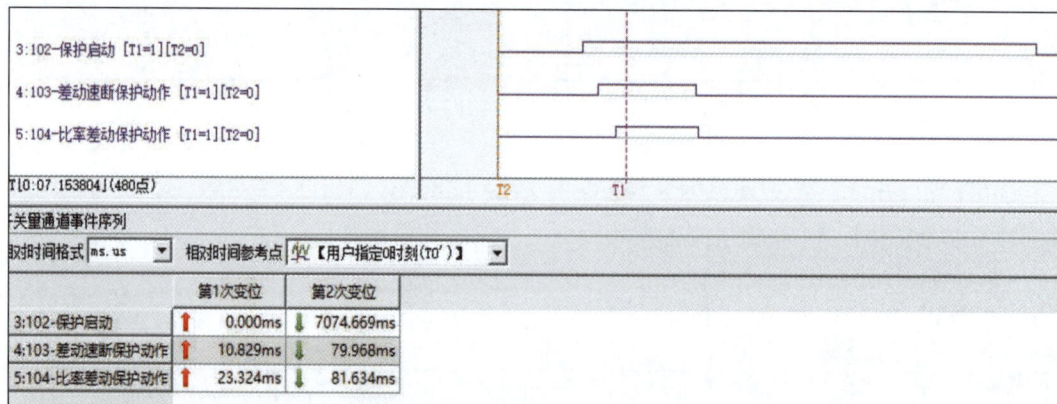

	第1次变位	第2次变位
3:102-保护启动	0.000ms	7074.669ms
4:103-差动速断保护动作	10.829ms	79.968ms
5:104-比率差动保护动作	23.324ms	81.634ms

图 3-28　变压器保护装置开关量信息

案例三：高压侧区内 A、B 相间短路接地故障

1. 故障前运行方式

某 220kV 变电站 1 号变压器为 YN/YN/△接线方式，高压侧、中压侧变压器中性点接地运行，中、低压侧均为负荷支路。保护双套配置 PST1200U、PRS778T2，保护功能正常投入。故障前运行方式如图 3-29 所示。

2. 故障过程简介

1 号变压器高压侧母线 A、B 相间短路接地故障，1 号变压器三侧断路器 221、111、101 跳开，故障后运行方式如图 3-30 所示。

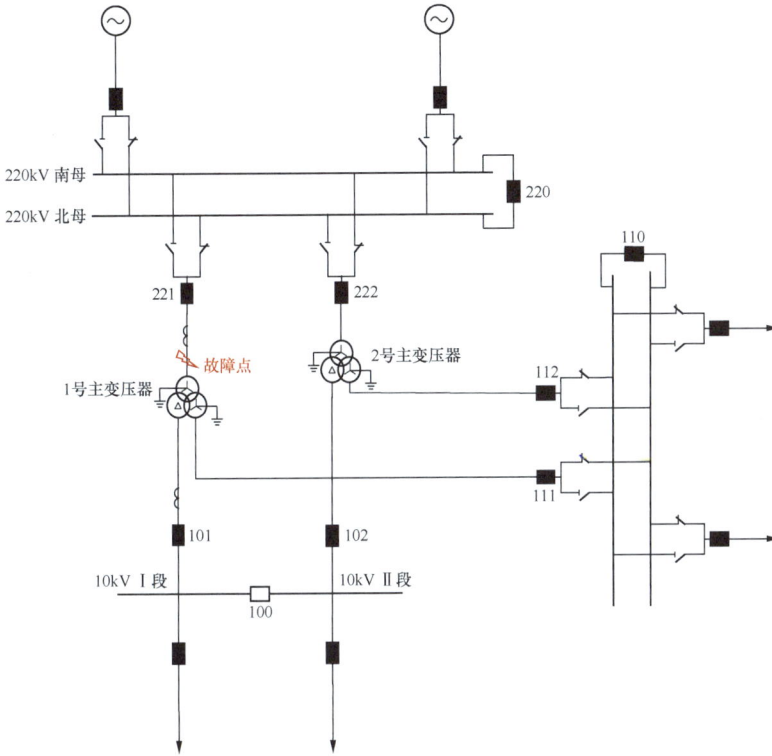

图 3-29　故障前系统运行方式

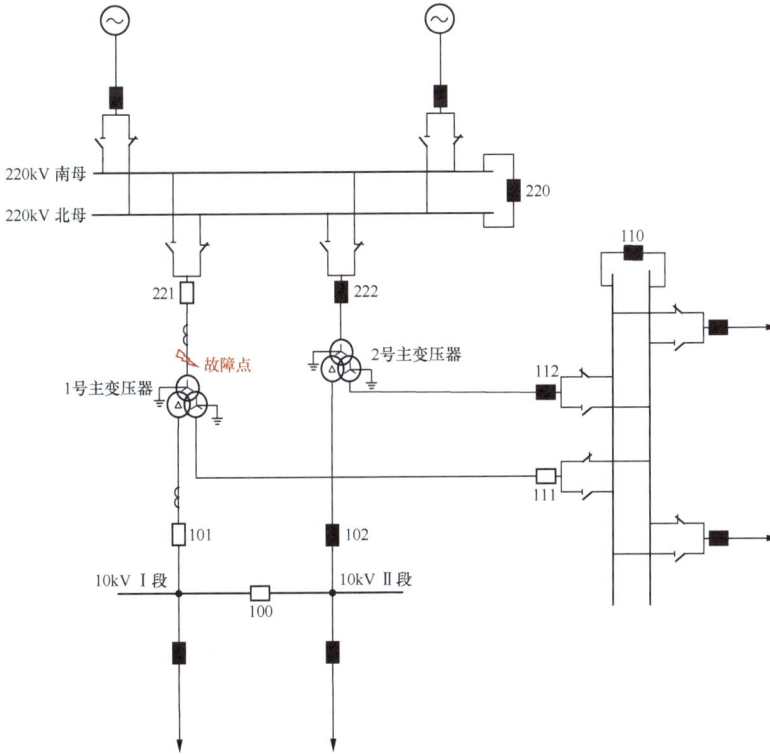

图 3-30　故障后系统运行方式

3. 保护动作情况

故障发生前，装置正常运行。故障发生后，保护动作情况见表 3-3。

表 3-3 保护动作情况

0ms	1号变压器高压侧套管引出线发生高压侧区内A、B相短路接地故障
10ms	1号变压器差动速断保护动作，跳1号变压器三侧断路器221、111、101
22ms	比率差动保护动作，跳1号变压器三侧断路器221、111、101
约60ms	1号变压器三侧断路器跳开，故障隔离

4. 故障录波分析

如图 3-31 所示，故障期间高压侧 A、B 相电压为 0，C 相电压为 52.956V；高压侧 A 相电流为 7.501A，B 相电流为 7.607A，C 相电流为 0.643A。高压侧电压、电流相量图如图 3-32 所示，高压侧电压、电流采样值如图 3-33 所示。

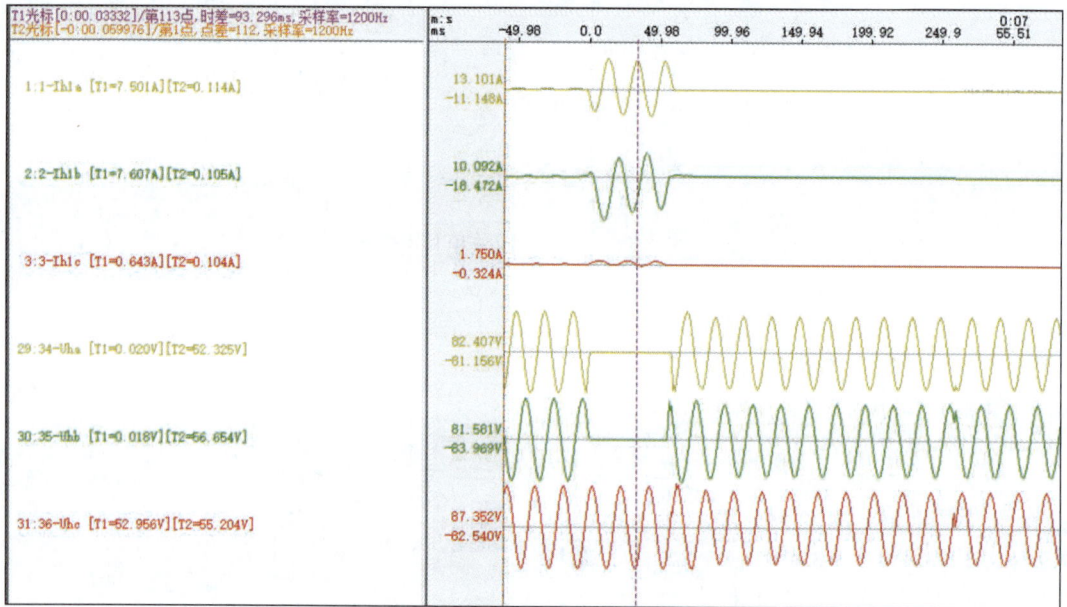

图 3-31 高压侧电压、电流波形图

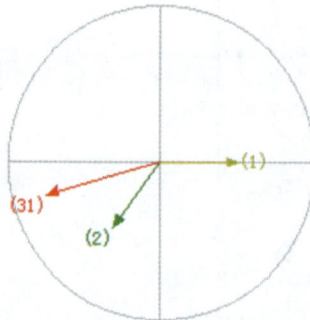

图 3-32 高压侧电压、电流相量图

通道	实部	虚部	向量
1:1-Ih1a	1.063A	10.555A	7.501A∠84.247°
2:2-Ih1b	7.980A	-7.215A	7.607A∠-42.119°
3:3-Ih1c	-0.854A	-0.311A	0.643A∠-159.999°
29:34-Uha	0.009V	0.027V	0.020V∠72.105°
30:35-Uhb	0.021V	0.014V	0.018V∠33.279°
31:36-Uhc	13.457V	-73.673V	52.956V∠-79.649°

图 3-33　高压侧电压、电流采样值

如图 3-34 所示，故障期间低压侧 A 相电压约为 0V，B、C 相电压均约为 30V，B、C相电压反相。低压侧三相电流接近于零。低压侧电压、电流相量图如图 3-35 所示，低压侧电压、电流采样值如图 3-36 所示。

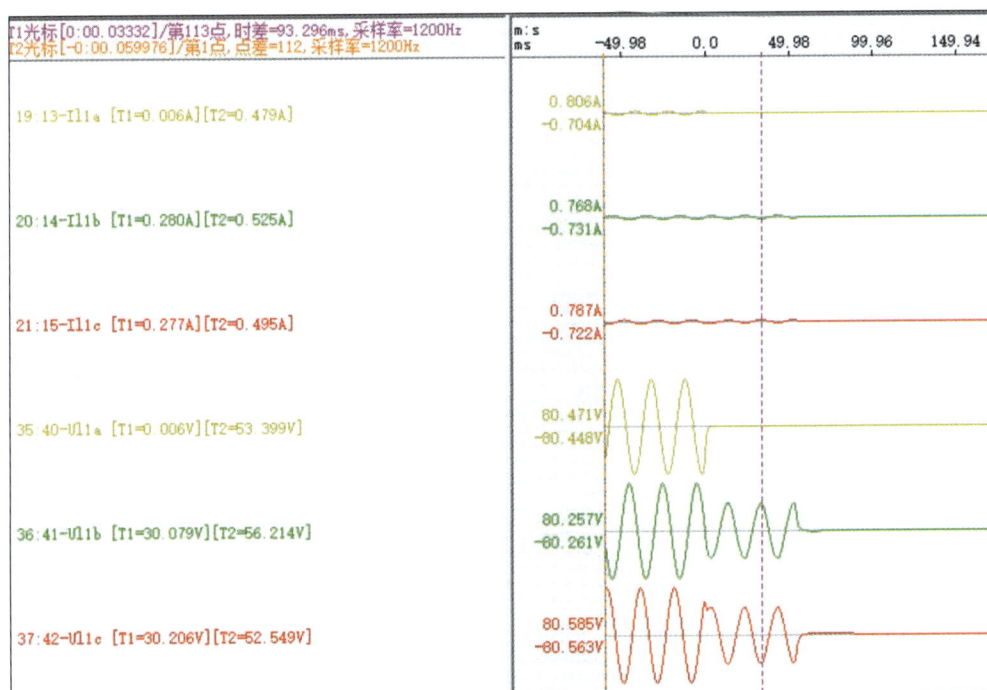

图 3-34　低压侧电压、电流波形图

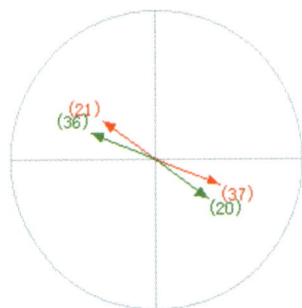

图 3-35　低压侧电压、电流相量图

通道	实部	虚部	向量
✓ /\ 19:13-Il1a	0.004A	−0.008A	0.006A∠−61.469°
✓ /\ 20:14-Il1b	−0.053A	−0.393A	0.280A∠−97.696°
✓ /\ 21:15-Il1c	0.052A	0.389A	0.277A∠82.411°
✓ /\ 35:40-Ul1a	−0.005V	−0.008V	0.006V∠−121.082°
✓ /\ 36:41-Ul1b	−5.087V	42.233V	30.079V∠96.868°
✓ /\ 37:42-Ul1c	5.200V	−42.401V	30.206V∠−83.009°

图 3-36　低压侧电压、电流采样值

如图 3-37 所示，故障期间高压侧零序电压 30.452V，中压侧零序电压 21.181V，两者接近同相。

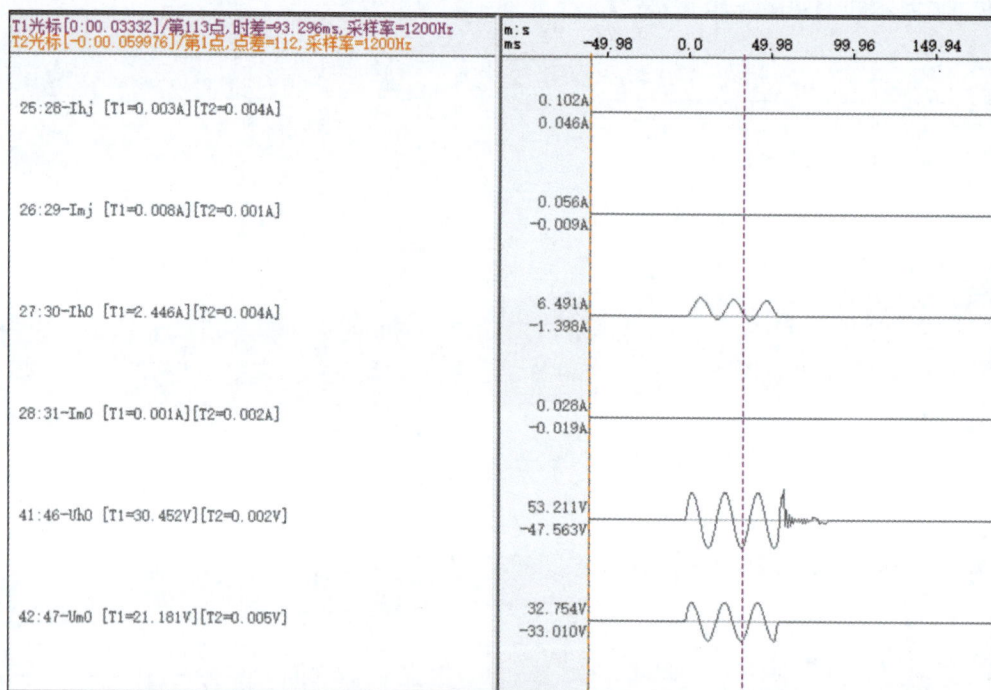

图 3-37　高、中压侧零序电压、电流波形图

高、中压侧零序电压、电流相量图如图 3-38 所示。高、中压侧零序电压、电流采样值如图 3-39 所示。

高压侧零序电流 2.446A，自产零序电流超前零序电压，故障点在用于产生自产电流的独立 TA 的正方向；由图 3-39 可知，外接零序电流滞后零序电压，说明故障点在外接零序 TA（套管 TA）的反方向。因此分析，故障点在套管 TA 与独立 TA 之间，相别为 AB 相短路接地故障。

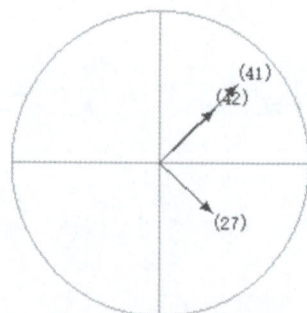

图 3-38　高、中压侧零序电压、
电流相量图

	通道	实部	虚部	向量
✓ ∿	25:28-Ihj	−0.003A	−0.004A	0.003A∠−123.851°
✓ ∿	26:29-Imj	−0.007A	−0.008A	0.008A∠−131.585°
✓ ∿	27:30-Ih0	−3.362A	−0.814A	2.446A∠−166.390°
✓ ∿	28:31-Im0	−0.001A	0.000A	0.001A∠145.882°
✓ ∿	41:46-Uh0	7.777V	−42.357V	30.452V∠−79.597°
✓ ∿	42:47-Um0	5.274V	−29.487V	21.181V∠−79.860°

图 3-39　高、中压侧零序电压、电流采样值

如图 3-40 所示，A 相差流为 8.568A，B 相差流 4.961A，C 相差流 4.673A。差动电流图 3-41 为其相量图，差动电流图 3-42 为其采样值。

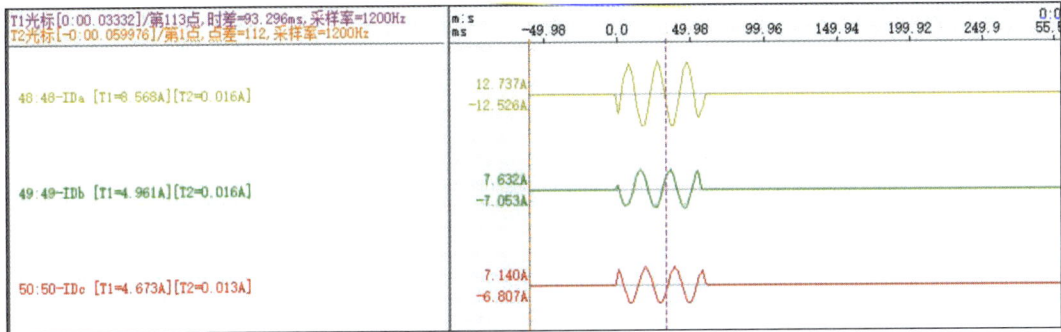

图 3-40　差动电流波形图

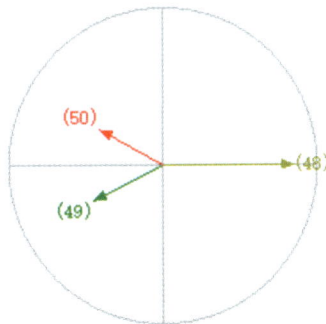

图 3-41　差动电流相量图

	通道	实部	虚部	向量
✓ ∿	48:48-IDa	−12.033A	−1.423A	8.568A∠−173.257°
✓ ∿	49:49-IDb	5.878A	3.829A	4.961A∠33.078°
✓ ∿	50:50-IDc	6.158A	−2.399A	4.673A∠−21.284°

图 3-42　差动电流采样值

如图 3-43 所示，由于高压侧区内 A、B 相短路接地故障，9.996ms 差动速断动作；22.491ms 比率差动动作。

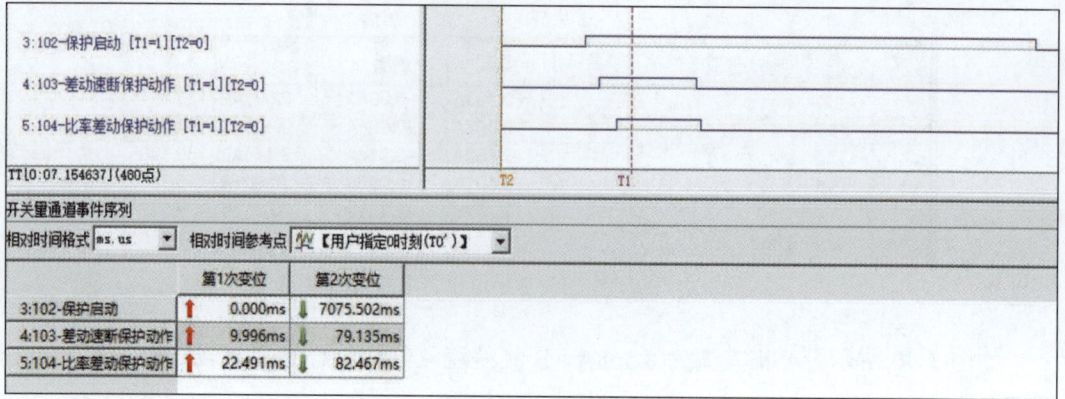

图 3-43　变压器保护动作情况

案例四：低压侧区内 A、B 相短路故障

1. 故障前运行方式

某 220kV 变电站 1 号变压器为 YN/YN/△接线方式，高压侧、中压侧变压器中性点接地运行，中、低压侧均为负荷支路。保护双套配置 PST1200U、PRS778T2，保护功能正常投入。故障前运行方式如图 3-44 所示。

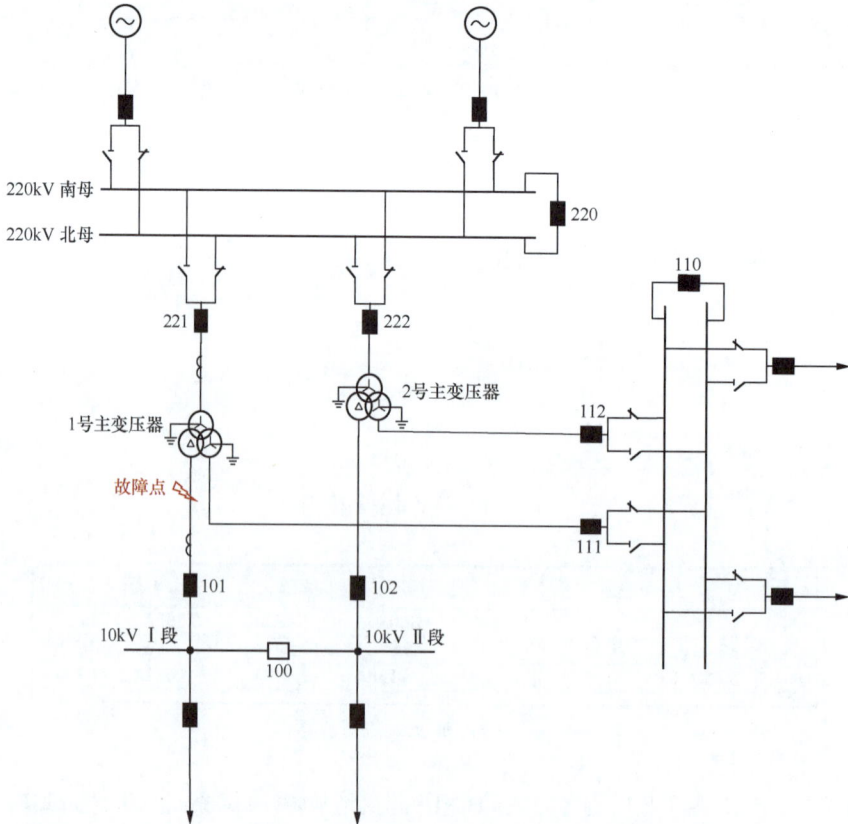

图 3-44　故障前系统运行方式

2. 故障过程简介

1号变压器低压侧区内 A、B 相短路故障，1 号变压器三侧断路器 221、111、101 跳开，故障后运行方式如图 3-45 所示。

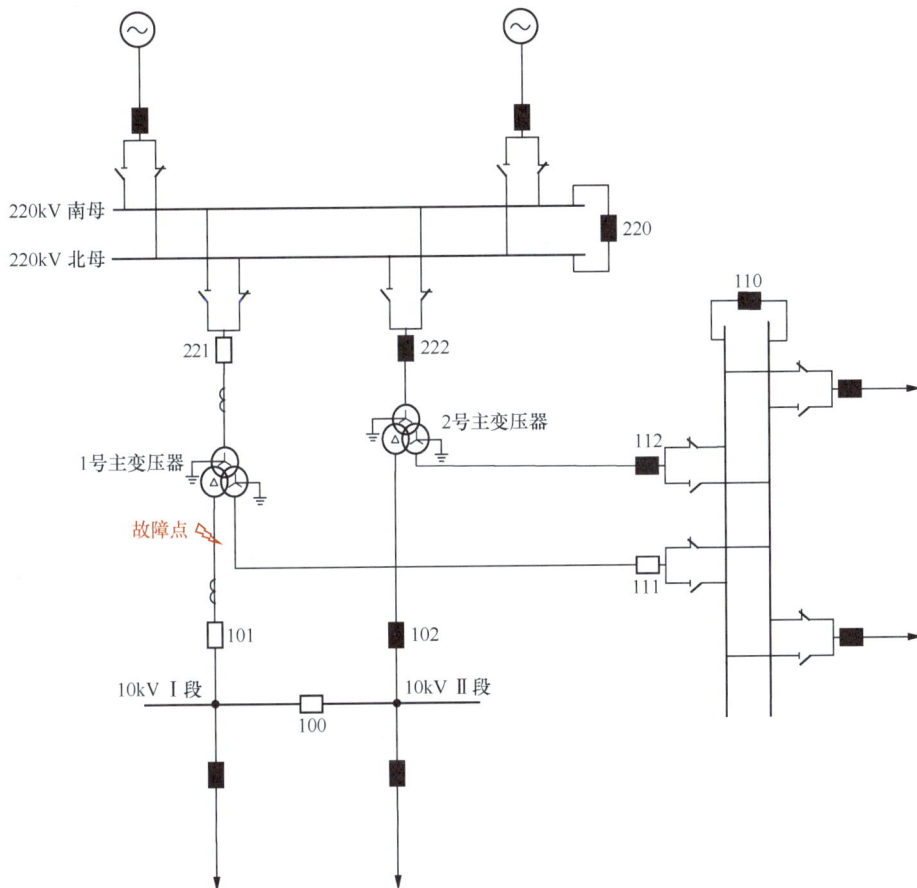

图 3-45 故障后系统运行方式

3. 保护动作情况

故障发生前，装置正常运行。故障发生后，保护动作情况见表 3-4。

表 3-4 保护动作情况

0ms	1号变压器低压侧套管引出线发生区内A、B相短路故障
18ms	比率差动保护动作，跳1号变压器三侧断路器221、111、101
约60ms	1号变压器三侧断路器跳开，故障隔离

4. 故障录波分析

如图 3-46～图 3-48 所示，故障期间高压侧 A 相电压为 50.114V，B 相电压为 47.07V，C 相电压为 52.285V；高压侧 A 相电流为 0.772A，B 相电流为 1.499A，C 相电流为 0.764A。A、C 相电流大小相等方向相同，与 B 相电流方向相反，A、C 相电流幅值为 B 相电流幅值的 0.5 倍。高压侧电压、电流相量图如图 3-47 所示，高压侧电压、电流采样值如图 3-48 所示。

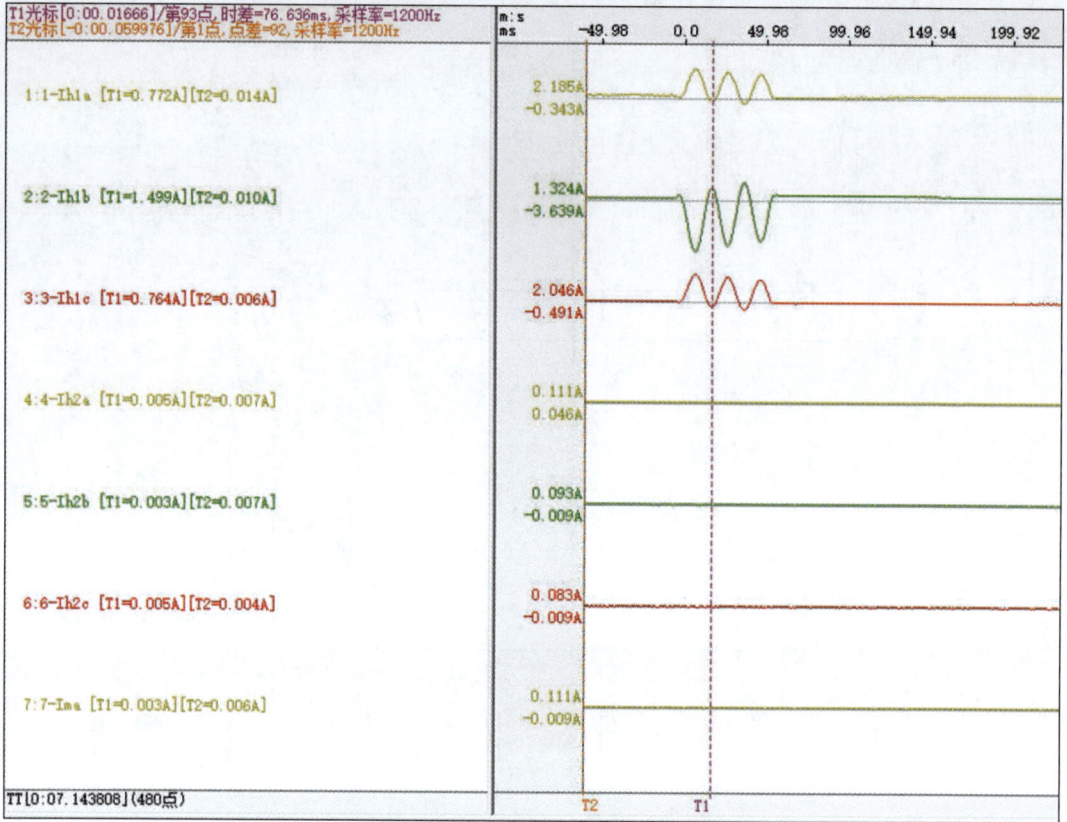

图 3-46　高压侧电压、电流波形图

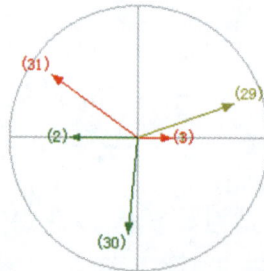

图 3-47　高压侧电压、电流相量图

通道		实部	虚部	向量
✓	∿ 1:1-Ih1a	0.085A	-1.088A	0.772A∠-85.552°
✓	∿ 2:2-Ih1b	-0.171A	2.113A	1.499A∠94.619°
✓	∿ 3:3-Ih1c	0.090A	-1.077A	0.764A∠-85.234°
✓	∿ 29:34-Uha	28.215V	-65.014V	50.114V∠-66.540°
✓	∿ 30:35-Uhb	-66.472V	1.818V	47.020V∠178.433°
✓	∿ 31:36-Uhc	38.039V	63.407V	52.285V∠59.040°

图 3-48　高压侧电压、电流采样值

如图 3-49 所示，故障期间低压侧 A、B 相电压大小相等相位相同，幅值均约为 26V，C 相电压 53.084V。A、B 相电压幅值为 C 相电压幅值的 0.5 倍。由于低压侧无电源，低压侧三相电流接近于零。低压侧电压、电流相量图如图 3-50 所示，低压侧电压、电流采样值如图 3-51 所示。

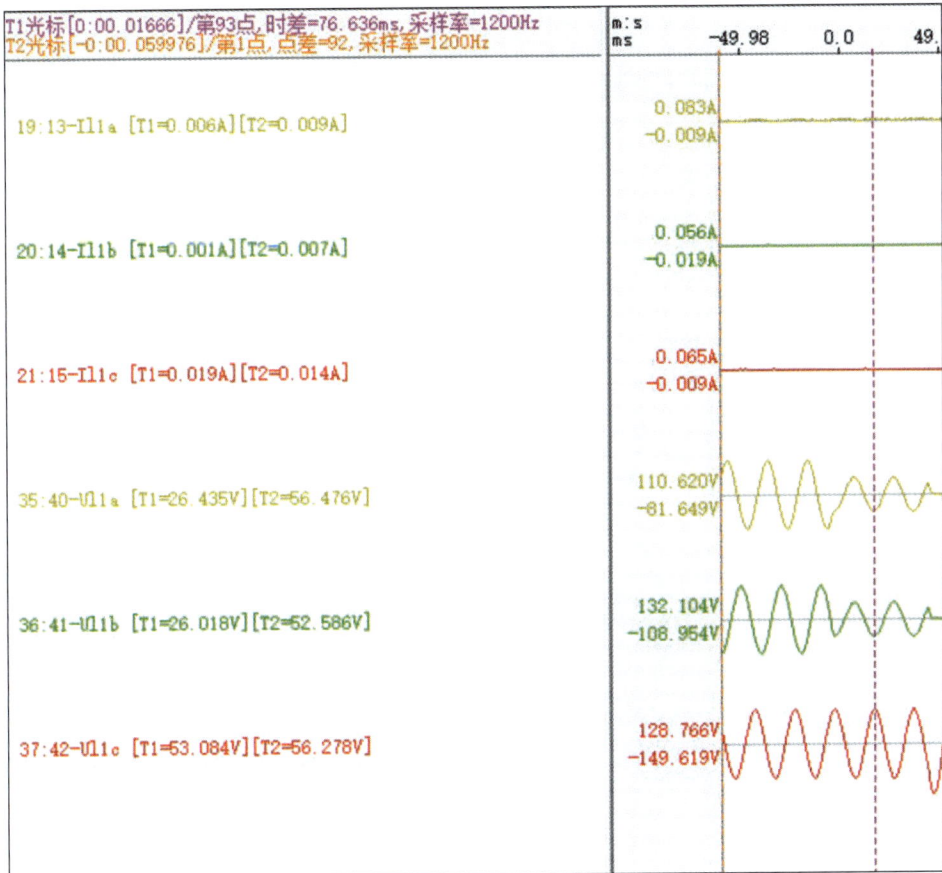

图 3-49　低压侧电压、电流波形图

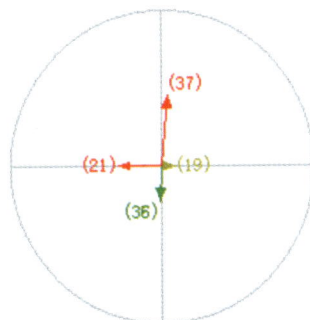

图 3-50　低压侧电压、电流相量图

由于故障为低压侧相间短路，无零序电压及零序电流，如图 3-52 所示。

	通道	实部	虚部	向量
✔ ∿	19:13-Il1a	0.008A	-0.000A	0.006A∠-0.037°
✔ ∿	20:14-Il1b	0.001A	0.000A	0.001A∠12.194°
✔ ∿	21:15-Il1c	-0.026A	0.000A	0.019A∠179.075°
✔ ∿	35:40-Ul1a	-2.379V	-37.309V	26.435V∠-93.649°
✔ ∿	36:41-Ul1b	-2.371V	-36.719V	26.018V∠-93.694°
✔ ∿	37:42-Ul1c	6.040V	74.828V	53.084V∠85.386°

图 3-51 低压侧电压、电流采样值

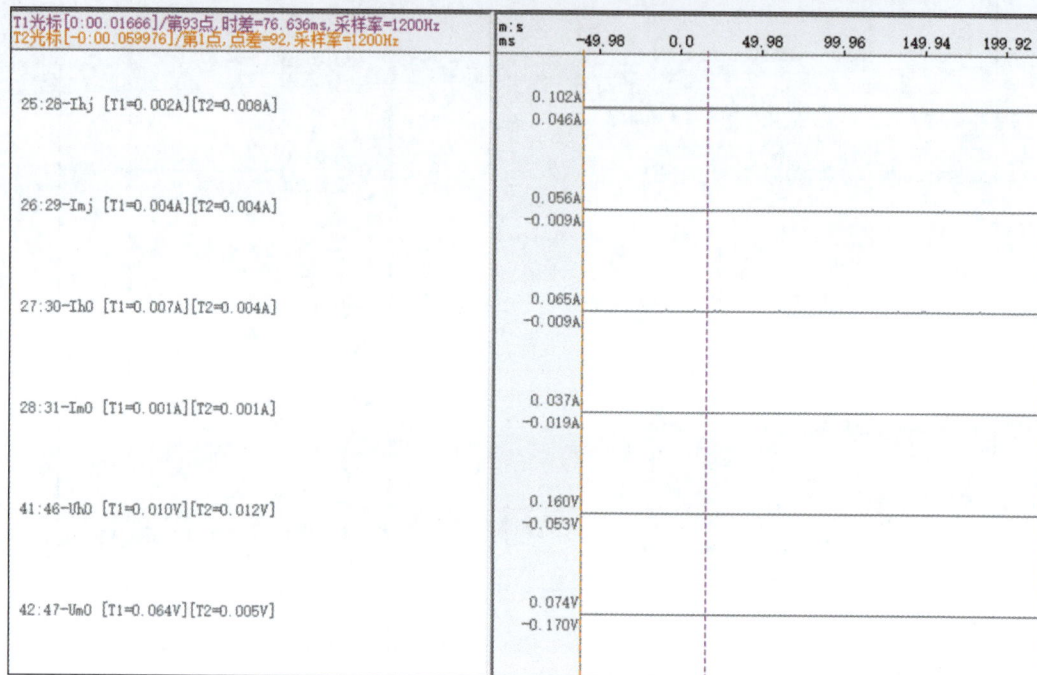

图 3-52 高、中压侧零序电压、电流波形图

如图 3-53 所示，A、B 相差流均约为 1.29A，A、B 相差流等大反相。图 3-54 为其相量图，图 3-55 为其采样值。

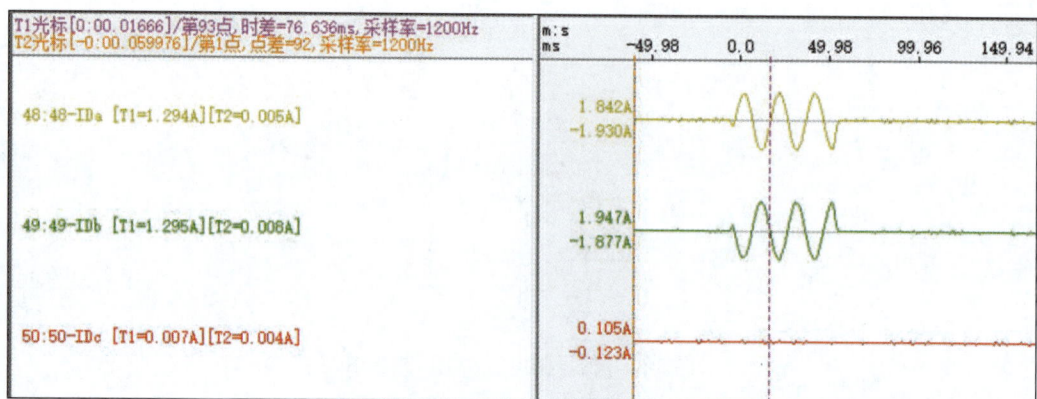

图 3-53 差动电流波形

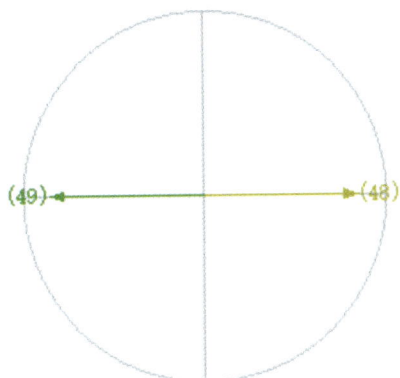

图 3-54　差动电流相量图

如图 3-56 所示，由于低压侧区内故障，18.326ms 比率差动动作。

通道	实部	虚部	向量
48:48-IDa	1.779A	−0.431A	1.294A∠−13.624°
49:49-IDb	−1.779A	0.435A	1.295A∠166.250°
50:50-IDc	−0.004A	−0.009A	0.007A∠−110.872°

图 3-55　差动电流采样值

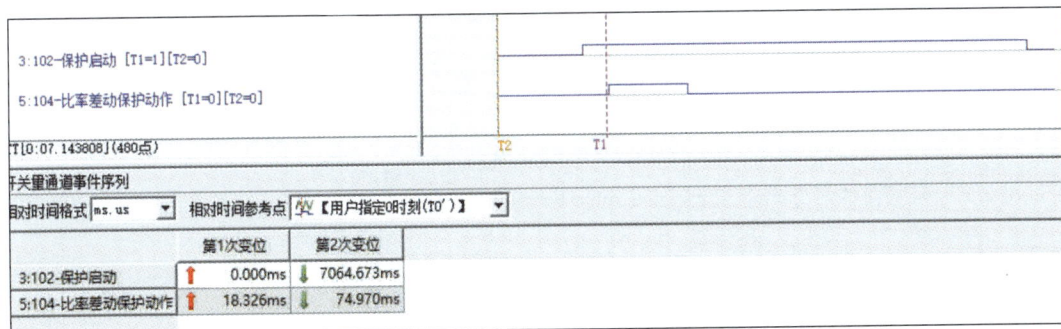

图 3-56　变压器保护装置开关量信息

案例五：低压侧三相短路故障（一相区内）

1. 故障前运行方式

某 220kV 变电站 1 号变压器为 YN/YN/△接线方式，高压侧、中压侧接地运行，保护双套配置 PST1200U、PRS778T2。故障前运行方式如图 3-57 所示。

2. 故障过程简介

1 号变压器低压侧 A 相区内 BC 区外故障，1 号变压器三侧断路器 221、111、351 跳开，故障后运行方式如图 3-58 所示。

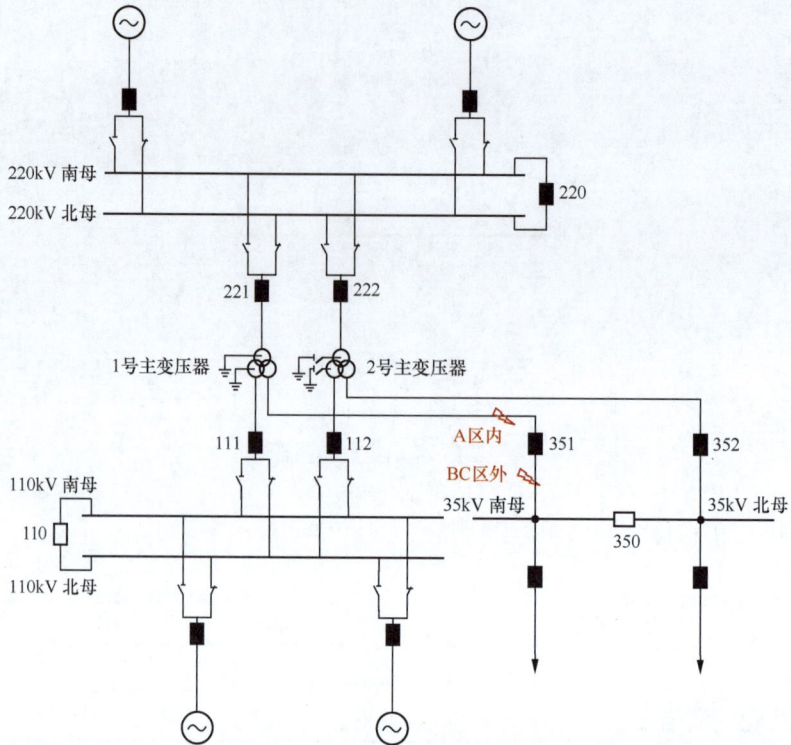

图 3-57　故障前系统运行方式

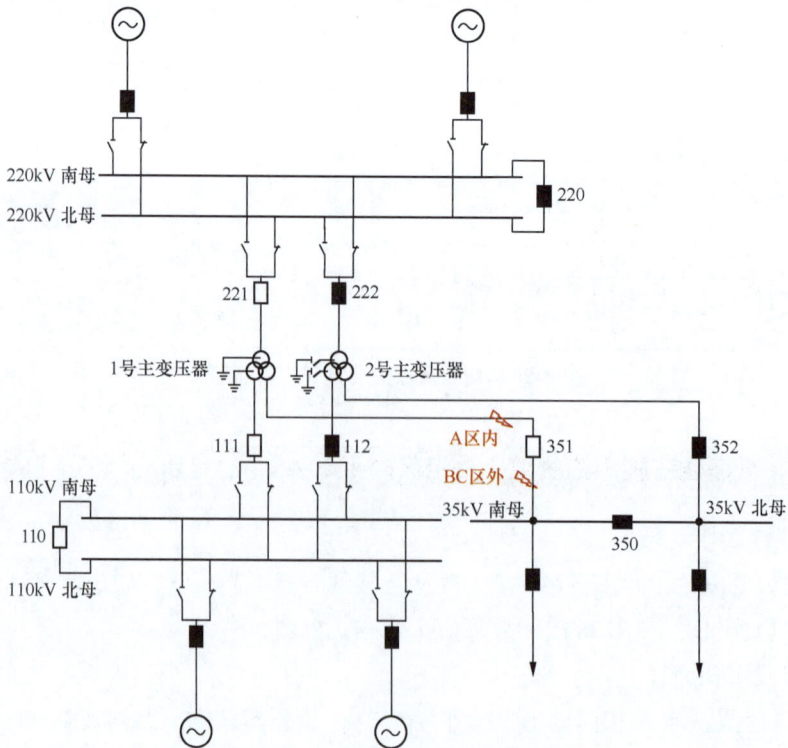

图 3-58　故障后系统运行方式

3. 保护动作情况

故障发生前，装置正常运行。故障发生后，保护动作情况见表3-5。

表 3-5 保护动作情况

0ms	1号变压器低压侧A相区内BC区外故障
约20ms	1号变压器比率差动保护动作，跳1号变压器三侧断路器221、111、351
约80ms	1号变压器三侧断路器跳开，故障隔离

4. 故障录波分析

（1）变压器保护低压侧三相电流。如图3-59所示，变压器低压侧故障前负荷电流0.524A左右，故障时，A相无电流，B、C相电流增大。判断存在低压侧区外BC相故障。

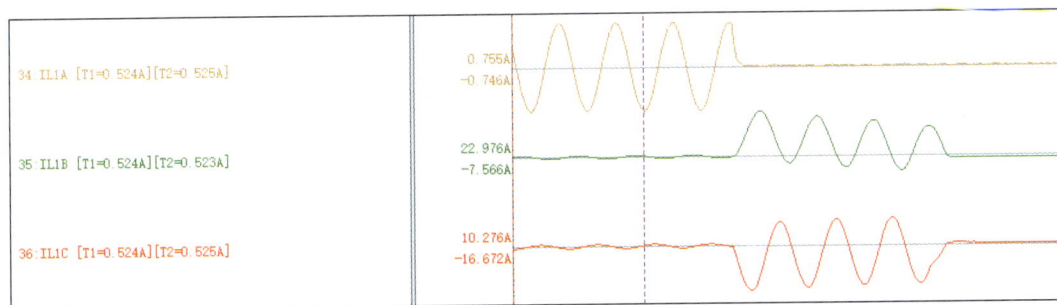

图 3-59 变压器保护低压侧三相电流

（2）变压器保护高压侧三相电流。如图3-60所示，变压器高压侧故障前负荷电流0.256A左右，故障时A、B、C三相电流增大，判断系统发生三相短路故障。

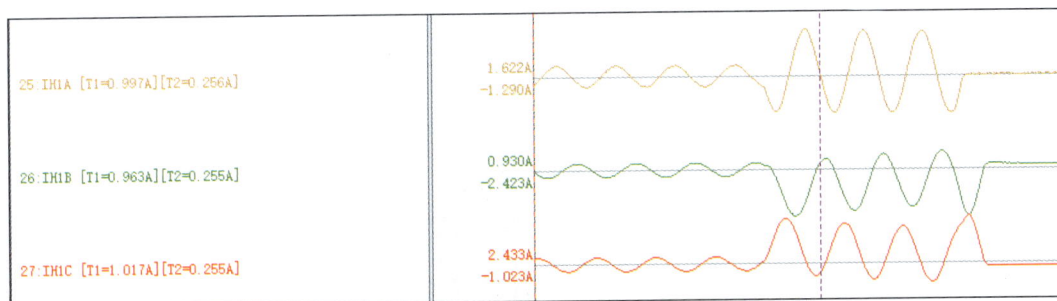

图 3-60 变压器保护高压侧三相电流

（3）变压器保护中压侧三相电流。如图3-61所示，变压器中压侧故障前负荷电流0.238A左右，故障时A、B、C三相电流增大。高、中压侧电流同相，与低压侧BC相故障电流反相。变压器高、中压侧均有电源，判断变压器低压侧发生三相短路。结合低压侧电流波形，A相无故障电流流过变压器低压侧TA，说明A相故障发生在变压器区内，BC相发生在区外。

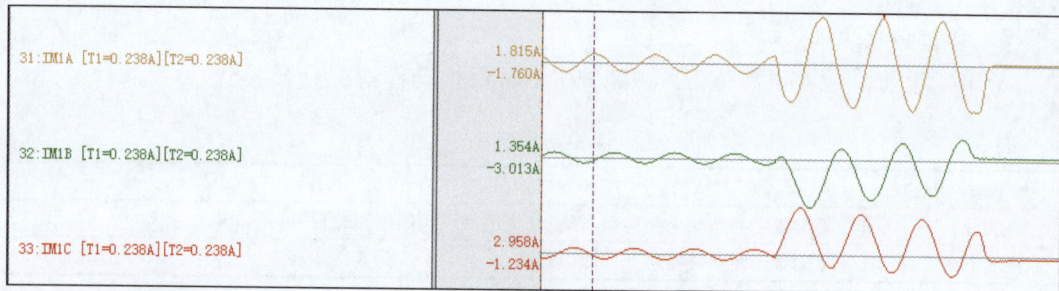

图 3-61　变压器保护中压侧三相电流

（4）变压器保护纵差三相差流。如图 3-62 所示，由于 A 相发生在区内，变压器保护 A 相产生差流。

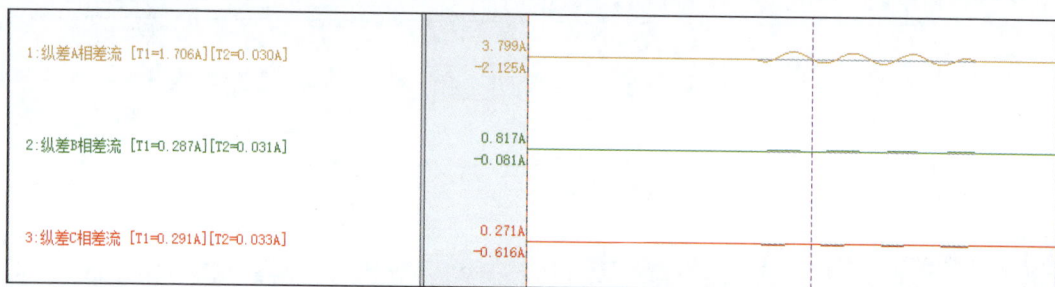

图 3-62　变压器保护纵差三相差流

（5）保护动作情况。如图 3-63 所示，A 相差流达到纵差动作值，变压器保护纵差比率差动保护动作，跳变压器各侧断路器，故障隔离。

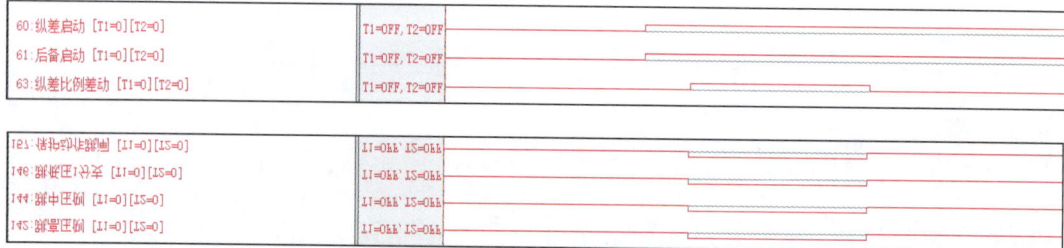

图 3-63　变压器保护动作情况

案例六：低压侧三相短路故障（两相区内）

1. 故障前运行方式

某 220kV 变电站 1 号变压器为 YN/YN/△接线方式，高压侧、中压侧接地运行，保护双套配置 PST1200U、PRS778T2。故障前运行方式如图 3-64 所示。

2. 故障过程简介

1 号变压器低压侧 AC 相区内 B 相区外故障，1 号变压器三侧断路器 221、111、351 跳开，故障后运行方式如图 3-65 所示。

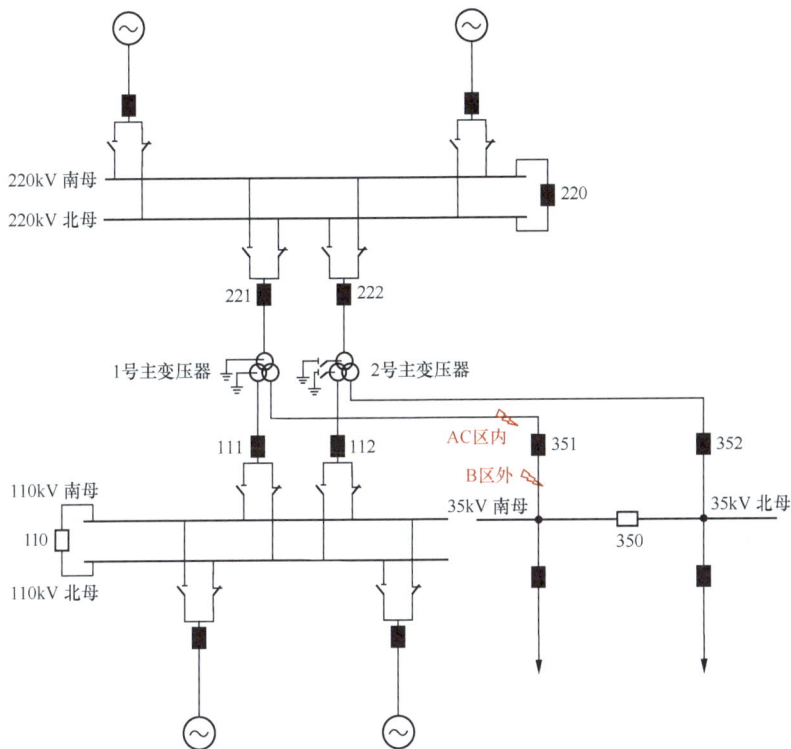

图 3-64 故障前系统运行方式

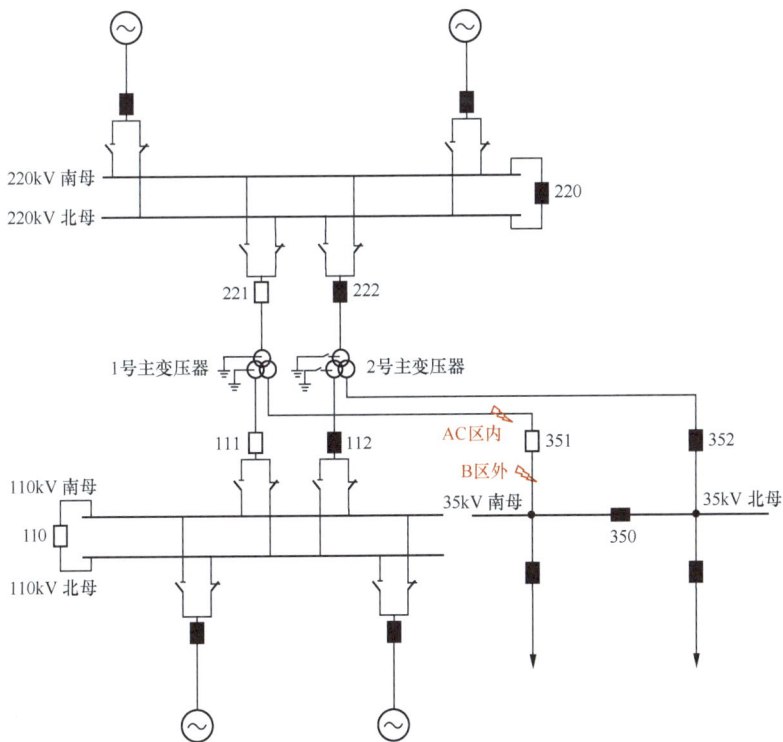

图 3-65 故障后系统运行方式

3. 保护动作情况

故障发生前，装置正常运行。故障发生后，保护动作情况见表 3-6。

表 3-6 保护动作情况

0ms	1号变压器低压侧AC相区内B区外故障
约20ms	1号变压器比率差动保护动作，跳1号变压器三侧断路器221、111、351
约80ms	1号变压器三侧断路器跳开，故障隔离

4. 故障录波分析

（1）变压器保护低压侧三相电流。如图 3-66 所示，变压器低压侧故障前负荷电流 0.523A 左右，故障时，A、C 相无故障电流，B 相有故障电流。

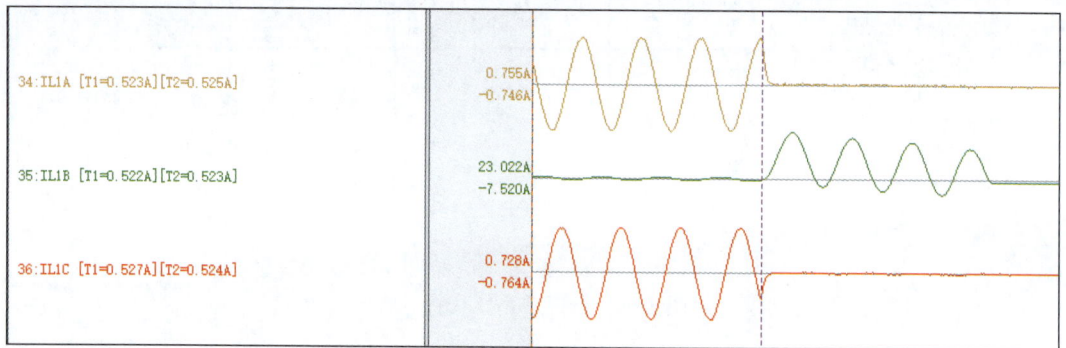

图 3-66 变压器保护低压侧三相电流

（2）变压器保护高压侧三相电流。如图 3-67 所示，变压器高压侧故障前负荷电流 0.255A 左右，故障时 A、B、C 三相电流增大，判断系统发生三相短路故障。

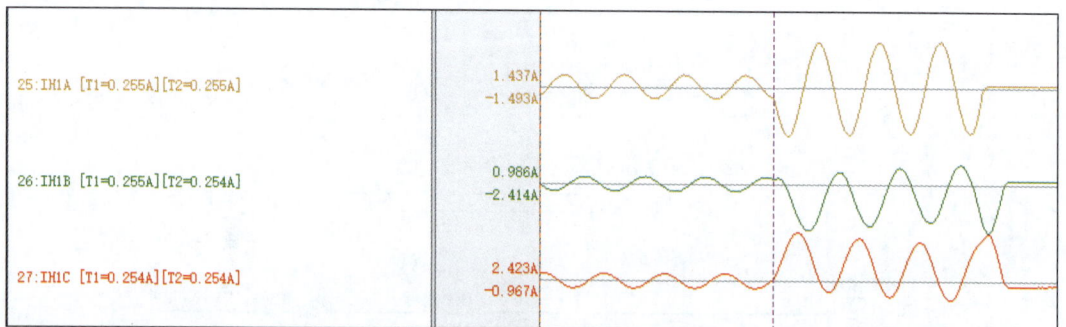

图 3-67 变压器保护高压侧三相电流

（3）变压器保护中压侧三相电流。如图 3-68 所示，变压器中压侧故障前负荷电流 0.238A 左右，故障时 A、B、C 三相电流增大。高、中压侧电流同相，与低压侧 B 相故障电流反相。变压器高、中压侧均有电源，判断变压器低压侧发生三相短路。结合低压侧电流波形，AC 相无故障电流流过变压器低压侧 TA，说明 AC 相故障发生在变压器区内，B 相发生在区外。

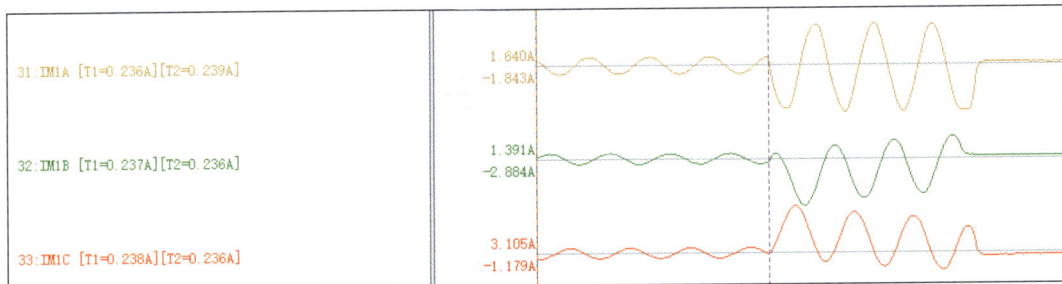

图 3-68 变压器保护中压侧三相电流

（4）变压器保护纵差三相差流。如图 3-69 所示，由于 AC 相故障发生在区内，变压器保护 AC 相产生差流。

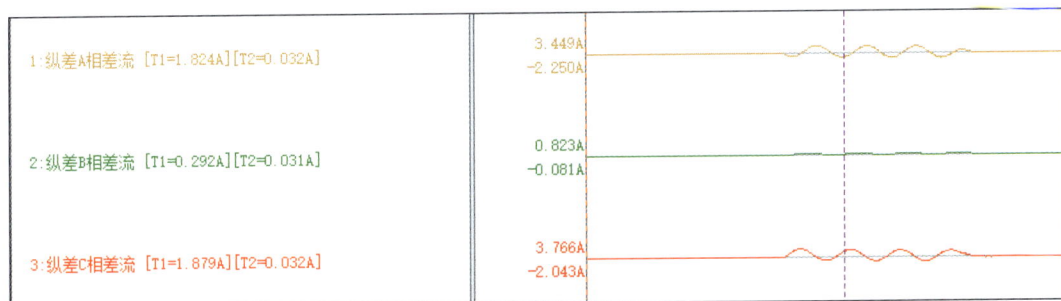

图 3-69 变压器保护纵差三相差流

（5）保护动作情况。如图 3-70 所示，AC 相差流达到纵差动作值，变压器保护纵差比率差动保护动作，跳变压器各侧断路器，故障隔离。

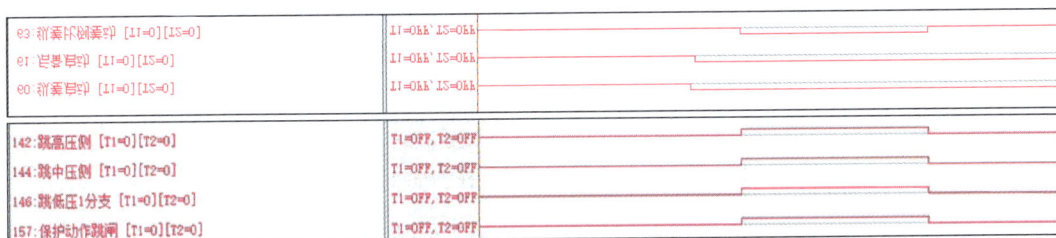

图 3-70 变压器保护装置开关量信息

案例七：TA 饱和导致的差动保护误动

1. 故障前运行方式

某 220kV 变电站 1 号变压器为 YN/YN/△ 接线方式，高压侧、中压侧接地运行，保护双套配置 PST1200U、PRS778T2。故障前运行方式如图 3-71 所示。

2. 故障过程简介

1 号变压器低压侧 AC 相区内 B 区外故障，1 号变压器三侧断路器 221、111、351 跳开，故障后运行方式如图 3-72 所示。

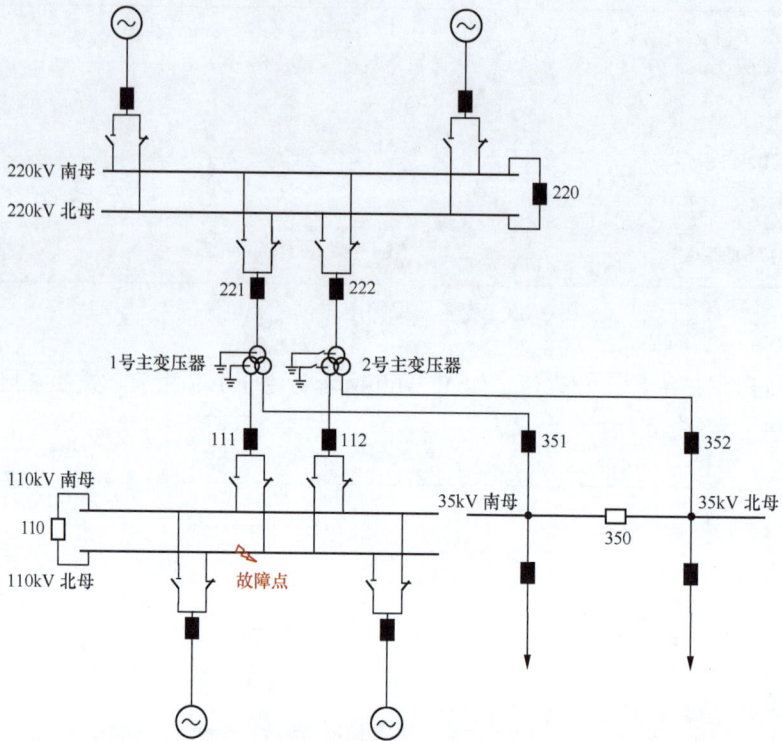

图 3-71　故障前系统运行方式

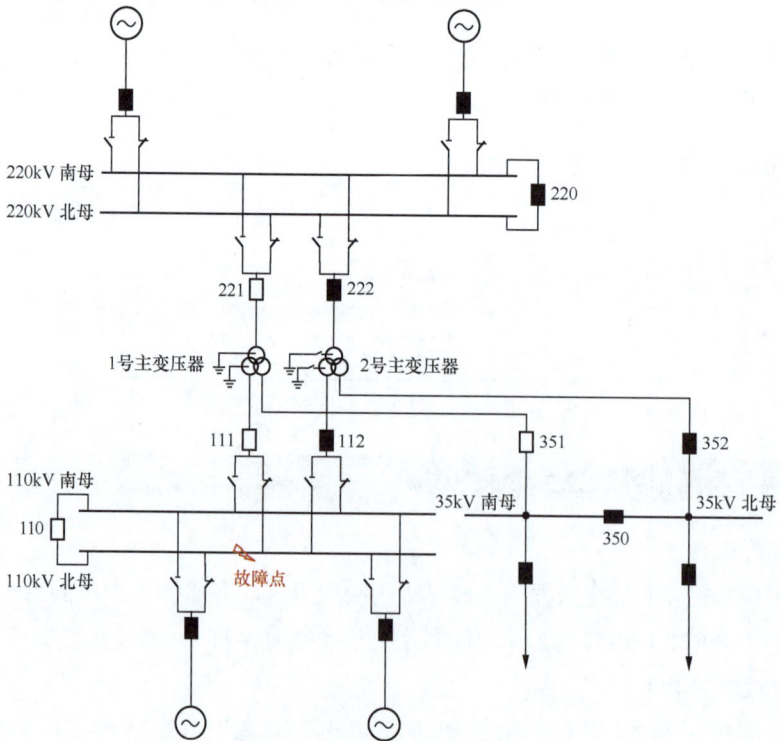

图 3-72　故障后系统运行方式

3．保护动作情况

故障发生前，装置正常运行。故障发生后，保护动作情况见表 3-7。

表 3-7　　　　　　　　　　　　　　　保护动作情况

0ms	1号变压器中压侧区外三相故障
约20ms	1号变压器比率差动保护动作，跳1号变压器三侧断路器221、111、351
约80ms	1号变压器三侧断路器跳开

4．故障录波分析

（1）变压器保护高压侧三相电流。如图 3-73 所示，变压器高压侧三相出现故障电流，A 相故障电流波形畸变，BC 相故障电流为 2.6A 左右，A 相由于波形畸变，故障电流有效值为 1.1A 左右。

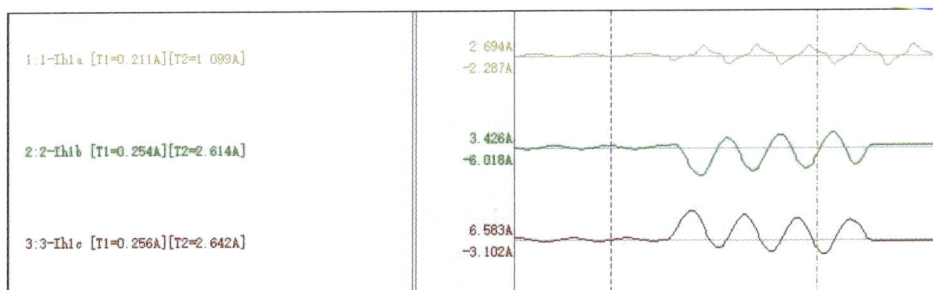

图 3-73　变压器保护高压侧三相电流

将变压器高压侧 A 相电流放大，如图 3-74 所示。

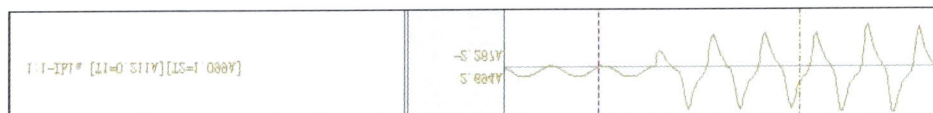

图 3-74　变压器高压侧 A 相电流

对变压器高压侧 A 相电流做谐波分析，如图 3-75 所示。

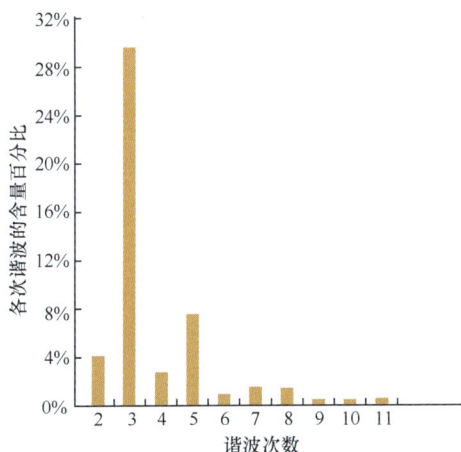

图 3-75　高压侧 A 相电流谐波分析图

101

综合变压器高压侧 A 相电流的波形特征和谐波，可以得到：故障电流波形出现明显缺损，谐波分量大且以奇次谐波为主，在过零点附近电流基本正常。这是明显的 TA 稳态饱和特征，判断变压器高压侧 A 相 TA 饱和，造成二次电流显著减小。

（2）变压器保护中压侧三相电流。如图 3-76 所示，变压器中压侧 A、B、C 相故障电流约为 0.237A，判断出现三相短路故障。

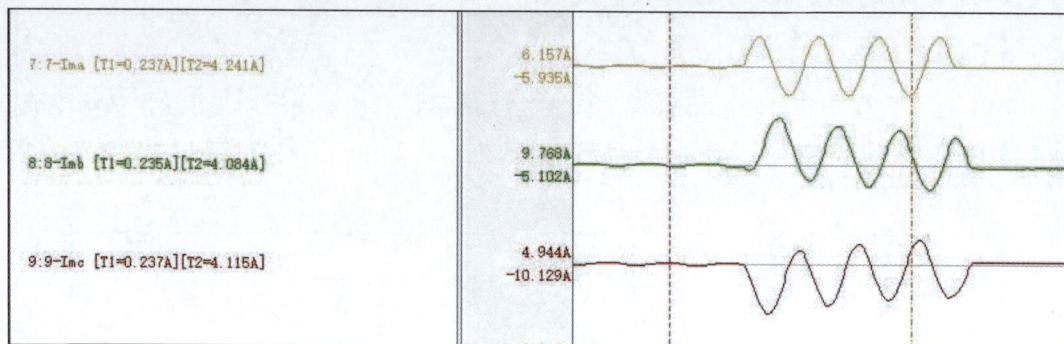

图 3-76　变压器保护中压侧三相电流

（3）变压器保护低压侧三相电流。如图 3-77 所示，变压器低压侧故障时三相无电流，说明故障发生在低压侧正方向，不在低压侧区外。

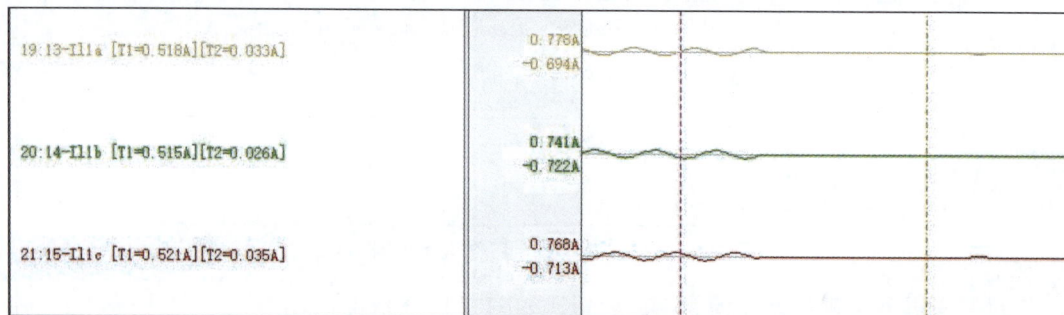

图 3-77　变压器保护低压侧三相电流

（4）变压器保护纵差三相差流。如图 3-78 所示，变压器高、中压侧故障电流反相，为穿越性电流，说明故障发生在变压器保护区外。但由于变压器高压侧 A 相 TA 饱和，二次电流显著减小，在经过转角后，产生了 C、A 两相差流。

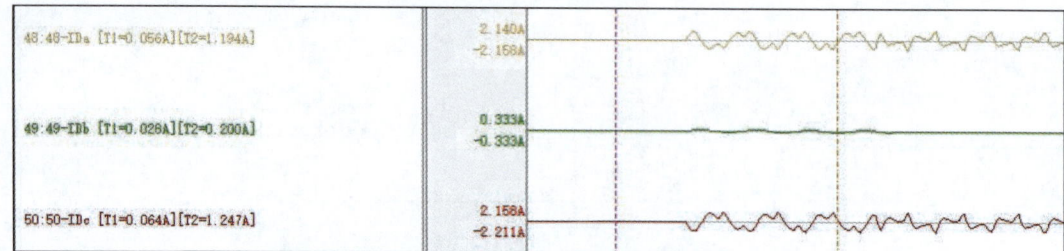

图 3-78　变压器保护纵差三相差流

对差流做谐波分析，如图 3-79 所示，差流中奇次谐波含量同样很高。

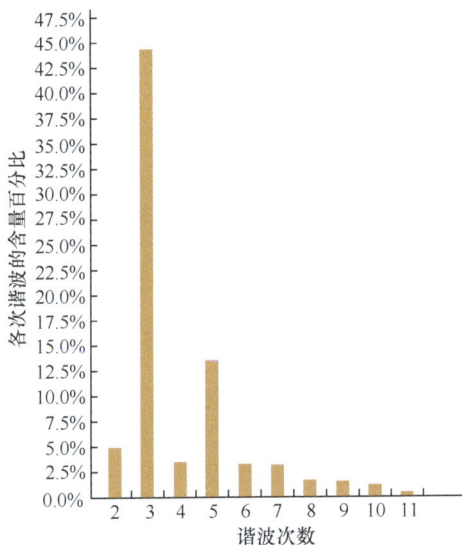

图 3-79　A 相差流谐波分析图

（5）保护动作情况。如图 3-80 所示，由于变压器保护 C、A 两相存在差流，满足差动比率条件，且保护装置未能识别出 TA 饱和，造成比率差动保护误动作。

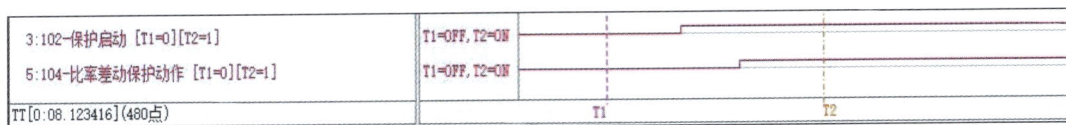

图 3-80　变压器保护动作情况

第二节　变压器后备保护动作跳闸故障（退出主保护）

案例一：高压侧区内 B 相接地故障

1. 故障前运行方式

某 220kV 变电站 1 号变压器为 YN/YN/△接线方式，高压侧、中压侧变压器中性点接地运行，中、低压侧均为负荷支路。保护双套配置 PST1200U、PRS778T2，差动保护退出，其余保护功能正常投入。故障前运行方式如图 3-81 所示。

2. 故障过程简介

1 号变压器高压侧区内 B 相接地故障，110kV 侧母联 110 断路器，1 号变压器三侧断路器 221、111、101 跳开，故障后运行方式如图 3-82 所示。

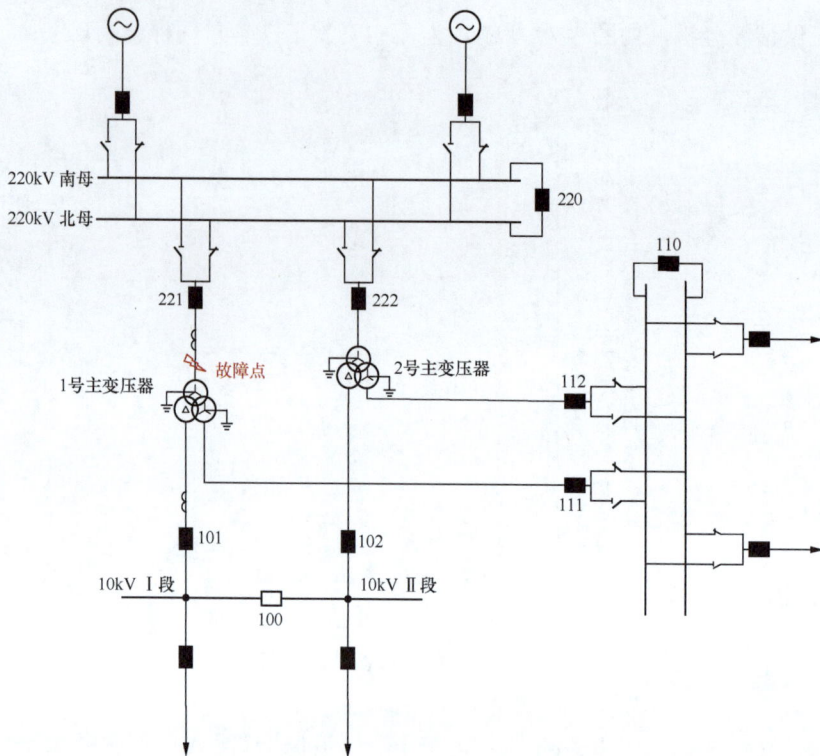

图 3-81 故障前一次接线图

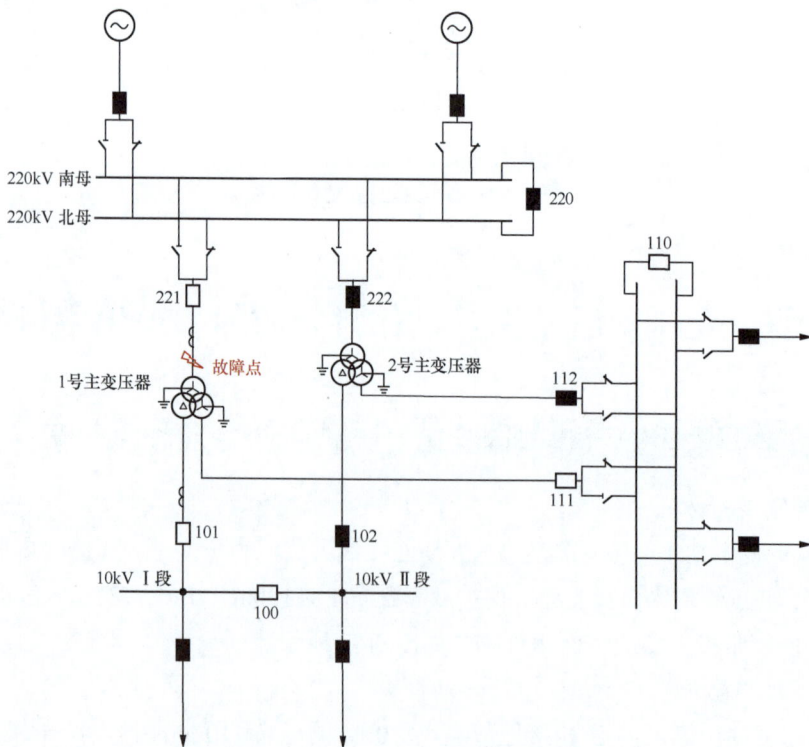

图 3-82 故障后一次设备运行状态

3. 保护动作情况

故障发生前，装置正常运行。故障发生后，保护动作情况见表 3-8。

表 3-8 保护动作情况

0ms	1号变压器高压侧套管引出线发生B相金属性接地短路（差动保护未投入）
3610ms	高复压过电流Ⅱ段1时限动作，跳中母联断路器
3910ms	高复压过电流Ⅱ段2时限动作，跳1号变压器中压侧断路器
4206ms	高复压过电流ⅡⅠ段2时限动作，跳1号变压器三侧断路器
约4256ms	1号变压器三侧断路器跳开，故障隔离

4. 故障录波分析

如图 3-83 所示，故障期间高压侧 B 相电压为 0，A、C 相电压基本不变；高压侧 B 相电流为 8.041A，A、C 相电流很小。高压侧电压、电流相量图如图 3-84 所示，采高压侧电压、电流样值如图 3-85 所示。

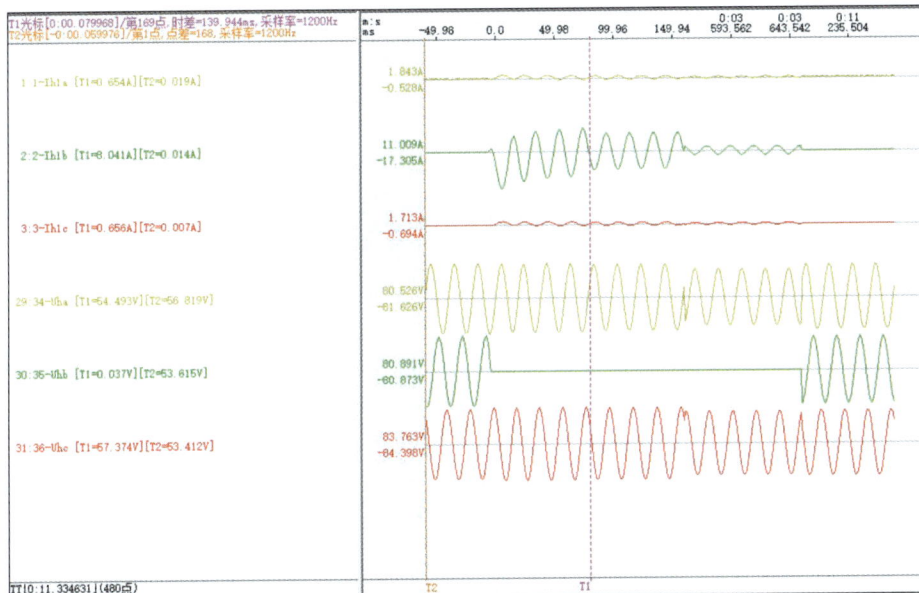

图 3-83 高压侧电压、电流波形图

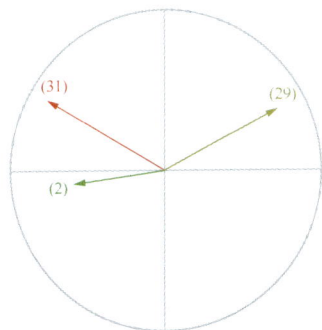

图 3-84 高压侧电压、电流相量图

通道	实部	虚部	向量
1:1-Ih1a	0.924A	-0.030A	0.654A∠-1.870°
2:2-Ih1b	-11.273A	-1.496A	8.041A∠-172.440°
3:3-Ih1c	0.928A	-0.010A	0.656A∠-0.620°
29:34-Uha	69.719V	32.837V	54.493V∠25.220°
30:35-Uhb	-0.050V	0.014V	0.037V∠164.269°
31:36-Uhc	-69.288V	42.224V	57.374V∠148.642°

图 3-85 高压侧电压、电流采样值

如图 3-86 所示，故障期间低压侧 A 相电压为 31.672V，C 相电压 57.267V，B 相电压
33.107V。低压侧三相电流接近于零（变压器空载）。低压侧电压、电流相量图如图 3-87 所
示，低压侧电压、电流采样值如图 3-88 所示。

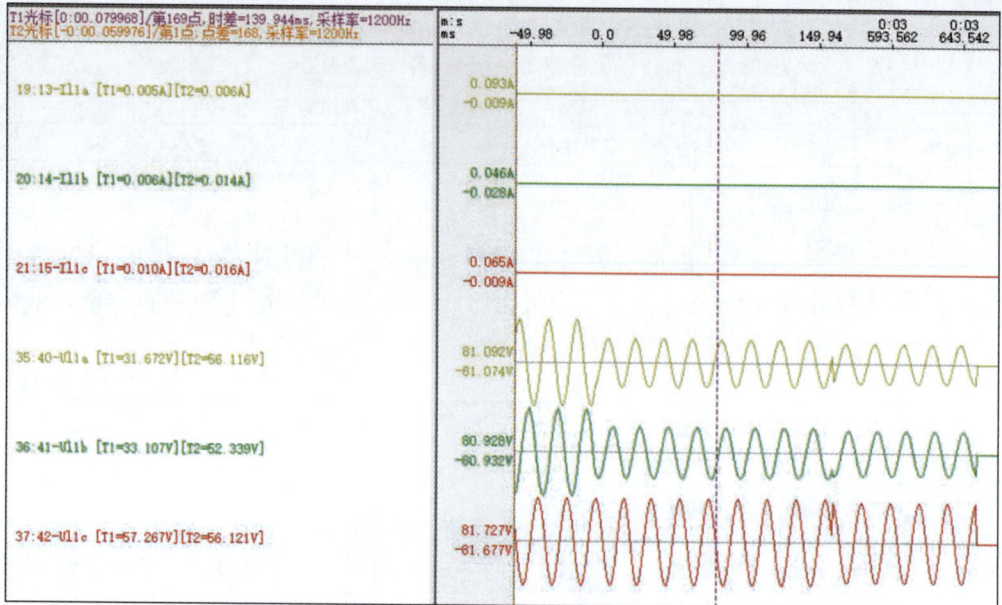

图 3-86　低压侧电压、电流波形图

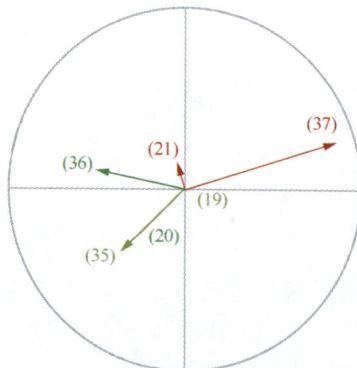

图 3-87　低压侧电压、电流相量图

通道	实部	虚部	向量
19:13-Il1a	−0.007A	0.002A	0.005A∠159.570°
20:14-Il1b	0.004A	0.007A	0.006A∠62.677°
21:15-Il1c	−0.001A	−0.015A	0.010A∠−94.205°
35:40-Ul1a	40.558V	19.005V	31.672V∠25.107°
36:41-Ul1b	39.965V	−24.393V	33.107V∠−31.398°
37:42-Ul1c	−80.809V	5.363V	57.267V∠176.203°

图 3-88　低压侧电压、电流采样值

如图 3-89 所示，故障期间高压侧零序电压 30.574V，中压侧零序电压 21.275V，两者接近同相。

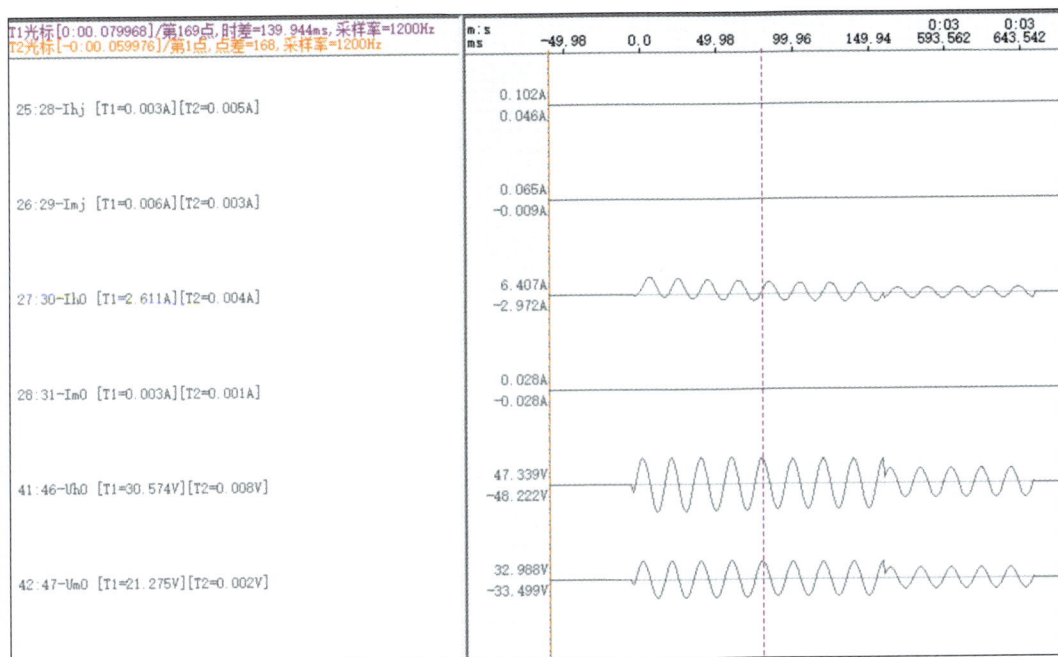

图 3-89 高中压侧零序电压、电流波形图

由图 3-90 和图 3-91 可以得出，高压侧自产零序电流超前零序电压，因此故障点在用于产生自产电流的独立 TA 的正方向；由图 3-90 可知，外接零序电流滞后零序电压，说明故障点在外接零序 TA（套管 TA）的反方向。因此分析，故障点在套管 TA 与独立 TA 之间，相别为 B 相接地故障。

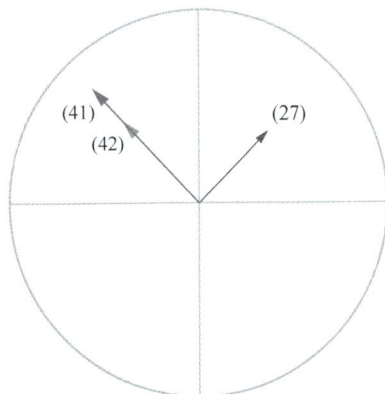

图 3-90 高中压侧零序电压、电流相量图

如图 3-92 所示，C 相差流约为 0，A、B 相差流等大反相。图 3-93 为其相量图，图 3-94 为其采样值。

通道		实部	虚部	向量
✓	∿ 25:28-Ihj	0.003A	−0.003A	0.003A∠−44.274°
✓	∿ 26:29-Imj	0.009A	−0.003A	0.006A∠−18.718°
✓	∿ 27:30-Ih0	3.693A	−0.058A	2.611A∠−0.905°
✓	∿ 28:31-Im0	0.004A	0.000A	0.003A∠1.217°
✓	∿ 41:46-Uh0	0.313V	43.237V	30.574V∠89.586°
✓	∿ 42:47-Um0	0.357V	30.086V	21.275V∠89.320°

图 3-91　高中压侧零序电压、电流采样

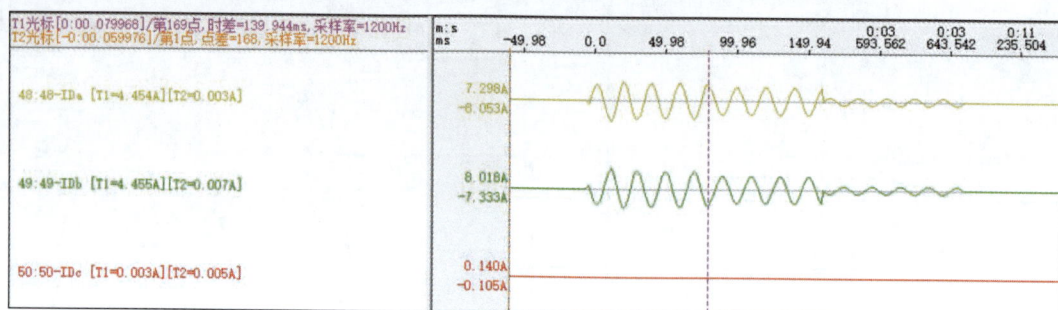

图 3-92　差动电流波形

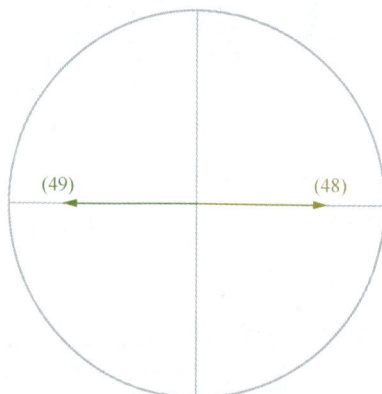

图 3-93　差动电流相量图

通道		实部	虚部	向量
✓	∿ 48:48-IDa	0.832A	6.244A	4.454A∠82.410°
✓	∿ 49:49-IDb	−0.828A	−6.245A	4.455A∠−97.554°
✓	∿ 50:50-IDc	−0.004A	−0.000A	0.003A∠−178.668°

图 3-94　差动电流采样值

　　如图 3-95 所示，由于 B 相区内故障，差动保护未投入，3610ms 高复压过电流Ⅱ段 1 时限动作（定值 3.6s）；3910ms 高复压过电流Ⅱ段 2 时限动作（定值 3.9s）；4206ms 高复压过电流Ⅲ段 2 时限动作（定值 4.2s）。

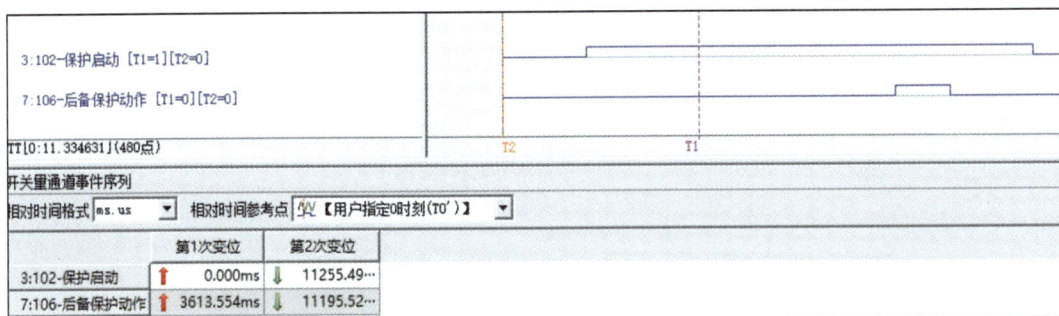

图 3-95　变压器保护动作情况

案例二：高压侧区内 B、C 相间短路故障

1. 故障前运行方式

某 220kV 变电站 1 号变压器为 YN/YN/△接线方式，高压侧、中压侧变压器中性点接地运行，中、低压侧均为负荷支路。保护双套配置 PST1200U、PRS778T2，差动保护退出，其余保护功能正常投入。故障前运行方式如图 3-96 所示。

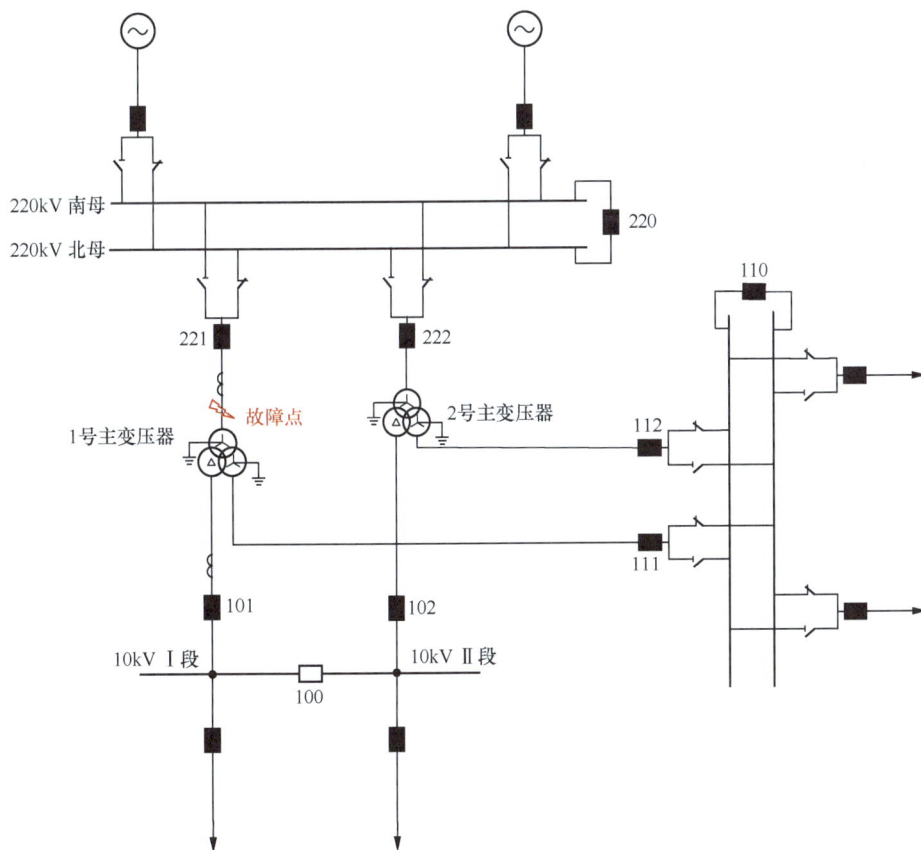

图 3-96　故障前一次接线图

2. 故障过程简介

1 号变压器高压侧区内 B、C 相间短路故障，110kV 侧母联 110 断路器，1 号变压器三侧断路器 221、111、101 跳开，故障后运行方式如图 3-97 所示。

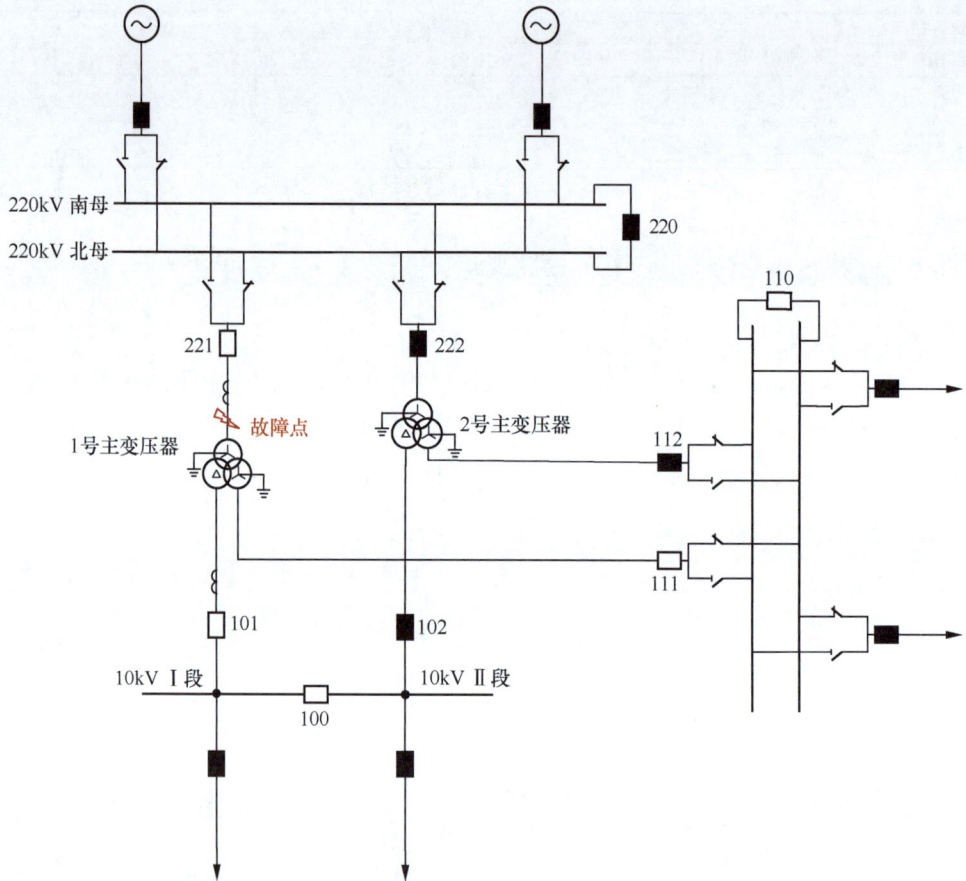

图 3-97　故障后一次接线图

3. 保护动作情况

故障发生前，装置正常运行。故障发生后，保护动作情况见表 3-9。

表 3-9　　　　　　　　　　　　　保护动作情况

0ms	1号变压器高压侧套管引出线发生B相金属性接地短路（差动保护未投入）
3609ms	高复压过电流Ⅱ段1时限动作，跳中母联断路器
3909ms	高复压过电流Ⅱ段2时限动作，跳1号变压器中压侧断路器
4205ms	高复压过电流Ⅲ段2时限动作，跳1号变压器三侧断路器
约4255ms	1号变压器三侧断路器跳开，故障隔离

4. 故障录波分析

如图 3-98 所示，故障期间高压侧 B 相电压与 C 相电压相等，约 28V；B 相电流与 C

相电流大小相等，方向相反，约为 7.2A。高压侧电压、电流相量图如图 3-99 所示，高压侧电压、电流采样值如图 3-100 所示。

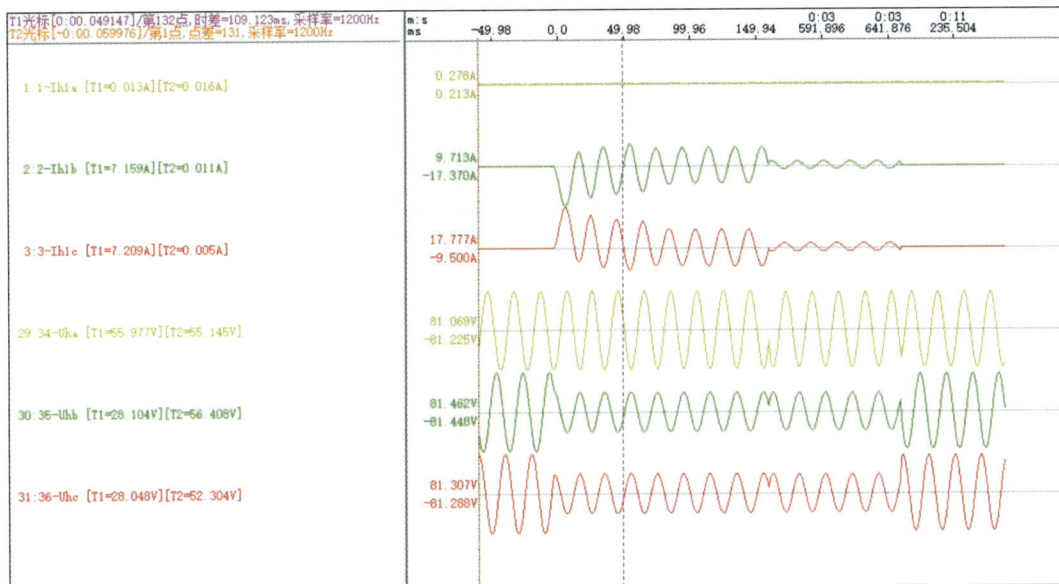

图 3-98　高压侧电压、电流波形图

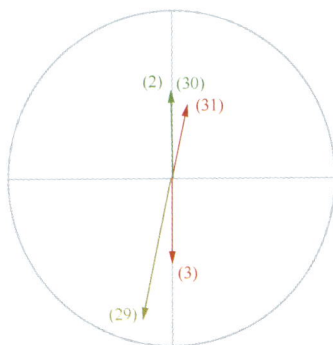

图 3-99　高压侧电压、电流相量图

通道		实部	虚部	向量
✓ √	1:1-Ih1a	−0.004A	−0.018A	0.013A∠−101.331°
✓ √	2:2-Ih1b	9.956A	−1.837A	7.159A∠−10.454°
✓ √	3:3-Ih1c	−10.033A	1.810A	7.209A∠169.772°
✓ ∧	29:34-Uha	−72.469V	31.862V	55.977V∠156.266°
✓ ∧	30:35-Uhb	36.438V	−15.873V	28.104V∠−23.539°
✓ ∧	31:36-Uhc	36.353V	−15.871V	28.048V∠−23.585°

图 3-100　高压侧电压、电流采样值

如图 3-101 所示，故障期间低压侧 B 相电压接近 0，A 相电压与 C 相电压近似相等，约 49V；低压侧三相电流近似为 0（变压器空载）。低压侧电压、电流相量图如图 3-102

所示，低压侧电压、电流采样值如图 3-103 所示。

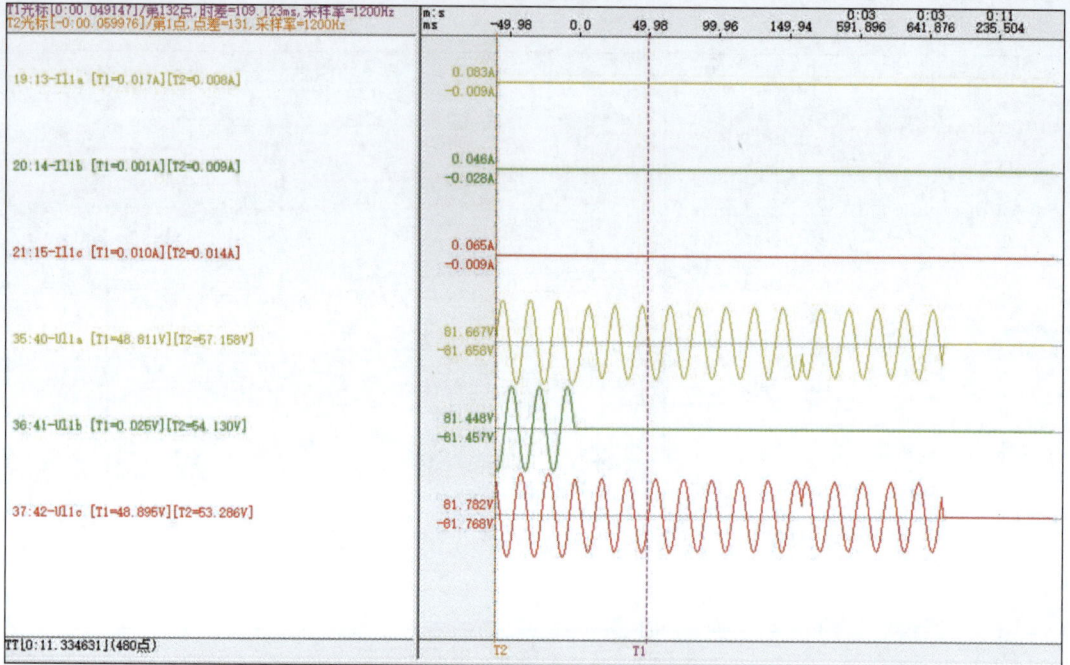

图 3-101　低压侧电压、电流波形图

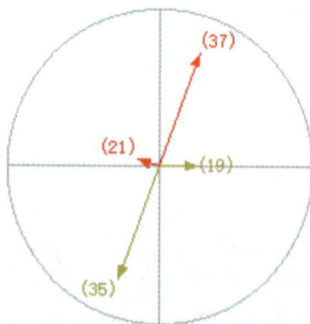

图 3-102　低压侧电压、电流相量图

	通道	实部	虚部	向量
✓	19:13-Il1a	−0.001A	−0.024A	0.017A∠−92.950°
✓	20:14-Il1b	0.000A	0.001A	0.001A∠90.000°
✓	21:15-Il1c	0.005A	0.013A	0.010A∠68.845°
✓	35:40-Ul1a	−63.181V	27.806V	48.811V∠156.245°
✓	36:41-Ul1b	0.021V	0.029V	0.025V∠54.580°
✓	37:42-Ul1c	63.327V	−27.769V	48.895V∠−23.677°

图 3-103　低压侧电压、电流采样值

由于故障为高压侧相间短路，无零序电压及零序电流，如图 3-104 所示。

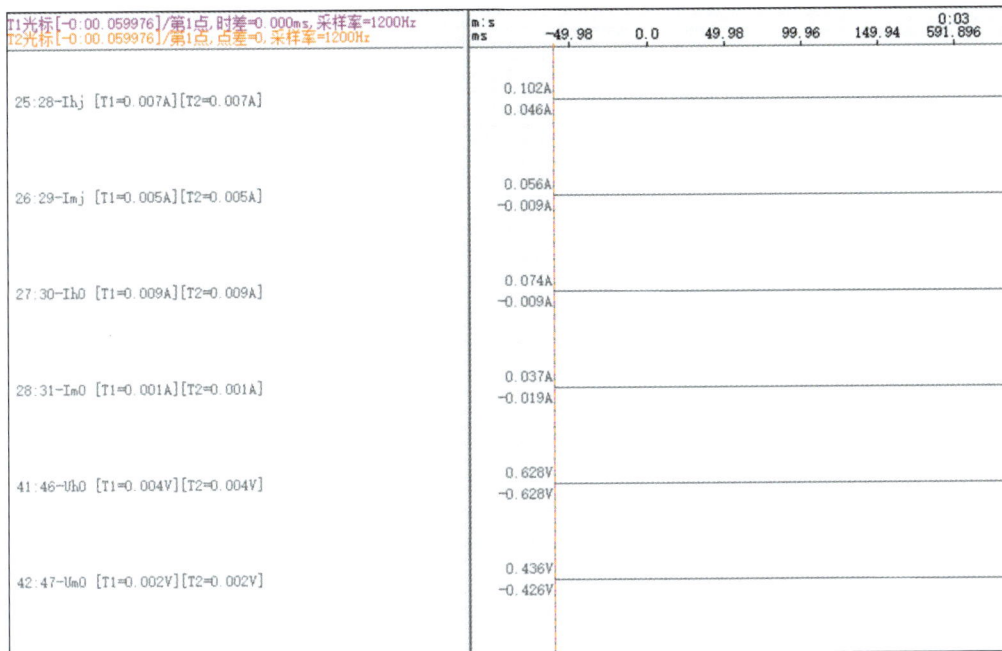

图 3-104　高中压侧零序电压、电流波形图

如图 3-105 所示，B 相差流为 8.091A，A 相为 4.034A，C 相位 4.059A。如图 4-106 所示，A、C 相差流大小相等，方向相同，与 B 相差流方向相反。图 3-106 为其相量图，图 3-107 为其采样值。

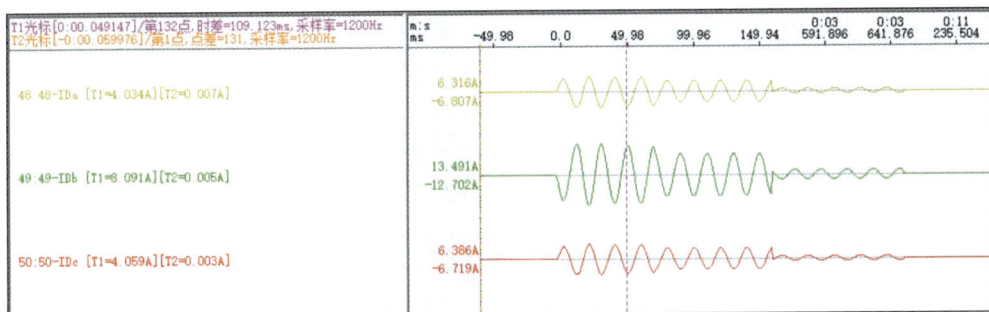

图 3-105　差动电流波形

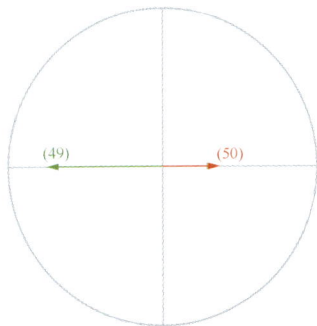

图 3-106　差动电流相量图

通道	实部	虚部	向量
48:48-IDa	-2.739A	-5.003A	4.034A∠-118.701°
49:49-IDb	5.497A	10.036A	8.091A∠61.287°
50:50-IDc	-2.758A	-5.034A	4.059A∠-118.719°

图 3-107　差动电流采样值

如图 3-108 所示，由于 BC 相区内故障，差动保护未投入，3611.888ms 高复压过电流Ⅱ段 1 时限动作（定值 3.6s）；3909ms 高复压过电流Ⅱ段 2 时限动作（定值 3.9s）；4205ms 高复压过电流Ⅲ段 2 时限动作（定值 4.2s）。

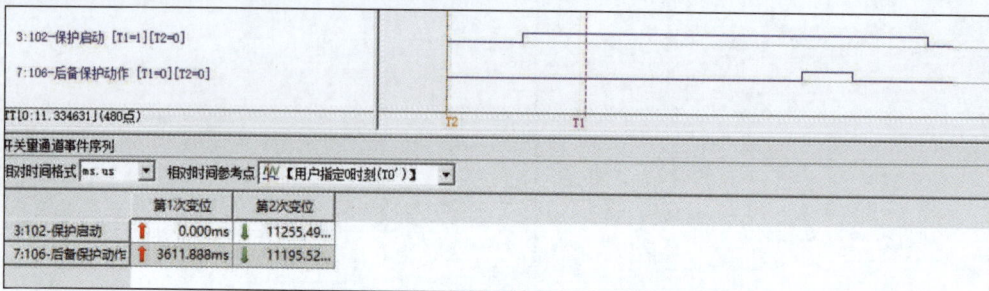

图 3-108　变压器保护装置开关量信息

案例三：高压侧区内 B、C 相短路接地故障

1. 故障前运行方式

某 220kV 变电站 1 号变压器为 YN/YN/△接线方式，高压侧、中压侧变压器中性点接地运行，中、低压侧均为负荷支路。保护双套配置 PST1200U、PRS778T2，保护功能正常投入。故障前运行方式如图 3-109 所示。

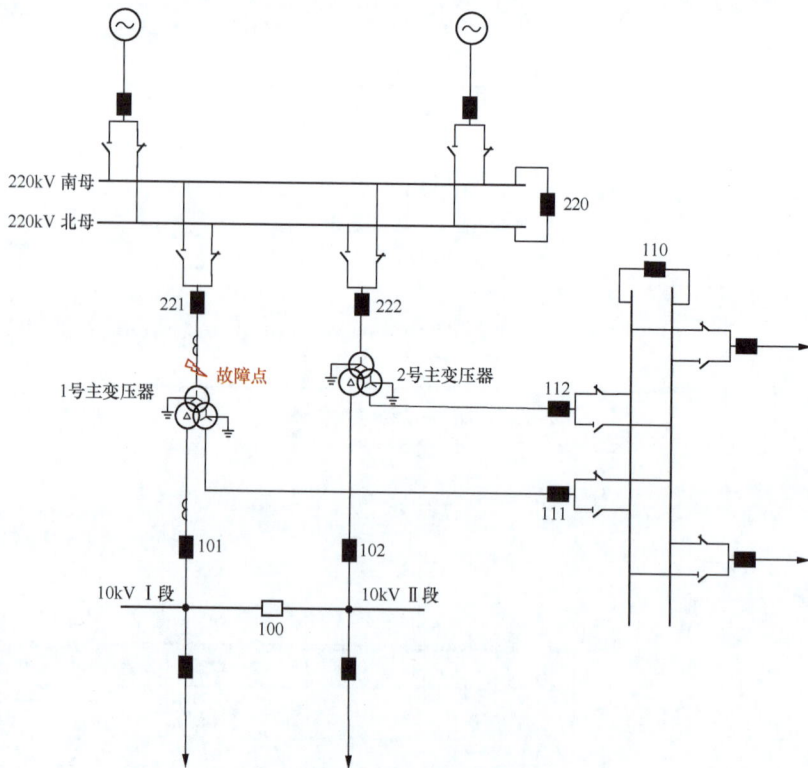

图 3-109　故障前一次接线图

2. 故障过程简介

1号变压器高压侧区内 BC 相短路接地故障，110kV 侧母联 110 断路器，1号变压器三侧断路器 221、111、101 跳开，故障后运行方式如图 3-110 所示。

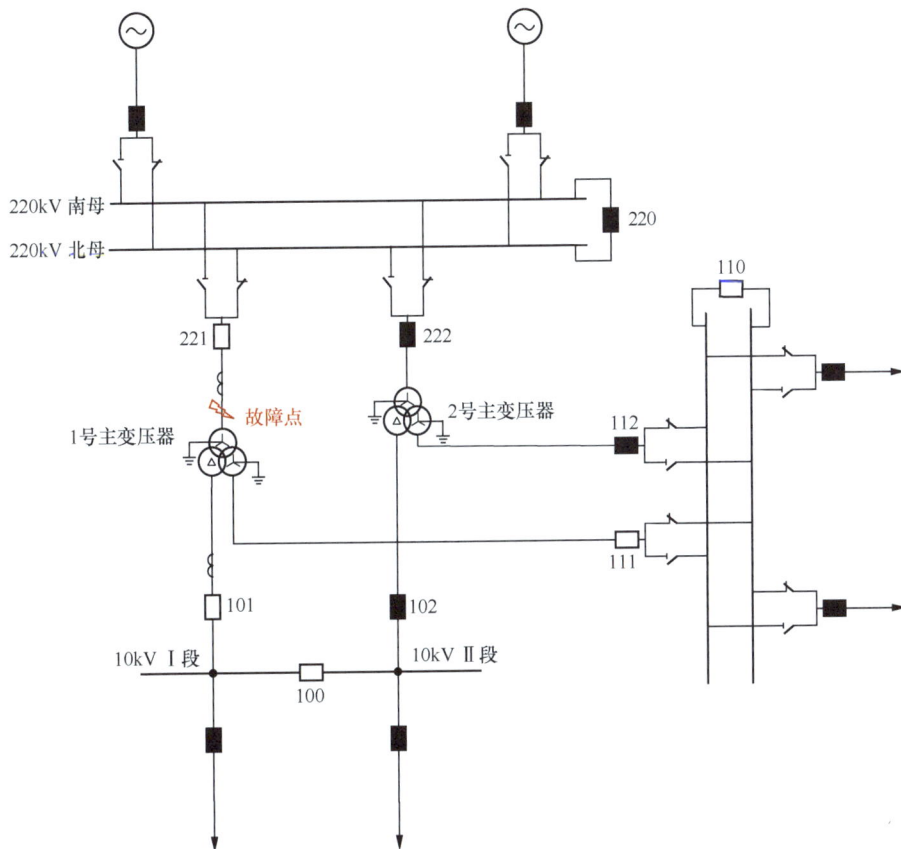

图 3-110　故障后一次接线图

3. 保护动作情况

故障发生前，装置正常运行。故障发生后，保护动作情况见表 3-10。

表 3-10　　　　　　　　　　　　　保护动作情况

0ms	1号变压器高压侧套管引出线发生B相金属性接地短路（差动保护未投入）
3604ms	高复压过电流Ⅱ段1时限动作，跳中母联断路器
3904ms	高复压过电流Ⅱ段2时限动作，跳1号变压器中压侧断路器
4200ms	高复压过电流Ⅲ段2时限动作，跳1号变压器三侧断路器
约4250ms	1号变压器三侧断路器跳开，故障隔离

4. 故障录波分析

如图 3-111 所示，故障期间高压侧 B、C 相电压为 0，A 相电压为 54.877V；高压侧 B 相电流为 5.959A，C 相电流为 6.393A，C 相电流为 0.566A。高压侧电压、电流相量图

115

如图 3-112 所示，高压侧电压、电流采样值如图 3-113 所示。

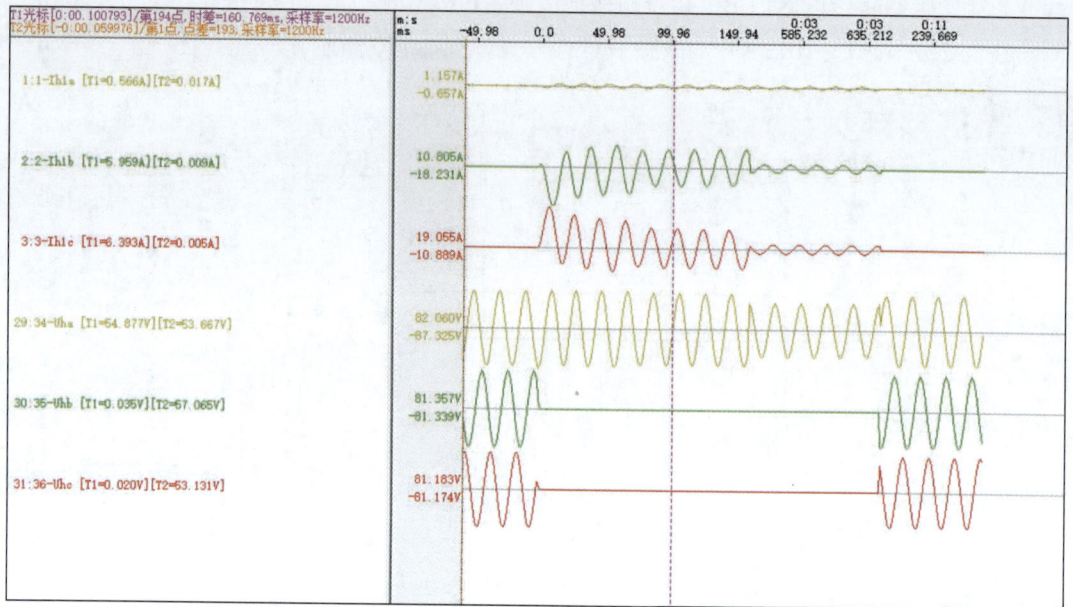

图 3-111　高压侧电压、电流波形图

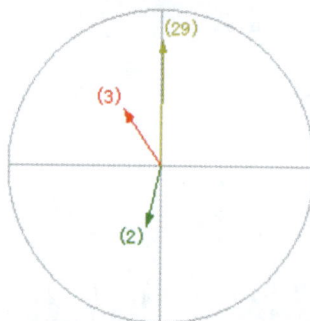

图 3-112　高压侧电压、电流相量图

	通道	实部	虚部	向量
✓	1:1-Ih1a	-0.145A	-0.787A	0.566A∠-100.418°
✓	2:2-Ih1b	-7.709A	3.404A	5.959A∠156.176°
✓	3:3-Ih1c	8.261A	3.675A	6.393A∠23.980°
✓	29:34-Uha	76.115V	-15.146V	54.877V∠-11.254°
✓	30:35-Uhb	-0.031V	0.038V	0.035V∠129.217°
✓	31:36-Uhc	0.028V	-0.007V	0.020V∠-13.932°

图 3-113　高压侧电压、电流采样值

如图 3-114 所示，故障期间低压侧 B 相电压约为 0V，A、C 相电压均约为 31.9V，A、C 相电压反相。低压侧三相电流接近于零。低压侧电压、电流相量图如图 3-115 所示，低压侧电压、电流采样值如图 3-116 所示。

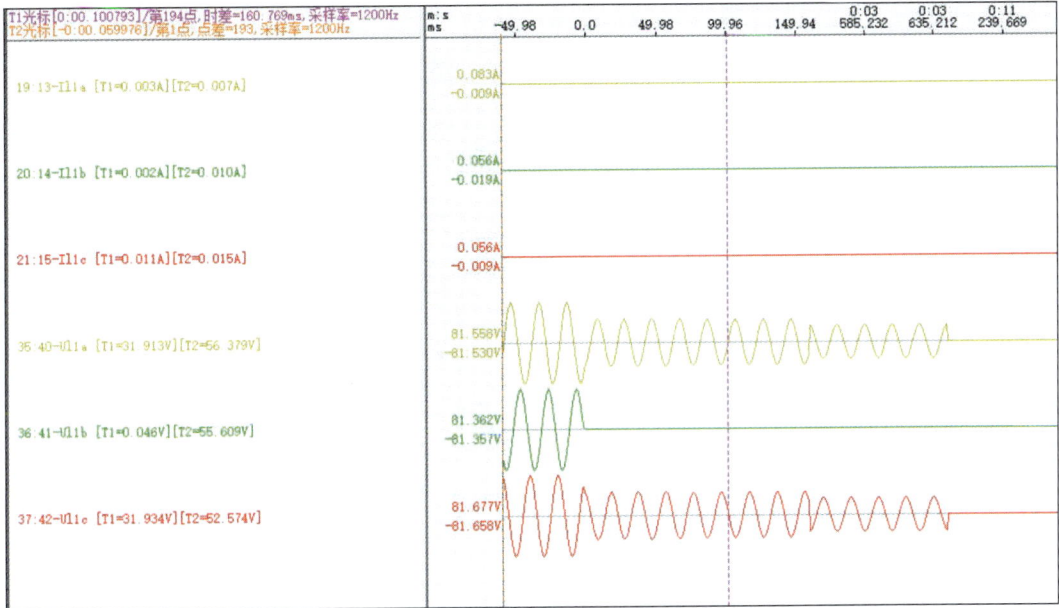

图 3-114　低压侧电压、电流波形图

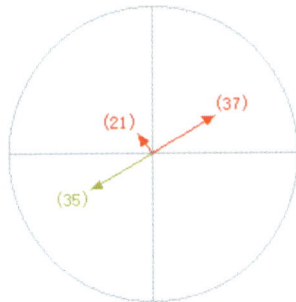

图 3-115　低压侧电压、电流相量图

通道	实部	虚部	向量
✓ 〰 19:13-Il1a	-0.003A	0.002A	0.003A∠138.627°
✓ 〰 20:14-Il1b	0.002A	0.001A	0.002A∠20.677°
✓ 〰 21:15-Il1c	-0.001A	-0.016A	0.011A∠-94.858°
✓ 〰 35:40-Ul1a	44.258V	-8.839V	31.913V∠-11.294°
✓ 〰 36:41-Ul1b	-0.036V	0.054V	0.046V∠124.160°
✓ 〰 37:42-Ul1c	-44.314V	8.705V	31.934V∠168.887°

图 3-116　低压侧电压、电流采样值

　　如图 3-117 所示，故障期间高压侧零序电压 31.643V，中压侧零序电压 22.010V，两者接近同相。高压侧零序电流 2.209A，自产零序电流超前零序电压，故障点在用于产生自产零序电流的独立 TA（套管 TA）的正方向；由图 3-117 可知，外接零序电流滞后零序电压，说明故障点在外接零序 TA（套管 TA）的反方向。因此分析，故障点在套管 TA 与独立 TA 之间，相别为 BC 相短路接地故障。

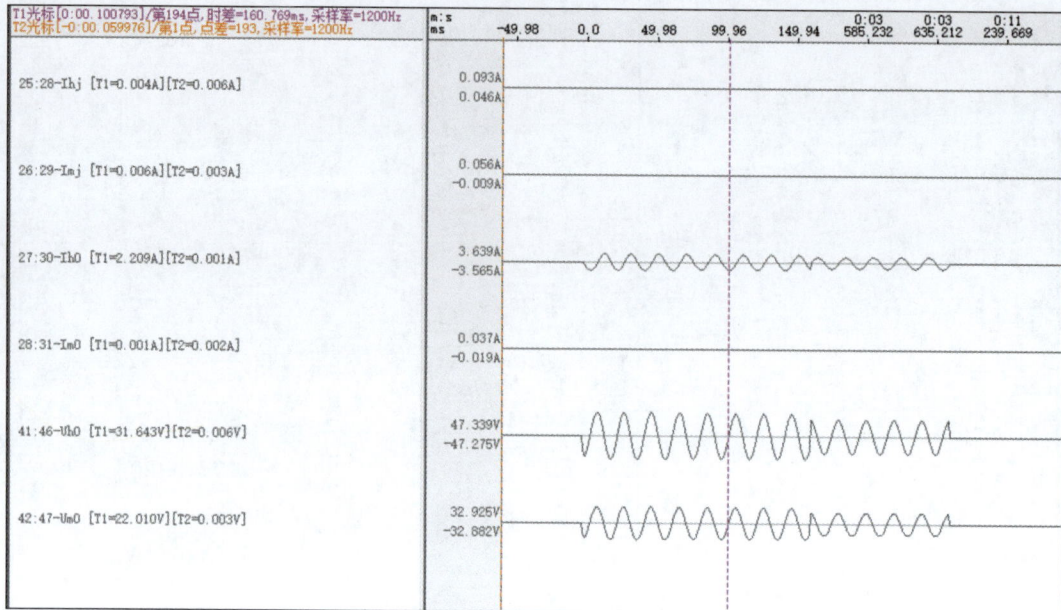

图 3-117　高中压侧零序电压、电流波形图

高中压侧零序电压、电流相量图如图 3-118 所示，高中压侧零序电压、电流采样值如图 3-119 所示。

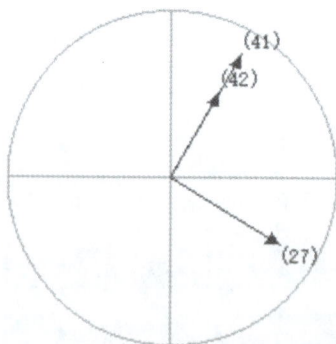

图 3-118　高中压侧零序电压、电流相量图

		通道	实部	虚部	向量
✓	∿	25:28-Ihj	0.002A	−0.006A	0.004A∠−71.130°
✓	∿	26:29-Imj	0.008A	−0.001A	0.006A∠−6.853°
✓	∿	27:30-Ih0	−0.641A	−3.058A	2.209A∠−101.837°
✓	∿	28:31-Im0	−0.000A	−0.002A	0.001A∠−101.266°
✓	∿	41:46-Uh0	43.896V	−8.700V	31.643V∠−11.211°
✓	∿	42:47-Um0	30.510V	−6.164V	22.010V∠−11.423°

图 3-119　高中压侧零序电压、电流采样

如图 3-120 所示，B 相差流为 5.766A，A 相差流为 3.346A，C 相差流为 3.526A。图 3-121

为其相量图，图 3-122 为其采样值。

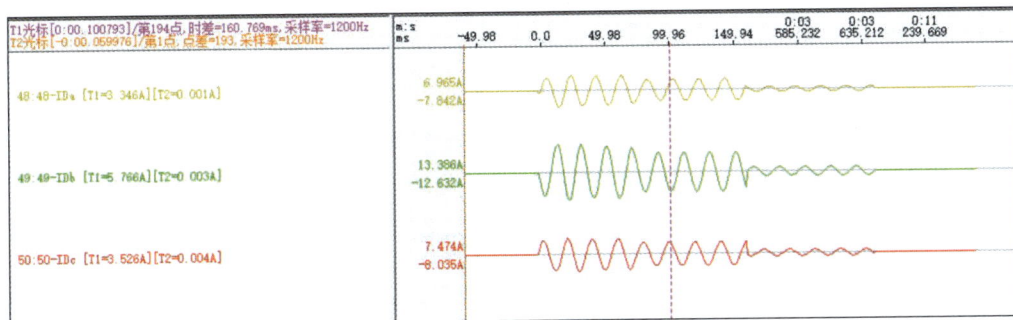

图 3-120　差动电流波形

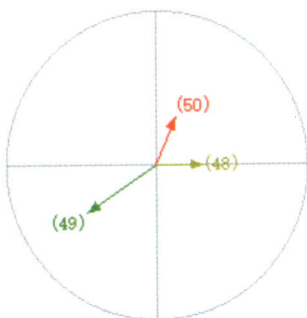

图 3-121　差动电流相量图

通道	实部	虚部	向量
48:48-IDa	3.567A	3.108A	3.346A∠41.067°
49:49-IDb	-2.107A	-7.877A	5.766A∠-104.977°
50:50-IDc	-1.458A	4.768A	3.526A∠107.006°

图 3-122　差动电流采样值

如图 3-123 所示，由于 BC 相区内短路接地故障，差动保护未投入，3605.224ms 高复压过电流Ⅱ段 1 时限动作（定值 3.6s）；3904ms 高复压过电流Ⅱ段 2 时限动作（定值 3.9s）；4200ms 高复压过电流Ⅲ段 2 时限动作（定值 4.2s）。

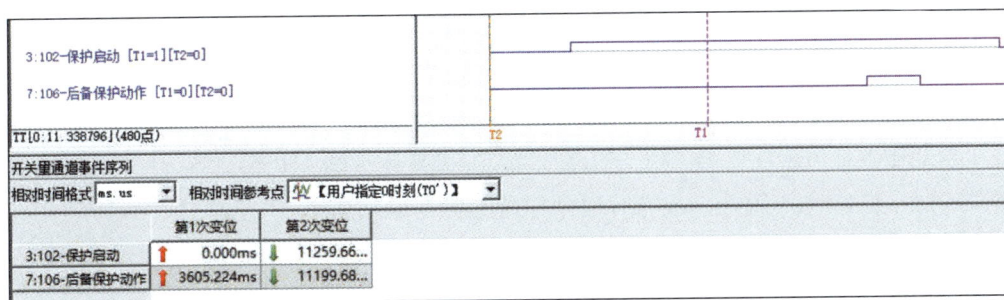

图 3-123　变压器保护动作情况

1. 故障前运行方式

某 220kV 变电站 1 号变压器为 YN/YN/△接线方式，高压侧、中压侧变压器中性点接地运行，中、低压侧均为负荷支路。保护双套配置 PST1200U、PRS778T2，保护功能正常投入。故障前运行方式如图 3-124 所示。

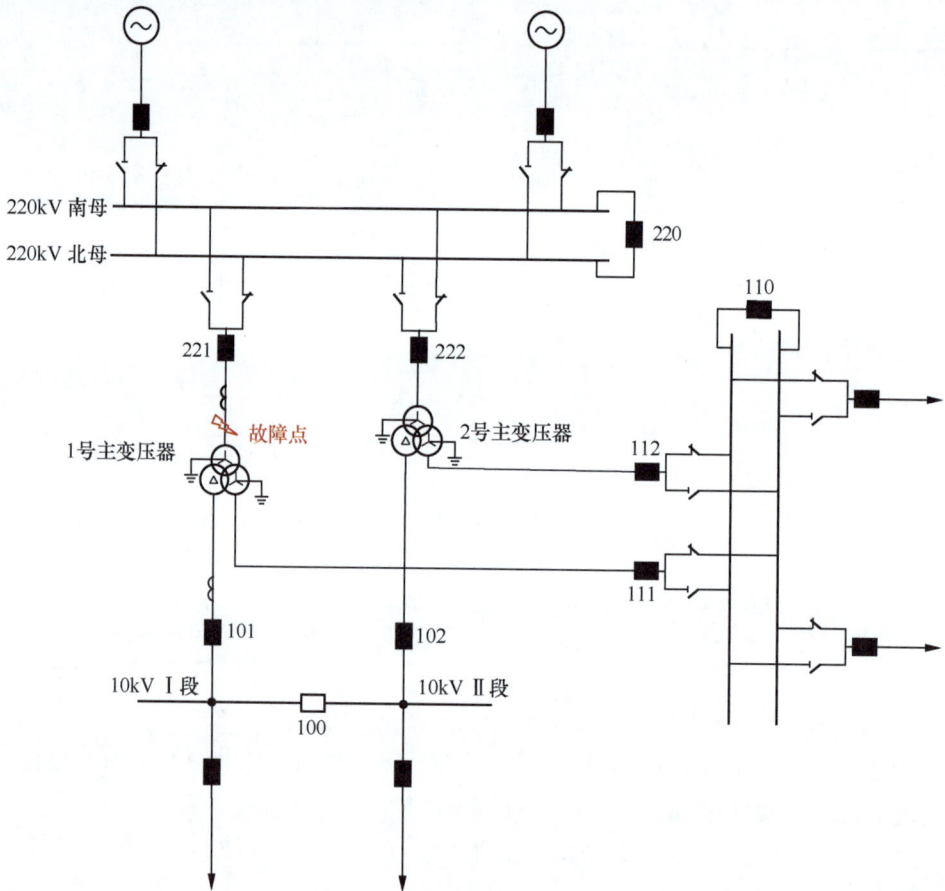

图 3-124　故障前一次接线图

2. 故障过程简介

1 号变压器低压侧区内 BC 相间短路故障，110kV 侧母联 110 断路器，1 号变压器三侧断路器 221、111、101 跳开，故障后运行方式如图 3-125 所示。

120

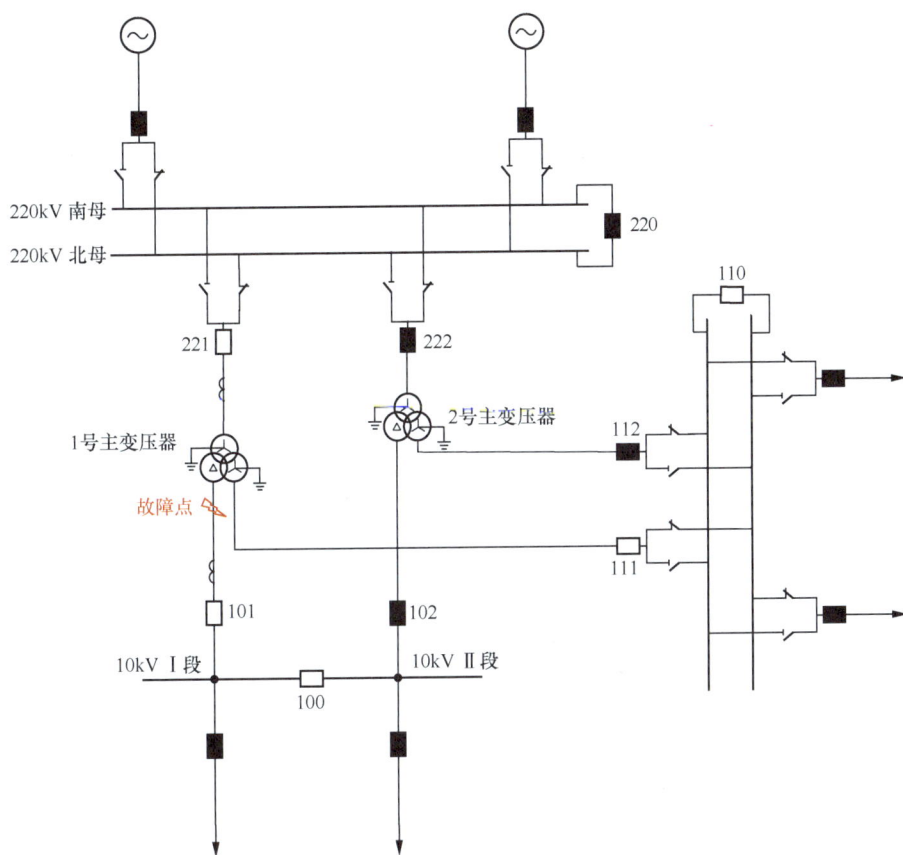

图 3-125 故障后一次主接线图

3. 保护动作情况

故障发生前，装置正常运行。故障发生后，保护动作情况见表 3-11。

表 3-11 保护动作情况

0ms	1号变压器高压侧套管引出线发生B相金属性接地短路（差动保护未投入）
3610ms	高复压过电流Ⅱ段1时限动作，跳中母联断路器
3910ms	高复压过电流Ⅱ段2时限动作，跳1号变压器中压侧断路器
4200ms	高复压过电流Ⅲ段2时限动作，跳1号变压器三侧断路器
约4250ms	1号变压器三侧断路器跳开，故障隔离

4. 故障录波分析

如图 3-126 所示，故障期间高压侧 A 相电压为 54.909V，B 相电压为 52.661V，C 相电压为 43.244V；高压侧 A 相电流为 0.751A，B 相电流为 0.749A，C 相电流为 1.510A。A、B 相电流大小相等方向相同，与 C 相电流方向相反，A、B 相电流幅值为 C 相电流幅值的 0.5 倍。

高压侧电压、电流相量图如图 3-127 所示，高压侧电压、电流采样值如图 3-128 所示。

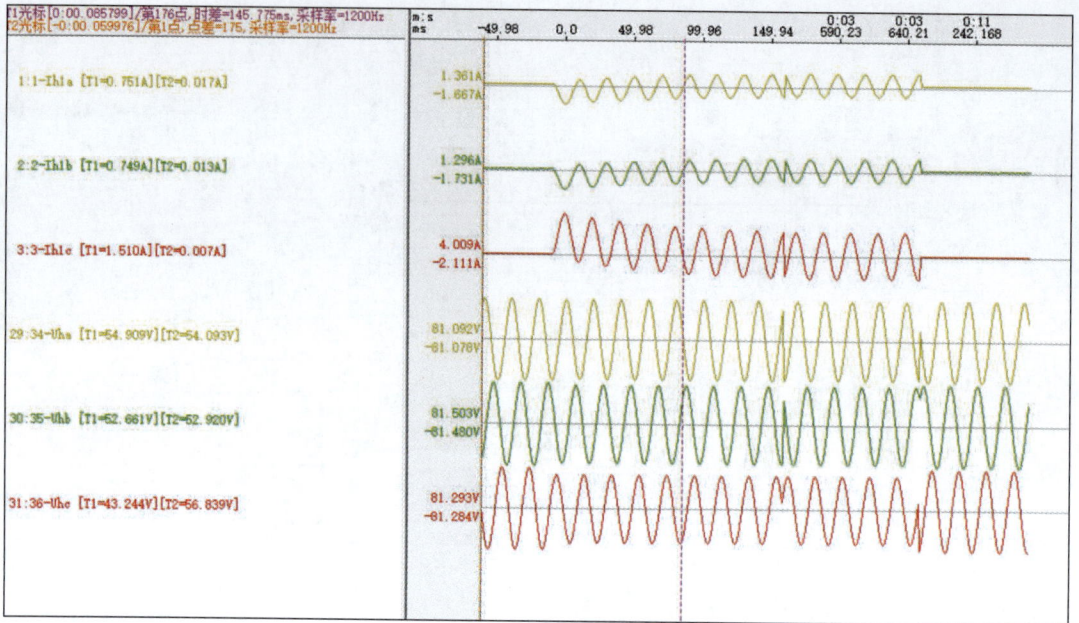

图 3-126　高压侧电压、电流波形图

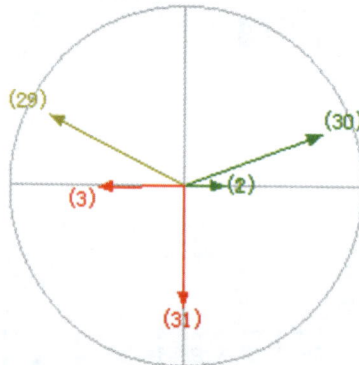

图 3-127　高压侧电压、电流相量图

通道	实部	虚部	向量
1:1-Ih1a	1.044A	0.196A	0.751A∠10.644°
2:2-Ih1b	1.041A	0.201A	0.749A∠10.942°
3:3-Ih1c	-2.090A	-0.440A	1.510A∠-168.121°
29:34-Uha	-74.458V	22.048V	54.909V∠163.505°
30:35-Uhb	63.952V	38.163V	52.661V∠30.826°
31:36-Uhc	10.916V	-60.175V	43.244V∠-79.718°

图 3-128　高压侧电压、电流采样值

　　如图 3-129 所示，故障期间低压侧 B、C 相电压大小相等相位相同，幅值均约为 28V，A 相电压约为 57V。A、B 相电压幅值约为 C 相电压幅值的 0.5 倍。低压侧三相电流接近于零。

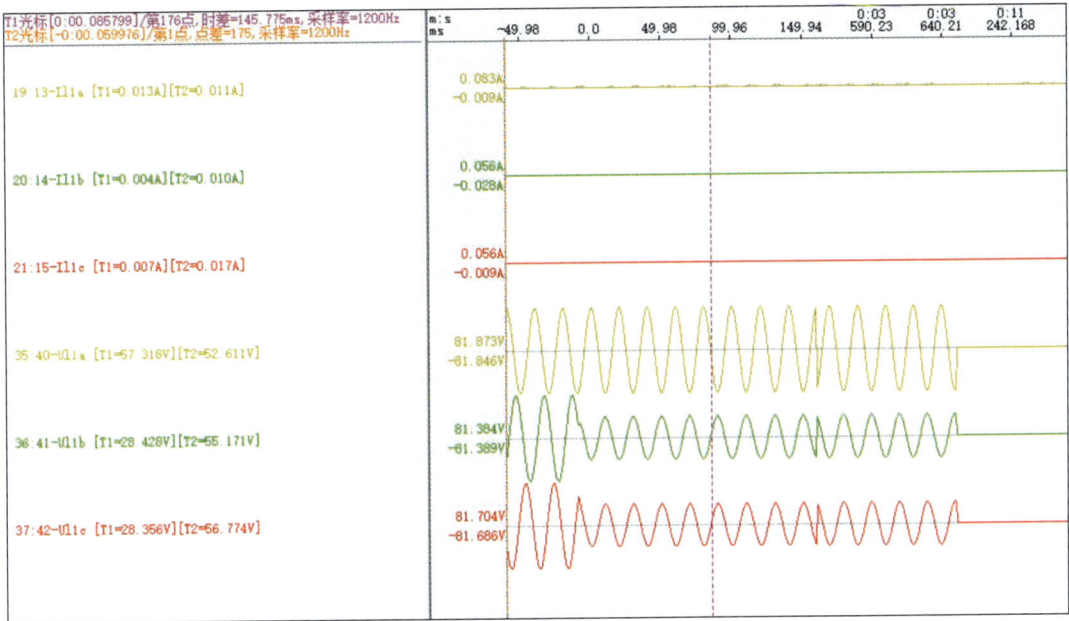

图 3-129　低压侧电压、电流波形图

低压侧电压、电流相量图如图 3-130 所示，低压侧电压、电流采样值如图 3-131 所示。

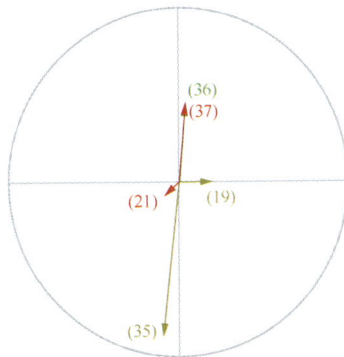

图 3-130　低压侧电压、电流相量图

通道	实部	虚部	向量
19:13-Il1a	0.004A	-0.018A	0.013A∠-78.135°
20:14-Il1b	-0.005A	0.004A	0.004A∠138.273°
21:15-Il1c	-0.009A	0.005A	0.007A∠151.731°
35:40-Ul1a	-80.579V	-8.811V	57.318V∠-173.759°
36:41-Ul1b	39.888V	5.021V	28.428V∠7.175°
37:42-Ul1c	39.784V	5.038V	28.356V∠7.217°

图 3-131　低压侧电压、电流采样值

由于故障为低压侧相间短路，无零序电压及零序电流，如图 3-132 所示。

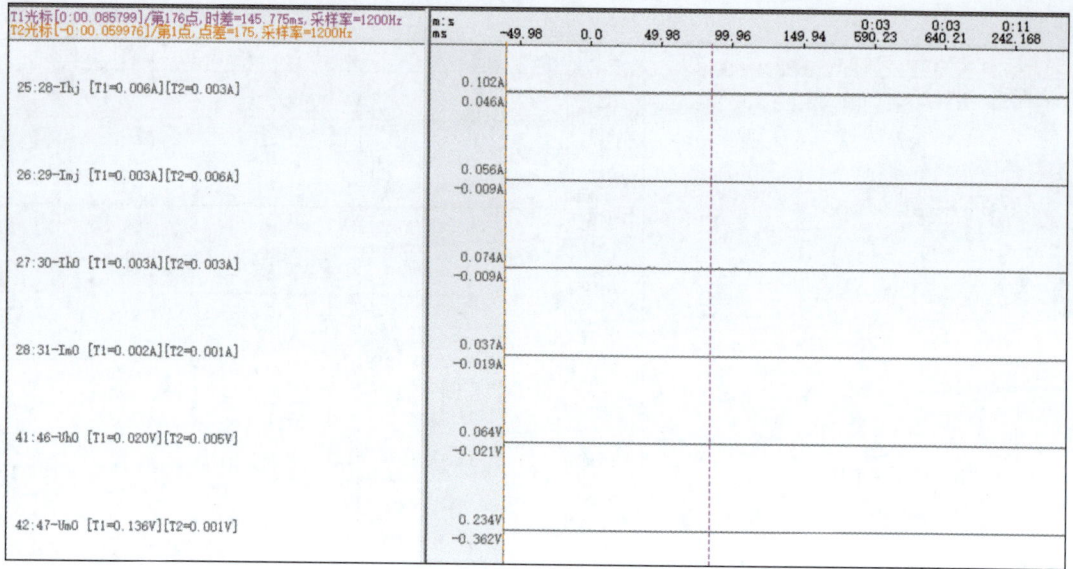

图 3-132　高中压侧零序电压、电流波形图

如图 3-133 所示，B、C 相差流均约为 1.2A，B、C 相差流等大反相。图 3-134 为其相量图，图 3-135 为其采样值。

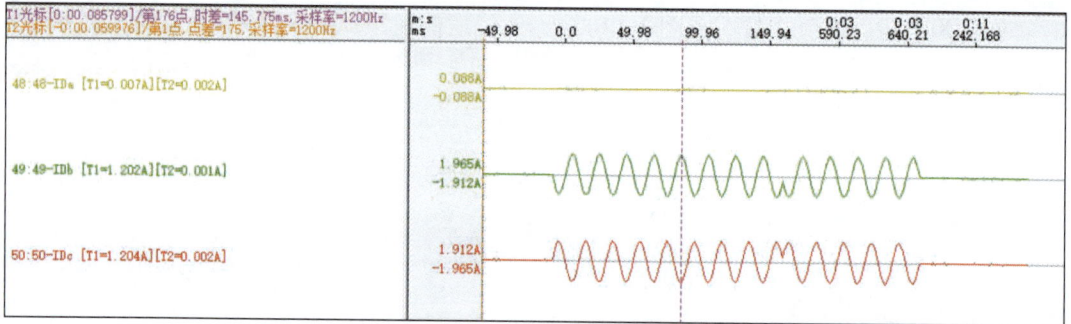

图 3-133　差动电流波形

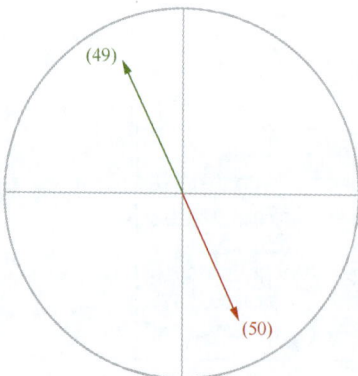

图 3-134　差动电流相量图

通道	实部	虚部	向量
48:48-IDa	0.008A	-0.005A	0.007A∠-29.517°
49:49-IDb	0.120A	1.696A	1.202A∠85.946°
50:50-IDc	-0.127A	-1.698A	1.204A∠-94.268°

图 3-135　差动电流采样值

如图 3-136 所示，由于低压侧 BC 相区内故障，差动保护未投入，3610ms 高复压过电

流Ⅱ段1时限动作（定值3.6s）；3910ms高复压过电流Ⅱ段2时限动作（定值3.9s）；4200ms高复压过电流Ⅲ段2时限动作（定值4.2s）。

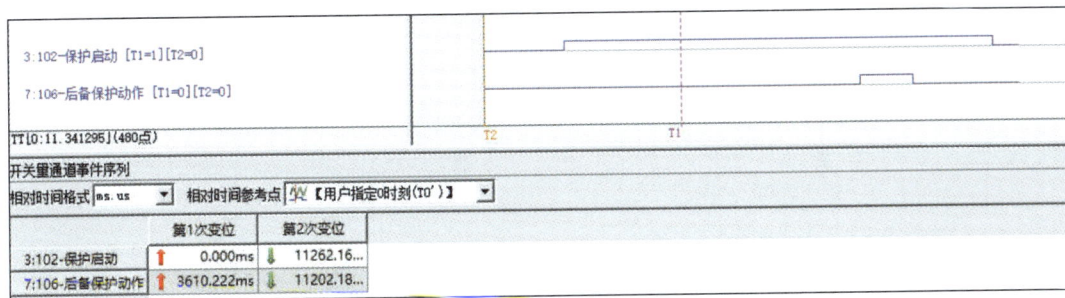

图3-136　变压器保护动作情况

案例五：低压侧三相短路故障（一相区内）

1. 故障前运行方式

某220kV变电站1号变压器为YN/YN/△接线方式，高压侧、中压侧接地运行，保护双套配置PST1200U、PRS778T2。故障前运行方式如图3-137所示。

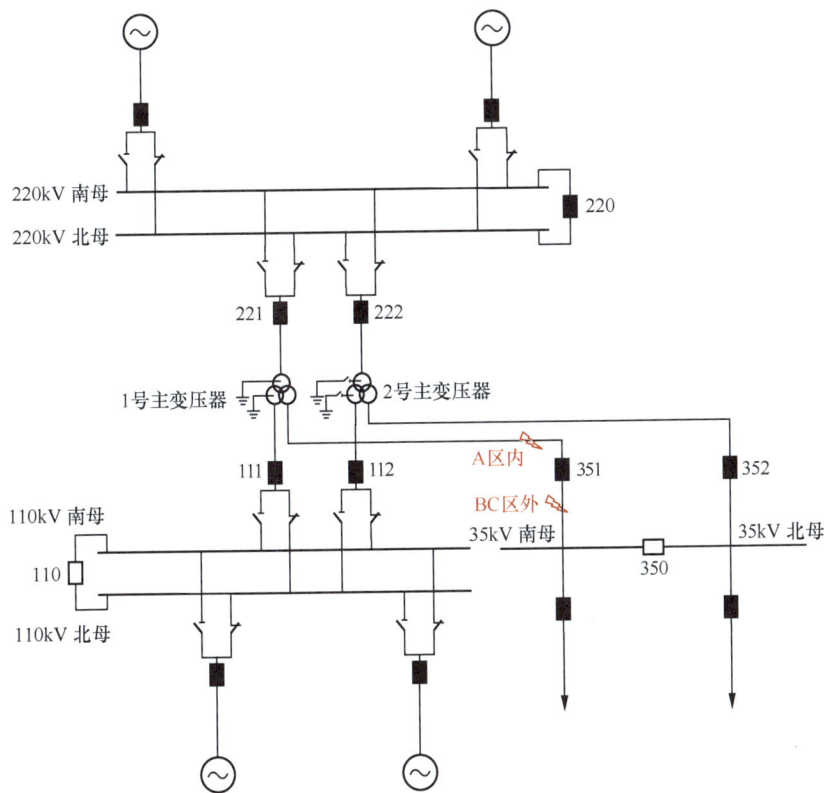

图3-137　故障前运行方式

2. 故障过程简介

1 号变压器低压侧 A 相区内 BC 区外故障，分段断路器 350 跳开，1 号变压器低压侧断路器 351 跳开，故障后运行方式如图 3-138 所示。

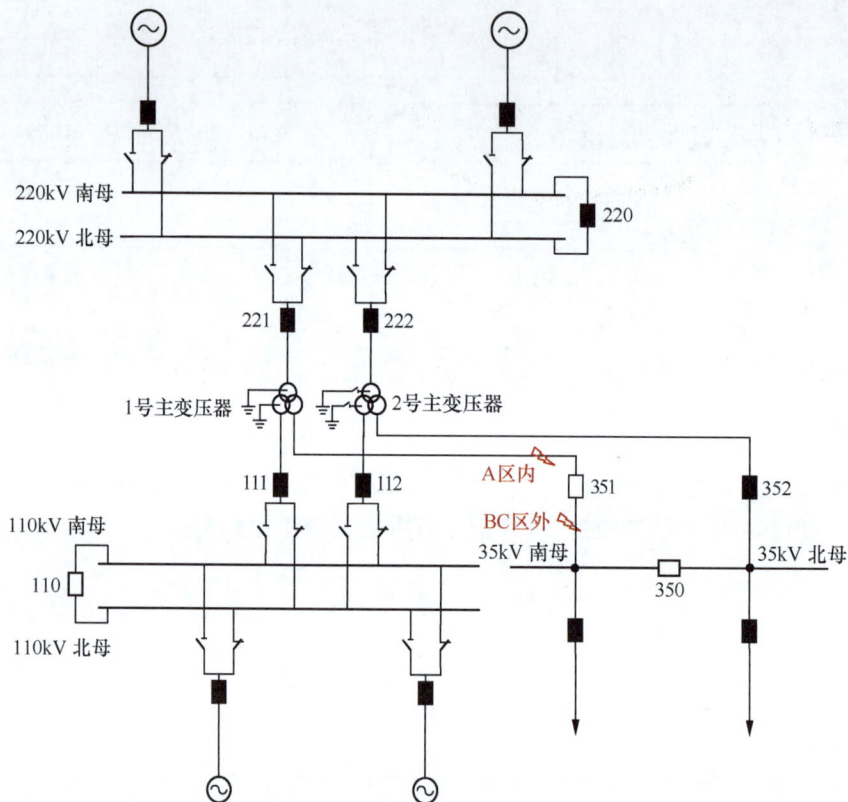

图 3-138　故障后运行方式

3. 保护动作情况

故障发生前，装置正常运行。故障发生后，保护动作情况见表 3-12。

表 3-12　　　　　　　　　　　保护动作情况

0ms	1号变压器低压侧A相区内BC区外故障
约900ms	1号变压器低复压 I 段1时限动作，跳350
约1200ms	1号变压器低复压 I 段2时限动作，跳351
约1260ms	1号变压器低压侧断路器跳开，故障隔离

4. 故障录波分析

（1）变压器保护低压侧三相电流。如图 3-139 所示，变压器低压侧故障前负荷电流 0.523A，故障时，A 相无电流，B、C 相电流增大至 8.9A 左右。判断存在低压侧区外 BC 相故障。

126

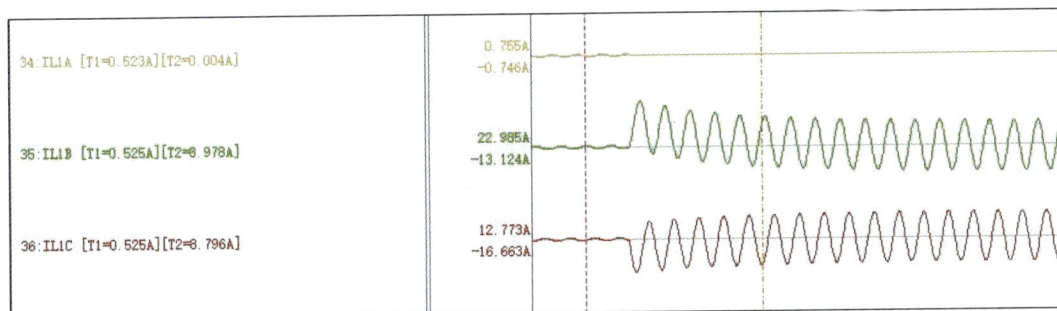

图 3-139 变压器保护低压侧三相电流

（2）变压器保护高压侧三相电流。如图 3-140 所示，变压器高压侧故障前负荷电流
0.256A 左右，故障时 A、B、C 三相电流增大，判断系统发生三相短路故障。

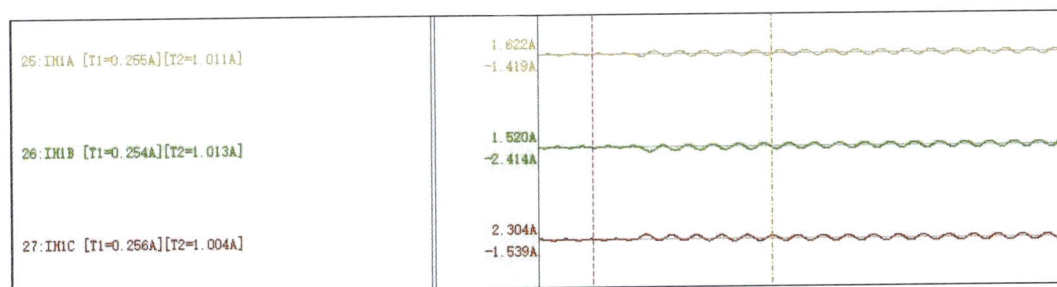

图 3-140 变压器保护高压侧三相电流

（3）变压器保护中压侧三相电流。如图 3-141 所示，变压器中压侧故障前负荷电流
0.238A 左右，故障时 A、B、C 三相电流增大。高、中压侧电流同相，与低压侧 BC 相故障
电流反相。变压器高、中压侧均有电源，判断变压器低压侧发生三相短路。结合低压侧电
流波形，A 相无故障电流流过变压器低压侧 TA，说明 A 相故障发生在变压器区内，BC 相
发生在区外。

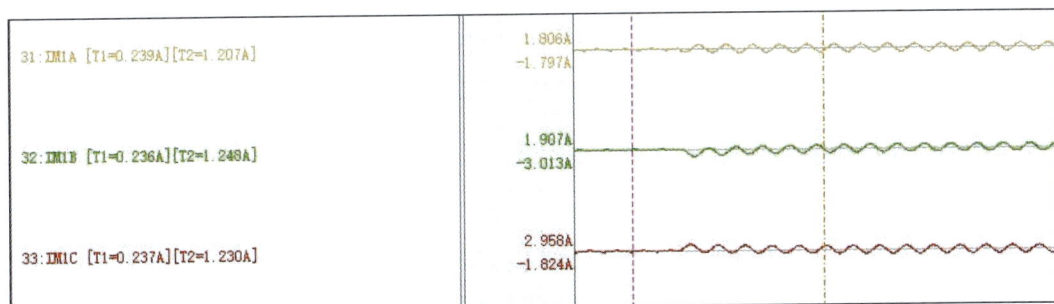

图 3-141 变压器保护中压侧三相电流

（4）变压器保护纵差三相差流。如图 3-142 所示，由于 A 相发生在区内，变压器保护
A 相产生差流。

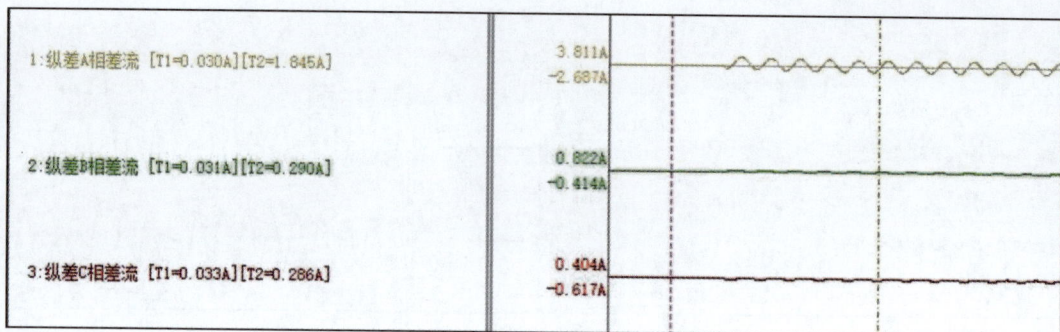

图 3-142　变压器保护纵差三相差流

（5）保护动作情况。如图 3-143 所示，A 相区内，且 A 相产生差流，但由于变压器差动保护退出，保护启动后 0.9s 低复压过电流Ⅰ段 1 时限动作跳 350 断路器，1.2s 低复压过电流Ⅰ段 2 时限动作跳 351 断路器并闭锁 350 备用电源自动投入装置。351 断路器跳开后，低压侧区外 BC 相故障切除，低压侧为△形接线，不接地系统中 A 相接地故障构不成故障通路。故至此故障已隔离。

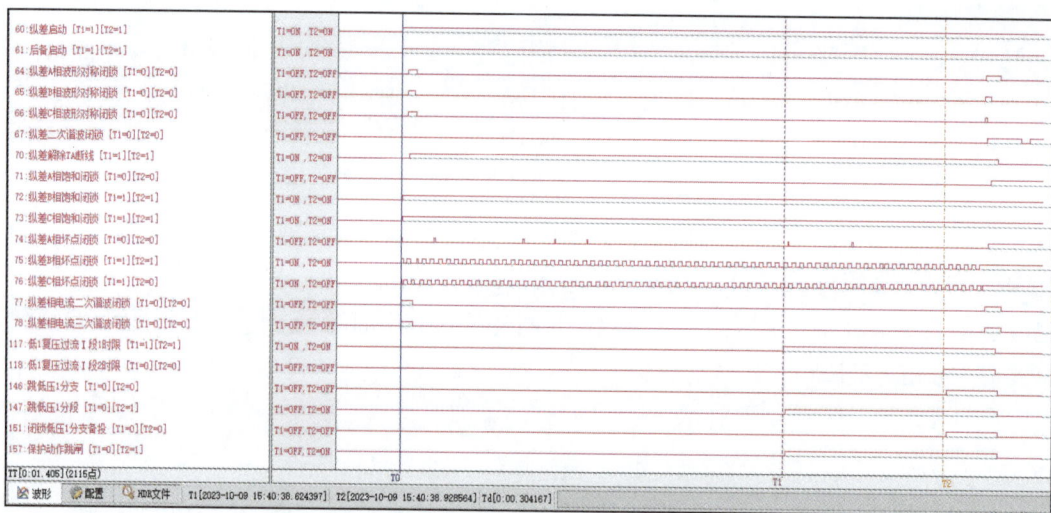

图 3-143　变压器保护动作情况

案例六：低压侧三相短路故障（两相区内）

1. 故障前运行方式

某 220kV 变电站 1 号变压器为 YN/YN/△接线方式，高压侧、中压侧接地运行，保护双套配置 PST1200U、PRS778T2。故障前运行方式如图 3-144 所示。

2. 故障过程简介

1 号变压器低压侧 AC 相区内 B 区外故障，1 号变压器三侧断路器 221、111、351 跳开，故障后运行方式如图 3-145 所示。

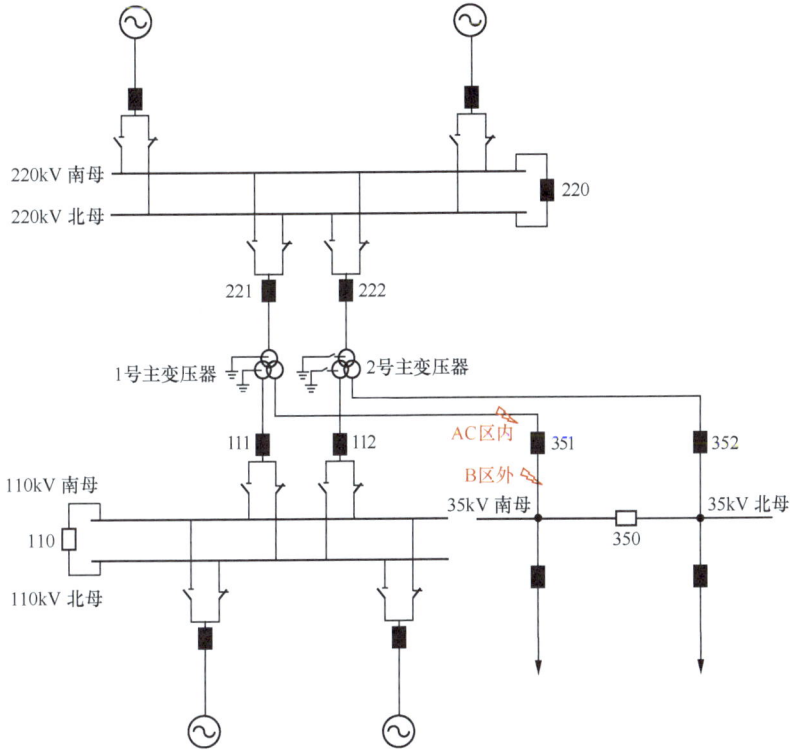

图 3-144　故障前运行方式

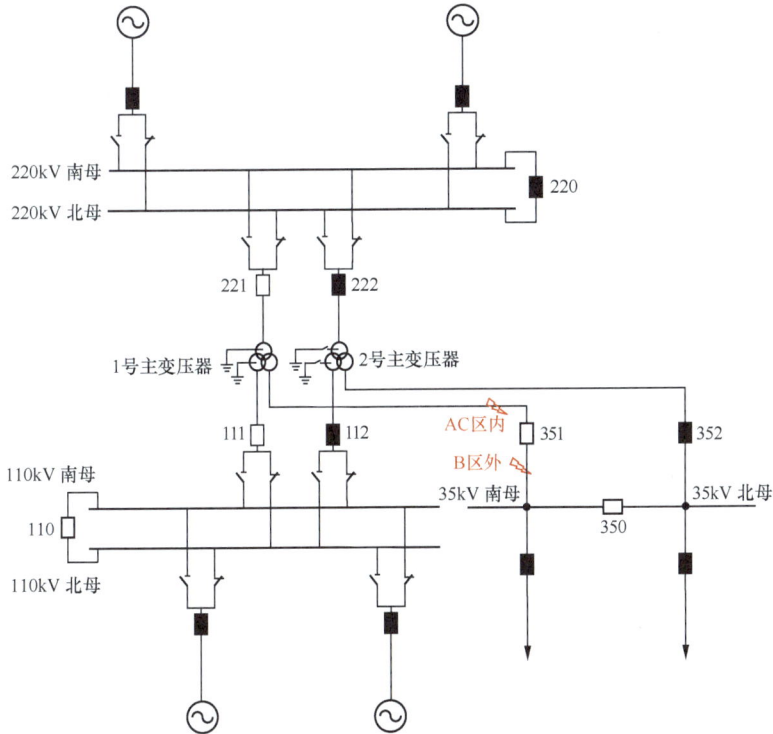

图 3-145　故障后运行方式

3. 保护动作情况

故障发生前，装置正常运行。故障发生后，保护动作情况见表 3-13。

表 3-13　　　　　　　　　　　　　　　保护动作情况

0ms	1号变压器低压侧AC相区内B区外故障
约900ms	1号变压器低复压Ⅰ段1时限动作，跳350
约1200ms	1号变压器低复压Ⅰ段2时限动作，跳351
约1260ms	1号变压器低压侧断路器跳开，区外B相故障切除，区内AC故障未被切除
约3600ms	1号变压器高复压Ⅱ段1时限动作，跳110
约3900ms	1号变压器高复压Ⅱ段2时限动作，跳111
约4200ms	1号变压器高复压Ⅲ段2时限动作，跳221
约4273ms	1号变压器高、中压侧断路器均跳开，故障隔离

4. 故障录波分析

（1）变压器保护低压侧三相电流。如图 3-146 所示，变压器低压侧故障前负荷电流 0.523A 左右，故障时，A、C 相无故障电流，B 相有故障电流。

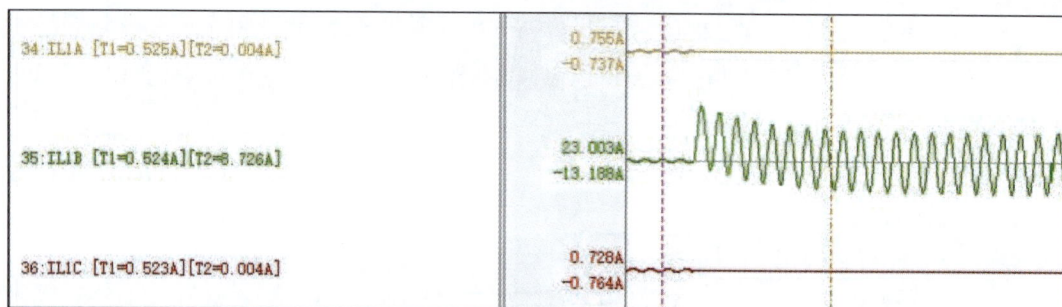

图 3-146　变压器保护低压侧三相电流

（2）变压器保护高压侧三相电流。如图 3-147 所示，变压器高压侧故障前负荷电流 0.256A 左右，故障时 A、B、C 三相电流均增大至 1A 左右，判断系统发生三相短路故障。

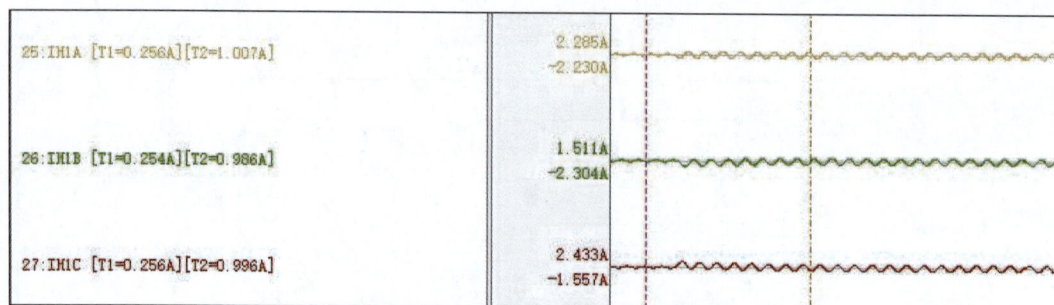

图 3-147　变压器保护高压侧三相电流

（3）变压器保护中压侧三相电流。如图 3-148 所示，变压器中压侧故障前负荷电流 0.238A 左右，故障时 A、B、C 三相电流均增大至 1.21A 左右。

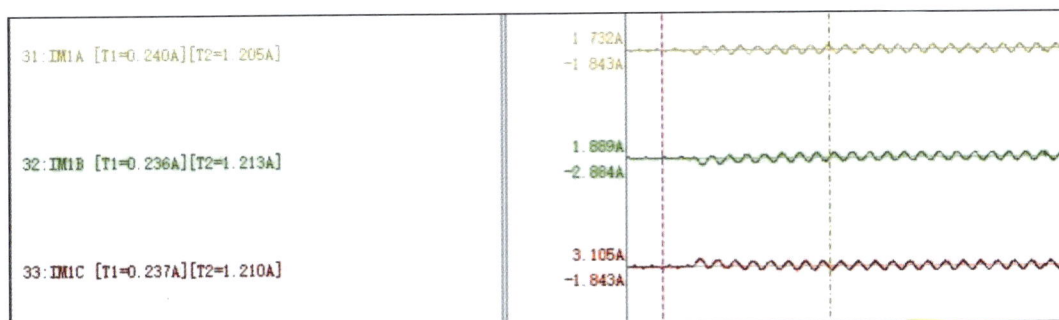

图 3-148　变压器保护中压侧三相电流

高、中压侧电流同相，与低压侧 B 相故障电流反相。变压器高、中压侧均有电源，判断变压器低压侧发生三相短路。结合低压侧电流波形，AC 相无故障电流流过变压器低压侧 TA，说明 AC 相故障发生在变压器区内，B 相发生在区外。

（4）变压器保护纵差三相差流。如图 3-149 所示，由于 AC 相故障发生在区内，变压器保护 AC 相产生差流。

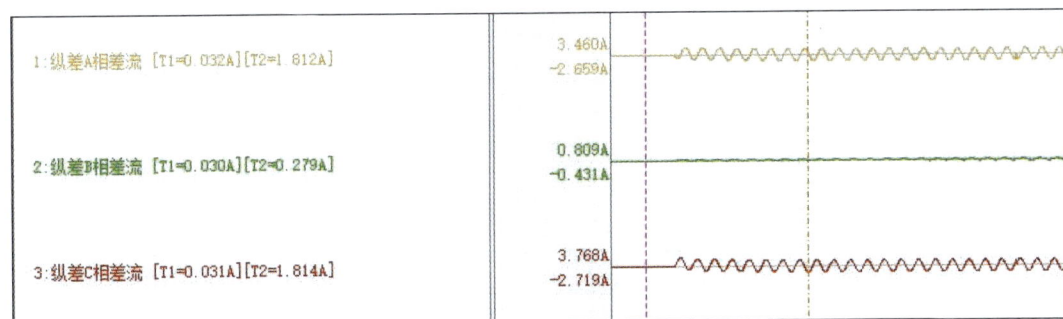

图 3-149　变压器保护纵差三相差流

（5）保护动作情况。

1）如图 3-150 所示，AC 相区内，且 AC 相产生差流，但由于变压器差动保护退出，保护启动后 0.9s 低复压过电流 I 段 1 时限动作跳 350 断路器，1.2s 低复压过电流 I 段 2 时限动作跳 351 断路器并闭锁 350 备用电源自动投入装置。351 断路器跳开后，低压侧区外 B 相故障切除，低压侧区内 AC 相故障仍存在。

2）如图 3-151 所示，由于变压器高、中压侧均有电源，低压侧区内 AC 相故障仍存在，故障未被隔离。3.6s 高复压过电流 II 段 1 时限动作跳 110 断路器，3.9s 高复压过电流 II 段 2 时限动作跳 111 断路器，4.2s 高复压过电流 II I 段 2 时限动作跳 221 断路器。至此，变压器高、中压侧断路器跳开，故障隔离。

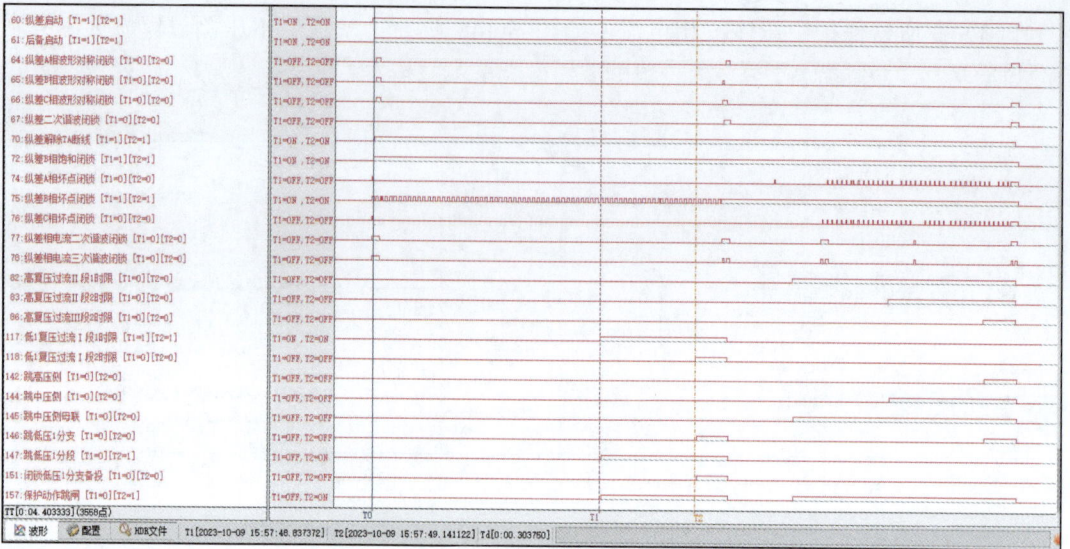

图 3-150　变压器保护动作情况（1）

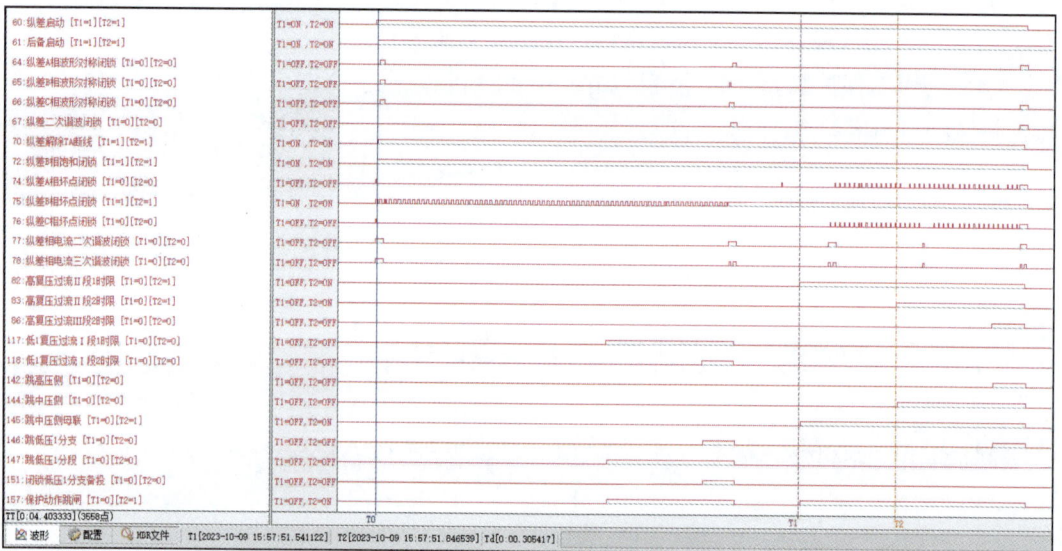

图 3-151　变压器保护动作情况（2）

第四章　备用电源自动投入装置进线故障案例分析

第一节　35kV 电源进线故障

案例一：35kV 进线备用电源自动投入装置动作跳闸故障

1. 故障前运行方式

某 220kV 变电站 35kV 母线采用单母分段运行方式，保护配置为一套长园深瑞备用电源自动投入装置 ISA-358G。故障前运行方式如图 4-1 所示，进线 1 和进线 2 互为明备用，即 351 断路器与 352 断路器互为明备用。本次模拟进线 1 运行、进线 2 备用状态下备用电源自动投入装置的动作情况，即正常运行时 351 断路器合位，352 断路器分位。

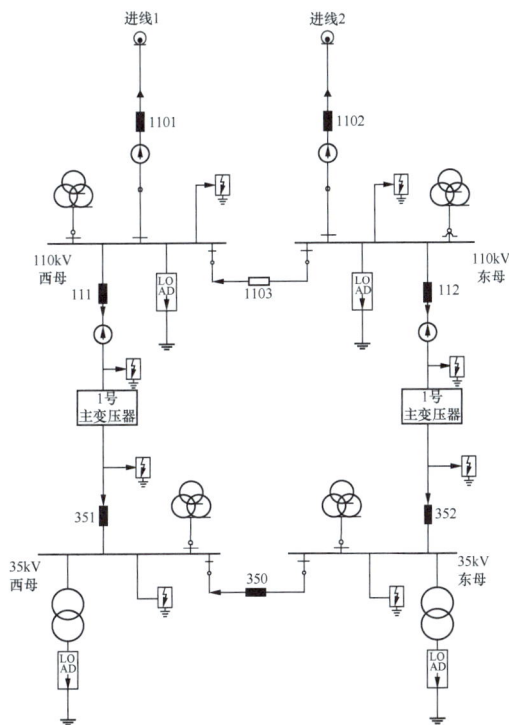

图 4-1　故障前运行方式

2. 故障过程简介

因故造成 351 断路器跳开（1 号变压器保护未动作），经固定延时后 352 断路器合上，故障后运行方式如图 4-2 所示。

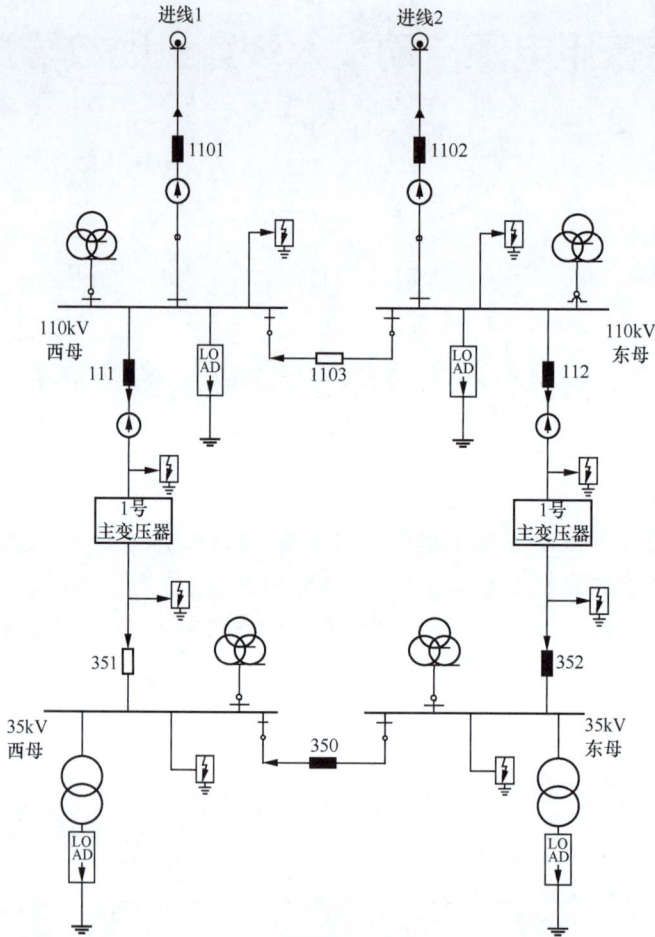

图 4-2　故障前运行方式

3. 保护动作情况

故障发生前，装置正常运行。故障发生后，保护动作情况见表 4-1。

表 4-1　　　　　　　　　　　　　保护动作情况

0ms	备用电源自动投入装置启动
919.5ms	351 断路器跳位
6000ms	跳 351 断路器
6300ms	合 352 断路器

4. 故障录波分析

（1）35kV 母线电压。如图 4-3 所示，35kV 东、西母在 351 断路器断开时电压降为 0，在 352 断路器合上时电压恢复到正常电压。

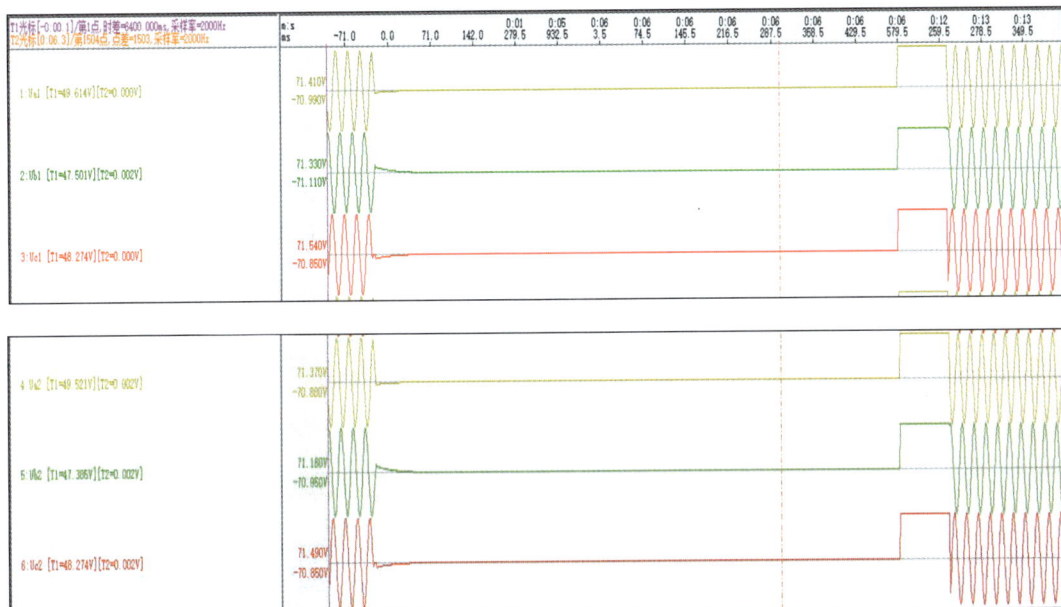

图 4-3　35kV 母线电压

（2）35kV 进线电流。如图 4-4 所示，进线 1 电流在 351 断路器断开时降为 0。如图 4-5 所示，进线 2 电流在 352 断路器合上时电流升高为正常负荷电流。

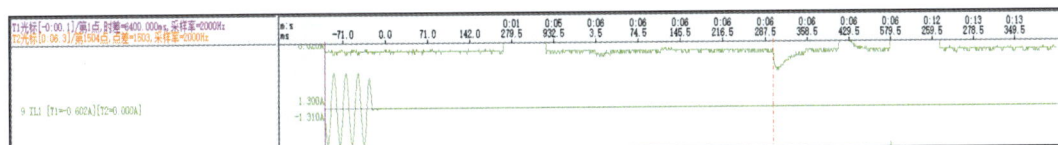

图 4-4　35kV 进线 1 电流

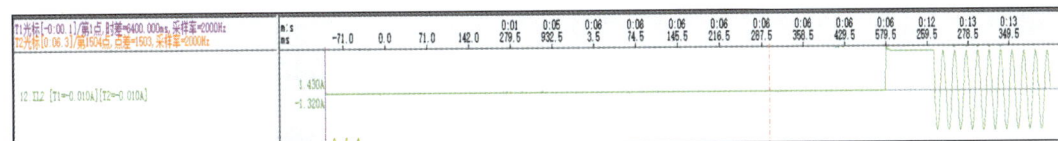

图 4-5　35kV 进线 2 电流

（3）备用电源自动投入装置保护动作情况。保护开关量动作信息如图 4-6 所示。由于 351 断路器跳开导致两条进线断路器均在分位，造成 35kV 东、西母失压，满足"无流无压"条件，处于充电完成后的备用电源自动投入装置启动。

经 I/II 母无压、351 断路器跳位且无流逻辑判断后，延时 6s 备用电源自动投入装置动作跳 351 断路器，延时 6.3s 备用电源自动投入装置动作合 352 断路器，352 断路器合上后 35kV 东、西母电压恢复正常，进线 2 电流升高正常负荷电流。

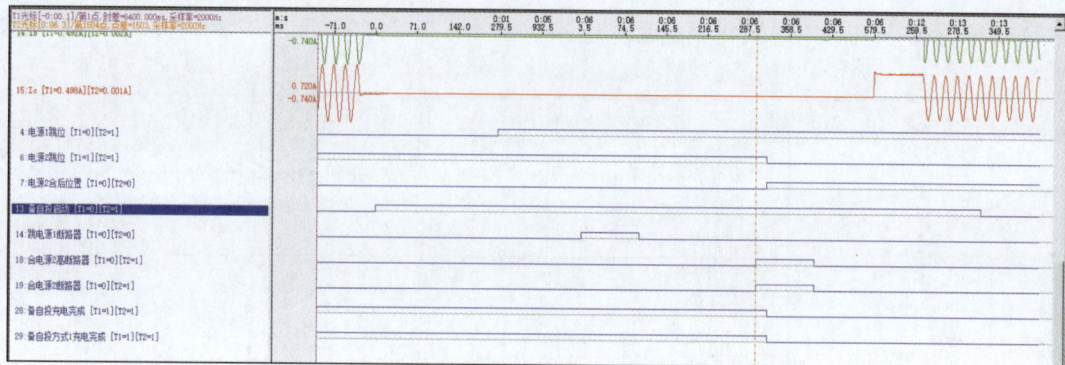

图 4-6　保护开关量动作信息

案例二：35kV 分段备用电源自动投入装置动作跳闸故障

1. 故障前运行方式

某 220kV 变电站 35kV 母线采用单母分段运行方式，保护配置一套长园深瑞备用电源自动投入装置 ISA-358G。故障前运行方式如图 4-7 所示，35kV 东、西母互为暗备用，即 350 断路器备用 351 断路器和 352 断路器。本次模拟 350 断路器备用 352 断路器。

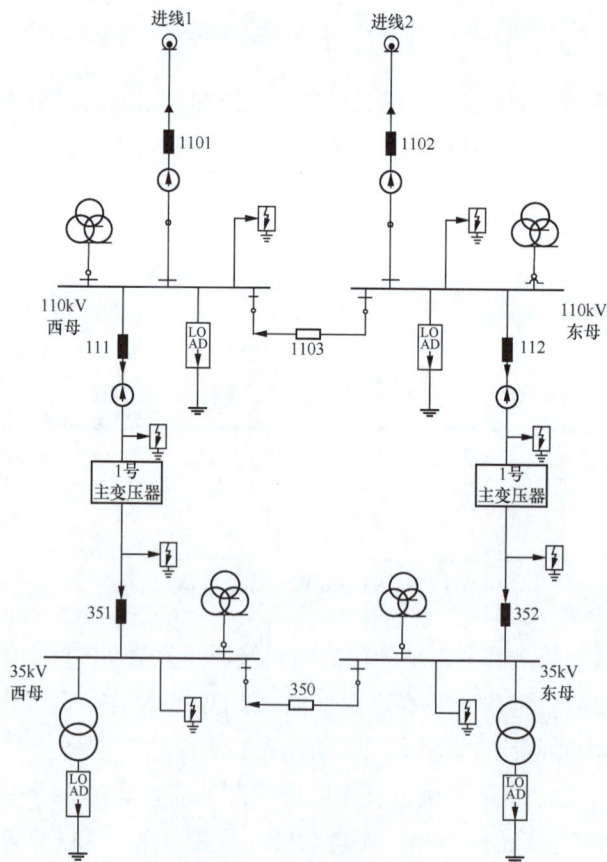

图 4-7　故障前运行方式

2. 故障过程简介

因故造成 352 断路器跳开（2 号变压器保护未动作），经固定延时后 350 断路器合上，故障后运行方式如图 4-8 所示。

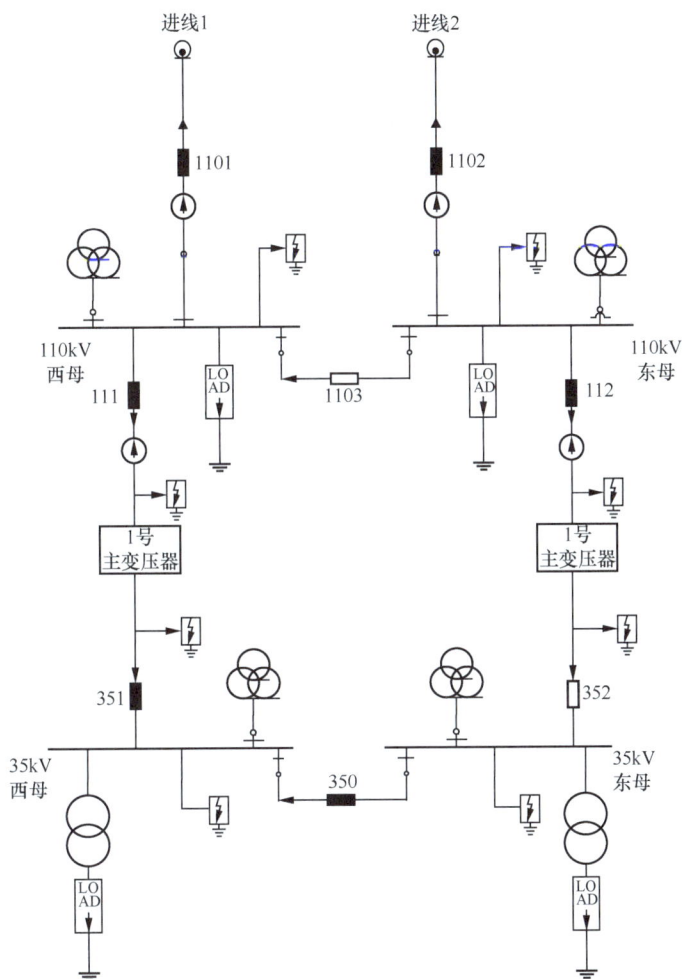

图 4-8　故障后运行方式

3. 保护动作情况

故障发生前，装置正常运行。故障发生后，保护动作情况见表 4-2。

表 4-2　　　　　　　　　　保护动作情况

0ms	备用电源自动投入装置启动
1119.5ms	352断路器跳位
6000ms	跳352断路器
6300ms	合350断路器

4. 故障录波分析

（1）35kV 母线电压。如图 4-9 所示，因 351 断路器始终在合位，故 35kV 西母电压在备用电源自动投入装置动作期间始终保持正常电压。35kV 东母电压在 352 断路器断开后降为 0，在分段 350 断路器合上后恢复为正常电压。

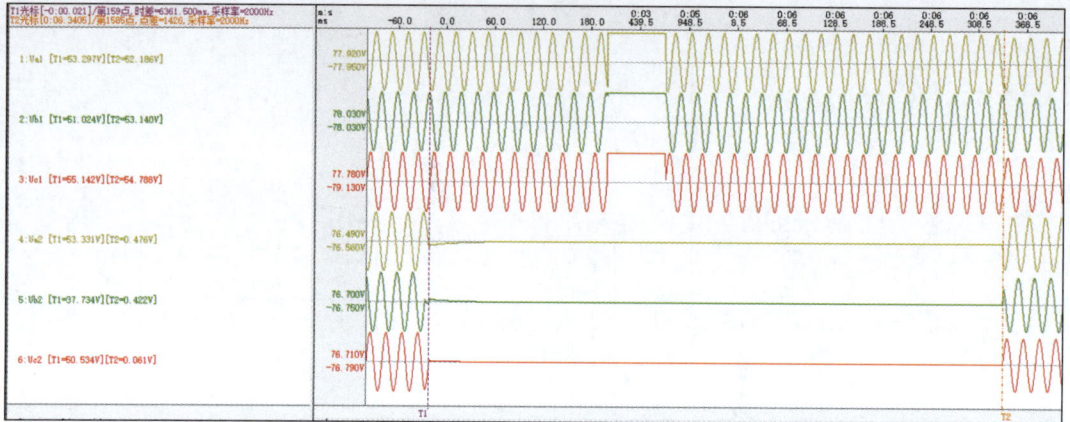

图 4-9　35kV 母线电压

（2）35kV 进线电流。如图 4-10 所示，进线 1 电流因 351 断路器始终在合位，故电流一直存在，但在 352 断路器断开、350 断路器合上以后，电流升高为原来的两倍，原因为 352 断路器断开，原来由两条进线共同承担的负荷全部转移至进线 1，导致进线 1 电流升高为原来的 2 倍。进线 2 电流则在 352 断路器断开后降为 0。

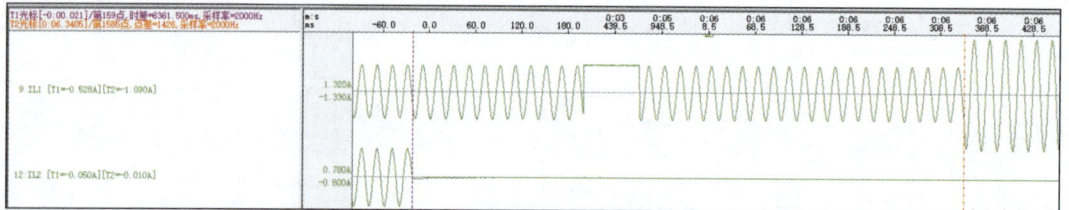

图 4-10　35kV 进线电流

（3）备用电源自动投入装置保护动作情况。保护开关量信息如图 4-11 所示。352 断路器跳开导致进线 2 电流为 0，又由于分段 350 断路器在分位，造成 35kV 东母失压，满足"无流无压"条件，处于充电完成后的备用电源自动投入装置启动。

经Ⅱ母无压、352 断路器跳位且无流逻辑判断后，延时 6s 备用电源自动投入装置动作跳 352 断路器，延时 6.3s 备用电源自动投入装置动作合 350 断路器，350 断路器合上后 35kV 东母电压恢复正常，35kV 负荷全部由进线 1 承担，故进线 1 电流增加为原来的两倍。

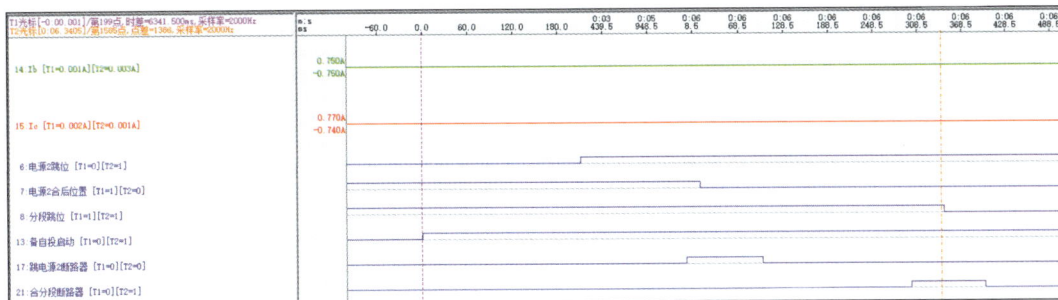

图 4-11 保护开关量动作信息

案例三：变压器后备保护闭锁分段备用电源自动投入装置

1. 故障前运行方式

某 220kV 变电站 35kV 母线采用单母分段运行方式，保护配置一套长园深瑞备用电源自动投入装置 ISA-358G。故障前运行方式如图 4-12 所示，35kV 东、西母互为暗备用，即 350 断路器备用 351 断路器和 352 断路器。本次模拟 350 断路器备用 351 断路器。

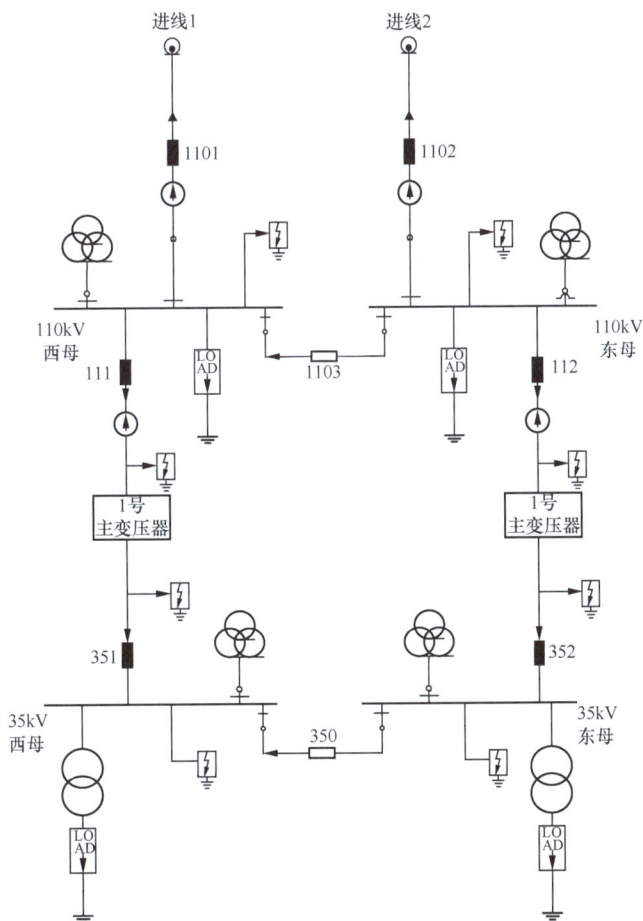

图 4-12 故障前运行方式

2. 故障过程简介

在 1 号变压器低压侧发生永久性故障，1 号变压器低复压过电流保护动作跳开 351 断路器，备用电源自动投入装置未动作。

故障后运行方式如图 4-13 所示。

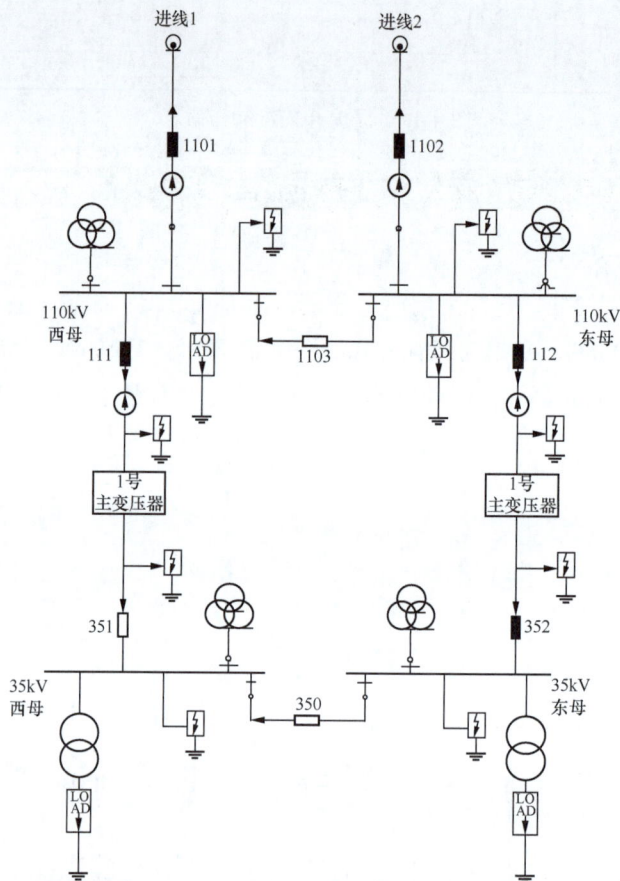

图 4-13　故障后运行方式

3. 保护动作情况

故障发生前，装置正常运行。故障发生后，保护动作情况见表 4-3。

表 4-3　　　　　　　　　　　　　　保护动作情况

0ms	1号变压器低压侧发生永久性故障
903ms	低1复流动作，跳开351断路器

4. 故障录波分析

（1）1 号变压器低压侧电压电流。如图 4-14 和图 4-15 所示，故障发生时，1 号变压器低压 1 分支 A 相电流升高为 1.35A 左右，B、C 相电压降低为 27.57V 左右。低 1 复压过电流保护动作以后，351 断路器跳开，1 号变压器低压侧电压、电流降为 0，35kV 西母电压同时为 0。

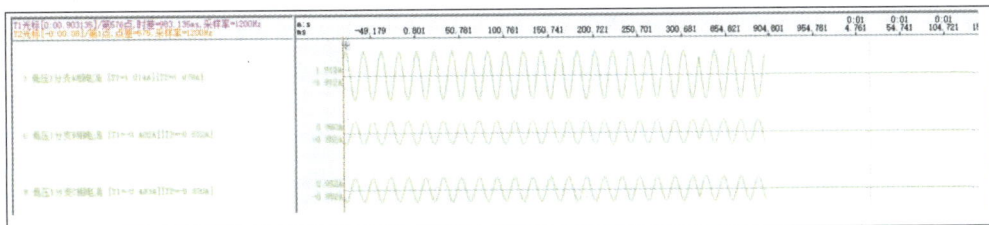

图 4-14　1 号变压器低压侧电流波形

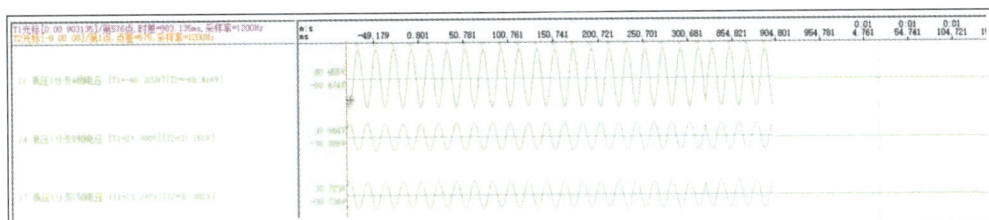

图 4-15　1 号变压器低压侧电压波形

（2）保护动作情况。保护开关量动作信息如图 4-16 所示。故障发生 903ms 后，1 号变压器低 1 复流保护动作，351 断路器跳开。同时，备用电源自动投入装置收到"分段备投闭锁"开入，装置放电，备用电源自动投入装置不再动作，备用电源自动投入装置变位报告如图 4-17 所示 。由于 351 断路器在分位，而 352 断路器始终在合位，分段 350 未合上，故 35kV 东母电压为正常电压，西母电压为 0。

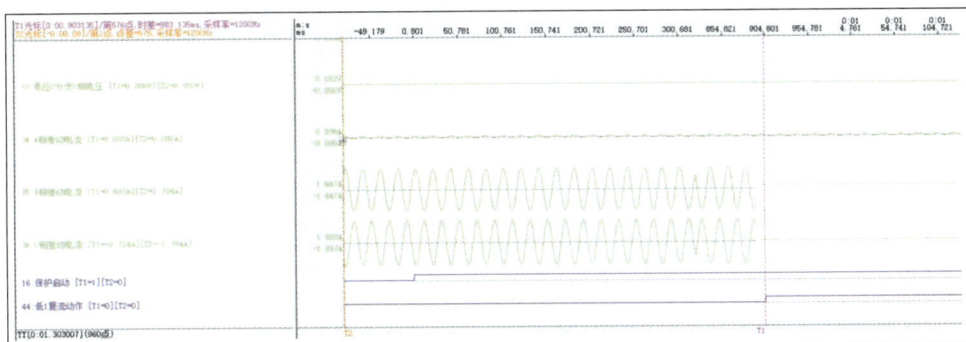

图 4-16　保护开关量动作信息

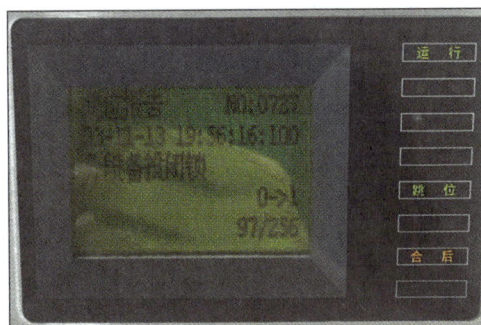

图 4-17　备用电源自动投入装置变位报告

第二节 110kV 电源进线故障

1. 故障前运行方式

某 220kV 变电站 110kV 母线采用单母分段运行方式，备自投保护配置一套四方继保装置 CSD-246。故障前运行方式如图 4-18 所示，110kV 东、西母互为明备用，即 1101 断路器与 1102 断路器互为明备用。本次模拟进线 1 运行、进线 2 备用状态下备用电源自动投入装置的动作情况，即正常运行时 1101 断路器合位，1102 断路器分位。

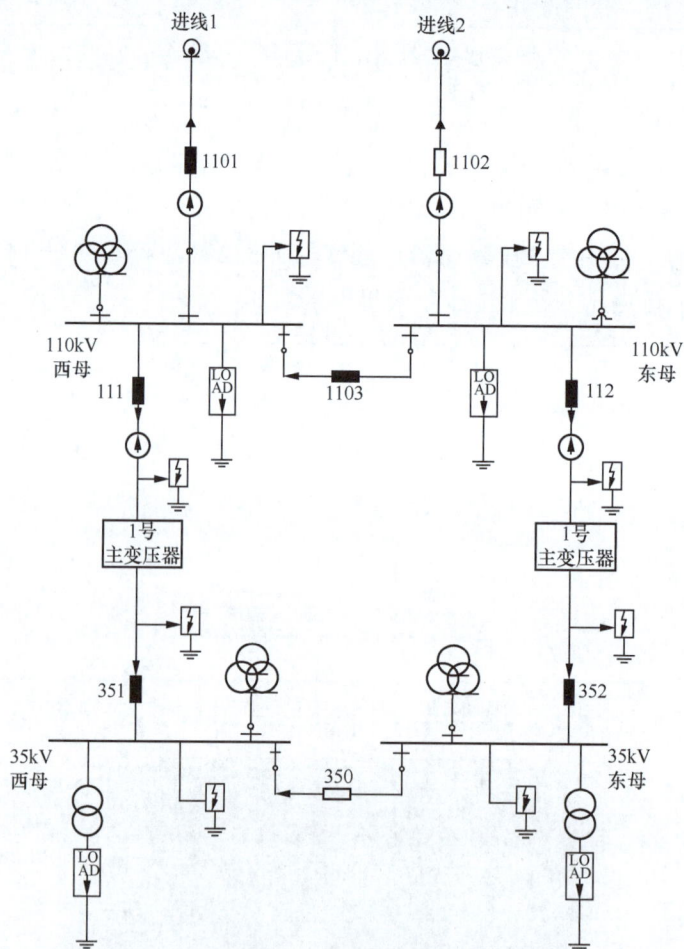

图 4-18　故障前运行方式

2. 故障过程简介

进线 1 上发生永久性故障，线路保护动作跳开 1101 断路器。经一定延时后 110kV 备用电源自动投入装置保护动作合上断路器 1102 断路器。故障后运行方式如图 4-19 所示。

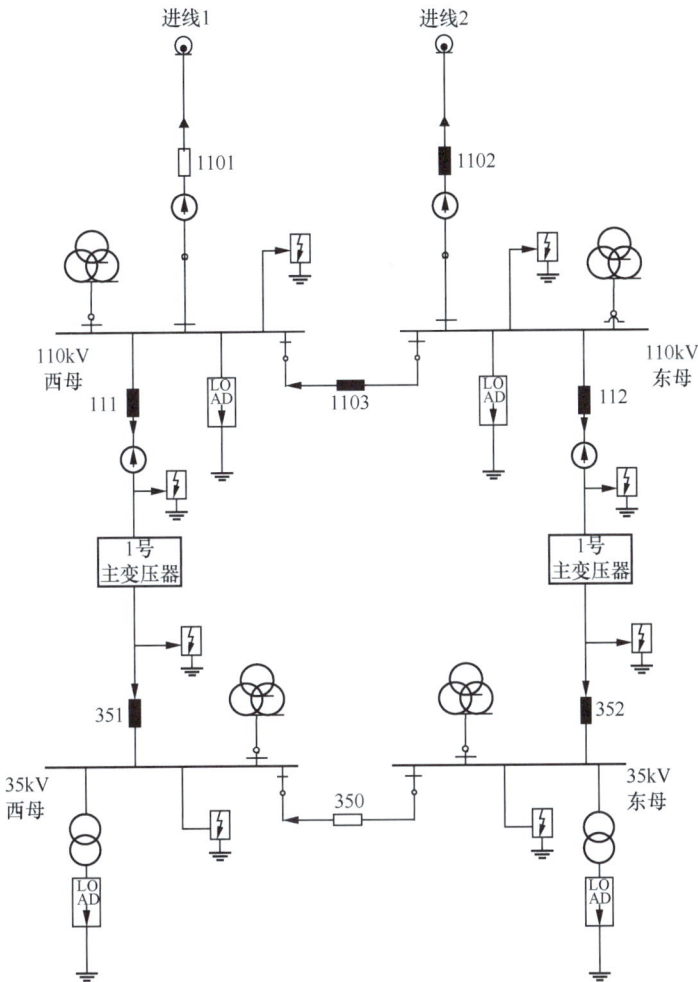

图 4-19　故障后运行方式

3. 保护动作情况

故障发生前，装置正常运行。故障发生后，保护动作情况见表 4-4。

表 4-4　保护动作情况

0ms	备用电源自动投入装置启动
202ms	备用电源自动投入装置保护动作，跳1101断路器
881ms	备用电源自动投入装置保护动作，合1102断路器

4. 故障录波分析

（1）110kV 母线电压。如图 4-20 所示，110kV 东、西母在 1101 断路器断开时电压降为 0，在 1102 断路器合上时电压恢复到正常电压。

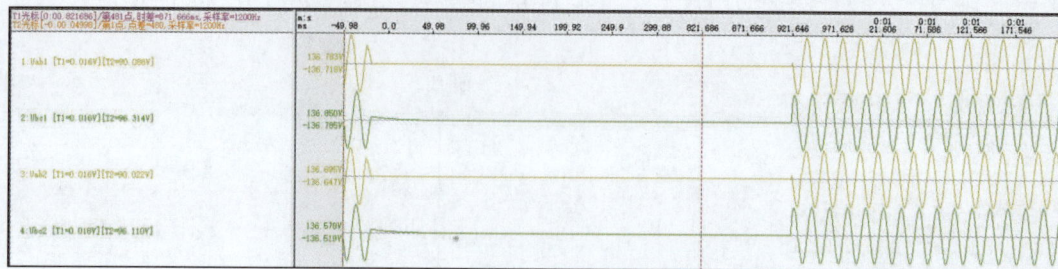

图 4-20   110kV 母线电压波形

（2）110kV 进线电流。如图 4-21 所示，进线 1 电流在 1101 断路器断开时降为 0，进线 2 电流在 1102 断路器合上时电流升高为正常负荷电流。

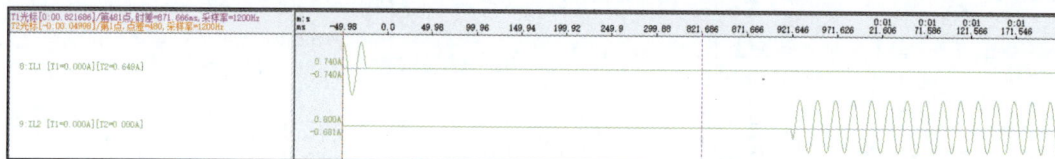

图 4-21   110kV 进线电流波形

（3）备用电源自动投入装置保护动作情况。如图 4-22 所示，由于 1101 断路器跳开导致两条进线断路器均在分位，造成 110kV 东、西母失压，满足"无流无压"条件，处于充电完成后的备用电源自动投入装置启动。

经东/西母无压、1101 断路器跳位且无流逻辑判断后，延时 0.2s 备用电源自动投入装置动作跳 1101 断路器，延时 0.8s 备用电源自动投入装置动作合 1102 断路器，1102 断路器合上后 110kV 东、西母电压恢复正常，进线 2 电流升高为正常负荷电流。

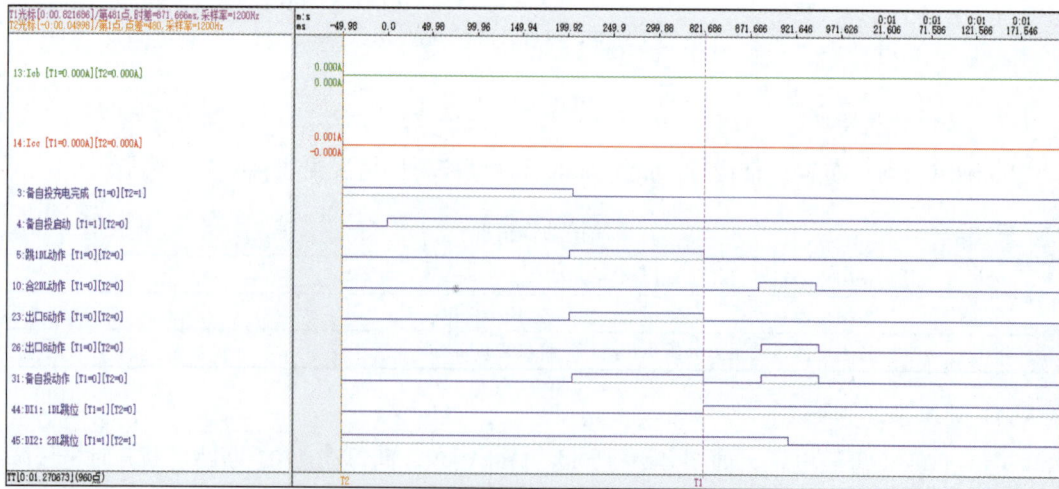

图 4-22   备用电源自动投入装置保护动作情况

1. 故障前运行方式

某 220kV 变电站 110kV 母线采用单母分段运行方式，保护配置一套四方继保装置 CSD-246。故障前运行方式如图 4-23 所示，110kV 东、西母互为暗备用，即 1103 断路器备用 1101 断路器和 1102 断路器。本次模拟 1103 断路器备用 1102 断路器。

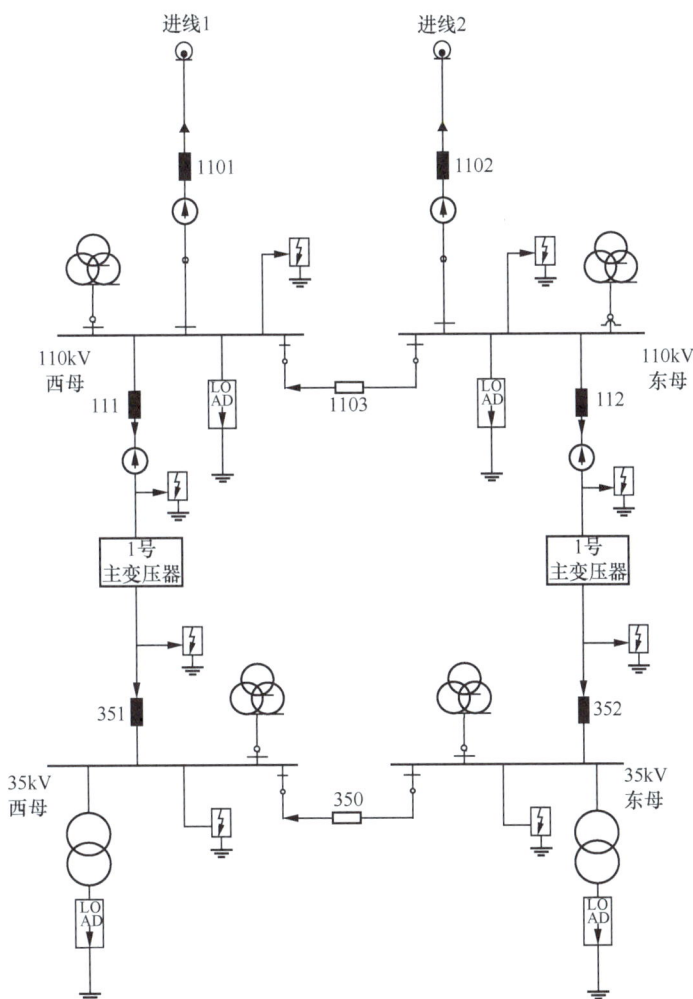

图 4-23　故障前运行方式

2. 故障过程简介

进线 2 上发生永久性故障，线路保护动作跳开 1102 断路器。经一定延时后 110kV 备用电源自动投入装置保护动作合上 1103 断路器。故障后运行方式如图 4-24 所示。

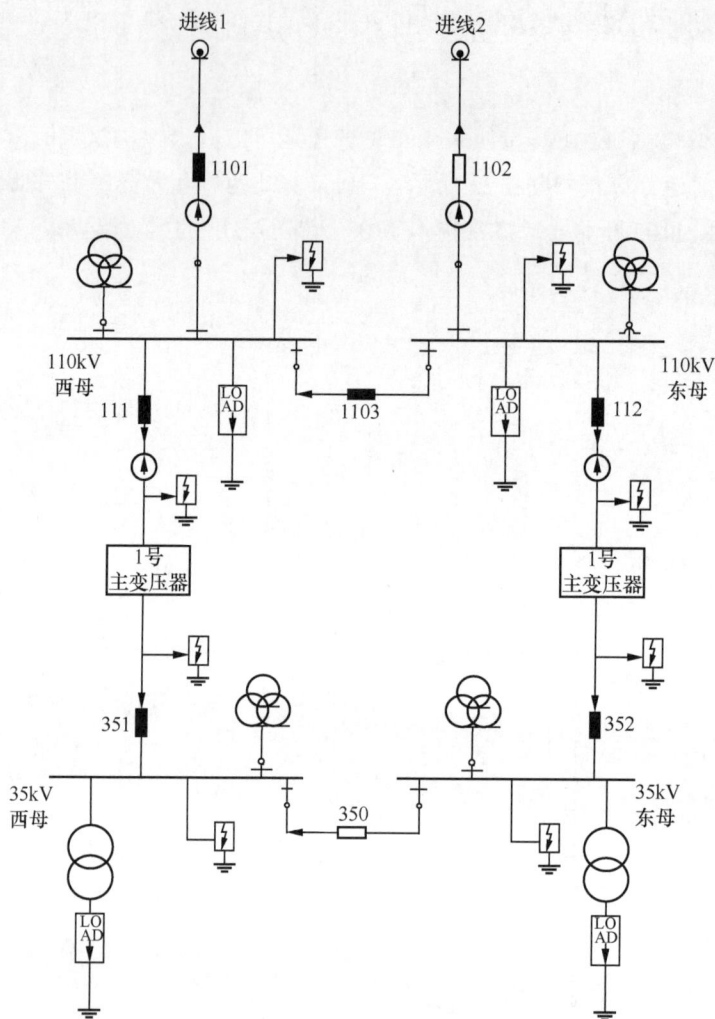

图 4-24　故障后运行方式

3．保护动作情况

故障发生前，装置正常运行。故障发生后，保护动作情况见表 4-5。

表 4-5　　　　　　　　　　　　保护动作情况

0ms	备用电源自动投入装置启动
202ms	备用电源自动投入装置保护动作，跳1102断路器
1193ms	备用电源自动投入装置保护动作，合1103断路器

4．故障录波分析

（1）110kV 母线电压。如图 4-25 所示，因 1101 断路器始终在合位，故 110kV 西母由进线 1 供电，故电压在备用电源自动投入装置动作期间始终保持正常电压。110kV 东母电压在 1102 断路器断开后降为 0，在分段 1103 断路器合上后恢复为正常电压。

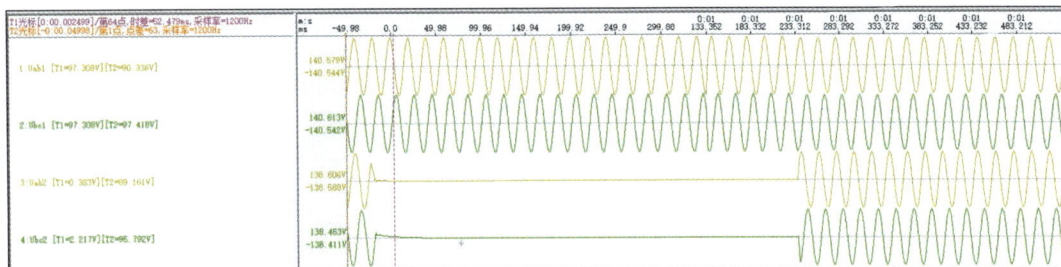

图 4-25　110kV 母线电压波形

（2）110kV 进线电流。如图 4-26 所示，进线 1 电流因 1101 断路器始终在合位，故电流一直存在，但在 1102 断路器断开、1103 断路器合上以后，电流升高为原来的两倍，原因为 1102 断路器断开，原来由两条进线共同承担的负荷全部转移至进线 1，导致进线 1 电流升高为原来的 2 倍。进线 2 电流则在 1102 断路器断开后降为 0。

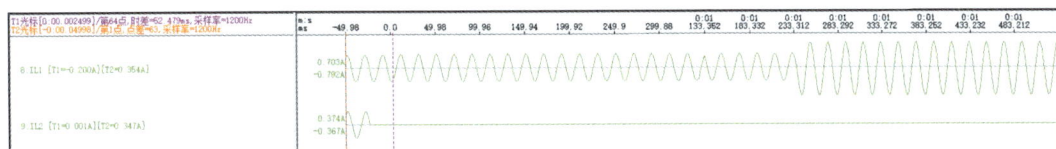

图 4-26　110kV 进线电流波形

（3）备用电源自动投入装置保护动作情况。如图 4-27 所示，1102 断路器跳开导致进线 2 电流为 0，又由于分段 1103 断路器在分位，造成 110kV 东母失压，满足"无流无压"条件，处于充电完成后的备用电源自动投入装置保护启动。

经东母无压、1102 断路器跳位且无流逻辑判断后，延时 0.2s 备用电源自动投入装置保护动作跳 1102 断路器，延时 1.2s 备用电源自动投入装置动作合 1103 断路器，1103 断路器合上后 110kV 东母电压恢复正常，110kV 负荷全部由进线 1 承担，故进线 1 电流增加为原来的两倍。

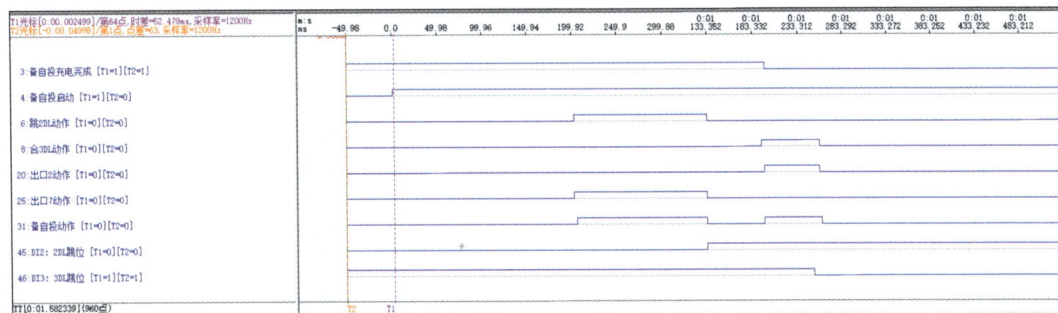

图 4-27　备用电源自动投入装置保护动作情况

147

第五章　断路器故障案例分析

第一节　线路断路器失灵故障

1. 故障前运行方式

220kV 甲站与 220kV 乙站之间有双回联络线 220kV Ⅰ甲乙线、Ⅱ甲乙线，其中Ⅰ甲乙线运行于两站Ⅰ母，Ⅱ甲乙线运行于两站Ⅱ母，两站均有电源。Ⅰ甲乙线路保护双套配置 PRS-753、PSL-603U，甲站 220kV 母线保护双套配置 WMH-800、NSR-371，故障前运行方式如图 5-1 所示。

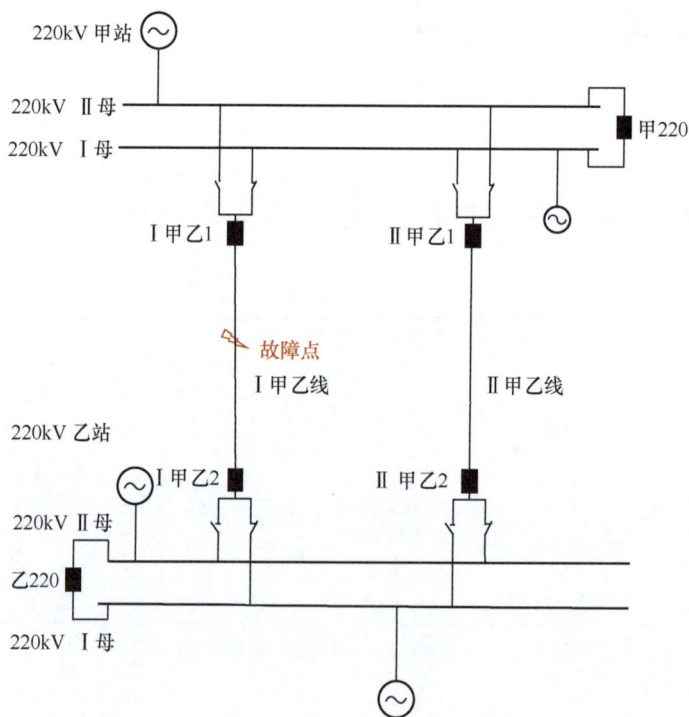

图 5-1　故障前运行方式

2. 故障过程简介

Ⅰ甲乙线区内发生 A 相金属性接地故障，线路两侧保护动作跳 A 相，由于Ⅰ甲乙1 断路器 A 相失灵，导致故障无法隔离，Ⅰ甲乙1 线路保护启动甲站 220kV 母线失灵保护，失灵保护动作后切除母联及Ⅰ母各断路器，故障隔离。故障后运行方式如图 5-2 所示。

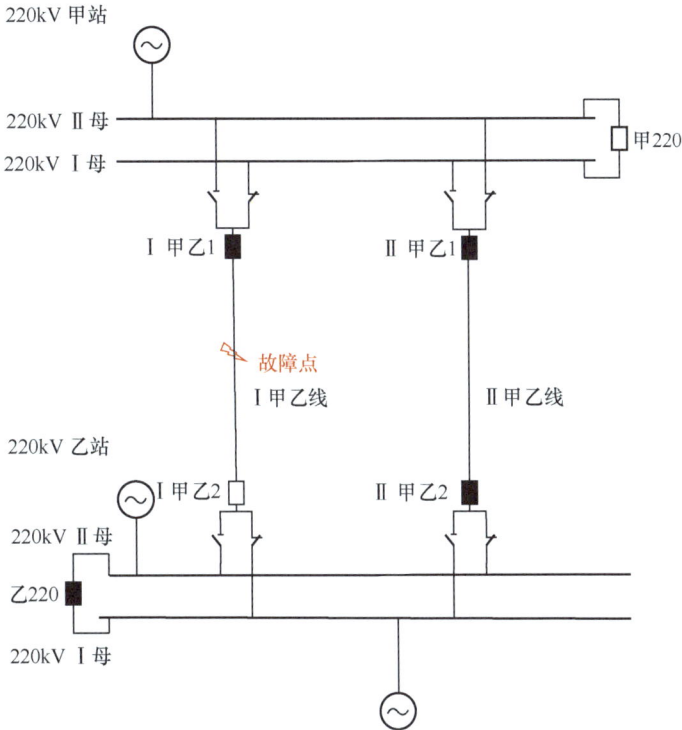

图 5-2　故障前运行方式

3. 保护动作情况

故障发生前，装置正常运行。故障发生后，保护动作情况见表 5-1。

表 5-1　　　　　　　　　　　　保护动作情况

0ms	Ⅰ甲乙线区内发生A相金属性接地故障
约12ms	Ⅰ甲乙线两侧差动保护动作选跳A相，Ⅰ甲乙1 A相断路器失灵未跳开，Ⅰ甲乙2 A相断路器正常跳开
约163ms	Ⅰ甲乙1线路保护单跳失败跳三相，B、C相正常跳开
约277ms	甲站220kV失灵保护跳母联
约525ms	甲站Ⅰ母失灵保护动作跳开Ⅰ母各支路，故障隔离

4. 故障录波分析

（1）Ⅰ甲乙线甲站侧录波。由图 5-3 和图 5-4 可知，故障时 U_a 明显跌落，I_a 出现故障电流，且 $3I_0$ 超前 $3U_0$ 约 $90°$，A 相两侧电流几乎等大同相，可判断Ⅰ甲乙线区内发生 A 相金属性接地故障。

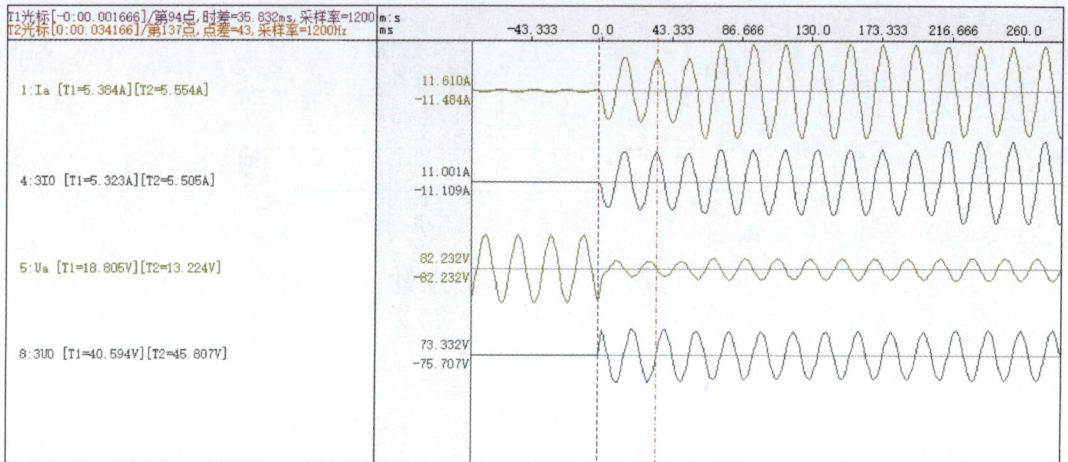

图 5-3　Ⅰ甲乙线甲站侧电压、电流波形

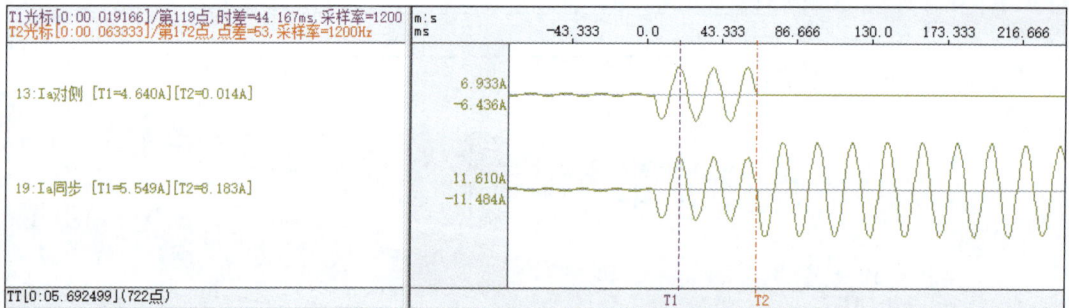

图 5-4　Ⅰ甲乙线甲站对侧 A 相电流波形

故障发生后，线路保护动作，乙站侧电流共持续 60ms 后消失，甲站侧 A 相电流在出口跳闸后并未消失，且图 5-5 显示始终无 TWJa 反馈，由此判断甲站侧 A 相断路器失灵。图 5-4 中故障 60ms 后甲站侧电流有增大趋势，结合系统运行方式可知，此时乙站侧通过Ⅱ甲乙线、甲 220 继续向故障点供电，导致Ⅰ甲乙线 A 相电流增大。

28:A跳出口	↑	−5.000ms	↓	585.000ms
29:B跳出口	↑	146.667ms	↓	585.000ms
30:C跳出口	↑	146.667ms	↓	585.000ms
33:分相跳闸位置TWJb	↑	190.834ms		
34:分相跳闸位置TWJc	↑	190.834ms		
35:闭锁重合闸	↑	522.500ms	↓	589.167ms

图 5-5　甲乙线甲站侧断路器动作情况

（2）甲站侧 220kV 母线保护录波。其中支路 4 为Ⅱ甲乙线，支路 5 为Ⅰ甲乙线，母联电流和支路 4、支路 5 的电流特征如图 5-6 所示，均为Ⅰ甲乙 2 跳开后，A 相电流增大，进一步印证上述结论。

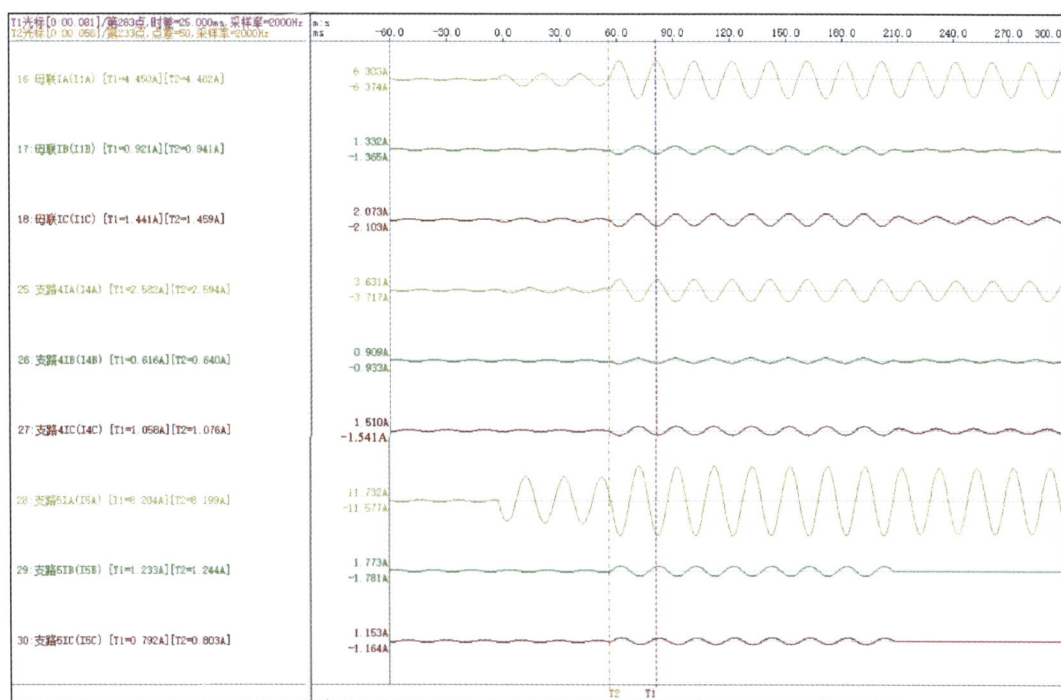

图 5-6　甲站侧 220kV 母线保护各支路电流波形

（3）Ⅰ甲乙线甲站侧完整录波。由图 5-7 可知，T_1 时刻Ⅰ甲乙 1 线路保护动作单跳 A 相失败，150ms 后保护发出单跳失败跳三相，43ms 后，B、C 相断路器跳开，电流消失。A 相断路器仍未跳开，故障未隔离。

如图 5-8 所示，T_1 时刻为线路保护动作 250ms 后失灵保护动作跳母联时间，50ms 后母联跳开，Ⅱ甲乙线无法再向故障点送电，Ⅰ甲乙 1 A 相电流减小。525ms 时刻，Ⅰ母失灵保护动作，跳开Ⅰ母各支路并远跳对侧，故障隔离。

注：失灵保护定值为失灵保护 1 时限跳母联 0.25s，失灵保护 2 时限跳母线 0.5s。

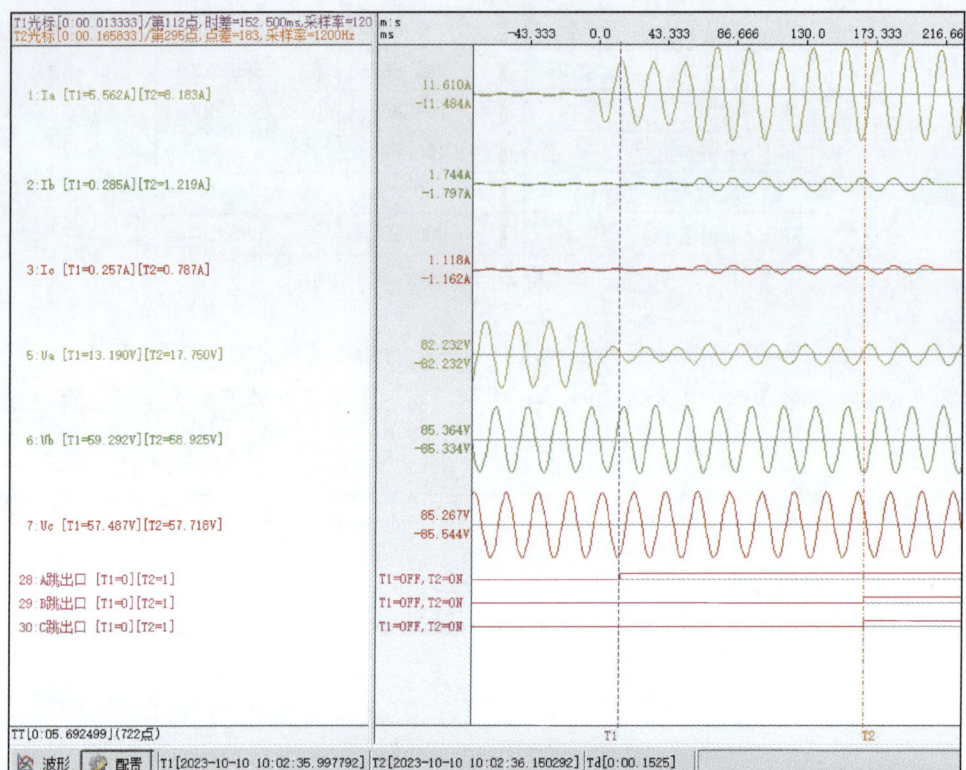

图 5-7　Ⅰ甲乙线甲站侧电压、电流波形

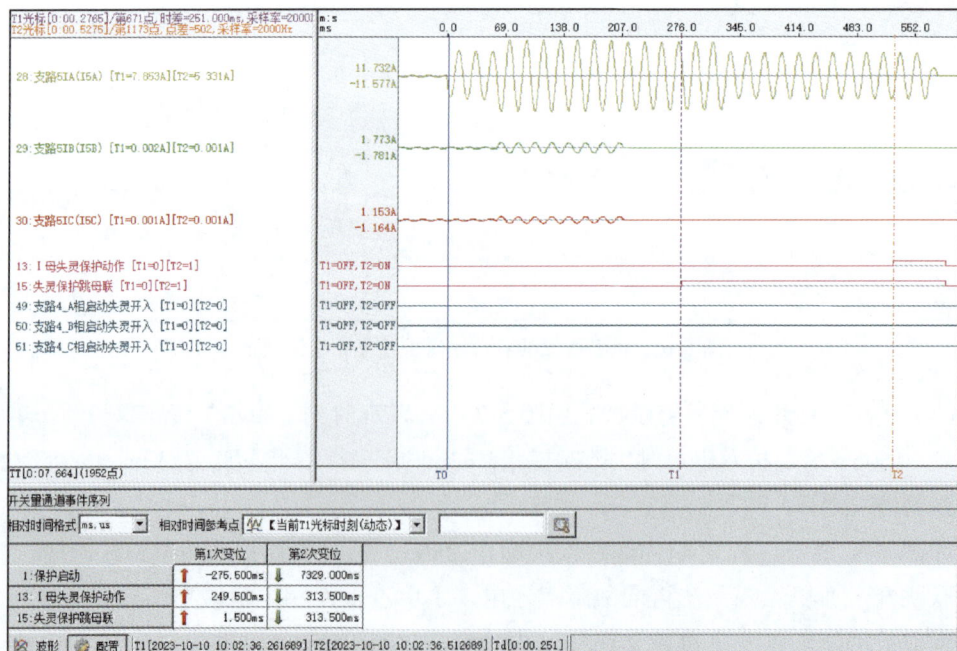

图 5-8　Ⅰ甲乙线甲站侧断路器动作情况

1. 故障前运行方式

某 220kV 变电站，110kV 母线配置 NSR-371 母线保护装置，出线 2 本侧及对侧均配置 PSL-603U 线路保护装置，本站及出线 2 对端均有电源，1 号主变压器运行于北母，2 号主变压器运行于南母，110kV 合环运行，故障前运行方式如图 5-9 所示。

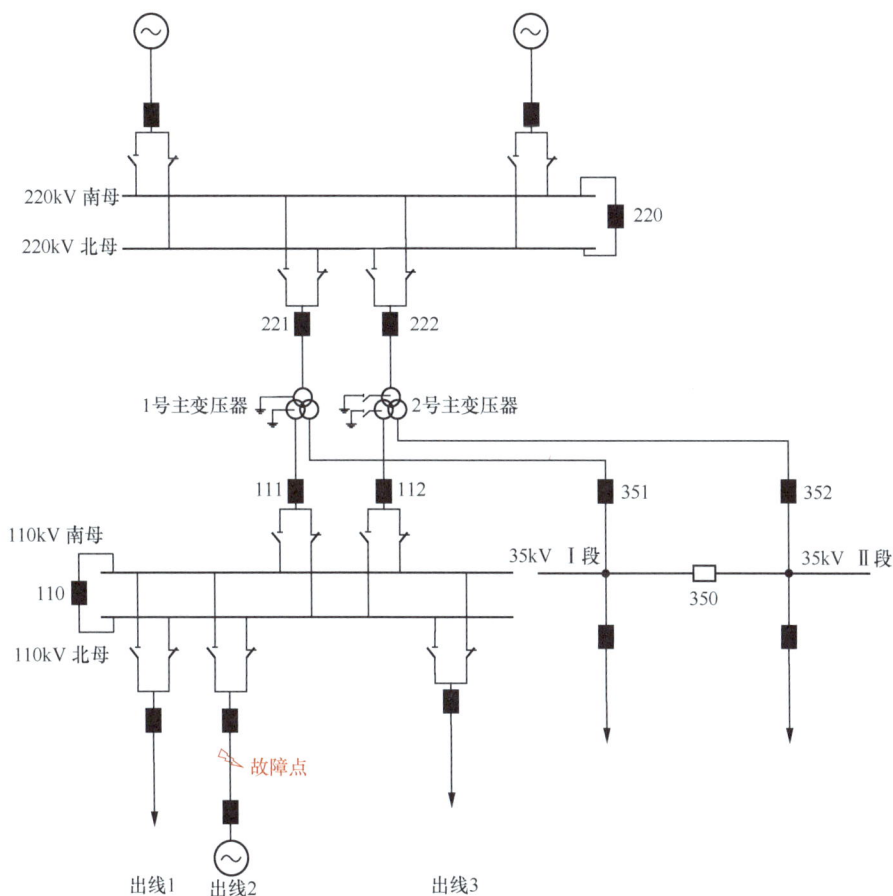

图 5-9　故障前运行方式

2. 故障过程简介

出线 2 发生区内 B 相接地故障，线路两侧保护动作跳三相，由于出现 2 本侧断路器失灵，导致故障无法切除，失灵保护动作，最终导致 110 母联、出线 1、出线 2 对侧断路器跳开，故障后运行方式如图 5-10 所示。

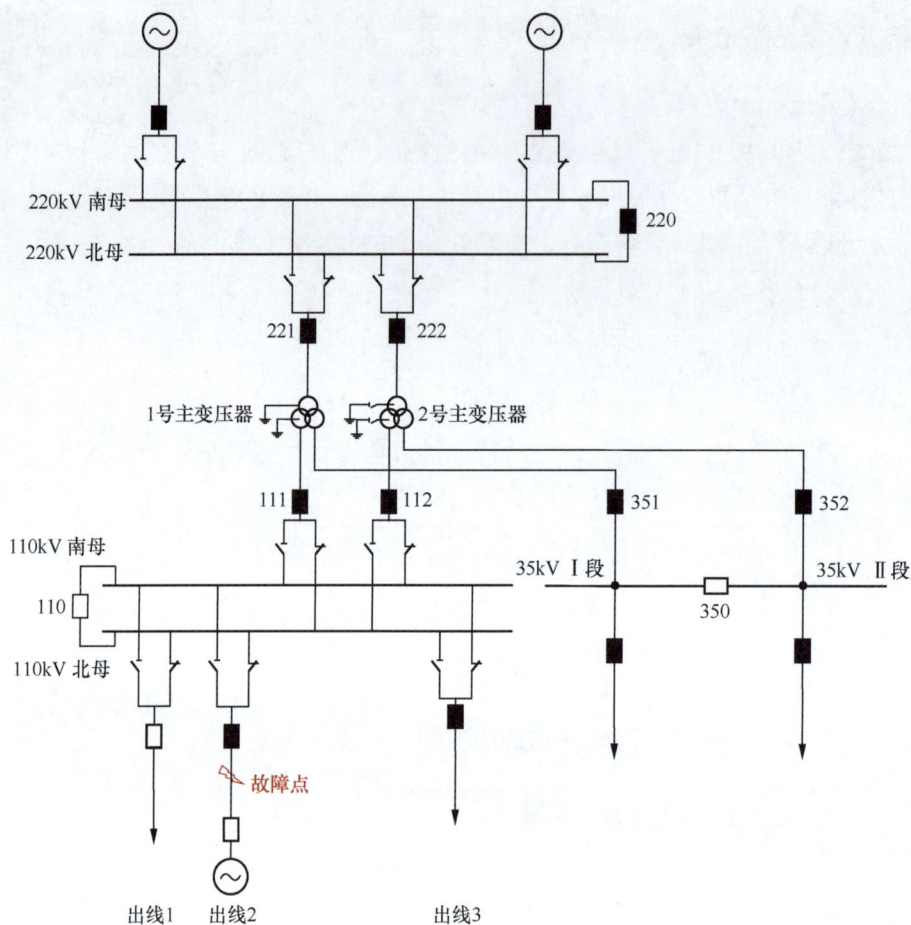

图 5-10　故障后运行方式

3. 保护动作情况

故障发生前，装置正常运行。故障发生后，保护动作情况见表 5-2～表 5-4。

表 5-2　　　　　　　　　　　　　线路保护（本侧）动作情况

0ms	出线2发生B相金属性接地短路
14ms	线路差动保护动作跳三相
29ms	接地距离 I 段动作
112ms	零序差动动作
316ms	保护三跳失败
547ms	其他保护动作

表 5-3　　　　　　　　　　　　　线路保护（对侧）动作情况

0ms	出线2发生B相金属性接地短路
13ms	线路差动保护动作
553ms	其他保护动作，闭锁重合闸

表 5-4	母线保护动作情况
0ms	保护启动
277ms	失灵保护跳母联
525ms	北母失灵保护动作

4. 故障录波分析

（1）本侧：出线 2 本侧电压、电流波形如图 5-11 所示。

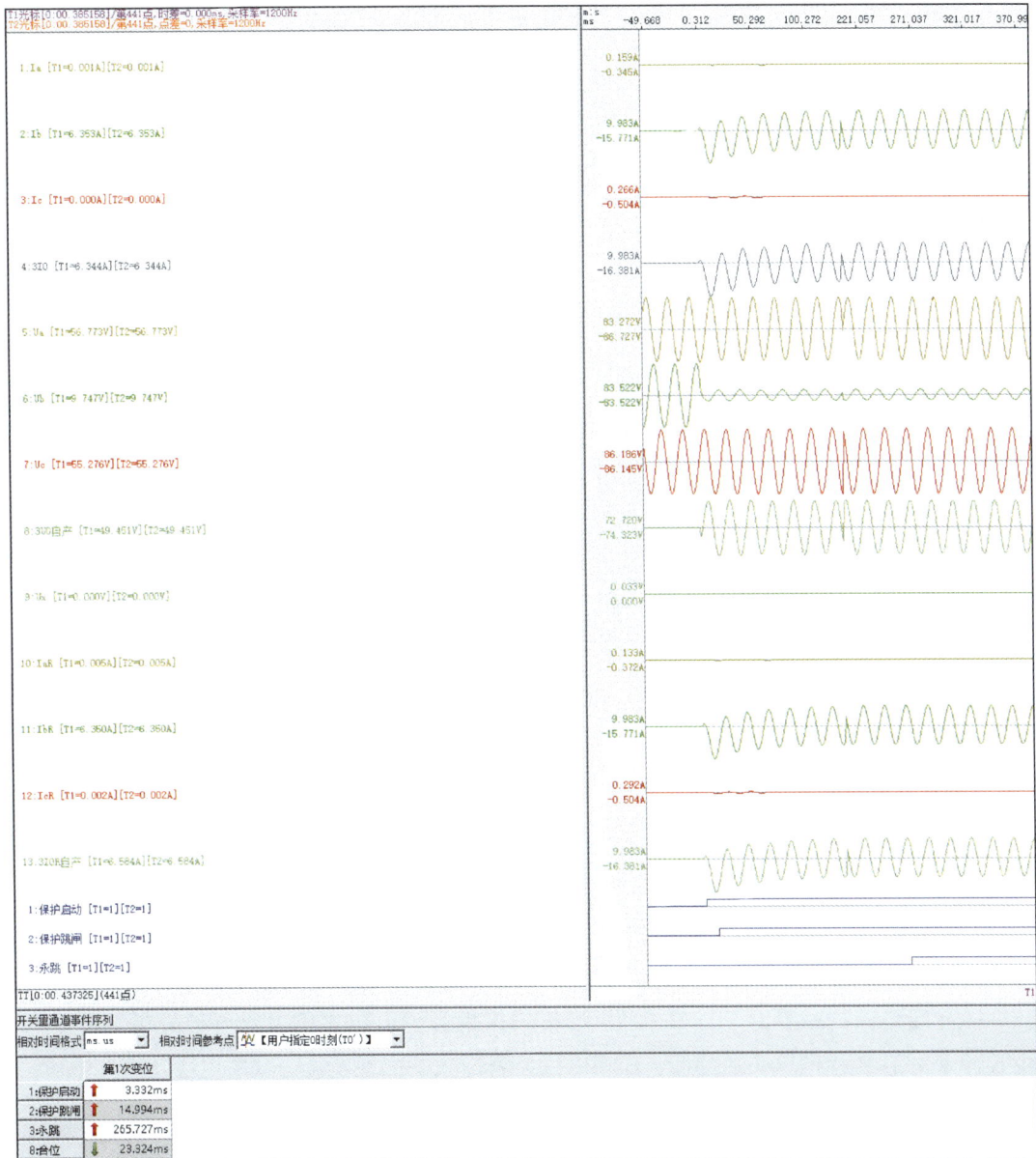

图 5-11　出线 2 本侧电压、电流波形

（2）对侧：出线 2 对侧电压、电流波形如图 5-12 所示。

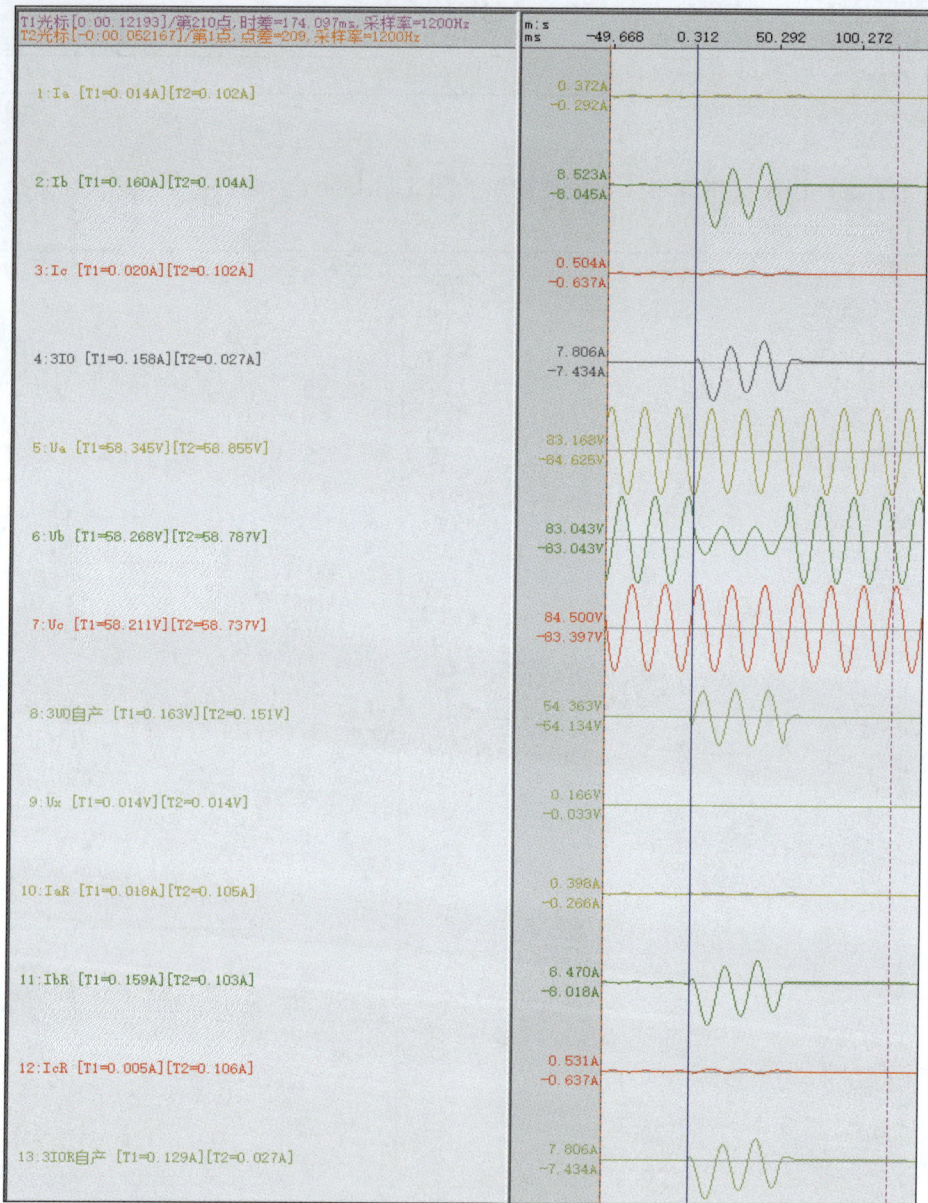

图 5-12　出线 2 对侧电压、电流波形

（3）线路保护：零时刻出线 2 发生 B 相接地故障，由本侧及对侧故障录波图 5-11 和 5-12 所示，B 相电压明显降低，B 相电流显著增大，出现差流、零序电压及零序电流，且零序电流超前零序电压约 90°，说明线路区内发生 B 相接地故障。

故障发生后，线路保护动作，对侧电流约 60ms 后消失，本侧故障电流在保护动作后未消失，且断路器位置未发生变化，由此判断本侧断路器失灵拒动，对侧断路器正常跳闸，对侧保护在重合期间接收到其他保护动作信号闭重。

（4）母线保护：由图 5-13 可知，母差保护无差流，但 B 相电压明显降低，可知故障发生在母线保护范围外。低压侧电压发生 AB 两相电压降低是因为中压侧 B 相电压降低，经星角转换至低压侧。

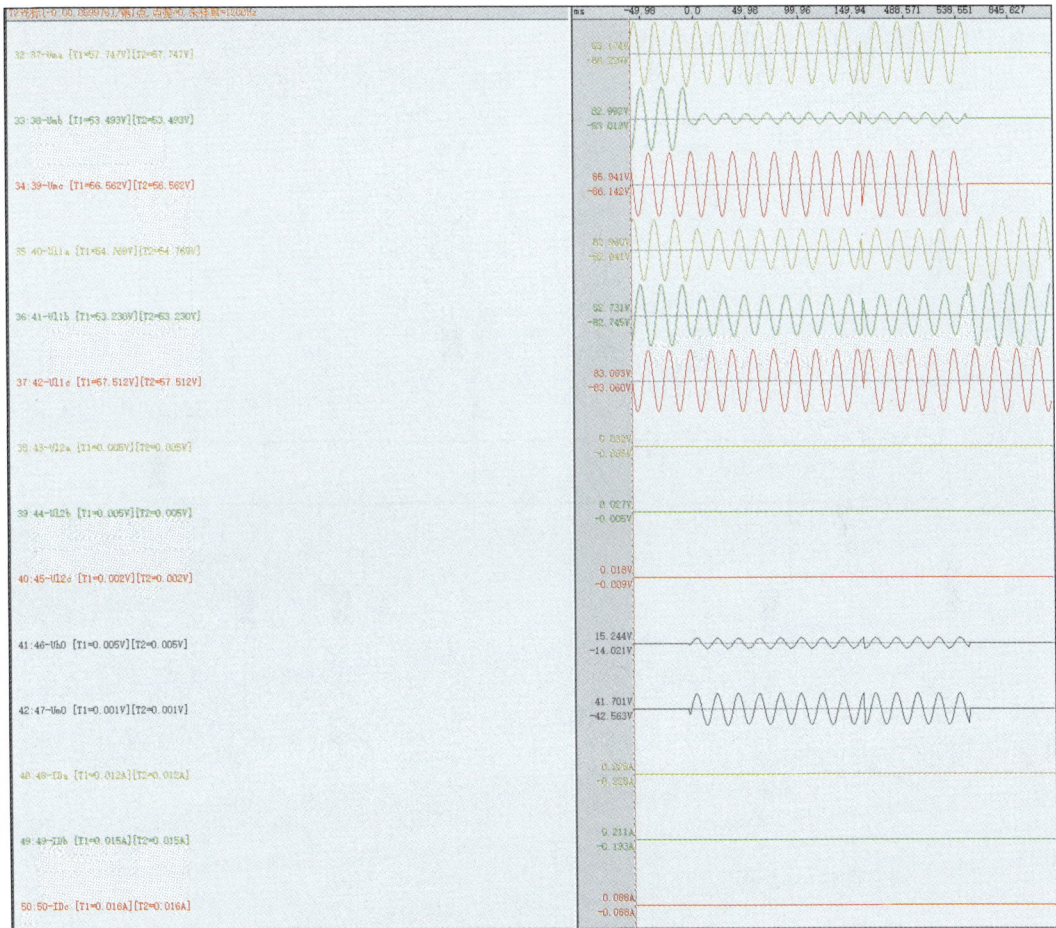

图 5-13　母线保护电压波形

线路保护动作 277ms 后，失灵保护动作跳开母联，525ms 失灵保护动作，跳开北母各间隔，并远跳对端，出线 2 对侧保护接收到其他保护动作开入信号后闭锁重合闸，故障隔离。

第二节 母联断路器故障

1. 故障前运行方式

220kV 甲站高压侧双母接线，支路 5、支路 7、1 号变压器运行于 I 母，支路 4、支路 6、2 号变压器运行于 II 母，220 母联合环运行。甲站 220kV 母线保护双套配置 WMH-800、NSR-371，故障前运行方式如图 5-14 所示。

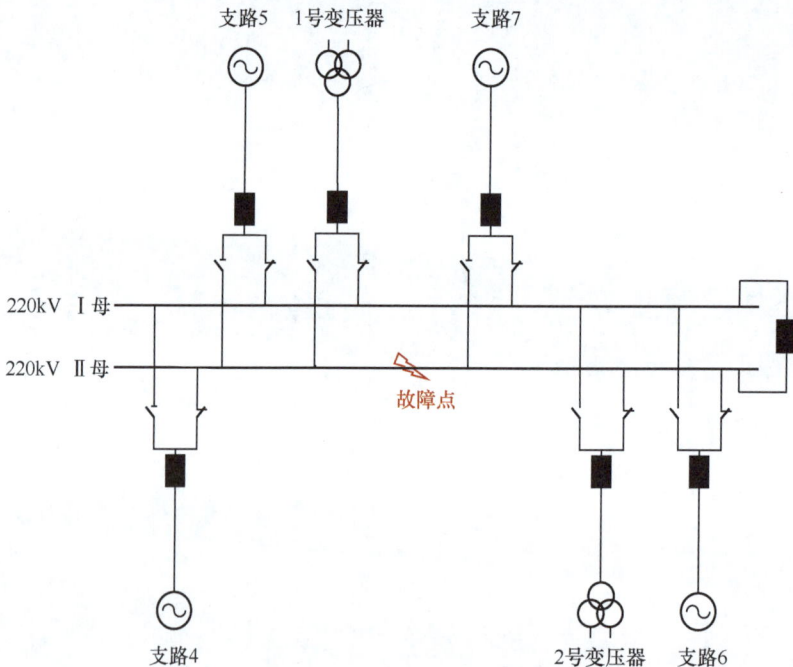

图 5-14 故障前运行方式

2. 故障过程简介

220kV II 母母线区内发生 C 相金属性接地，II 母差动作，跳开母联及 II 母各支路，含支路 4、支路 6、变压器 2。由于母联断路器失灵，导致故障无法隔离，随即母联失灵保护动作，切除 I 母各断路器，故障隔离。故障后运行方式如图 5-15 所示。

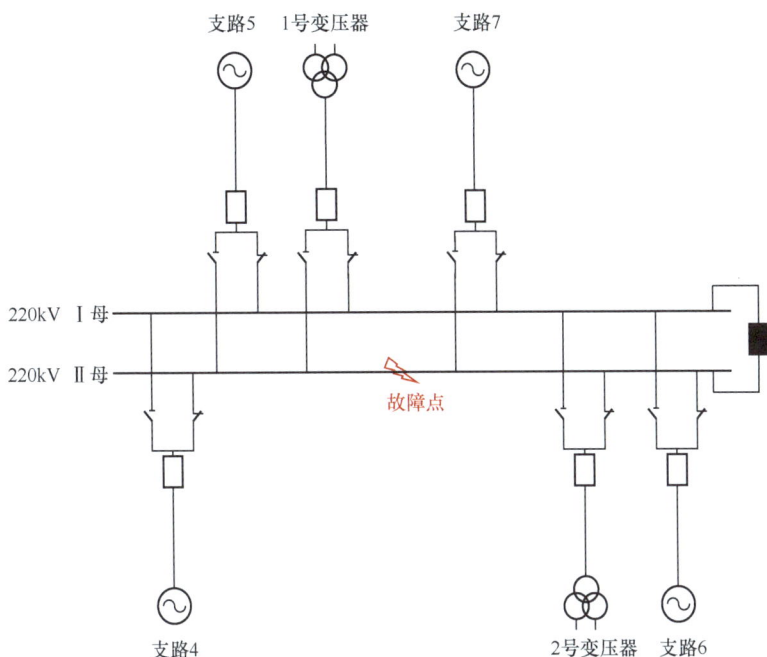

支路5　1号变压器　支路7

220kV Ⅰ母

220kV Ⅱ母

故障点

支路4

2号变压器　支路6

图 5-15　故障后运行方式

3. 保护动作情况

故障发生前，装置正常运行。故障发生后，保护动作情况见表 5-5。

表 5-5　　　　　　　　　　　　　　保护动作情况

0ms	220kV Ⅱ母母线区内发生C相金属性接地故障
约3ms	Ⅱ母差动动作，跳母联、支路4、支路6、变压器2，其中母联断路器失灵未跳开
约249ms	母联失灵保护跳Ⅰ母； 母联失灵保护跳Ⅱ母，故障隔离

4. 故障录波分析

甲站 220kV 母线保护录波波形。

由图 5-16 可知，故障时Ⅱ母 U_a 跌落至零，Ⅱ母 C 相出现 12A 左右差流（I_{d2c}），符合Ⅱ母区内故障特征。注意到此时Ⅰ母 C 相差流也出现微增，原因为系统发生 C 相接地故障后，各支路 C 相电流幅值均激增，不平衡电流相应增大，形成小幅差流。

图 5-17 为母联、支路 4、支路 6、变压器 2 电流波形，由图可知 T_1 时刻故障出现，随即Ⅱ母差动保护动作，约 30ms 后支路 4、支路 6 故障电流消失（变压器 2 未提供故障电流），但母联电流未消失，由图 5-16 可知此时电压也未恢复，初步判断母联断路器失灵未跳开。

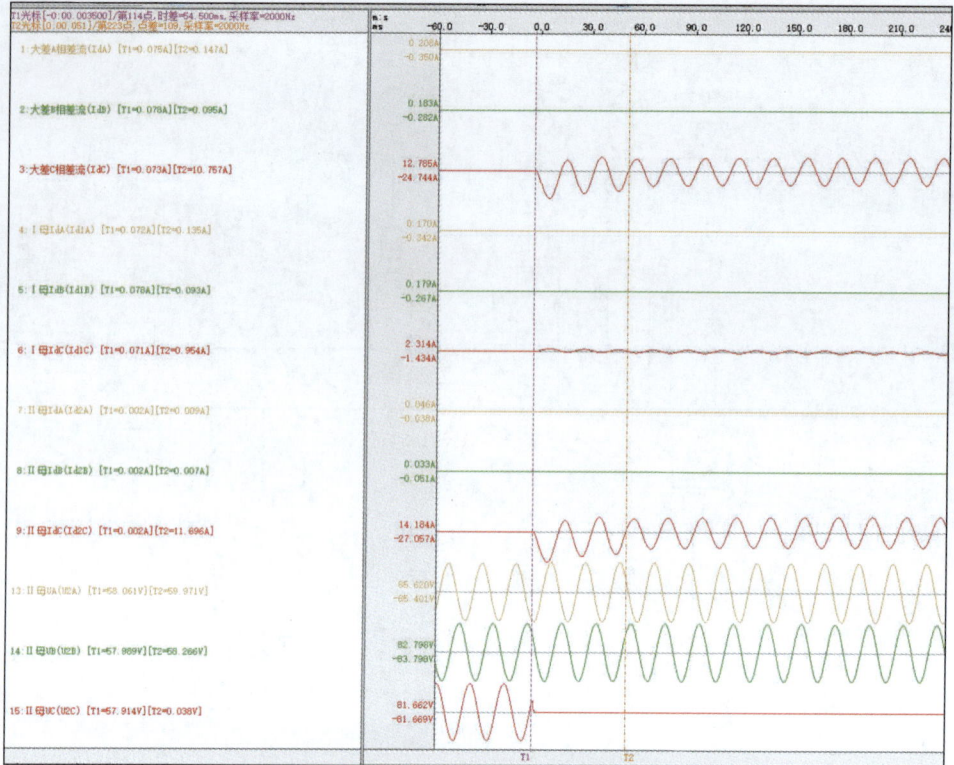

图 5-16　220kV 母线电压及差流波形

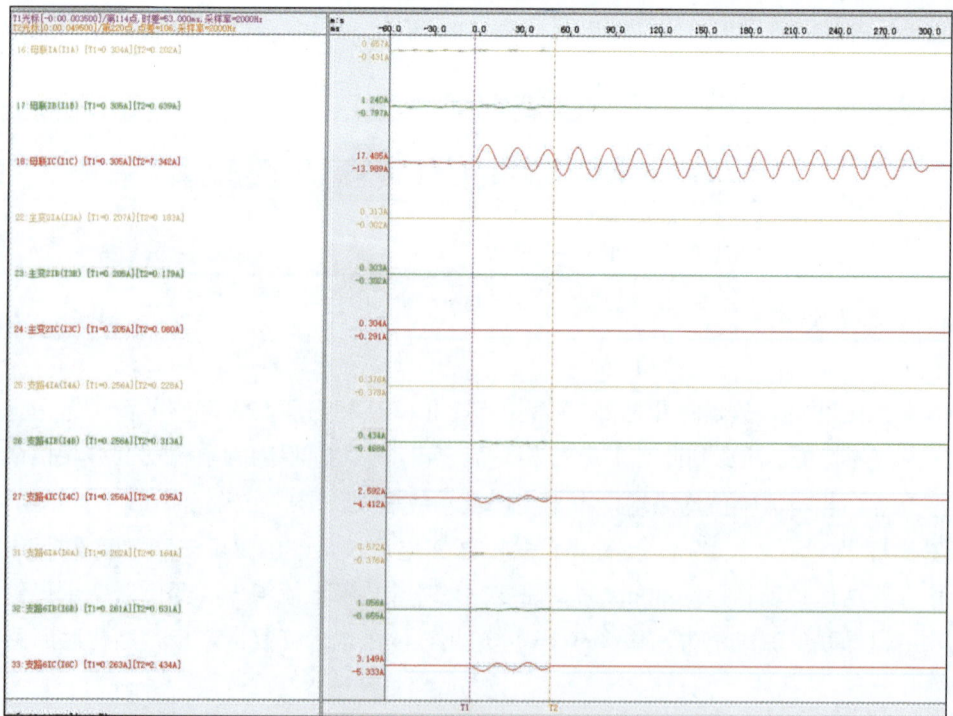

图 5-17　各支路电流波形（1）

图 5-18 为支路 5、支路 7 电流波形及母线保护相关开关量信息显示。由图可知Ⅱ母差动动作后，母联、支路 5、支路 7 故障电流未消失，判断电源通过Ⅰ母各支路经由母联向Ⅱ母故障点继续提供故障电流，约 250ms 后母联失灵保护动作跳Ⅰ母、Ⅱ母，又过 50ms 后各支路电流均消失，故障隔离，但此过程中母联 TWJ 始终无开入，综上判断母联断路器失灵。

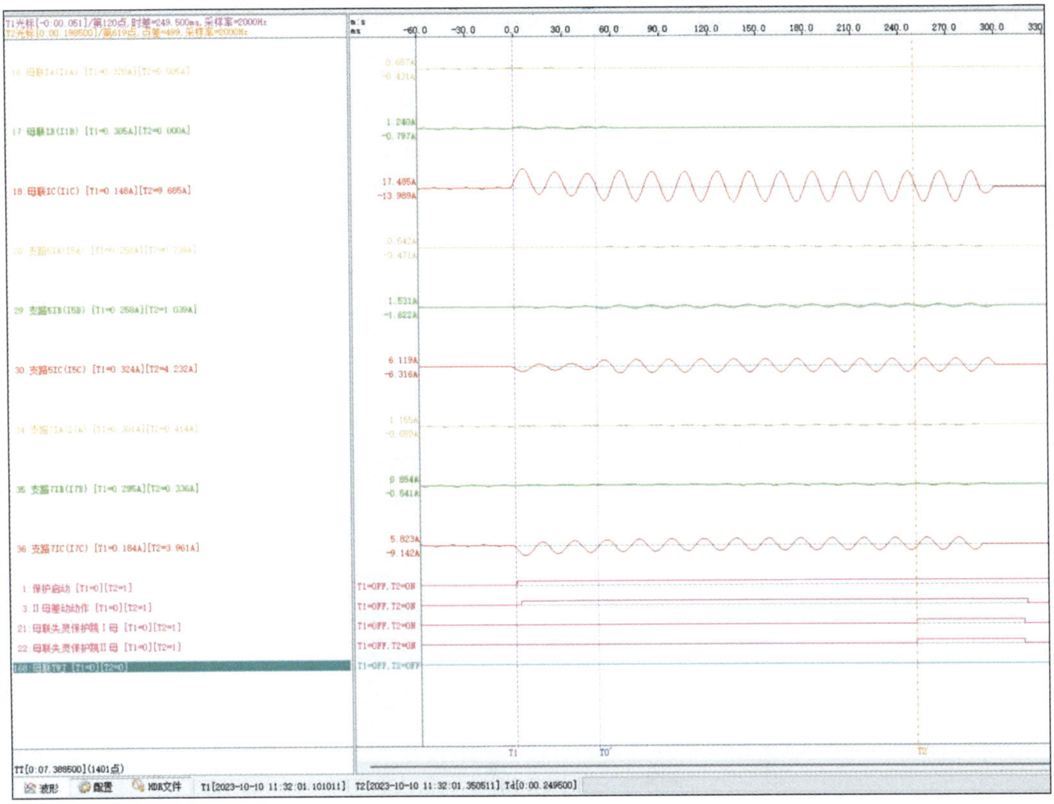

图 5-18　各支路电流波形（2）

关于母联失灵保护的一些特殊注意事项：任何一个保护动作发出过跳母联令后母联任一相仍有流，经时间定值后，跳开复压开放的相应母线，母联失灵保护不判各母线差流和母联跳位。母联失灵保护功能固定投入，不随差动及失灵压板投退影响。

第三节　断路器死区故障

案例一：故障在线路断路器和 TA 之间

1. 故障前运行方式

某 220kV 变电站 220kV 母线上共挂有四条 220kV 出线，分别为Ⅱ昌顺、Ⅰ昌顺、文

昌 2、昌纺 1，一条母联间隔昌 220、两个变压器昌 221 和昌 222。保护均双套配置。其中
Ⅰ昌顺、昌 222、文昌 2 运行于北母，Ⅱ昌顺、昌 221、昌纺 1 运行于南母，故障前运行方
式如图 5-19 所示。

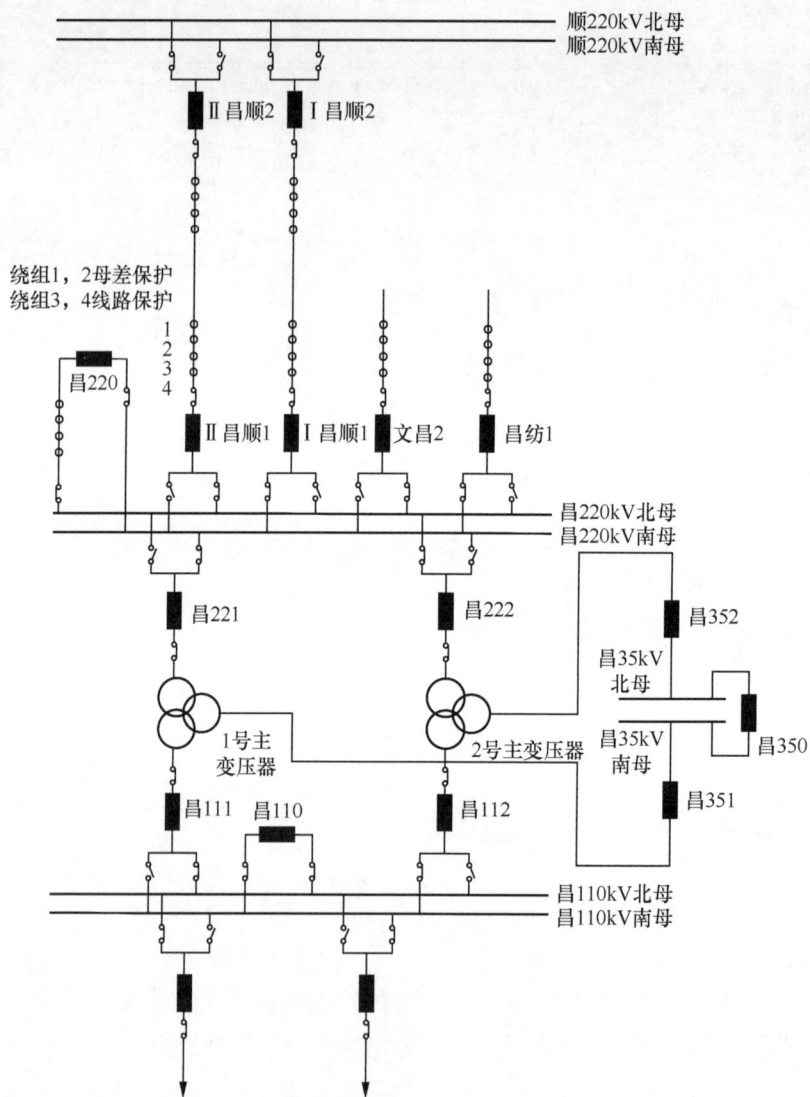

图 5-19　故障前运行方式

2. 故障过程简介

220kV 昌世变电站Ⅰ昌顺 1 断路器和 TA 之间死区故障（AN），Ⅰ昌顺 1 侧及对侧断
路器跳开，220kV 昌世变 220kV 南母上所有间隔及该间隔对侧断路器跳开，故障后运行方
式如图 5-20 所示。

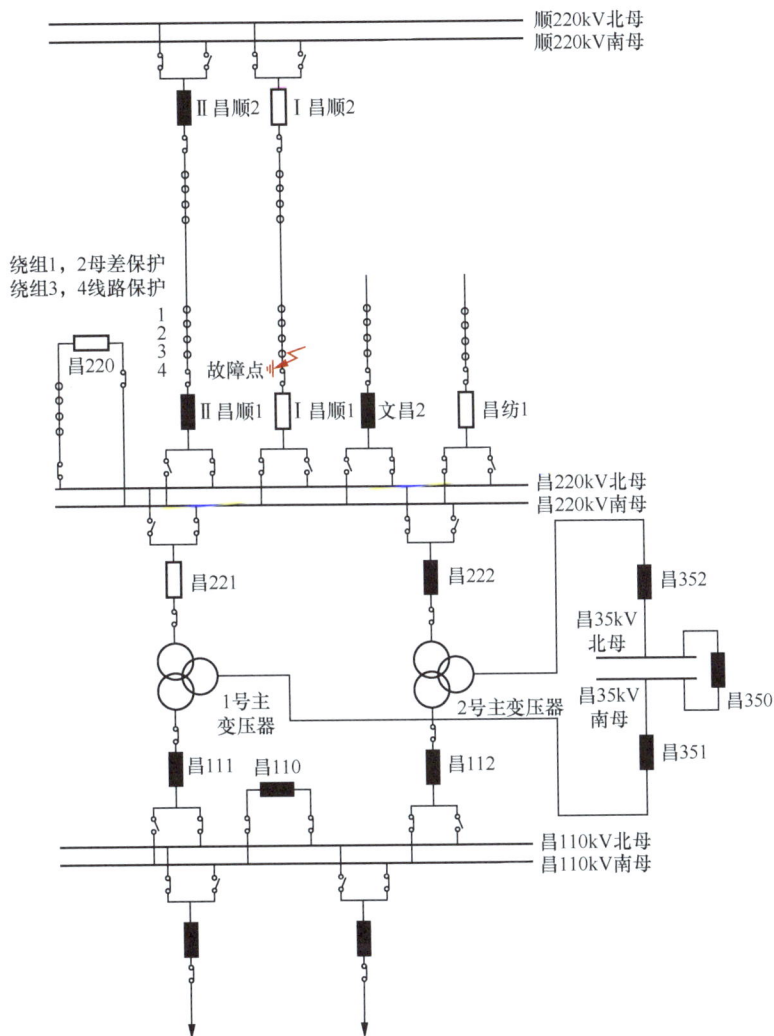

图 5-20 故障后运行方式

3. 保护动作情况

故障发生前，装置正常运行。故障发生后，保护动作情况见表 5-6 和表 5-7。

表 5-6 保护动作情况（本侧：Ⅰ昌顺 1）

0ms	Ⅰ昌顺1断路器和TA之间死区故障，A相接地
34ms	昌世变电站220kV母线差动保护动作，Ⅰ昌顺1线路保护收到其他保护动作开入
约54ms	Ⅰ昌顺1断路器三相跳开，故障未隔离

表 5-7 保护动作情况（对侧：Ⅰ昌顺 2）

0ms	Ⅰ昌顺1断路器和TA之间死区故障，A相接地
59ms	Ⅰ昌顺2线路保护收到远方其他保护动作开入，保护永跳出口
约112ms	Ⅰ昌顺2断路器三相跳开，切除故障

4. 故障录波分析

（1）本侧：Ⅰ昌顺 1 保护装置。Ⅰ昌顺 1 保护装置电压电流录波图如图 5-21 所示，Ⅰ昌顺 1 保护装置开关量录波图如图 5-22 所示。

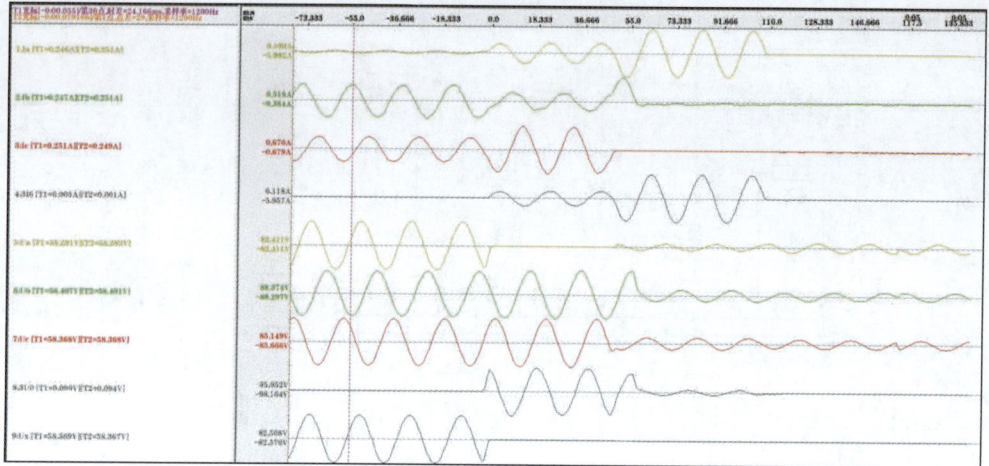

图 5-21 Ⅰ昌顺 1 保护装置电压电流录波图

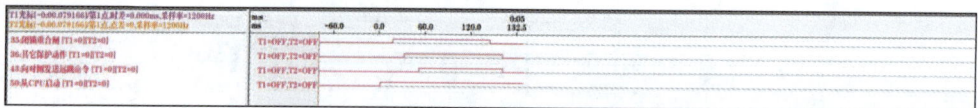

图 5-22 Ⅰ昌顺 1 保护装置开关量录波图

（2）对侧：Ⅰ昌顺 2 保护装置。Ⅰ昌顺 2 保护装置电压电流录波图如图 5-23 所示，Ⅰ昌顺 2 保护装置开关量录波图如图 5-24 所示。

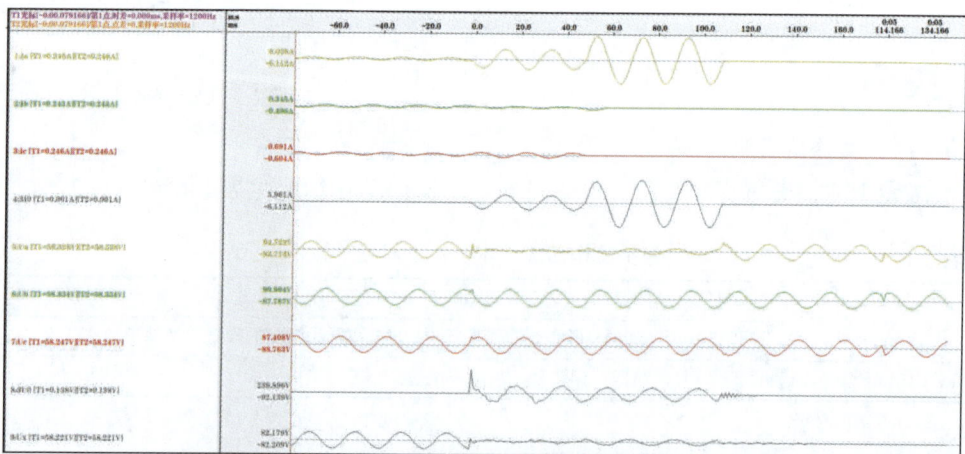

图 5-23 Ⅰ昌顺 2 保护装置电压电流录波图

（3）录波器。昌世变 220kV 南北母电压录波图如图 5-25 所示，Ⅰ昌顺 1 电流录波图如图 5-26 所示。

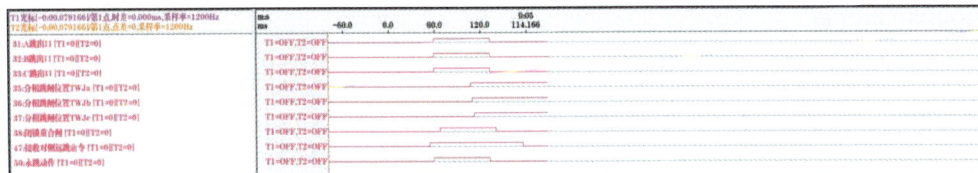

图 5-24　Ⅰ昌顺 2 保护装置开关量录波图

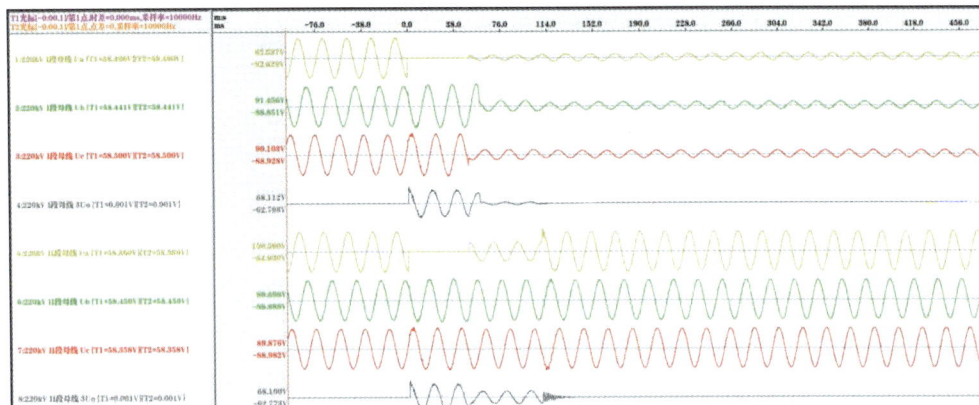

图 5-25　昌世变 220kV 南北母电压录波图

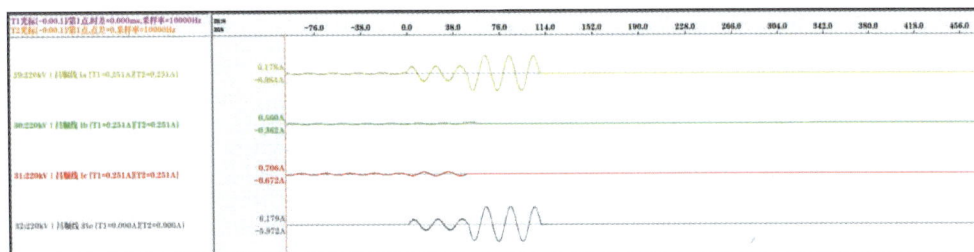

图 5-26　Ⅰ昌顺 1 电流录波图

（4）母线保护装置。母线保护装置大差和小差录波图如图 5-27 所示。

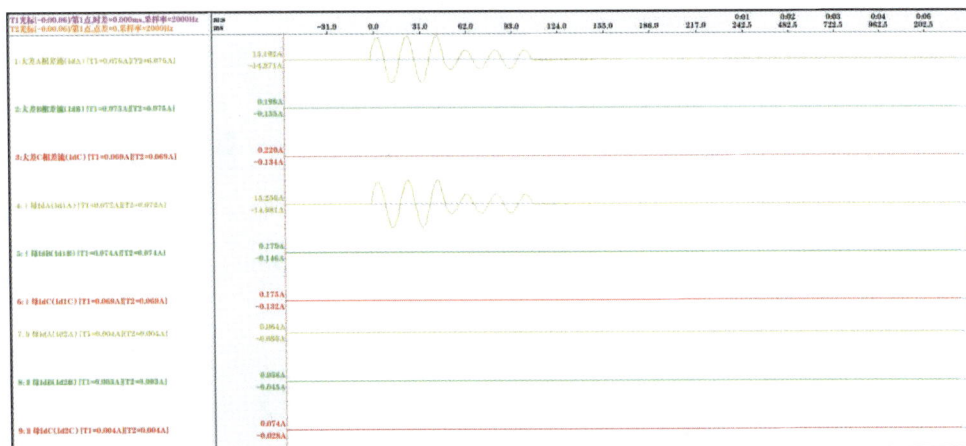

图 5-27　母线保护装置大差和小差录波图

220kV 昌世变电站Ⅰ昌顺 1 断路器和 TA 之间死区故障，属于母线差动保护范围。根据图 5-21～图 5-27 可知，A 相死区故障，A 相电压降低，B、C 相电压基本不变，A 相故障电流增大，并且在近故障侧断路器跳开之后，故障电流又增加。母线保护 A 相有大差和小差，满足复压开放条件，差动动作跳开本侧断路器并远跳对侧，并跳Ⅰ昌顺 1 所运行母线上所有的断路器和其对侧断路器。

案例二：故障在变压器高压侧断路器和 TA 之间（变压器高压侧接地）

1. 故障前运行方式

某 220kV 变电站 220kV 母线上共挂有四条 220kV 出线，分别为Ⅱ昌顺、Ⅰ昌顺、文昌 2、昌纺 1，一条母联间隔昌 220、两个变压器昌 221 和昌 222。保护均双套配置。其中Ⅰ昌顺、昌 222、文昌 2 运行于北母运行，Ⅱ昌顺、昌 221、昌纺 1 运行于南母运行，1 号变压器为 YN/Y/△接线方式，高压侧接地运行，故障前运行方式如图 5-28 所示。

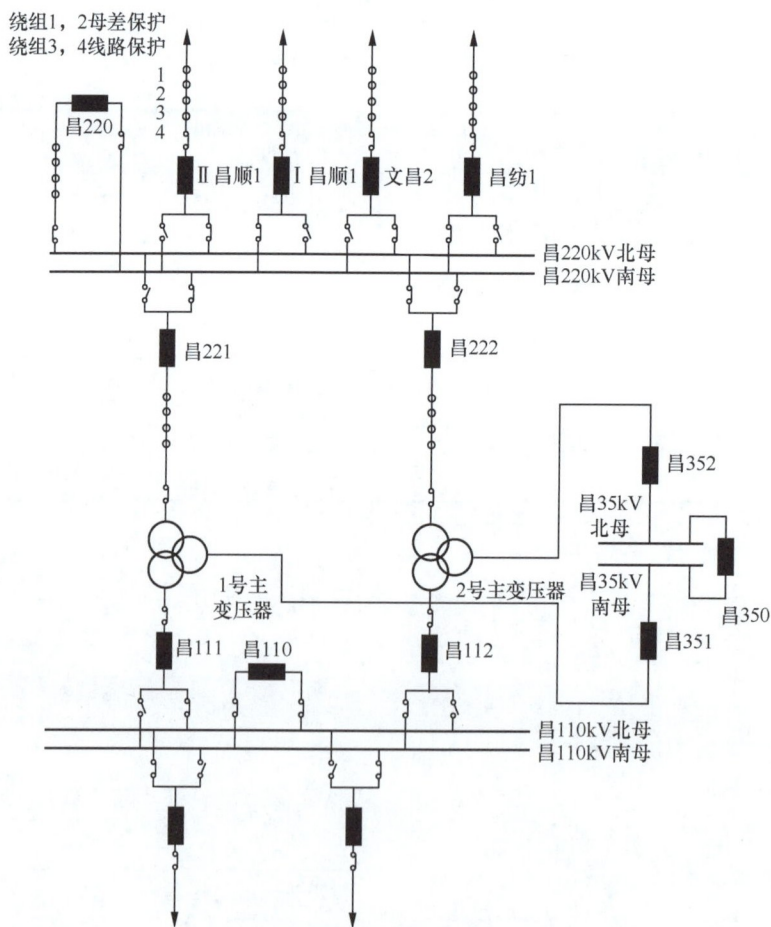

图 5-28　故障前运行方式

2. 故障过程简介

220kV 昌世变电站 1 号变压器高压侧断路器和 TA 之间死区故障，A 相接地，1 号变压器三侧断路器 221、111、101 跳开，220kV 昌世变电站 220kV 南母上所有间隔及该间隔对侧跳开，故障后运行方式如图 5-29 所示。

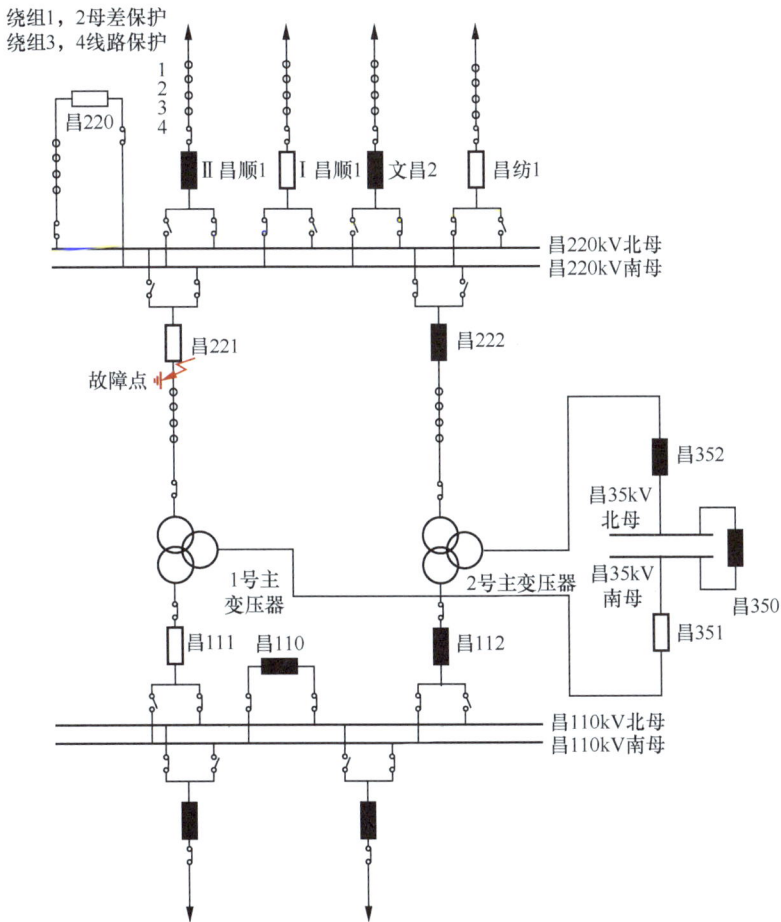

图 5-29　故障后运行方式

3. 保护动作情况

故障发生前，装置正常运行。故障发生后，保护动作情况见表 5-8 和表 5-9。

表 5-8　　　　　　　　　　保护动作情况（变压器保护）

0ms	1号变压器高压侧断路器和TA之间死区故障，A相接地
550ms	变压器保护收到母差保护发的高断路器失灵联跳开入
约590ms	1号变压器断路器三相跳开，故障隔离

167

表 5-9	保护动作情况（母线保护）
0ms	1号变压器高压侧断路器和TA之间死区故障，A相接地
3ms	Ⅰ母差动作 A
252ms	失灵保护跳母联
252ms	失灵保护跳分段1
500ms	Ⅰ母失灵保护动作
500ms	变压器1失灵联跳

4. 故障录波分析

（1）1号主变压器保护装置。1号主变压器保护装置高中低压三侧电流录波图如图 5-30 所示，1号主变压器保护装置高中压零序和间隙电流录波图如图 5-31 所示，1号主变压器保护装置高中低压三侧电压录波图如图 5-32 所示，1号主变压器保护装置开关量录波图如图 5-33 所示。

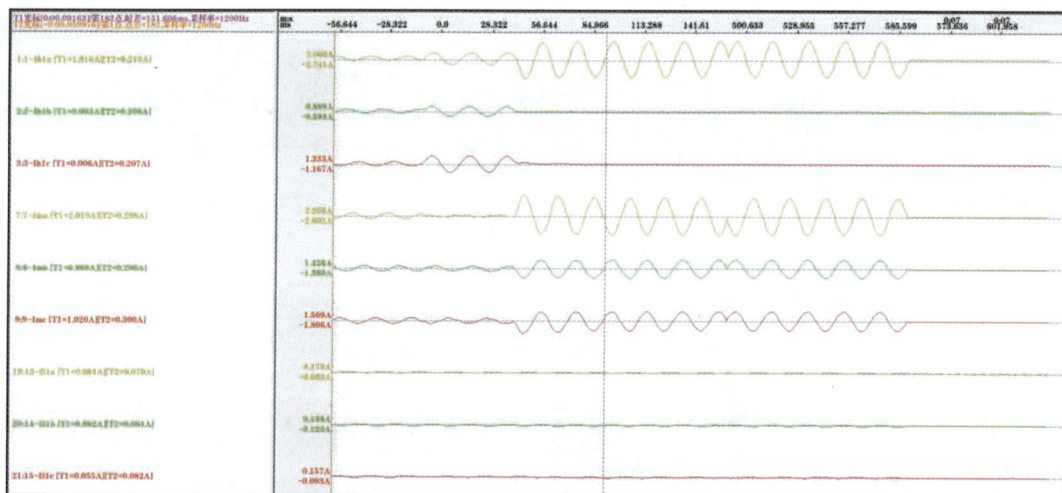

图 5-30　1号主变压器保护装置高中低压三侧电流录波图

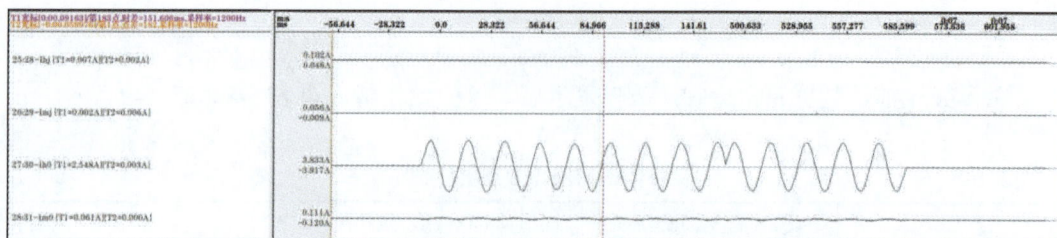

图 5-31　1号主变压器保护装置高中压零序和间隙电流录波图

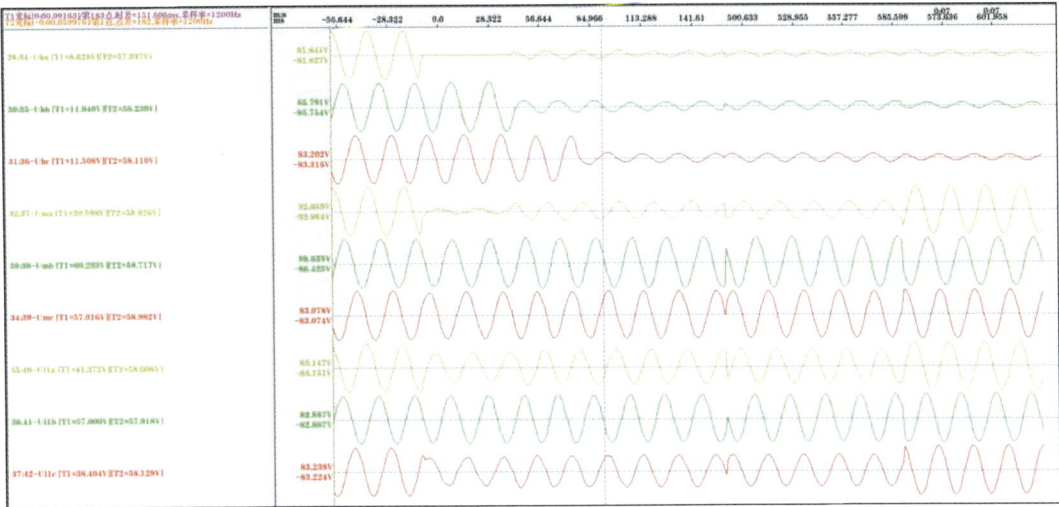

图 5-32　1 号主变压器保护装置高中低压三侧电压录波图

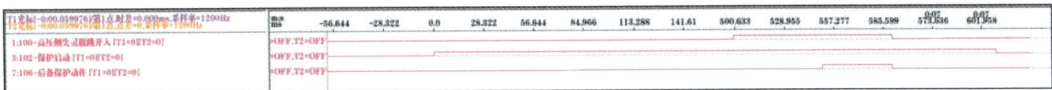

图 5-33　1 号主变压器保护装置开关量录波图

（2）录波器。昌世变电站 220kV 南北母电压录波图如图 5-34 所示，昌世变电站 110kV 南北母电压录波图如图 5-35 所示，昌世变电站 35kV 南北母电压录波图如图 5-36 所示，1 号主变压器保护装置高中压侧电流录波图如图 5-37 所示，1 号主变压器保护装置低压侧电流录波图如图 5-38 所示。

图 5-34　昌世变电站 220kV 南北母电压录波图

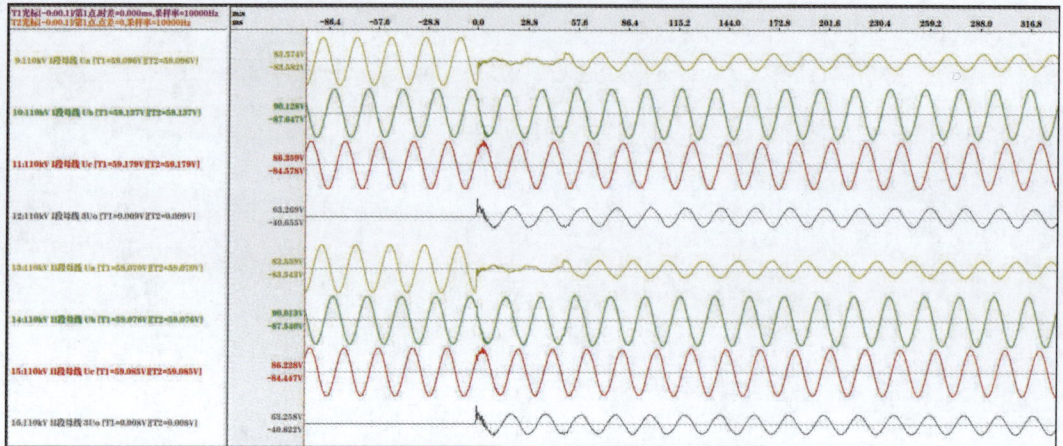

图 5-35　昌世变电站 110kV 南北母电压录波图

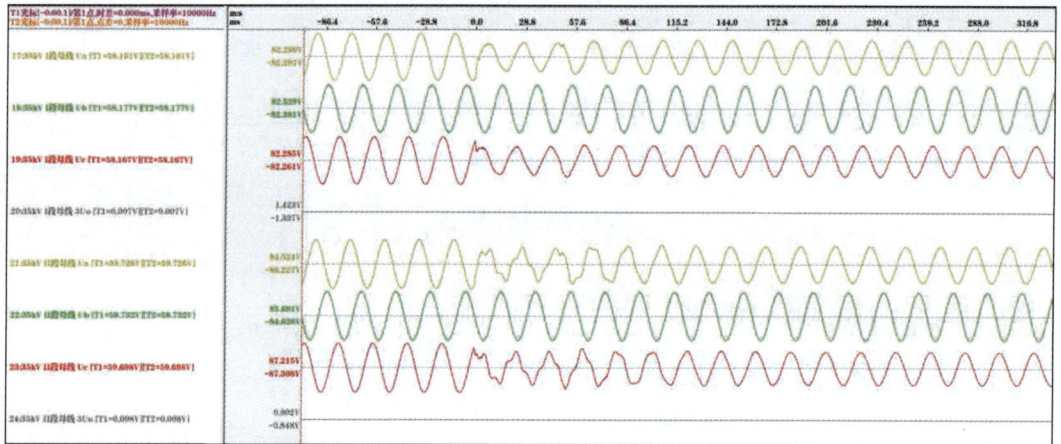

图 5-36　昌世变电站 35kV 南北母电压录波图

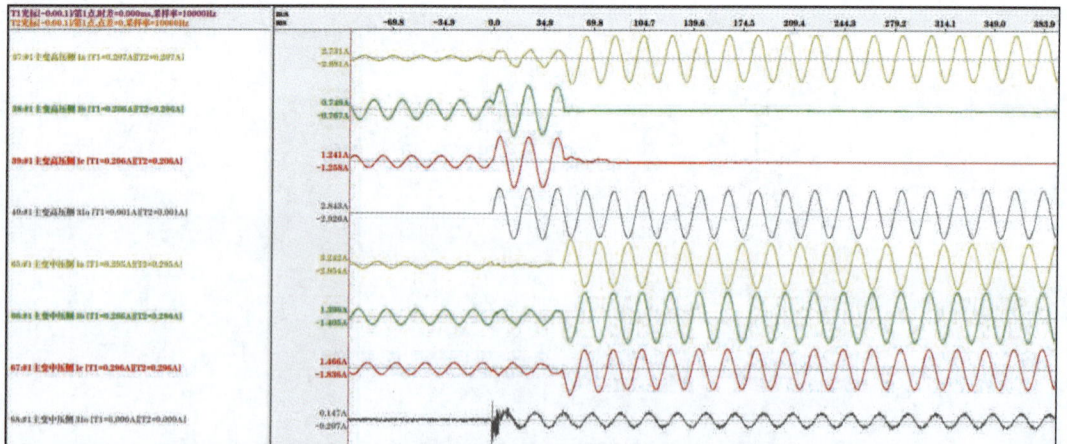

图 5-37　1 号主变压器保护装置高中压侧电流录波图

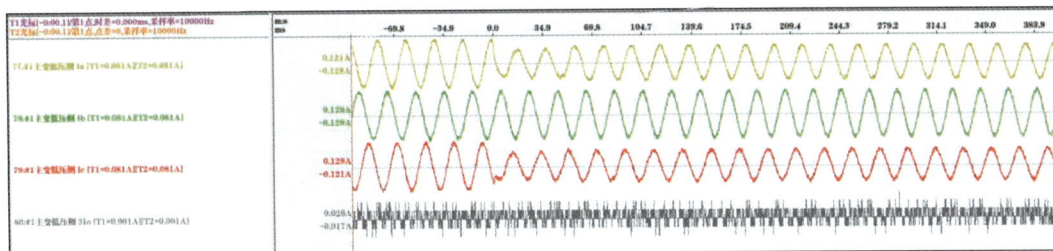

图 5-38　1 号主变压器保护装置低压侧电流录波图

（3）母线保护装置。母线保护装置大差和小差录波图如图 5-39 所示。

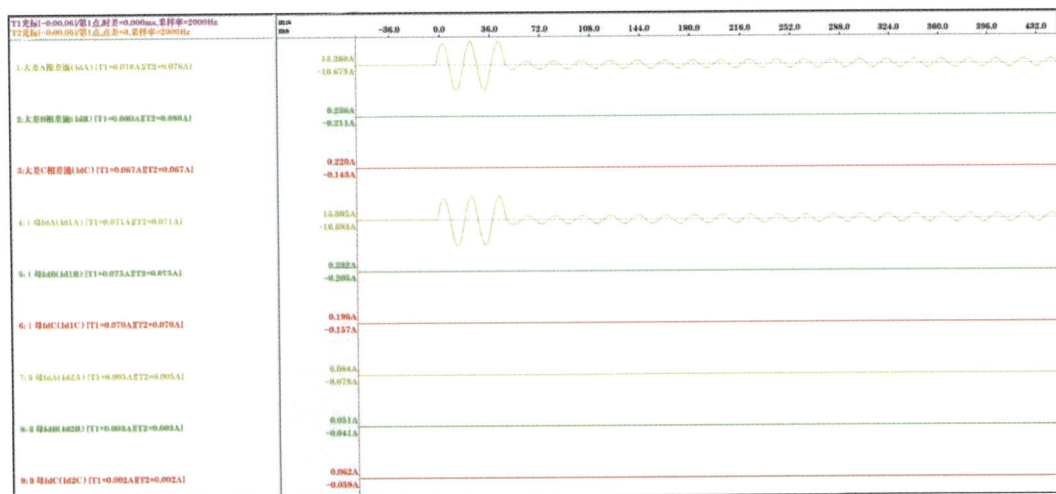

图 5-39　母线保护装置大差和小差录波图

220kV 昌世变电站 1 号主变压器高压侧断路器和 TA 之间死区故障，属于母线差动保护范围，母线差动保护动作跳 1 号主变压器高压侧所在母线上所有间隔并远跳对侧断路器。根据图 5-30～图 5-39 可知，由于 1 号主变压器和 2 号主变压器并列运行，故差动保护跳开变压器高压侧断路器并未隔离故障，2 号主变压器通过 112 断路器和 110 母联返送故障电流，因此母差发失灵联跳 1 号主变压器三侧断路器，1 号主变压器三侧断路器跳开后隔离故障。

案例三：故障在变压器高压侧断路器和 TA 之间（变压器高压侧不接地）

1. 故障前运行方式

某 220kV 变电站 220kV 母线上共挂有四条 220kV 出线，分别为 Ⅱ 昌顺、Ⅰ 昌顺、文昌 2、昌纺 1，一条母联间隔昌 220、两个变压器昌 221 和昌 222。保护均双套配置。其中Ⅰ昌顺、昌 222、文昌 2 运行于北母运行，Ⅱ昌顺、昌 221、昌纺 1 运行于南母运行，1 号变压器为 Y/Y/△接线方式，高压侧不接地运行，故障前运行方式如图 5-40 所示。

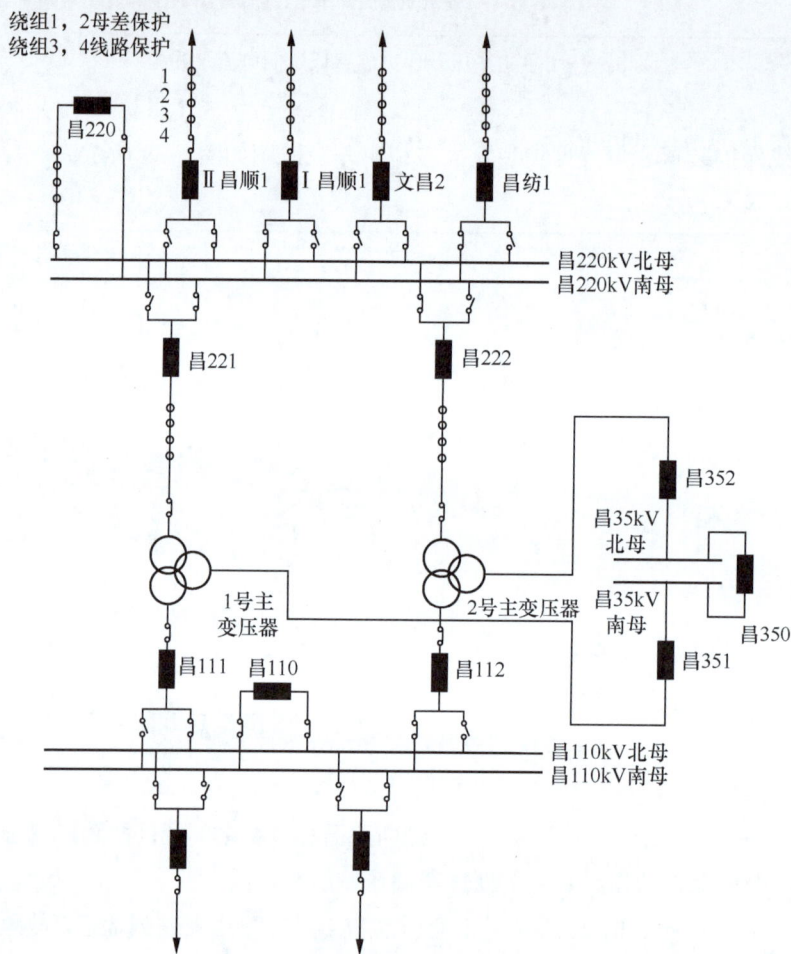

图 5-40　故障前运行方式

2. 故障过程简介

220kV 昌世变电站 1 号变压器高压侧断路器和 TA 之间死区故障，A 相接地，1 号变压器三侧断路器 221、111、101 跳开，220kV 昌世变电站 220kV 南母上所有间隔及该间隔对侧跳开，故障后运行方式如图 5-41 所示。

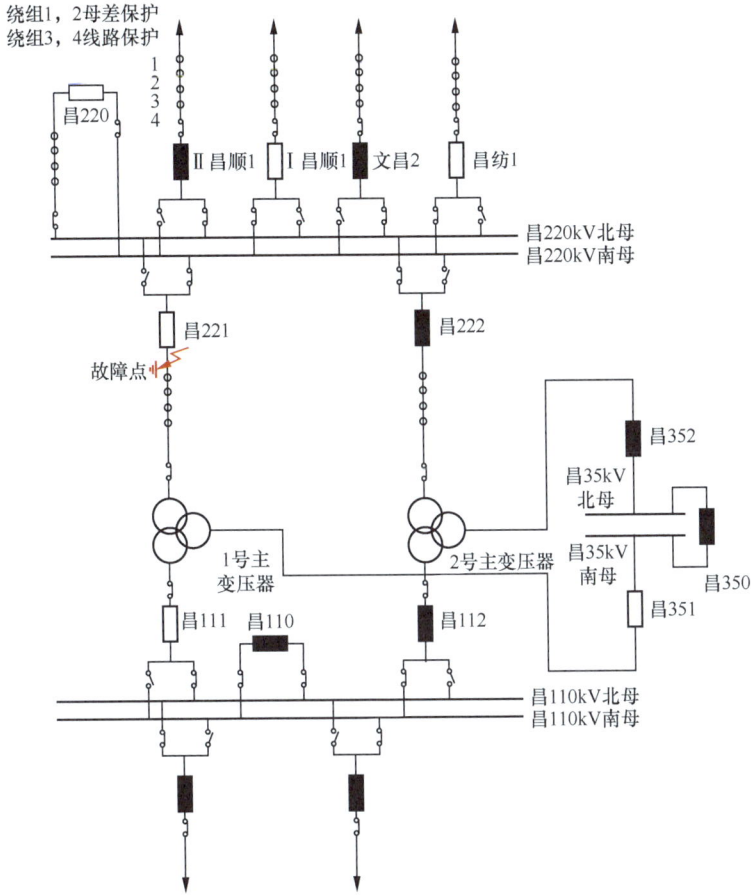

图 5-41　故障后运行方式

3. 保护动作情况

故障发生前，装置正常运行。故障发生后，保护动作情况见表 5-10 和表 5-11。

表 5-10　　　　　　　　　　保护动作情况（变压器保护）

0ms	1号变压器高压侧断路器和TA之间死区故障，A相接地
550ms	变压器保护收到母差保护发的高断路器失灵联跳开入
约590ms	1号变压器断路器三相跳开，故障隔离

表 5-11　　　　　　　　　　保护动作情况（母线保护）

0ms	1号变压器高压侧断路器和TA之间死区故障，A相接地
3ms	差动保护动作
83ms	Ⅰ母差动动作A
333ms	失灵保护跳母联
333ms	失灵保护跳分段1
581ms	Ⅰ母失灵保护动作
581ms	变压器1失灵联跳

4. 故障录波分析

（1）1 号主变压器保护装置。1 号主变压器保护装置高中低压三侧电流录波图如图 5-42 所示，1 号主变压器保护装置高中压零序和间隙电流录波图如图 5-43 所示，1 号主变压器保护装置高中低压三侧电压录波图如图 5-44 所示，1 号主变压器保护装置开关量录波图如图 5-45 所示。

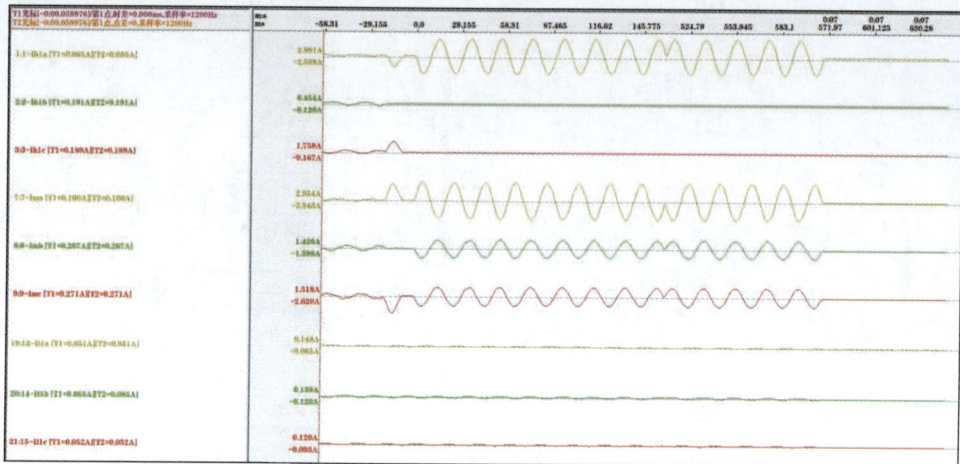

图 5-42　1 号主变压器保护装置高中低压三侧电流录波图

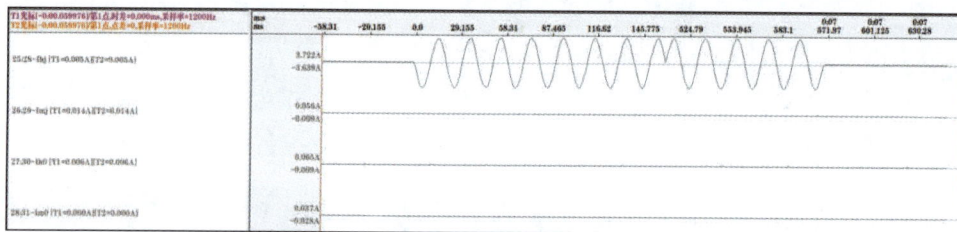

图 5-43　1 号主变压器保护装置高中压零序和间隙电流录波图

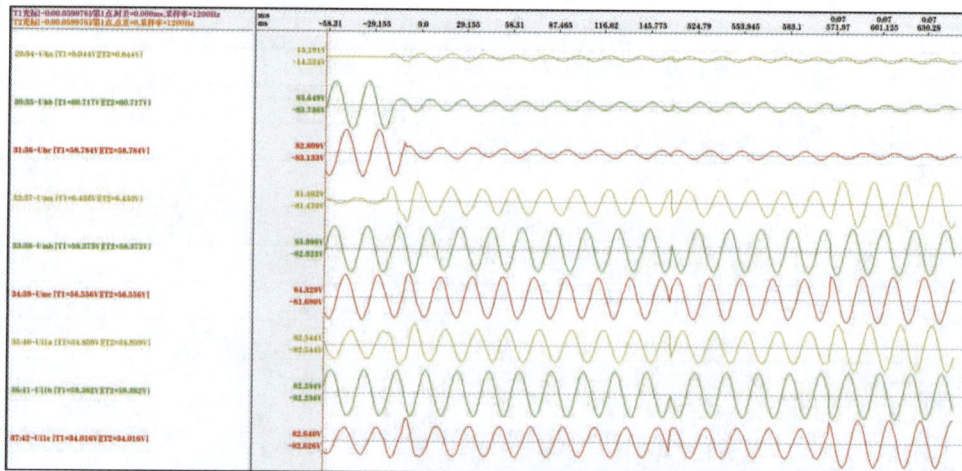

图 5-44　1 号主变压器保护装置高中低压三侧电压录波图

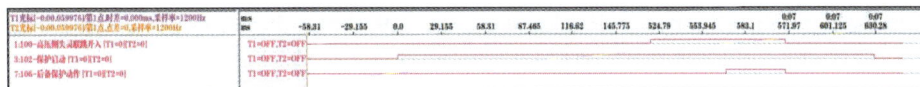

图 5-45　1 号主变压器保护装置开关量录波图

（2）录波器。昌世变电站 220kV 南北母电压录波图如图 5-46 所示，昌世变电站 110kV 南北母电压录波图如图 5-47 所示，昌世变电站 35kV 南北母电压录波图如图 5-48 所示，1 号主变压器保护装置高中压侧电流录波图如图 5-49 所示，1 号主变压器保护装置低压侧电流录波图如图 5-50 所示。

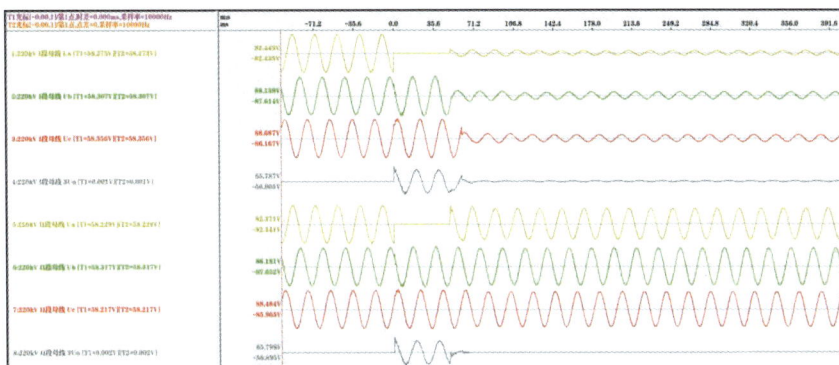

图 5-46　昌世变电站 220kV 南北母电压录波图

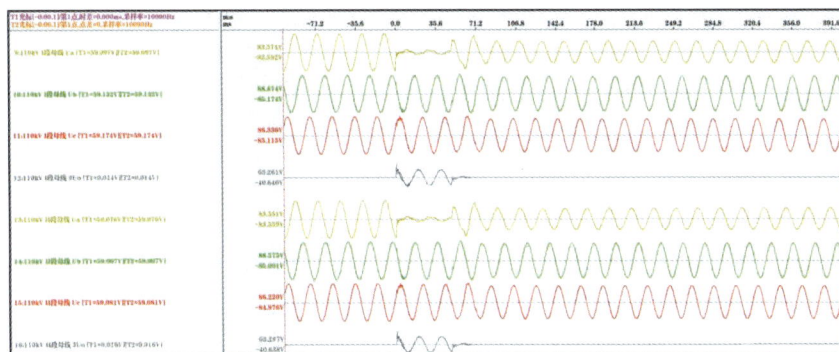

图 5-47　昌世变电站 110kV 南北母电压录波图

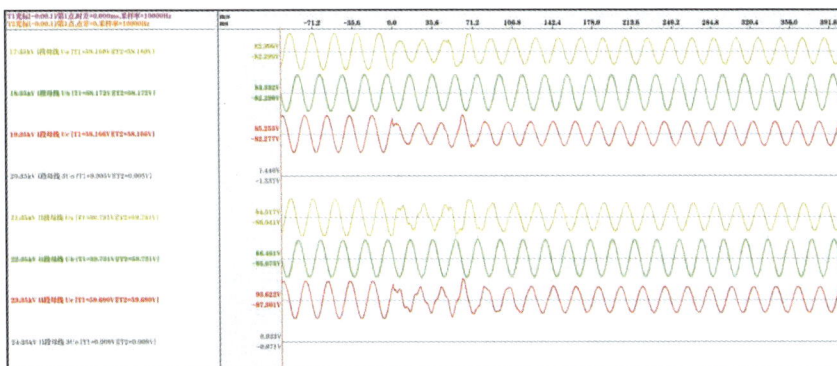

图 5-48　昌世变电站 35kV 南北母电压录波图

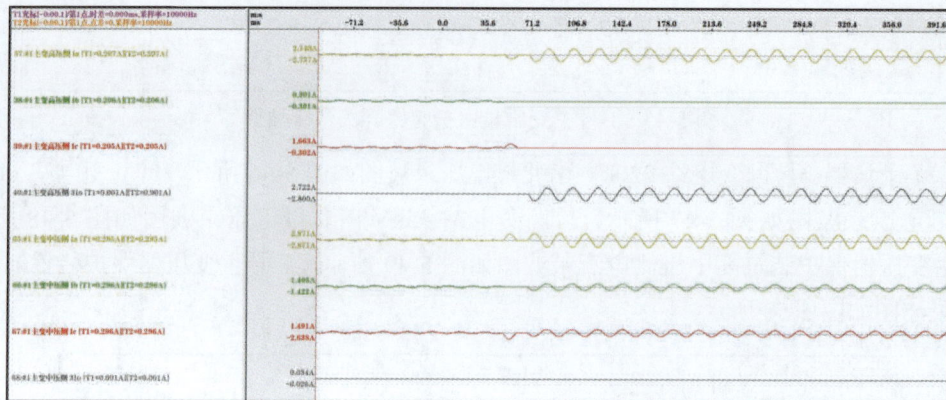

图 5-49　1 号主变压器保护装置高中压侧电流录波图

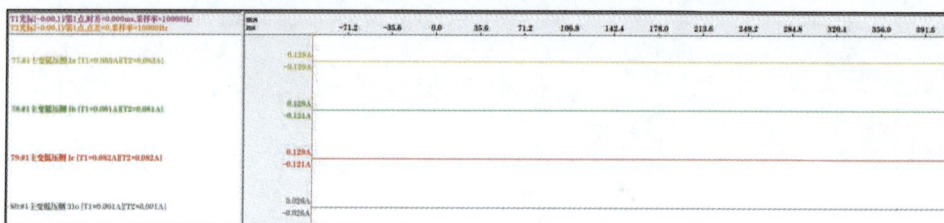

图 5-50　1 号主变压器保护装置低压侧电流录波图

（3）母线保护装置。母线保护装置大差和小差录波图如图 5-51 所示。

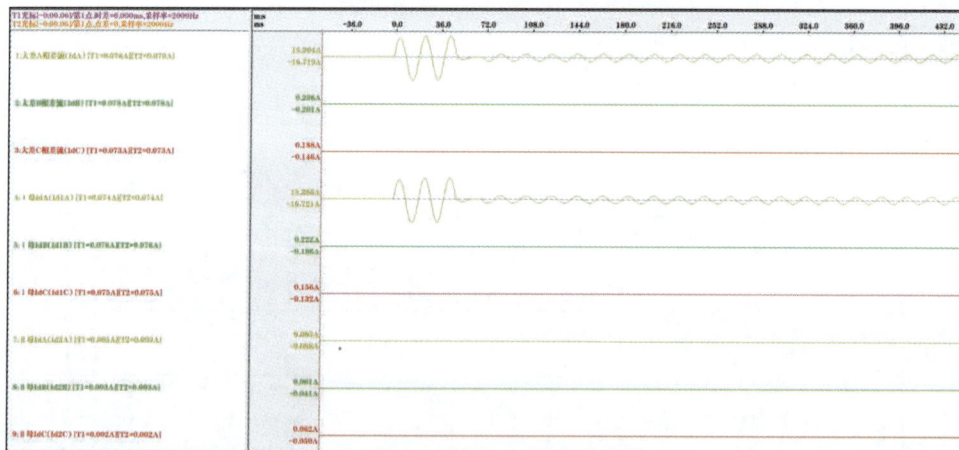

图 5-51　母线保护装置大差和小差录波图

220kV 昌世变电站 1 号主变压器高压侧断路器和 TA 之间死区故障，属于母线差动保护范围，母线差动保护动作跳 1 号主变压器高压侧所在母线上所有间隔并远跳对侧断路器。根据图 5-42～图 5-51 可知，由于 1 号主变压器高压侧中性点不接地运行，导致 B 相和 C 相电压升高，间隙击穿产生间隙电流，母线差动保护在 83ms 再次动作。由于间隙电流产生的时间大于断路器失灵保护的时间，故在 250ms 之后失灵保护跳母联和分段，在 500ms 之后母线保护发失灵联跳变压器三侧命令。同时，由于 1 号和 2 号主变压器并列运行，故差动保护跳开变压器高压侧断路器并未隔离故障，2 号主变压器通过 112 断路器和 110 母联返送故障电流，使得间隙击穿，因此母差发失灵联跳 1 号主变压器三侧断路器，1 号主变压器三侧断路器跳开后隔离故障。

1. 故障前运行方式

某 220kV 变电站 220kV 母线上共挂有四条 220kV 出线，分别为Ⅱ昌顺、Ⅰ昌顺、文昌 2、昌纺 1，一条母联间隔昌 220、两个变压器昌 221 和昌 222。保护均双套配置。其中Ⅰ昌顺、昌 222、文昌 2 运行于北母运行，Ⅱ昌顺、昌 221、昌纺 1 运行于南母运行，昌 220 合位，故障前运行方式如图 5-52 所示。

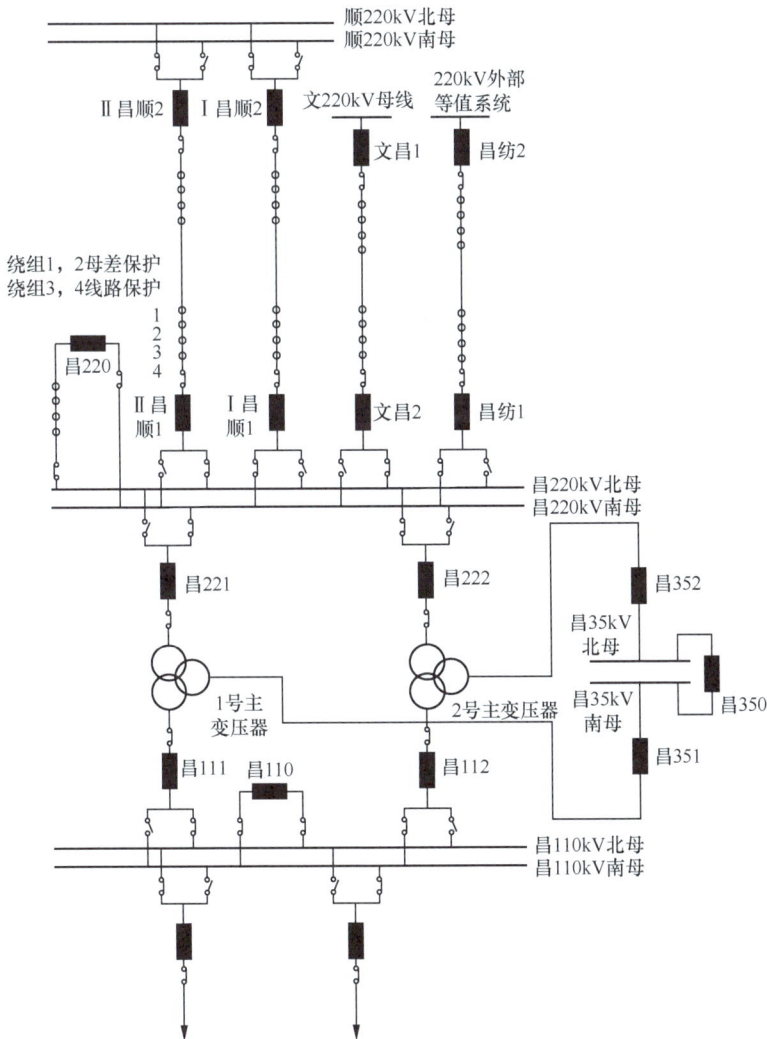

图 5-52　故障前运行方式

177

2. 故障过程简介

220kV 昌世变电站 220kV 母联断路器间 TA 死区故障，C 相接地，昌世变电站 220kV 北母上所有间隔断路器跳开及该间隔对侧断路器跳开，昌世变电站 220kV 南母上所有间隔断路器跳开及该间隔对侧断路器跳开，故障后运行方式如图 5-53 所示。

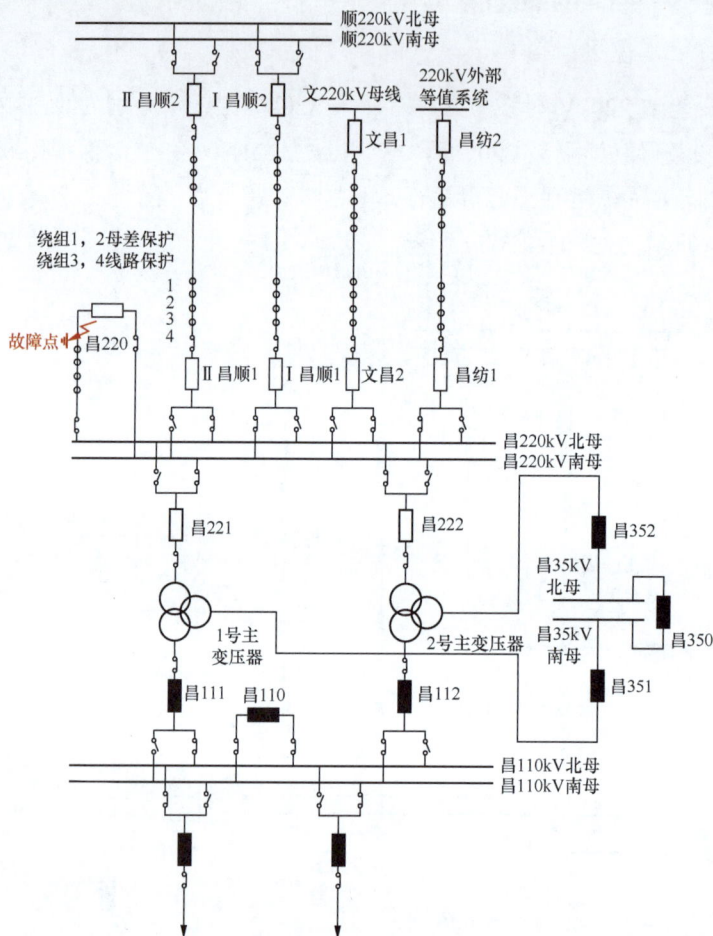

图 5-53 故障后运行方式

3. 保护动作情况

故障发生前，装置正常运行。故障发生后，保护动作情况见表 5-12。

表 5-12   保护动作情况（母线保护）

0ms	220kV母联断路器和TA之间死区故障，C相接地
2ms	Ⅱ母差动动作 C
217ms	Ⅰ母差动动作 C
217ms	死区动作跳母联 C
251ms	母联失灵保护动作
251ms	母联失灵保护跳Ⅰ母
251ms	母联失灵保护跳Ⅱ母

4. 故障录波分析

（1）录波器。昌世变电站 220kV 南北母电压录波图如图 5-54 所示，昌世变电站 220kV 母联电流录波图如图 5-55 所示。

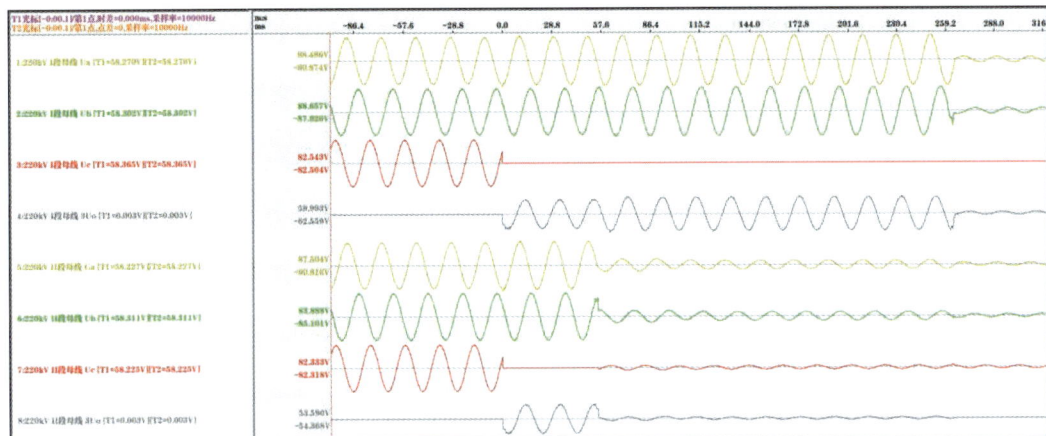

图 5-54 昌世变电站 220kV 南北母电压录波图

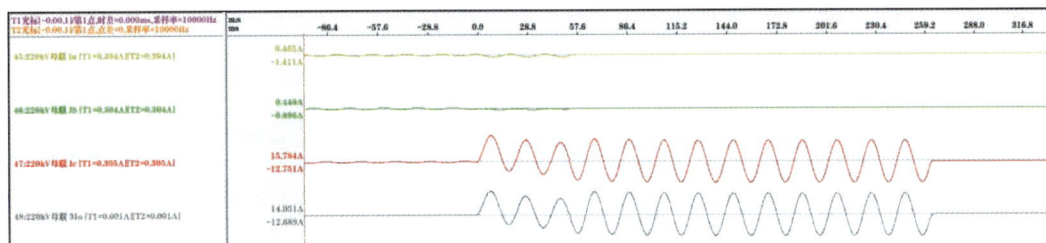

图 5-55 昌世变电站 220kV 母联电流录波图

（2）母线保护装置。母线保护装置大差和小差录波图如图 5-56 所示。

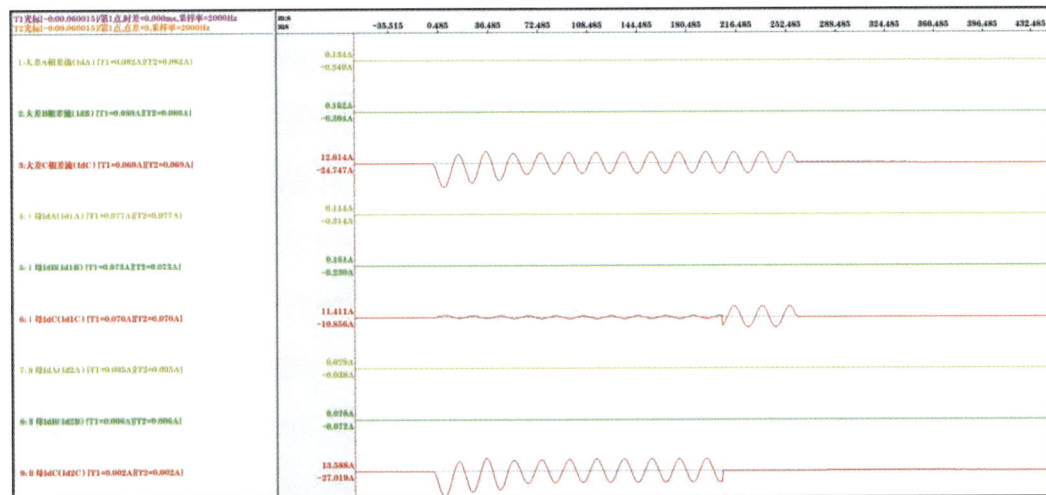

图 5-56 母线保护装置大差和小差录波图

根据图 5-54～图 5-56 所示，220kV 昌世变电站侧 220kV 母联断路器和 TA 之间死区故障，C 相接地，母线保护大差和断路器侧小差均有差流，母线保护动作切除断路器侧母线及母联，而后进入母联死区逻辑，封母联 TA 电流，则 TA 侧小差继而动作，切除故障。

案例五：母联分位死区

1. 故障前运行方式

某 220kV 变电站 220kV 母线上共挂有四条 220kV 出线，分别为Ⅱ昌顺、Ⅰ昌顺、文昌 2、昌纺 1，一条母联间隔昌 220、两个变压器昌 221 和昌 222。保护均双套配置。其中Ⅰ昌顺、昌 222、文昌 2 挂于北母运行，Ⅱ昌顺、昌 221、昌纺 1 挂于南母运行，昌 220 分位，故障前运行方式如图 5-57 所示。

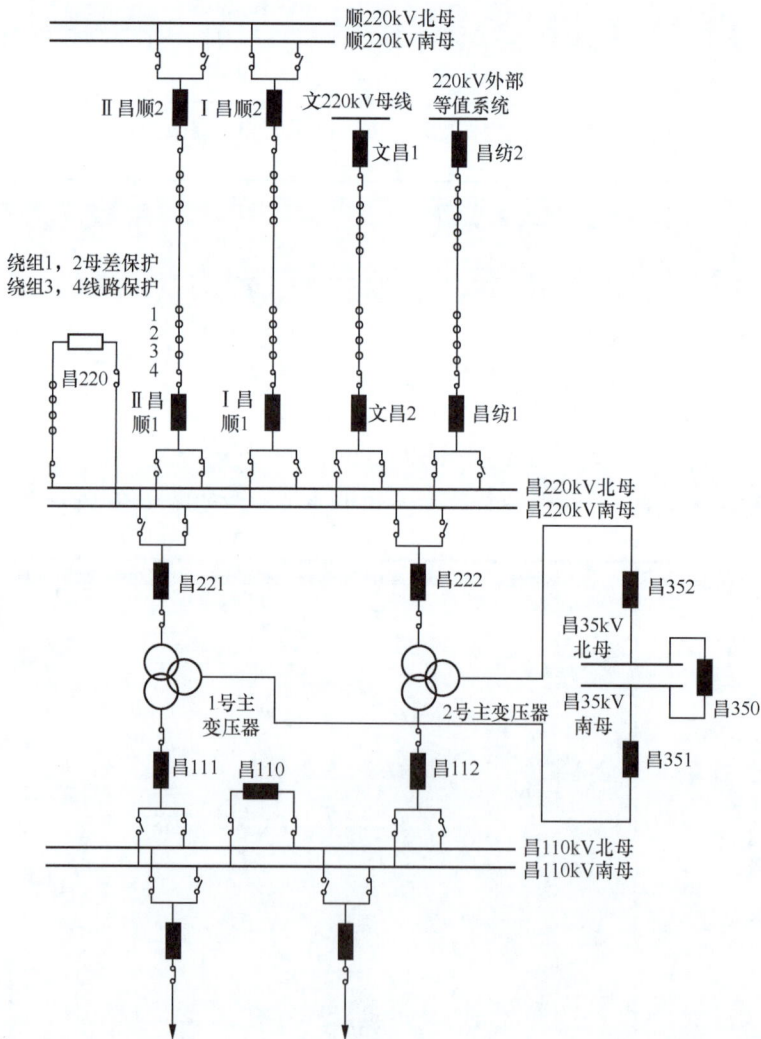

图 5-57　故障前运行方式

2. 故障过程简介

220kV昌世变电站220kV母联断路器和TA之间死区故障，C相接地，昌世变电站220kV南母上所有间隔及该间隔对侧跳开，故障后运行方式如图 5-58 所示。

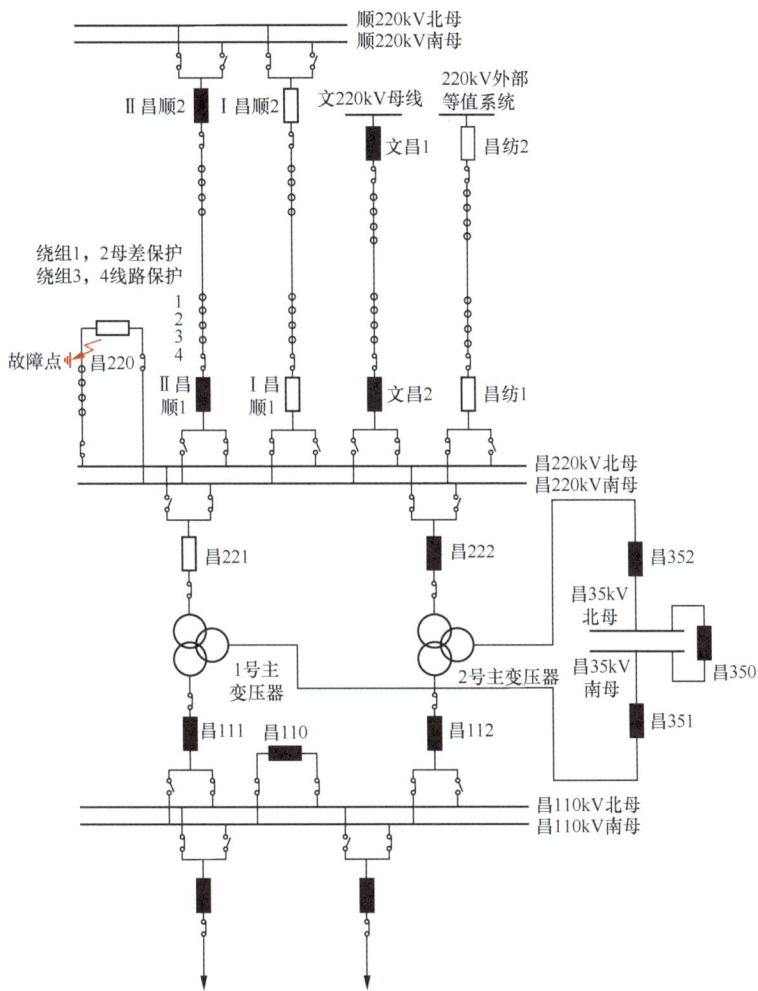

图 5-58　故障后运行方式

3. 保护动作情况

故障发生前，装置正常运行。故障发生后，保护动作情况见表 5-13。

表 5-13　　　　　　　　　　　保护动作情况（母线保护）

0ms	220kV母联断路器和TA之间死区故障，C相接地
2ms	Ⅰ 母差动动作 C
2ms	死区动作跳母联 C

4. 故障录波分析

（1）录波器。昌世变电站 220kV 南北母电压录波图如图 5-59 所示，昌世变电站 220kV

181

母联电流录波图如图 5-60 所示。

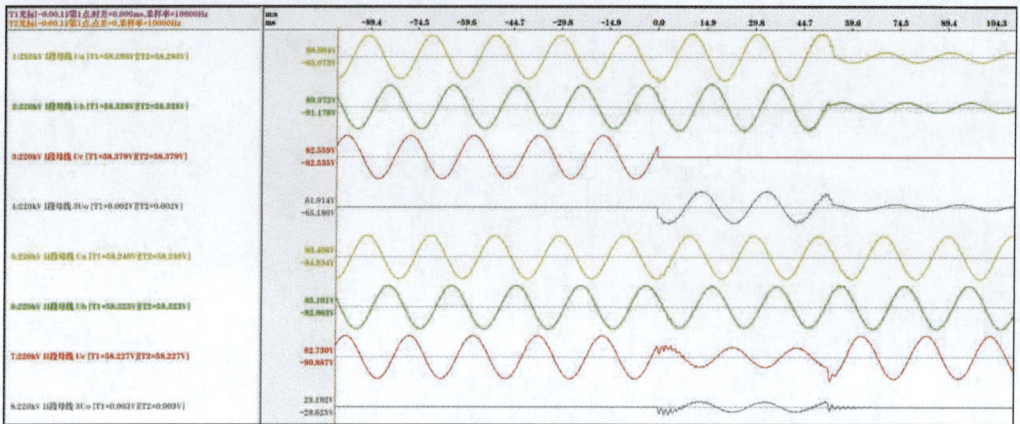

图 5-59　昌世变电站 220kV 南北母电压录波图

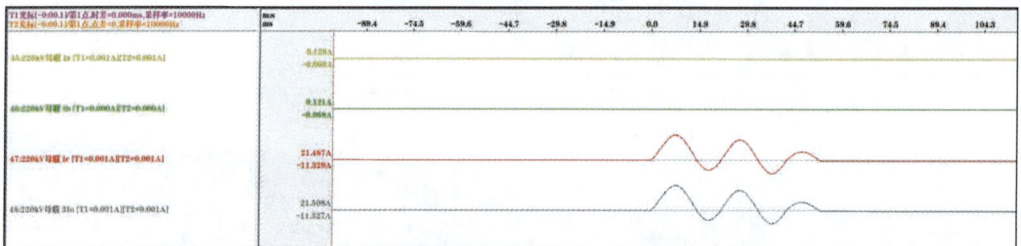

图 5-60　昌世变电站 220kV 母联电流录波图

（2）母线保护装置。母线保护装置大差和小差录波图如图 5-61 所示。

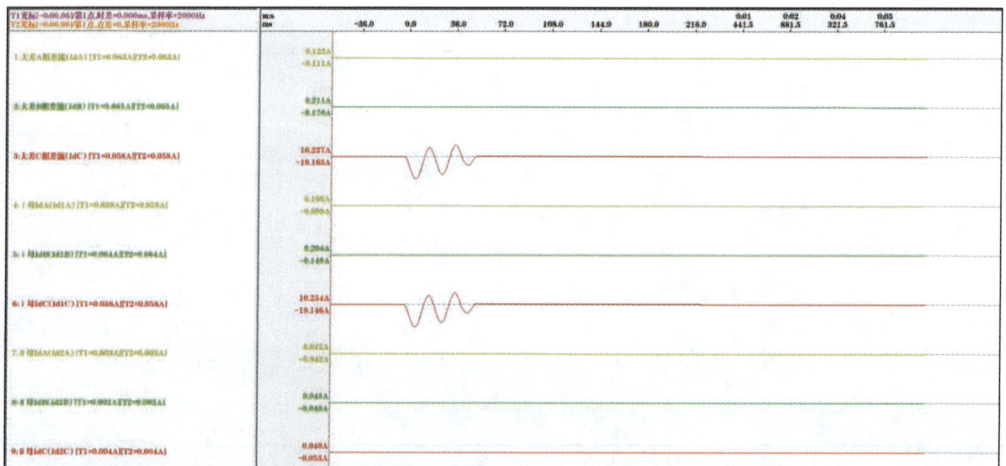

图 5-61　母线保护装置大差和小差录波图

根据图 5-59～图 5-61 可知，220kV 昌世变电站侧 220kV 母联断路器和 TA 之间死区故障，C 相接地。由于母联分位，故母线保护大差和 TA 侧小差均有差流，母线保护和死区保护动作切除 TA 侧母线及母联，切除故障。

第六章 母线故障案例分析

第一节 双母线方式下 I 母故障

> 案例一： I 母故障——分列运行

1. 故障前运行方式

某 220kV 变电站母线为双母线分列运行方式，1 号主变压器、支路 4 运行于 II 母，2 号主变压器、支路 5、支路 6、支路 7 运行于 I 母。故障前运行方式如图 6-1 所示。

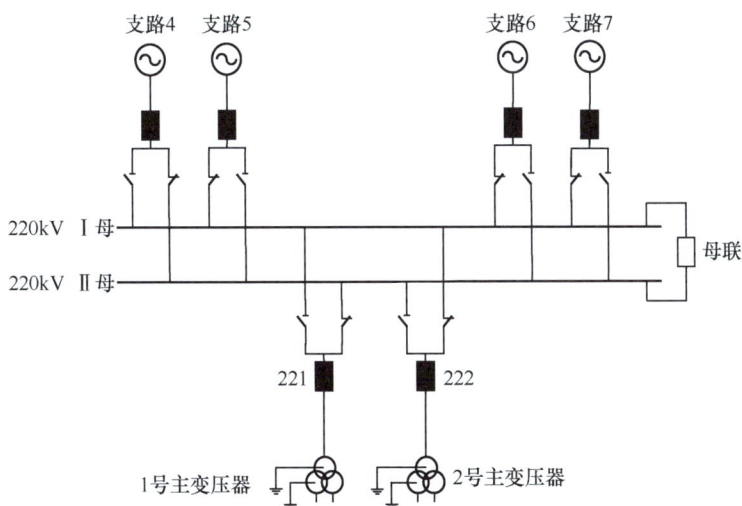

图 6-1 故障前运行方式

2. 故障过程简介

I 母母线 A 相金属性接地短路，2 号主变压器、支路 5、支路 6、支路 7 断路器跳开，故障后运行方式如图 6-2 所示。

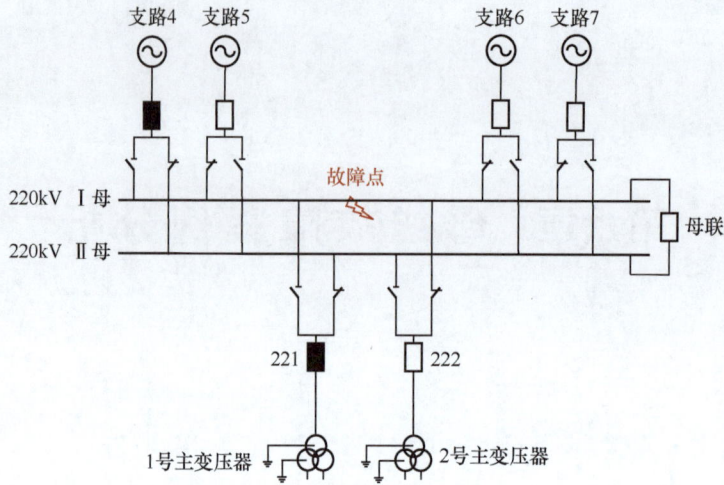

图 6-2　故障后运行方式

3．保护动作情况

故障发生前，装置正常运行。故障发生后，保护动作情况见表 6-1。

表 6-1　　　　　　　　　　保护动作情况

0ms	Ⅰ母母线A相金属性接地短路
约19ms	Ⅰ母差动保护动作，跳开2号主变压器、支路5、支路6、支路7断路器，故障隔离

4．故障录波分析

（1）母线电压。如图 6-3 所示，Ⅰ母母线 A 相电压降低为 0，B 相、C 相电压基本不变，Ⅰ母复压闭锁开放，推测为 A 相金属性接地故障。由于双母分列运行，Ⅱ母母线三相电压基本不变。

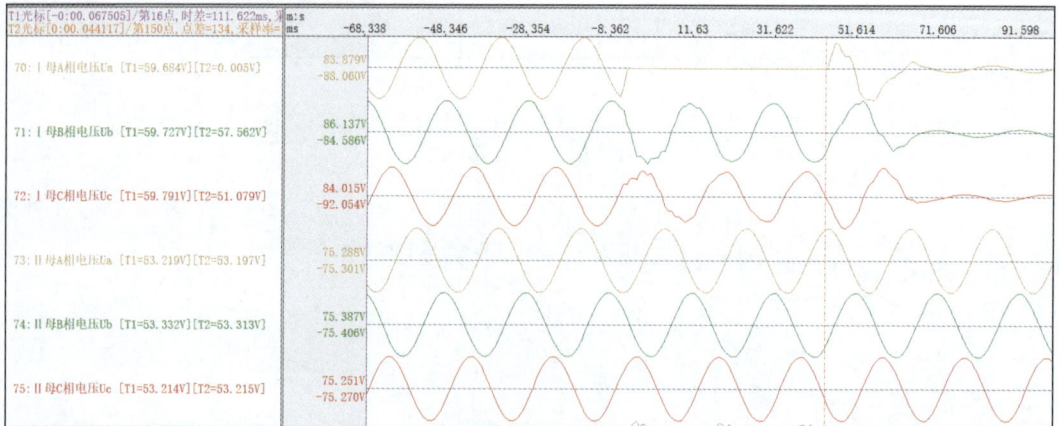

图 6-3　母线电压波形

（2）变压器 2 间隔。如图 6-4 所示，分析变压器 2 间隔电压和电流序分量，零序电压相位超前零序电流相位约 88°，因此可判断故障方向在反方向。

图 6-4 变压器 2 间隔电压和电流

（3）支路 5 间隔。如图 6-5 所示，分析支路 5 间隔序分量，故障时支路 5 的零序电流及负序电流都很小，推测支路 5 上无电源点或为小电源，且零序阻抗很大或无零序通路。并且，若故障在正方向上，支路 5 应流过负序及零序故障电流，因此推测故障方向在反方向。

图 6-5 支路 5 电流

（4）支路 6 间隔。如图 6-6 所示，分析支路 6 间隔序分量，与支路 5 类似，故障时支路 6 的零序电流及负序电流都很小，推测支路 6 上为小电源或无电源点，且零序阻抗很大或无零序通路，并且故障方向应在反方向。

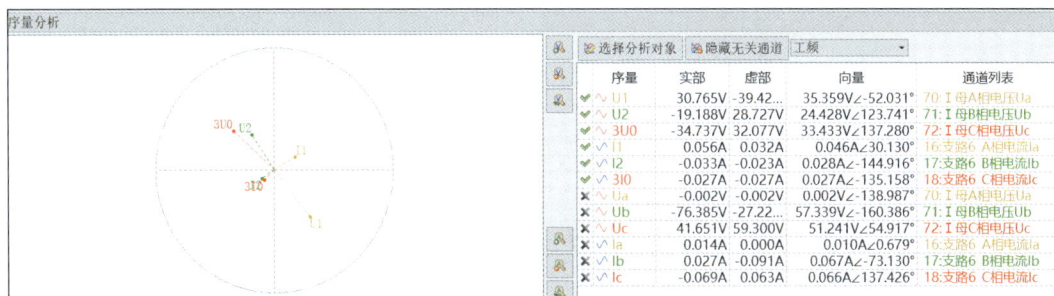

图 6-6 支路 6 电流

（5）支路 7 间隔。如图 6-7 所示，分析支路 7 间隔电压和电流序分量，零序电压相位超前零序电流相位约 86°，因此可判断故障方向在反方向。

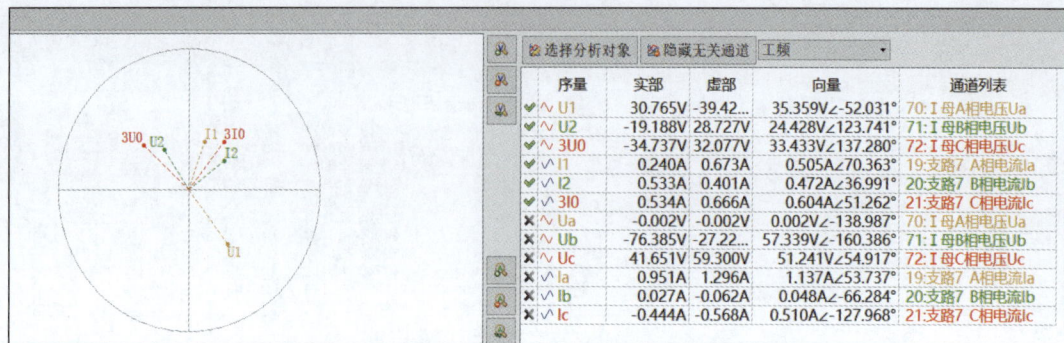

序量	实部	虚部	向量	通道列表
✔ ∿ U1	30.765V	-39.42...	35.359V∠-52.031°	70: I母A相电压Ua
✔ ∿ U2	-19.188V	28.727V	24.428V∠123.741°	71: I母B相电压Ub
✔ ∿ 3U0	-34.737V	32.077V	33.433V∠137.280°	72: I母C相电压Uc
✔ ∿ I1	0.240A	0.673A	0.505A∠70.363°	19:支路7 A相电流Ia
✔ ∿ I2	0.533A	0.401A	0.472A∠36.991°	20:支路7 B相电流Ib
✔ ∿ 3I0	0.534A	0.666A	0.604A∠51.262°	21:支路7 C相电流Ic
✘ ∿ Ua	-0.002V	-0.002V	0.002V∠-138.987°	70: I母A相电压Ua
✘ ∿ Ub	-76.385V	-27.22...	57.339V∠-160.386°	71: I母B相电压Ub
✘ ∿ Uc	41.651V	59.300V	51.241V∠54.917°	72: I母C相电压Uc
✘ ∿ Ia	0.951A	1.296A	1.137A∠53.737°	19:支路7 A相电流Ia
✘ ∿ Ib	0.027A	-0.062A	0.048A∠-66.284°	20:支路7 B相电流Ib
✘ ∿ Ic	-0.444A	-0.568A	0.510A∠-127.968°	21:支路7 C相电流Ic

图 6-7　支路 7 电压和电流

（6）母线保护动作情况。如图 6-8 所示，由于母线大差 A 相与 I 母小差 A 相均存在差流，且 I 母复压闭锁开放，因此 I 母差动正确动作，跳开变压器 2、支路 4、支路 5、支路 6、支路 7 断路器。

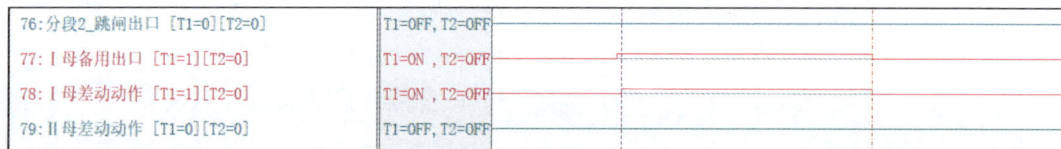

76:分段2_跳闸出口 [T1=0][T2=0]	T1=OFF, T2=OFF
77: I母备用出口 [T1=1][T2=0]	T1=ON , T2=OFF
78: I母差动动作 [T1=1][T2=0]	T1=ON , T2=OFF
79: II母差动动作 [T1=0][T2=0]	T1=OFF, T2=OFF

图 6-8　母线保护动作情况

案例二：I 母故障——并列运行

1. 故障前运行方式

某 220kV 变电站母线为双母线并列运行方式，变压器 1、支路 4 运行于 II 母，变压器 2、支路 5、支路 6、支路 7 运行于 I 母。故障前运行方式如图 6-9 所示。

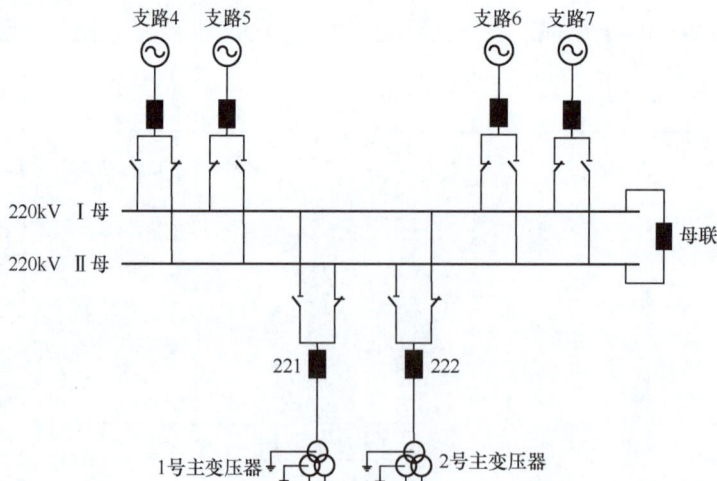

图 6-9　故障前运行方式

2. 故障过程简介

Ⅰ母母线 A 相金属性接地短路，变压器 2、支路 5、支路 6、支路 7、母联断路器跳开，故障后运行方式如图 6-10 所示。

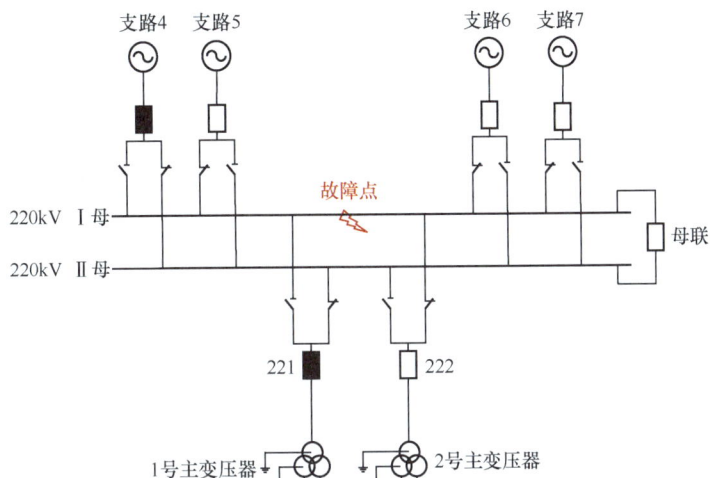

图 6-10　故障后运行方式

3. 保护动作情况

故障发生前，装置正常运行。故障发生后，保护动作情况见表 6-2。

表 6-2　保护动作情况

0ms	Ⅰ母母线A相金属性接地短路
约7ms	Ⅰ母差动保护动作，跳开变压器2、支路5、支路6、支路7、母联断路器，故障隔离

4. 故障录波分析

（1）母线电压。如图 6-11 所示，Ⅰ母和Ⅱ母母线 A 相电压降低为 0，B 相、C 相电压基本不变，Ⅰ母复压闭锁开放，Ⅰ母差动动作后Ⅰ母三相电压消失，Ⅱ母三相电压恢复正常，推测为 A 相金属性接地故障。

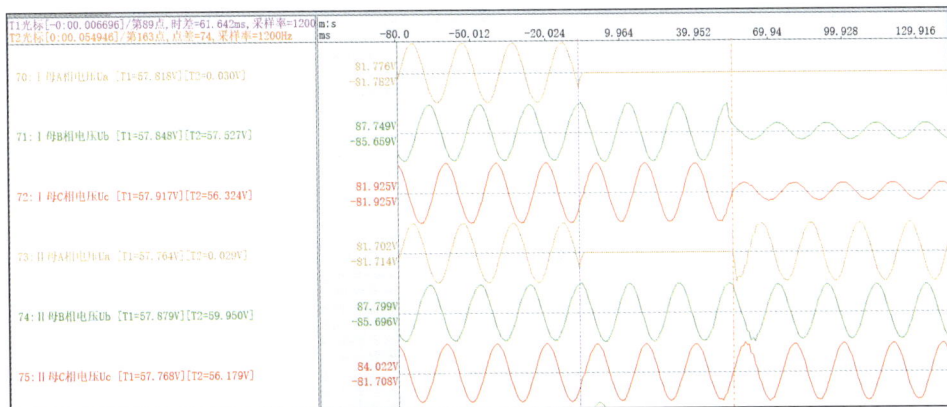

图 6-11　母线电压波形

（2）变压器 1 间隔。如图 6-12 所示，分析变压器 1 间隔电压和电流序分量，零序电流很小，推测变压器 1 中性点未接地。并且若故障在正方向上，变压器 1 间隔应流过零序故障电流，因此推测故障在反方向。

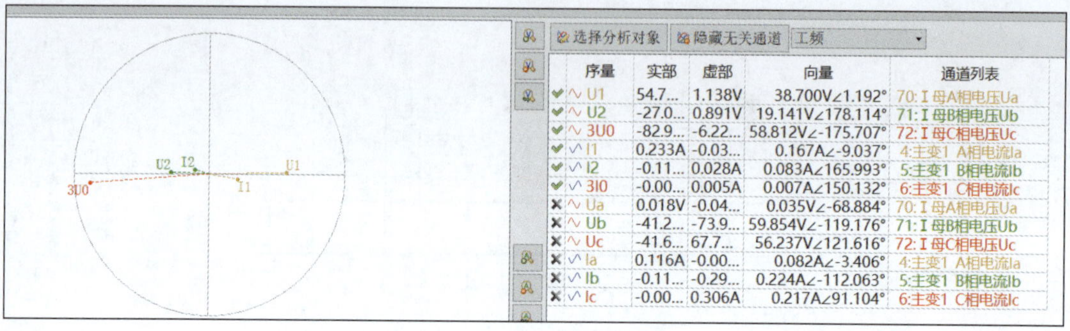

序量	实部	虚部	向量	通道列表
U1	54.7...	1.138V	38.700V∠1.192°	70: I 母A相电压Ua
U2	-27.0...	0.891V	19.141V∠178.114°	71: I 母B相电压Ub
3U0	-82.9...	-6.22...	58.812V∠-175.707°	72: I 母C相电压Uc
I1	0.233A	-0.03...	0.167A∠-9.037°	4:主变1 A相电流Ia
I2	-0.11...	0.028A	0.083A∠165.993°	5:主变1 B相电流Ib
3I0	-0.00...	0.005A	0.007A∠150.132°	6:主变1 C相电流Ic
Ua	0.018V	-0.04...	0.035V∠-68.884°	70: I 母A相电压Ua
Ub	-41.2...	-73.9...	59.854V∠-119.176°	71: I 母B相电压Ub
Uc	-41.6...	67.7...	56.237V∠121.616°	72: I 母C相电压Uc
Ia	0.116A	-0.00...	0.082A∠-3.406°	4:主变1 A相电流Ia
Ib	-0.11...	-0.29...	0.224A∠-112.063°	5:主变1 B相电流Ib
Ic	-0.00...	0.306A	0.217A∠91.104°	6:主变1 C相电流Ic

图 6-12　变压器 1 电压和电流

（3）变压器 2 间隔。如图 6-13 所示，分析变压器 2 间隔电压和电流序分量，变压器 2 间隔存在零序电流及负序电流，且零序电压相位超前零序电流约 87°，推测故障在反方向。

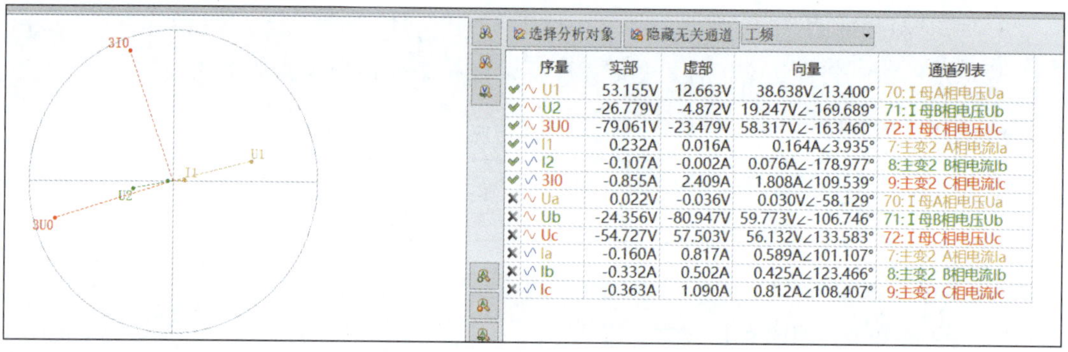

序量	实部	虚部	向量	通道列表
U1	53.155V	12.663V	38.638V∠13.400°	70: I 母A相电压Ua
U2	-26.779V	-4.872V	19.247V∠-169.689°	71: I 母B相电压Ub
3U0	-79.061V	-23.479V	58.317V∠-163.460°	72: I 母C相电压Uc
I1	0.232A	0.016A	0.164A∠3.935°	7:主变2 A相电流Ia
I2	-0.107A	-0.002A	0.076A∠-178.977°	8:主变2 B相电流Ib
3I0	-0.855A	2.409A	1.808A∠109.539°	9:主变2 C相电流Ic
Ua	0.022V	-0.036V	0.030V∠-58.129°	70: I 母A相电压Ua
Ub	-24.356V	-80.947V	59.773V∠-106.746°	71: I 母B相电压Ub
Uc	-54.727V	57.503V	56.132V∠133.583°	72: I 母C相电压Uc
Ia	-0.160A	0.817A	0.589A∠101.107°	7:主变2 A相电流Ia
Ib	-0.332A	0.502A	0.425A∠123.466°	8:主变2 B相电流Ib
Ic	-0.363A	1.090A	0.812A∠108.407°	9:主变2 C相电流Ic

图 6-13　变压器 2 电压和电流

（4）支路 4 间隔。如图 6-14 所示，分析支路 4 间隔电压和电流序分量，支路 4 间隔存在负序电流及零序电流，且零序电压相位超前零序电流约 78°，因此推测故障在反方向。

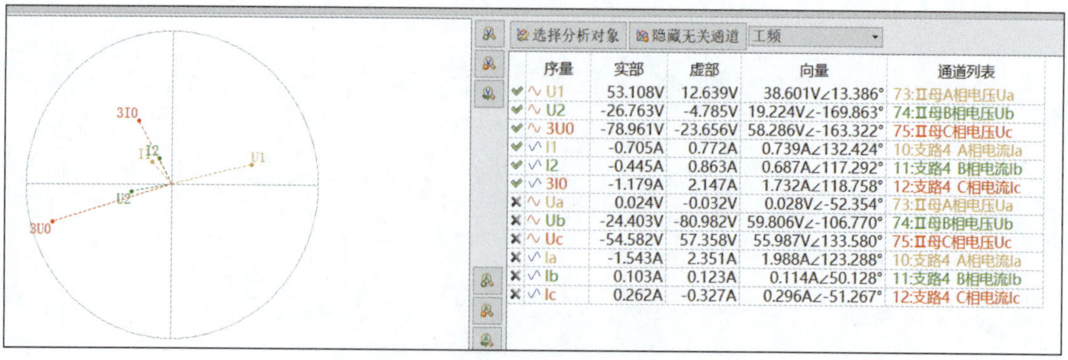

序量	实部	虚部	向量	通道列表
U1	53.108V	12.639V	38.601V∠13.386°	73:II母A相电压Ua
U2	-26.763V	-4.785V	19.224V∠-169.863°	74:II母B相电压Ub
3U0	-78.961V	-23.656V	58.286V∠-163.322°	75:II母C相电压Uc
I1	-0.705A	0.772A	0.739A∠132.424°	10:支路4 A相电流Ia
I2	-0.445A	0.863A	0.687A∠117.292°	11:支路4 B相电流Ib
3I0	-1.179A	2.147A	1.732A∠118.758°	12:支路4 C相电流Ic
Ua	0.024V	-0.032V	0.028V∠-52.354°	73:II母A相电压Ua
Ub	-24.403V	-80.982V	59.806V∠-106.770°	74:II母B相电压Ub
Uc	-54.582V	57.358V	55.987V∠133.580°	75:II母C相电压Uc
Ia	-1.543A	2.351A	1.988A∠123.288°	10:支路4 A相电流Ia
Ib	0.103A	0.123A	0.114A∠50.128°	11:支路4 B相电流Ib
Ic	0.262A	-0.327A	0.296A∠-51.267°	12:支路4 C相电流Ic

图 6-14　支路 4 电压和电流

（5）支路 5 间隔。如图 6-15 所示，分析支路 5 间隔电压和电流序分量，支路 5 间隔存在负序电流及零序电流，且零序电压相位超前零序电流约 77°，因此推测故障在反方向。

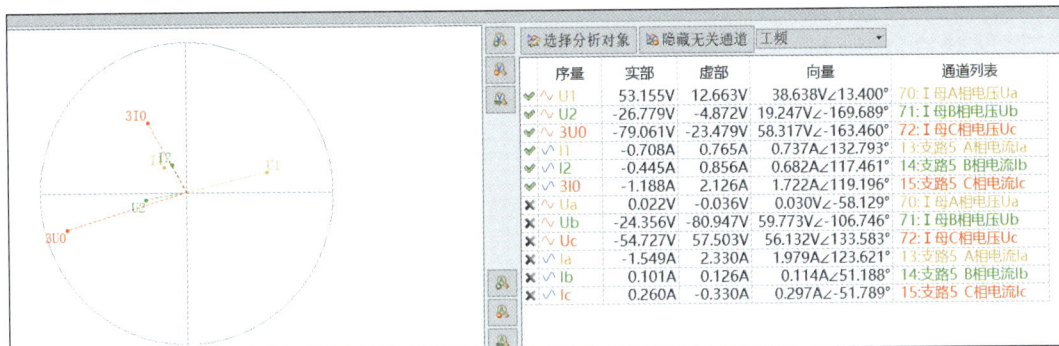

图 6-15　支路 5 电压和电流

（6）支路 6 间隔。如图 6-16 所示，分析支路 6 间隔电压和电流序分量，支路 6 间隔存在负序电流及零序电流，且零序电压相位超前零序电流约 76°，因此推测故障在反方向。

图 6-16　支路 6 电压和电流

（7）支路 7 间隔。如图 6-17 所示，分析支路 7 间隔电压和电流序分量，支路 7 间隔存在负序电流及零序电流，且零序电压相位超前零序电流约 85°，因此推测故障在反方向。

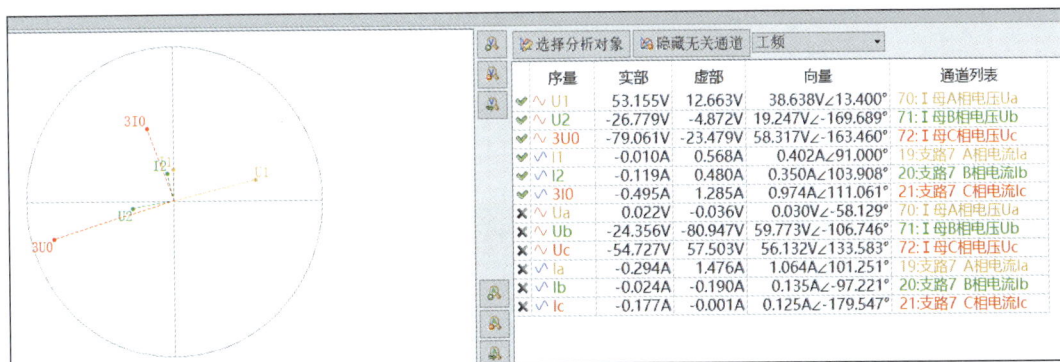

图 6-17　支路 7 电压和电流

（8）母联间隔。如图 6-18 和图 6-19 所示，母联间隔 A 相电流明显增大，存在较大的零序电流和负序电流，符合 A 相接地故障特征。

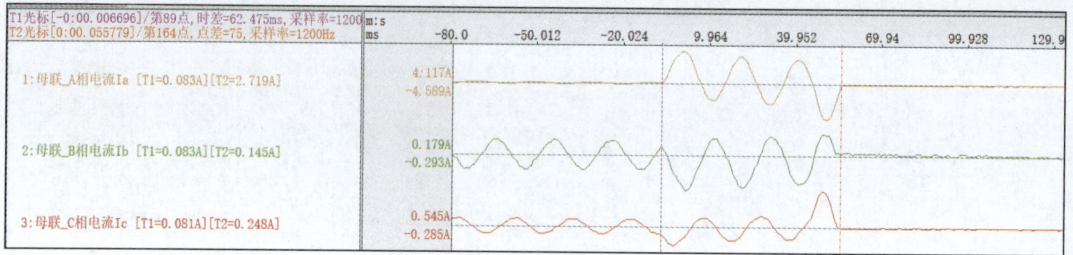

图 6-18　母联电流波形

图 6-19　母联电流

（9）母线保护动作情况。如图 6-20 所示，由于母线大差 A 相与Ⅰ母小差 A 相均存在差流，且Ⅰ母复压闭锁开放，因此Ⅰ母差动正确动作，跳开变压器 2、支路 5、支路 6、支路 7、母联断路器，隔离故障。

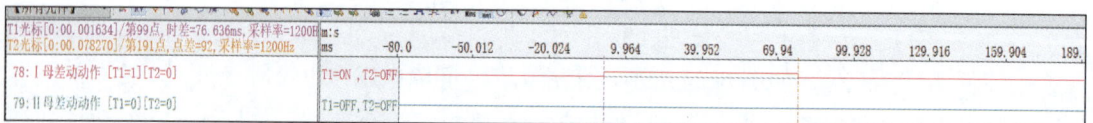

图 6-20　母线保护动作情况

第二节　双母线方式下Ⅱ母故障

案例一：Ⅱ母故障——并列运行

1. 故障前运行方式

某 220kV 变电站母线为双母线并列运行方式，变压器 1、支路 5、支路 7 运行于Ⅰ母，变压器 2、支路 4、支路 6 运行于Ⅱ母。故障前运行方式如图 6-21 所示。

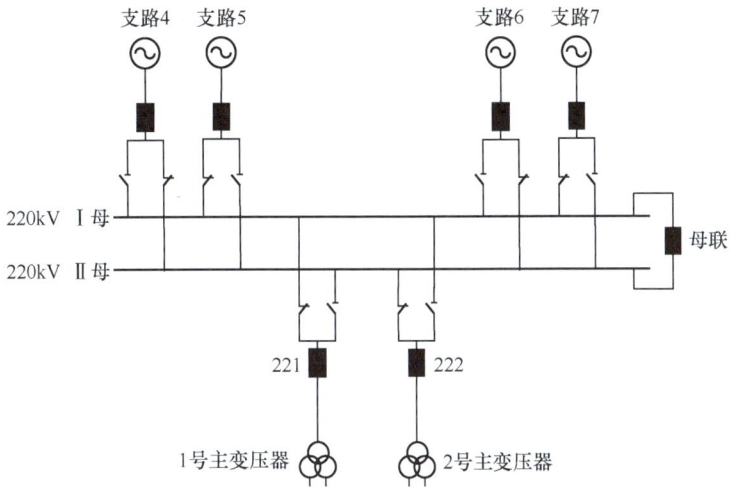

图 6-21 故障前运行方式

2. 故障过程简介

Ⅱ母母线 A 相金属性接地短路，变压器 2、支路 4、支路 6、母联断路器跳开，故障后运行方式如图 6-22 所示。

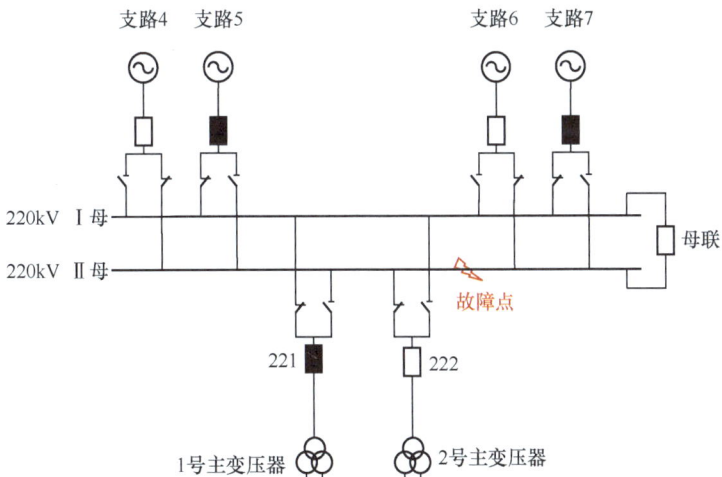

图 6-22 故障后运行方式

3. 保护动作情况

故障发生前，装置正常运行。故障发生后，保护动作情况见表 6-3。

表 6-3   保护动作情况

0ms	Ⅱ母母线A相金属性接地短路
约9ms	Ⅱ母差动保护动作，跳开变压器2、支路4、支路6、母联断路器，故障隔离

4. 故障录波分析

（1）母线电压。如图 6-23 所示，故障过程中 Ⅰ 母与 Ⅱ 母母线 A 相电压降低为 0，B 相、C 相电压基本不变，Ⅰ 母与 Ⅱ 母复压闭锁开放，推测为 A 相金属性接地故障。故障隔离后 Ⅰ 母三相电压恢复。

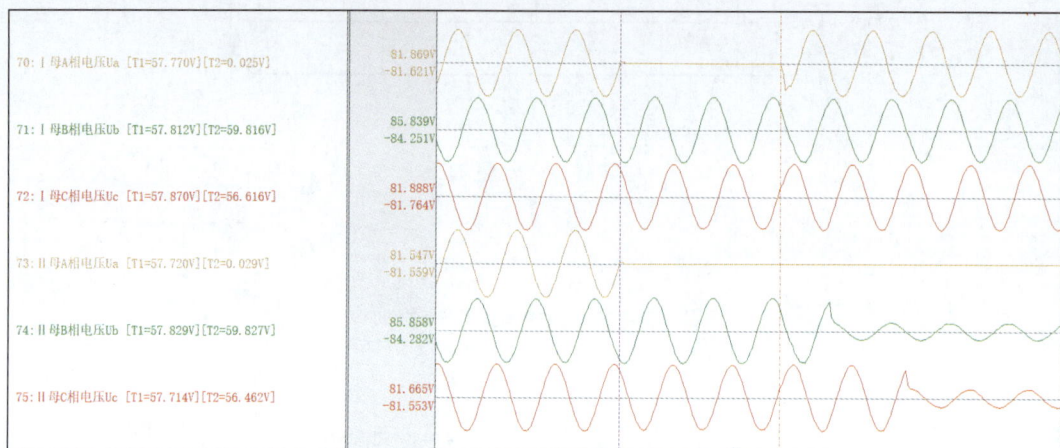

图 6-23　母线电压波形

（2）变压器 1 间隔。如图 6-24 所示，分析变压器 1 间隔电压和电流序分量，零序电流很小，推测变压器 1 中性点未接地。并且若故障在正方向上，变压器 1 间隔应流过零序故障电流，因此推测故障在反方向。

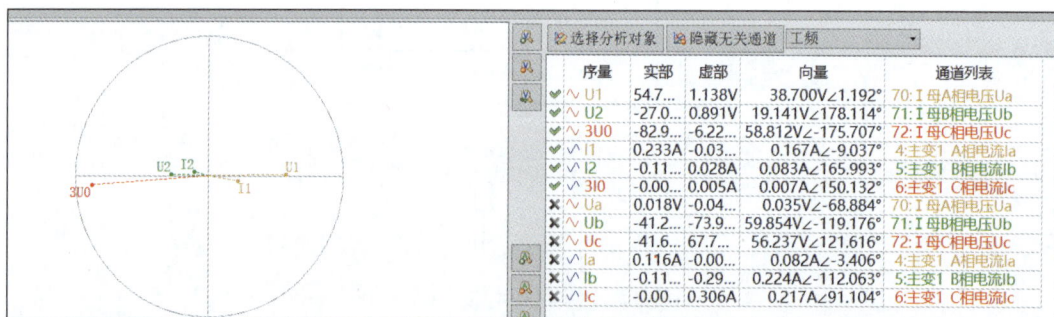

图 6-24　变压器 1 电压和电流

（3）变压器 2 间隔。如图 6-25 所示，分析变压器 2 间隔电压和电流序分量，变压器 2 间隔存在零序电流及负序电流，且零序电压相位超前零序电流约 88°，推测故障在反方向。

（4）支路 4 间隔。如图 6-26 所示，分析支路 4 间隔电压和电流序分量，支路 4 间隔存在负序电流及零序电流，且零序电压相位超前零序电流约 78°，因此推测故障在反方向。

（5）支路 5 间隔。如图 6-27 所示，分析支路 5 间隔电压和电流序分量，支路 5 间隔存在负序电流及零序电流，且零序电压相位超前零序电流约 78°，因此推测故障在反方向。

图 6-25　变压器 2 电压和电流

图 6-26　支路 4 电压和电流

图 6-27　支路 5 电压和电流

（6）支路 6 间隔。如图 6-28 所示，分析支路 6 间隔电压和电流序分量，支路 6 间隔存在负序电流及零序电流，且零序电压相位超前零序电流约 76°，因此推测故障在反方向。

图 6-28　支路 6 电压和电流

（7）支路 7 间隔。如图 6-29 所示，分析支路 7 间隔电压和电流序分量，支路 7 间隔存在负序电流及零序电流，且零序电压相位超前零序电流约 86°，因此推测故障在反方向。

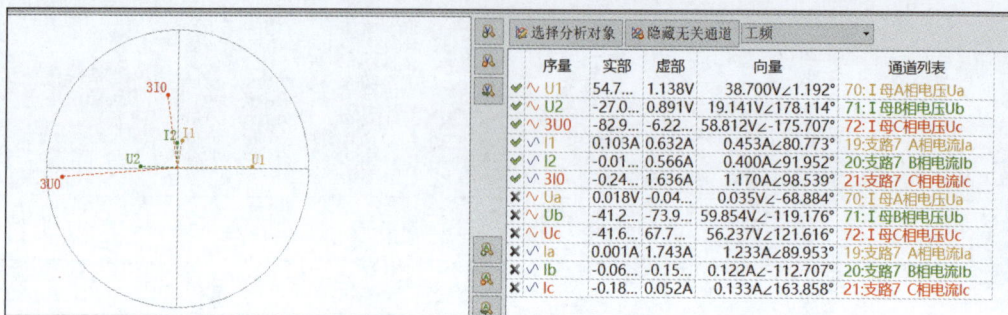

图 6-29　支路 7 电压和电流

（8）母联间隔。如图 6-30 和图 6-31 所示，母联间隔 A 相电流明显增大，存在较大的零序电流和负序电流，符合 A 相接地故障特征。

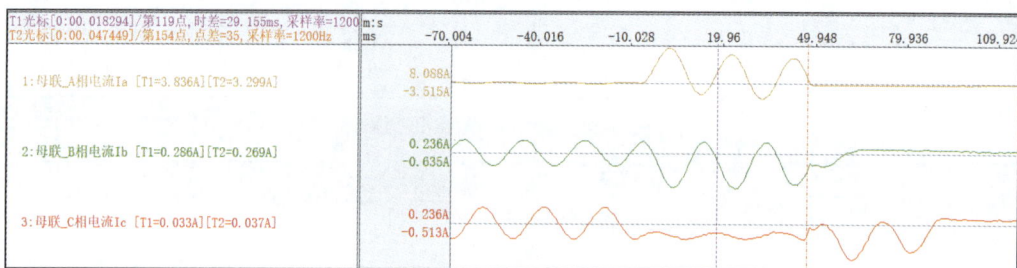

图 6-30　母联电流波形

图 6-31　母联电流

（9）母线保护动作情况。如图 6-32 所示，由于母线大差 A 相与 II 母小差 A 相均存在差流，且 II 母复压闭锁开放，因此 II 母差动正确动作，跳开变压器 2、支路 4、支路 6、母联断路器。

图 6-32　母线保护动作情况

194

1. 故障前运行方式

某 220kV 变电站母线为双母线分列运行方式，变压器 1、支路 5、支路 7 运行于 Ⅰ 母，变压器 2、支路 4、支路 6 运行于 Ⅱ 母。故障前运行方式如图 6-33 所示。

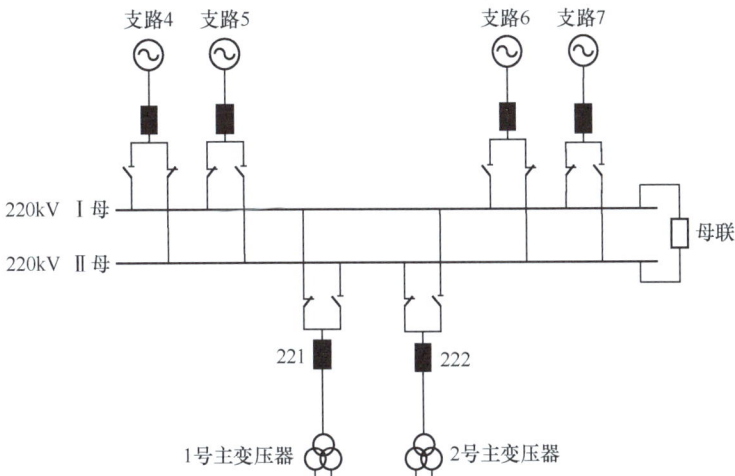

图 6-33　故障前运行方式

2. 故障过程简介

Ⅱ母母线 A 相金属性接地短路，变压器 2、支路 4、支路 6 间隔断路器跳开，故障后运行方式如图 6-34 所示。

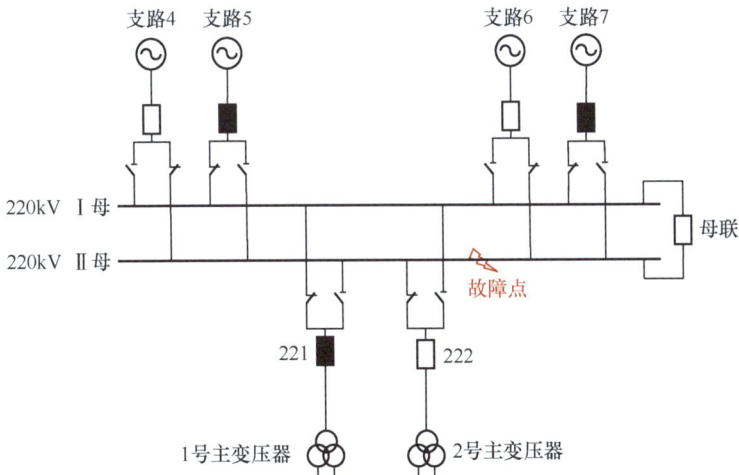

图 6-34　故障后运行方式

3. 保护动作情况

故障发生前，装置正常运行。故障发生后，保护动作情况见表 6-4。

表 6-4 　　　　　　　　　　　　　　　　　**保护动作情况**

0ms	Ⅱ母母线A相金属性接地短路
约15ms	Ⅱ母差动保护动作，跳开变压器2、支路4、支路6断路器，故障隔离

4. 故障录波分析

（1）母线电压。如图 6-35 所示，故障过程中Ⅱ母母线 A 相电压降低为 0，B 相、C 相电压基本不变，Ⅱ母复压闭锁开放，推测为 A 相金属性接地故障。由于双母分列运行，母联断路器为分位，Ⅰ母三相电压基本不变。

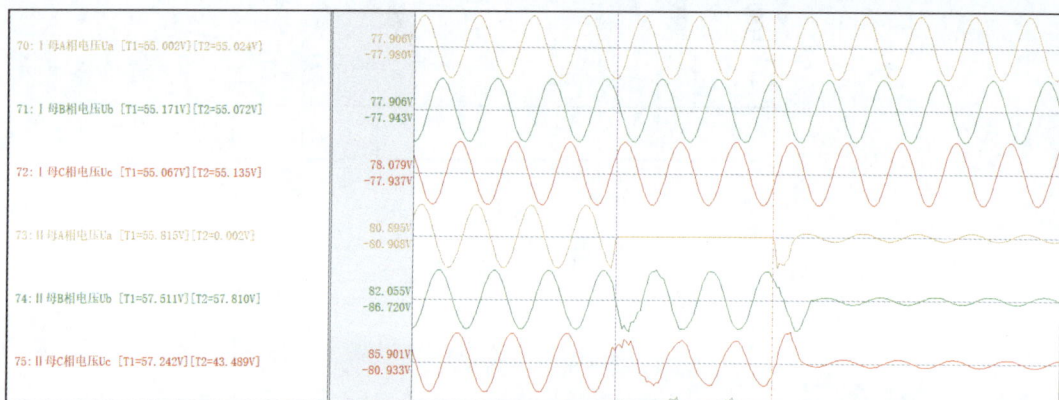

图 6-35　母线电压波形

（2）变压器 2 间隔。如图 6-36 所示，分析变压器 2 间隔电压和电流序分量，变压器 2 间隔存在负序及零序电流，且零序电压相位超前零序电流约 86°，推测为反方向故障。

图 6-36　变压器 2 电压和电流

（3）支路 4 间隔。如图 6-37 所示，分析支路 4 间隔电压和电流序分量，支路 4 间隔存在负序及零序电流，且零序电压相位超前零序电流约 81°，推测为反方向故障。

（4）支路 6 间隔。如图 6-38 所示，分析支路 6 间隔电压和电流序分量，支路 6 间隔负序电流和零序电流幅值很小，推测支路 6 上为小电源或无电源点，且零序阻抗很大或无零序通路，并且故障方向应在反方向。

图 6-37　支路 4 电压和电流

图 6-38　支路 6 电压和电流

（5）母线保护动作情况。如图 6-39 所示，由于母线大差 A 相与Ⅱ母小差 A 相均存在差流，且Ⅱ母复压闭锁开放，因此Ⅱ母差动正确动作，跳开变压器 2、支路 4、支路 6 间隔断路器。

图 6-39　母线保护动作情况

第三节　支 路 TA 异 常

案例一：Ⅰ母故障——线路 TA 断线

1. 故障前运行方式

某 220kV 变电站母线为双母线并列运行方式，变压器 1、支路 5、支路 7 运行于Ⅰ母，变压器 2、支路 4、支路 6 运行于Ⅱ母。故障前运行方式如图 6-40 所示。

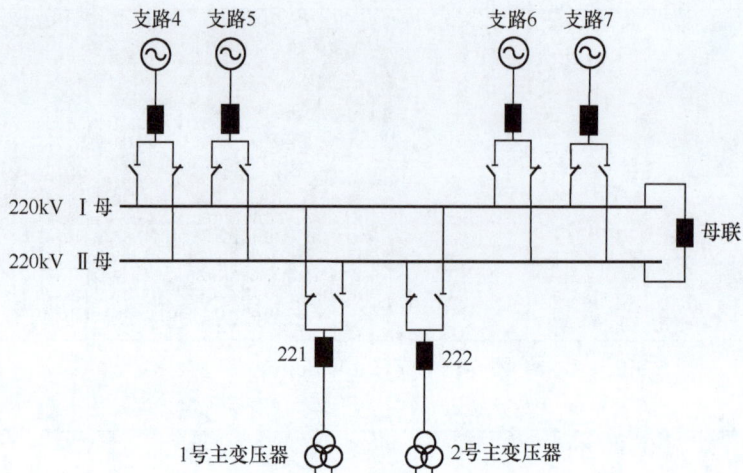

图 6-40　故障前运行方式

2. 故障过程简介

Ⅰ母母线 A 相金属性接地短路，变压器 1、支路 5、支路 7、母联断路器跳开，故障后运行方式如图 6-41 所示。

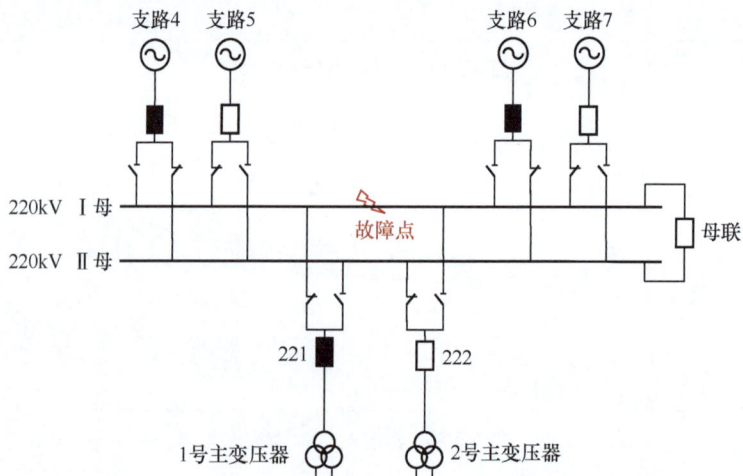

图 6-41　故障后运行方式

3. 保护动作情况

故障发生前，装置正常运行。故障发生后，保护动作情况见表 6-5。

表 6-5　　　　　　　　　　　　保护动作情况

0ms	Ⅰ母母线A相金属性接地短路
约48ms	本套母线保护闭锁，另一套母线保护的Ⅰ母差动保护动作跳开变压器1、支路5、支路7、母联断路器，故障隔离

4. 故障录波分析

（1）母线电压。如图 6-42 所示，由于双母并列运行，故障过程中Ⅰ母和Ⅱ母母线 A 相电压均降低为 0，B 相、C 相电压基本不变，Ⅰ母、Ⅱ母复压闭锁开放，推测为 A 相金属性接地故障。故障隔离后Ⅰ母三相电压均降低，Ⅱ母三相电压恢复正常。

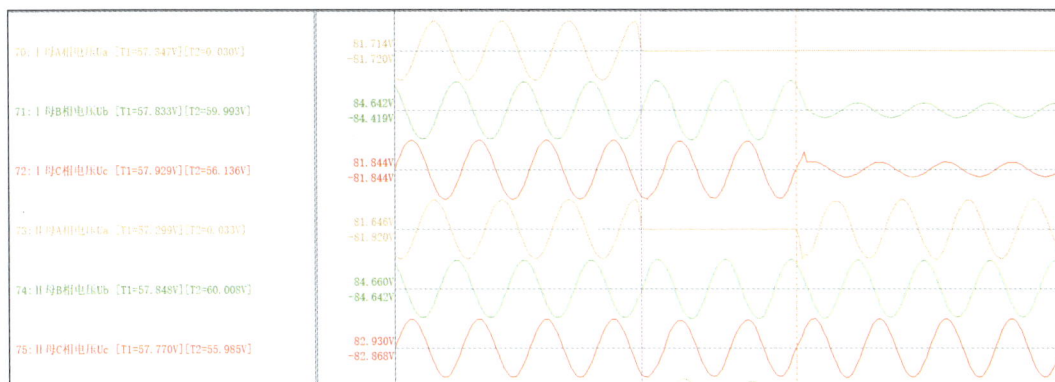

图 6-42　母线电压波形

（2）变压器 1 间隔。如图 6-43 所示，分析变压器 1 间隔电压和电流序分量，变压器 1 间隔的负序及零序电流都很小，推测变压器中性点未接地，且变压器中低压侧无电源点或者为小电源。并且，若故障位于正方向，变压器间隔电流应包含零序电流，因此推测故障位于反方向。

图 6-43　变压器 1 电压和电流

（3）变压器 2 间隔。如图 6-44 所示，分析变压器 2 间隔电压和电流序分量，变压器 2 间隔存在负序及零序电流，且零序电压相位超前零序电流约 88°，推测为反方向故障。

（4）支路 4 间隔。如图 6-45 和图 6-46 所示，分析支路 4 间隔电压和电流，可以看到 A 相电流明显增大，B 相和 C 相电流幅值变化不明显，且存在负序和零序电流，符合 A 相接地故障特征。支路 4 间隔零序电压超前零序电流约 80°，因此推测为反方向故障。

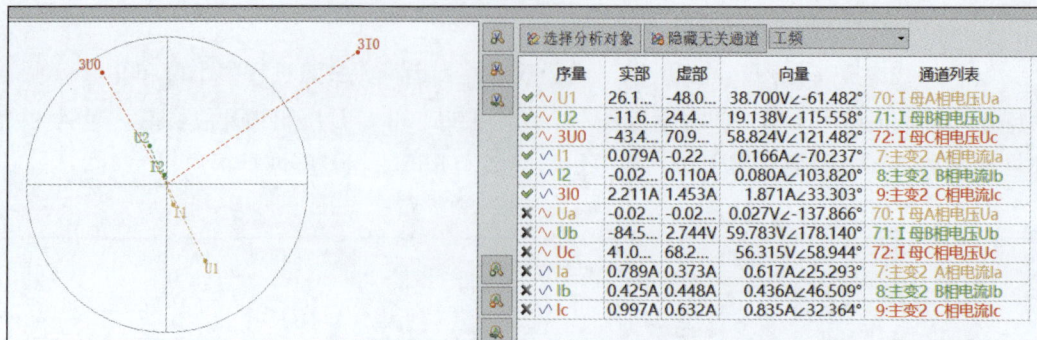

图 6-44　变压器 2 电压和电流

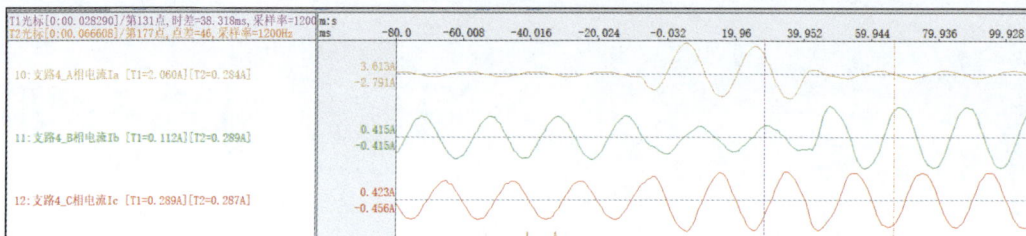

图 6-45　支路 4 电压和电流波形

图 6-46　支路 4 电压和电流

（5）支路 5 间隔。如图 6-47 所示，分析支路 5 间隔电压和电流，可以看到启动前 A 相电流为 0，而 B、C 相电流幅值为 0.196A，且存在零序电流。启动后 A 相电流保持为 0，B、C 相电流受故障影响发生变化。因此推测支路 5 间隔 TA 发生 A 相断线，导致差动保护闭锁，本套母线保护拒动，由双重化配置的另一套母线保护动作隔离故障。

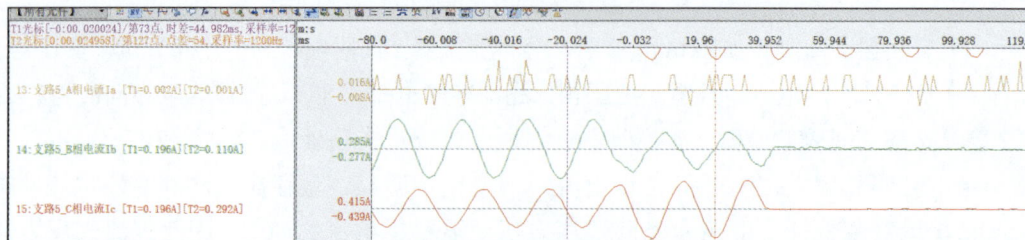

图 6-47　支路 5 电流波形

如图 6-48 所示，可以看到，启动前"TA 断线闭锁"开关量已经为 1，与上面分析相符。

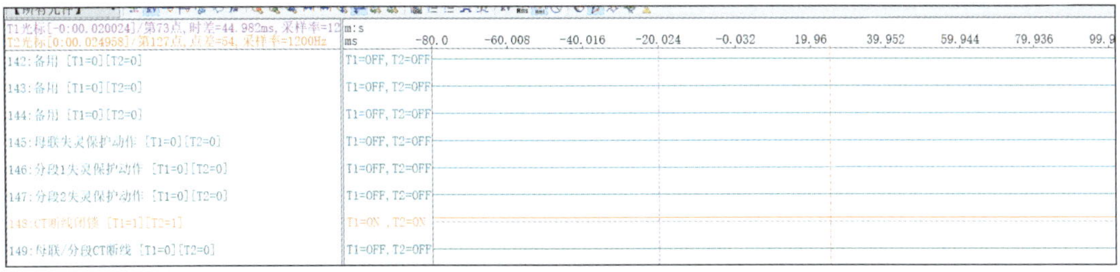

图 6-48　保护动作情况

（6）支路 6 间隔。如图 6-49 所示，分析支路 6 间隔电压和电流，可以看到支路 6 存在负序和零序电流，且零序电压相位超前零序电流约 79°，因此推测故障位于反方向。

图 6-49　支路 6 电压和电流

（7）支路 7 间隔。如图 6-50 所示，分析支路 7 间隔电压和电流，可以看到支路 7 存在负序和零序电流，且零序电压相位超前零序电流约 88°，因此推测故障位于反方向。

图 6-50　支路 7 电压和电流

（8）母联间隔。如图 6-51 所示，分析母联间隔电流，可以看到母联 A 相电流显著增大，B 相和 C 相电流幅值变化较小，符合 A 相接地故障特征。

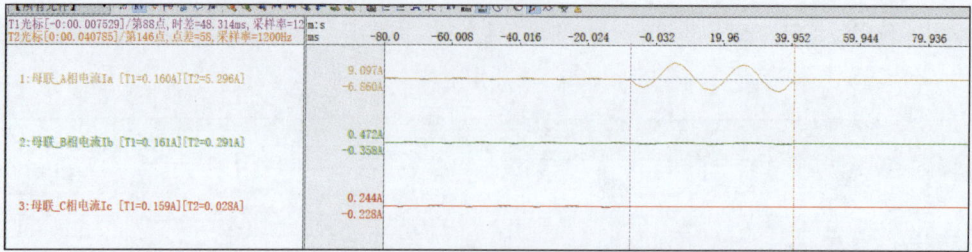

图 6-51　母联电流波形

（9）母线保护动作情况。如图 6-52～图 6-54 所示，从母差差流可以看到，大差在启动前 A 相已经存在 0.171A 的差流，启动后差流增大为 6.581A；Ⅰ母在启动前 A 相已经存在 0.173A 的差流，启动后差流增大为 6.580A；Ⅱ母在启动前和启动后三项均无差流。支路 5 电流同时计入大差差流和Ⅰ母差流，支路 5 的 A 相 TA 断线会造成大差差流和Ⅰ母差流在正常运行情况下存在 A 相差流，差流大小与支路 5 负荷电流相等。上述差流情况符合支路 5 发生 A 相 TA 断线特征。

图 6-52　母线保护大差电流波形

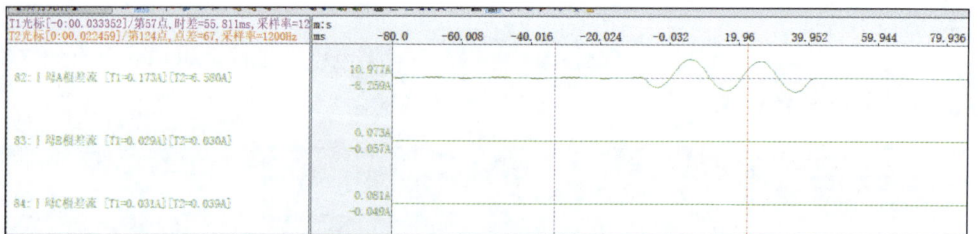

图 6-53　Ⅰ母线小差电流波形

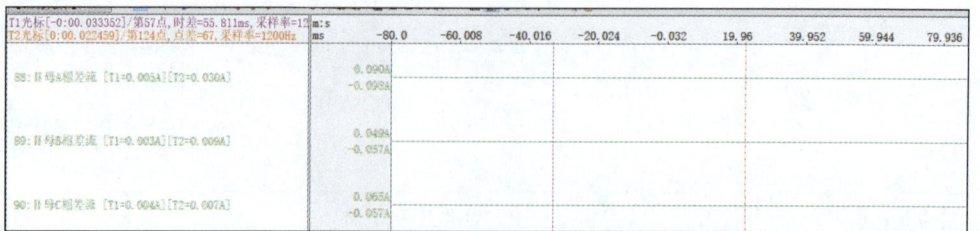

图 6-54　Ⅱ母线小差电流波形

大差与Ⅰ母差动均存在 A 相差流，且双母线复压闭锁开放，但由于支路 5 的 TA 断线闭锁断线相差动保护，本套母线保护未动作。双重化配置的另一套母线保护Ⅰ母差动动作跳开变压器 1、支路 5、支路 7、母联断路器，隔离故障。

案例二：Ⅰ母故障——母联 TA 断线

1. 故障前运行方式

某 220kV 变电站母线为双母线并列运行方式，变压器 1、支路 5、支路 7 运行于Ⅰ母，变压器 2、支路 4、支路 6 运行于Ⅱ母。故障前运行方式如图 6-55 所示。

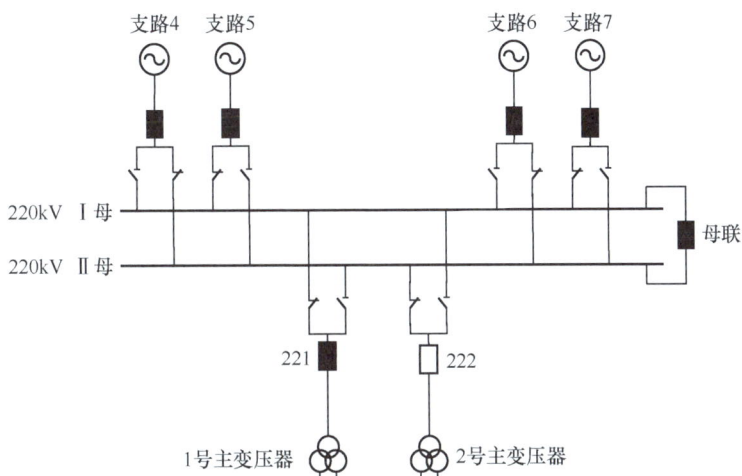

图 6-55　故障前运行方式

2. 故障过程简介

Ⅰ母母线 B 相金属性接地短路，变压器 1、支路 5、支路 7、母联断路器跳开，故障后运行方式如图 6-56 所示。

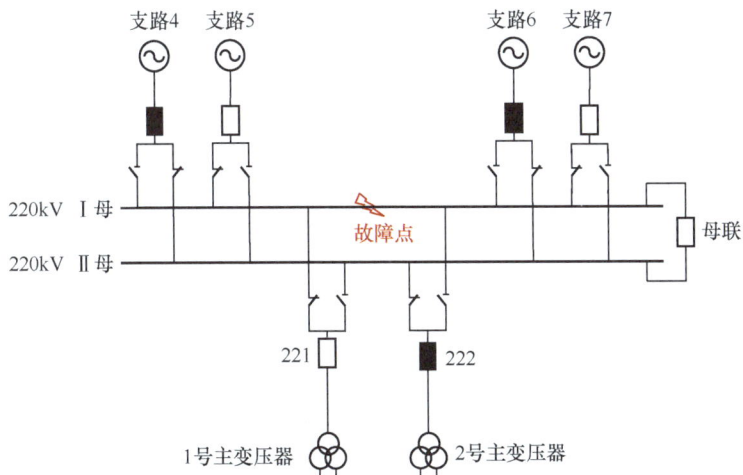

图 6-56　故障后运行方式

3. 保护动作情况

故障发生前，装置正常运行。故障发生后，保护动作情况见表 6-6。

表 6-6 保护动作情况

0ms	Ⅰ 母母线B相金属性接地短路
约11ms	母线保护跳母联断路器
约117ms	Ⅰ 母差动保护动作跳开变压器1、支路5、支路7，故障隔离

4. 故障录波分析

（1）母线电压。如图 6-57 所示，故障发生后 Ⅰ 母和 Ⅱ 母母线 B 相电压均降低为 0，A 相、C 相电压基本不变，Ⅰ 母、Ⅱ 母复压闭锁开放，推测为 B 相金属性接地故障。母联跳开后 Ⅱ 母 B 相电压增大，但未恢复到正常值，推测 Ⅰ 母和 Ⅱ 母通过变压器或出线有电气联系。故障隔离后 Ⅰ 母三相电压均降低，Ⅱ 母三相电压恢复正常。

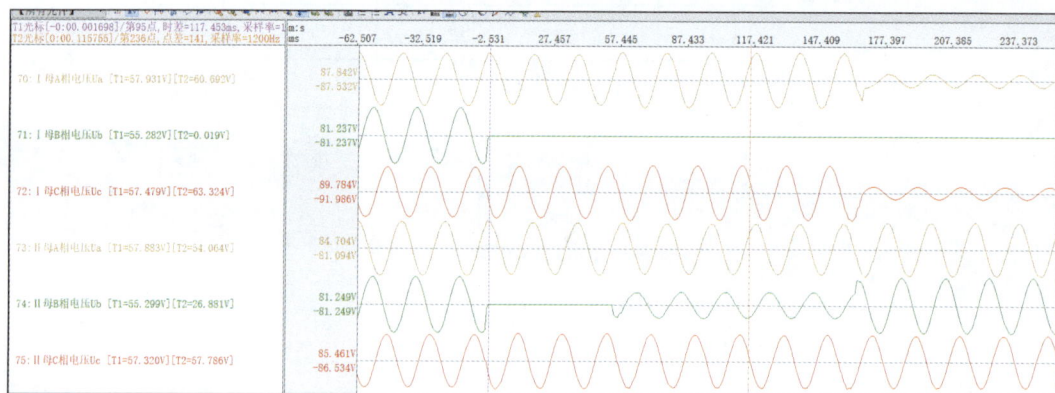

图 6-57　母线电压波形

（2）变压器 1 间隔。母联跳开前，变压器 1 电压和电流如图 6-58 所示；母联跳开后，变压器 1 电压和电流如图 6-59 所示。

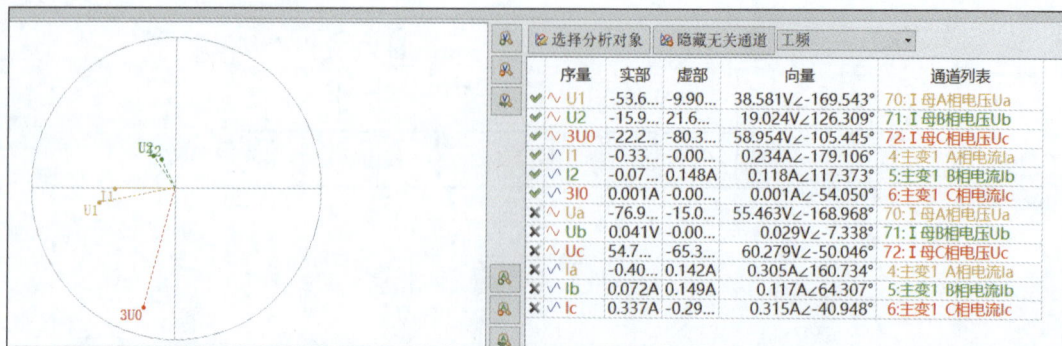

图 6-58　母联跳开前，变压器 1 电压和电流

由图 6-58 和图 6-59 可以看到，母联跳闸前和跳闸后，变压器 1 间隔均存在负序电流，

而零序电流很小，推测变压器中性点未接地。并且，若故障位于正方向，变压器间隔电流应包含零序电流，因此推测故障位于反方向。

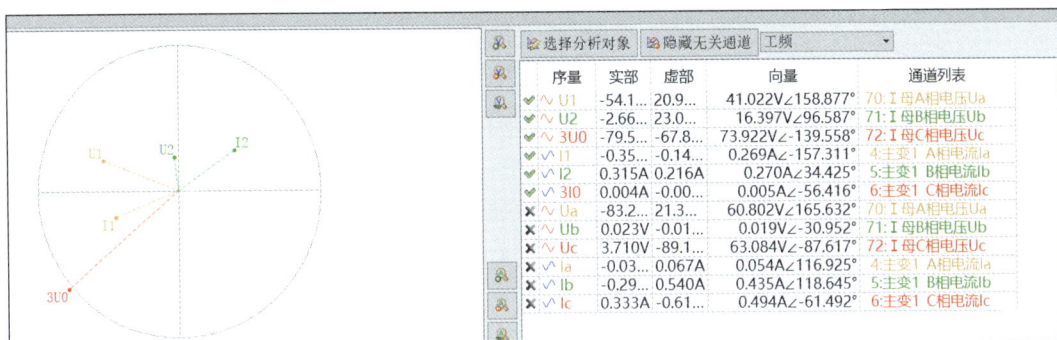

序量	实部	虚部	向量	通道列表
U1	-54.1...	20.9...	41.022V∠158.877°	70:Ⅰ母A相电压Ua
U2	-2.66...	23.0...	16.397V∠96.587°	71:Ⅰ母B相电压Ub
3U0	-79.5...	-67.8...	73.922V∠-139.558°	72:Ⅰ母C相电压Uc
I1	-0.35...	-0.14...	0.269A∠-157.311°	4:主变1 A相电流Ia
I2	0.315A	0.216A	0.270A∠34.425°	5:主变1 B相电流Ib
3I0	0.004A	-0.00...	0.005A∠-56.416°	6:主变1 C相电流Ic
Ua	-83.2...	21.3...	60.802V∠165.632°	70:Ⅰ母A相电压Ua
Ub	0.023V	0.019...	0.019V∠-30.952°	71:Ⅰ母B相电压Ub
Uc	3.710V	-89.1...	63.084V∠-87.617°	72:Ⅰ母C相电压Uc
Ia	-0.03...	0.067A	0.054A∠116.925°	4:主变1 A相电流Ia
Ib	-0.29...	0.540A	0.435A∠118.645°	5:主变1 B相电流Ib
Ic	0.333A	-0.61...	0.494A∠-61.492°	6:主变1 C相电流Ic

图 6-59　母联跳开后，变压器 1 电压和电流

（3）变压器 2 间隔。母联跳开前，变压器 2 电压和电流如图 6-60 所示；母联跳开后，变压器 2 电压和电流如图 6-61 所示。

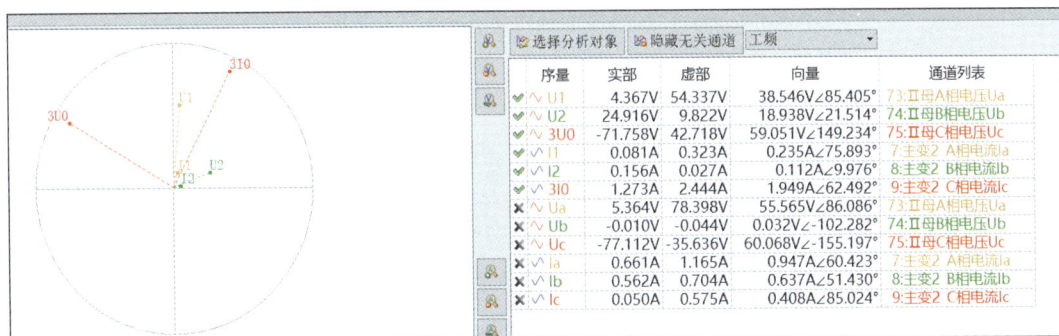

序量	实部	虚部	向量	通道列表
U1	4.367V	54.337V	38.546V∠85.405°	73:Ⅱ母A相电压Ua
U2	24.916V	9.822V	18.938V∠21.514°	74:Ⅱ母B相电压Ub
3U0	-71.758V	42.718V	59.051V∠149.234°	75:Ⅱ母C相电压Uc
I1	0.081A	0.323A	0.235A∠75.893°	7:主变2 A相电流Ia
I2	0.156A	0.027A	0.112A∠9.976°	8:主变2 B相电流Ib
3I0	1.273A	2.444A	1.949A∠62.492°	9:主变2 C相电流Ic
Ua	5.364V	78.398V	55.565V∠86.086°	73:Ⅱ母A相电压Ua
Ub	-0.010V	-0.044V	0.032V∠-102.282°	74:Ⅱ母B相电压Ub
Uc	-77.112V	-35.636V	60.068V∠-155.197°	75:Ⅱ母C相电压Uc
Ia	0.661A	1.165A	0.947A∠60.423°	7:主变2 A相电流Ia
Ib	0.562A	0.704A	0.637A∠51.430°	8:主变2 B相电流Ib
Ic	0.050A	0.575A	0.408A∠85.024°	9:主变2 C相电流Ic

图 6-60　母联跳开前，变压器 2 电压和电流

序量	实部	虚部	向量	通道列表
U1	36.957V	53.656V	46.069V∠55.442°	73:Ⅱ母A相电压Ua
U2	15.907V	-3.340V	11.493V∠-11.857°	74:Ⅱ母B相电压Ub
3U0	-17.116V	29.253V	23.965V∠120.332°	75:Ⅱ母C相电压Uc
I1	0.574A	0.148A	0.419A∠14.500°	7:主变2 A相电流Ia
I2	0.104A	0.281A	0.212A∠69.745°	8:主变2 B相电流Ib
3I0	0.906A	0.631A	0.781A∠34.841°	9:主变2 C相电流Ic
Ua	47.159V	60.067V	54.000V∠51.864°	73:Ⅱ母A相电压Ua
Ub	17.222V	-33.636V	26.721V∠-62.887°	74:Ⅱ母B相电压Ub
Uc	-81.497V	2.822V	57.662V∠178.016°	75:Ⅱ母C相电压Uc
Ia	0.979A	0.639A	0.827A∠33.137°	7:主变2 A相电流Ia
Ib	-0.151A	-0.411A	0.310A∠-110.169°	8:主变2 B相电流Ib
Ic	0.078A	0.403A	0.290A∠79.036°	9:主变2 C相电流Ic

图 6-61　母联跳开后，变压器 2 电压和电流

由图 6-60 和图 6-61 可以看到，母联跳闸前和跳闸后，变压器 2 间隔均存在负序电流和零序电流。跳闸前，零序电压相位超前零序电流约 87°；跳闸后，零序电压相位超前零序电流约 85°。跳闸前后故障方向均为反方向。

（4）支路 4 间隔。母联跳开前，支路 4 电压和电流如图 6-62 所示；母联跳开后，支路 4 电压和电流如图 6-63 所示。

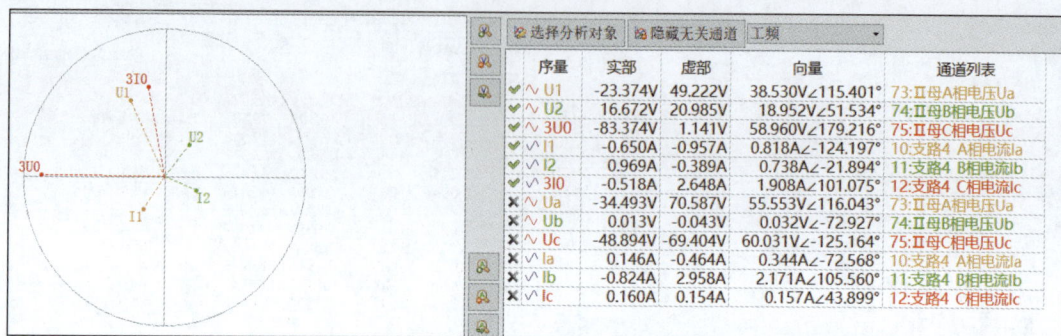

图 6-62　母联跳开前，支路 4 电压和电流

图 6-63　母联跳开后，支路 4 电压和电流

由图 6-62 和图 6-63 可以看到，母联跳闸前和跳闸后，支路 4 间隔均存在负序电流和零序电流。跳闸前，零序电压相位超前零序电流约 78°，故障位于反方向；跳闸后，零序电压相位滞后零序电流约 96°，故障位于正方向。推测支路 4 经其他变电站与 I 母故障点存在电气联系，因此母联跳开后，对于支路 4 故障位于正方向。

（5）支路 5 间隔。母联跳开前，支路 5 电压和电流如图 6-64 所示；母联跳开后，支路 5 电压和电流如图 6-65 所示。

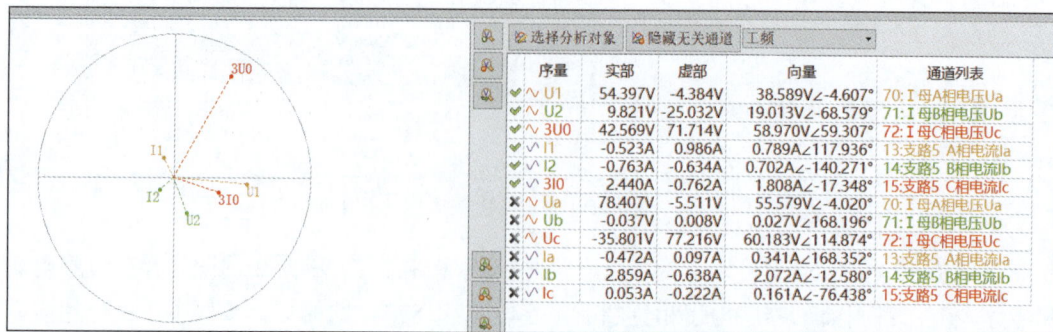

图 6-64　母联跳开前，支路 5 电压和电流

图 6-65 母联跳开后，支路 5 电压和电流

由图 6-64 和图 6-65 可以看到，母联跳闸前和跳闸后，支路 5 间隔均存在负序电流和零序电流。跳闸前，零序电压相位超前零序电流约 77°，故障位于反方向；跳闸后，零序电压相位超前零序电流约 77°，故障位于反方向。

（6）支路 6 间隔。母联跳开前，支路 6 电压和电流如图 6-66 所示；母联跳开后，支路 6 电压和电流如图 6-67 所示。

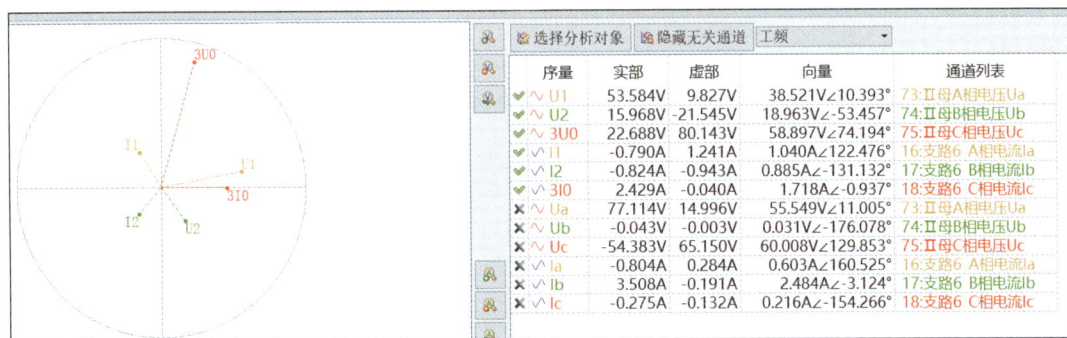

图 6-66 母联跳开前，支路 6 电压和电流

图 6-67 母联跳开后，支路 6 电压和电流

由图 6-66 和图 6-67 可以看到，母联跳闸前和跳闸后，支路 6 间隔均存在负序电流和零序电流。跳闸前，零序电压相位超前零序电流约 75°，故障位于反方向；跳闸后，零序

207

电压相位超前零序电流约 78°，故障位于反方向。母联跳开后，支路 6 经支路 4 与Ⅰ母故障点存在电气联系，因此对于支路 6 故障位于反方向。

（7）支路 7 间隔。母联跳开前，支路 7 电压和电流如图 6-68 所示；母联跳开后，支路 7 电压和电流如图 6-69 所示。

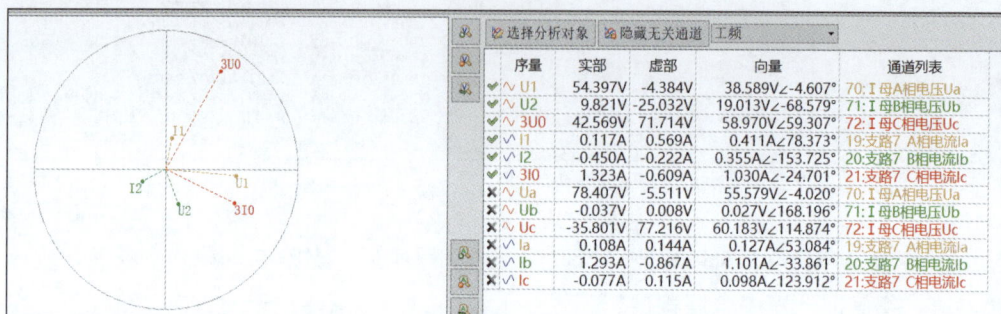

图 6-68　母联跳开前，支路 7 电压和电流

图 6-69　母联跳开后，支路 7 电压和电流

由图 6-68 和图 6-69 可以看到，母联跳闸前和跳闸后，支路 7 间隔均存在负序电流和零序电流。跳闸前，零序电压相位超前零序电流约 84°，故障位于反方向；跳闸后，零序电压相位超前零序电流约 85°，故障位于反方向。

（8）母联间隔。如图 6-70 所示，分析母联间隔电流，可以看到启动前后 B 相电流始终为 0，且启动前断路器量"母联/分段 TA 断线"就为 1，因此推测母联发生 B 相 TA 断线。母联断线情况下，发生故障时母线保护会瞬时跳母联，100ms 后若故障依然存在，则再跳故障母线。这是因为跳开母联后，母联电流为 0，不再影响小差电流的计算，母线保护可以正确选切故障母线。

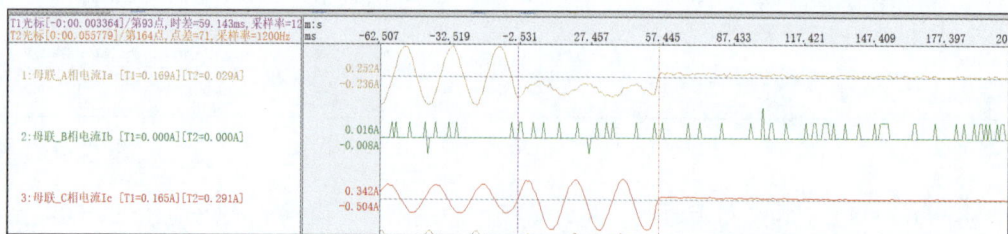

图 6-70　母联电流波形

（9）母线保护动作情况。如图 6-71～图 6-73 所示，从母差差流可以看到，大差在启动前无差流，启动后存在 B 相差流，母联跳开后差流减小，变压器 1、支路 5、支路 7 断路器均跳开后差流消失。母联 TA 断线不影响大差差流的计算。母联跳开后双母分列运行，故障点的故障电流减小，导致大差差流减小。

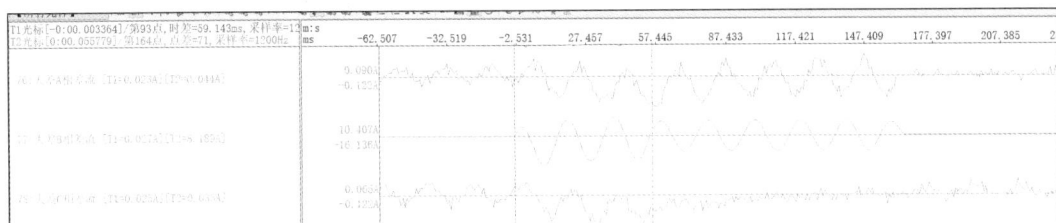

图 6-71　母线保护大差电流波形

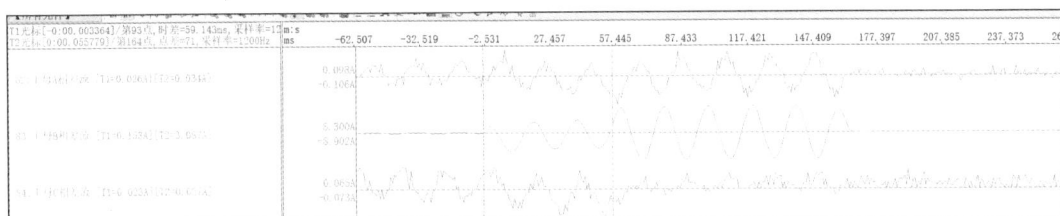

图 6-72　Ⅰ母小差电流波形

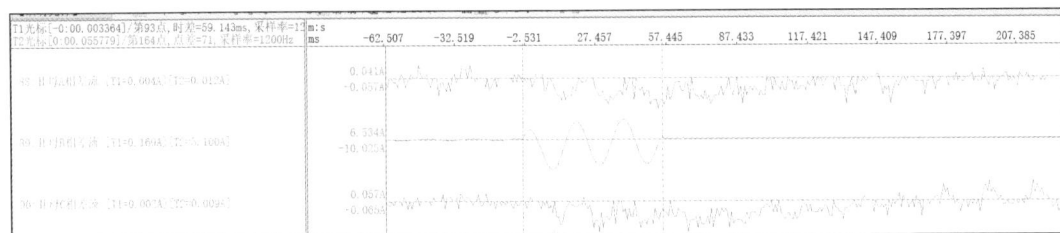

图 6-73　Ⅱ母小差电流波形

Ⅰ母小差在启动前已经存在 B 相差流，差流幅值与母联电流基本相等，母联跳开后差流增大，变压器 1、支路 5、支路 7 断路器均跳开后差流消失。Ⅱ母小差启动前已经存在 B 相差流，差流幅值与母联电流基本相等，母联跳开后差流消失。母联 TA 断线会影响Ⅰ母及Ⅱ母小差差流的计算，在启动前产生差流。母联跳开后，母联电流为 0，Ⅰ母及Ⅱ母小差差流计算恢复正常。

如图 6-74 所示，上述差流情况与母联 B 相 TA 断线的特征相符。母线保护装置的母联 TA 断线处理逻辑为：断线相发生故障时，母线差动保护瞬时跳开母联断路器，若差动保护发跳母联跳令 100 ms 后故障依然存在，则由差动保护再跳故障母线；非断线相发生区内故障时，差动保护正常选择性跳闸。

因此，母联 B 相 TA 断线情况下，Ⅰ母发生 B 相接地故障，母线保护瞬时跳母联，母联跳开后Ⅰ母及Ⅱ母小差差流计算均恢复正常；跳开母联 100ms 后，故障依旧存在，Ⅰ母小差动作跳开变压器 1、支路 5、支路 7 断路器，隔离故障。

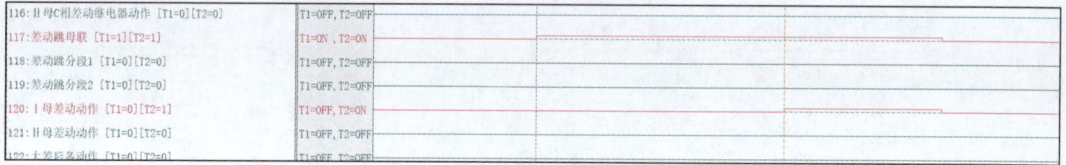

图 6-74　保护动作情况

第四节　支路隔离开关位置丢失故障

案例一：Ⅱ母故障——支路 4 隔离开关位置丢失

1. 故障前运行方式

某 220kV 变电站母线为双母线并列运行方式，变压器 1、支路 5、支路 7 运行于Ⅰ母，变压器 2、支路 4、支路 6 运行于Ⅱ母。故障前运行方式如图 6-75 所示。

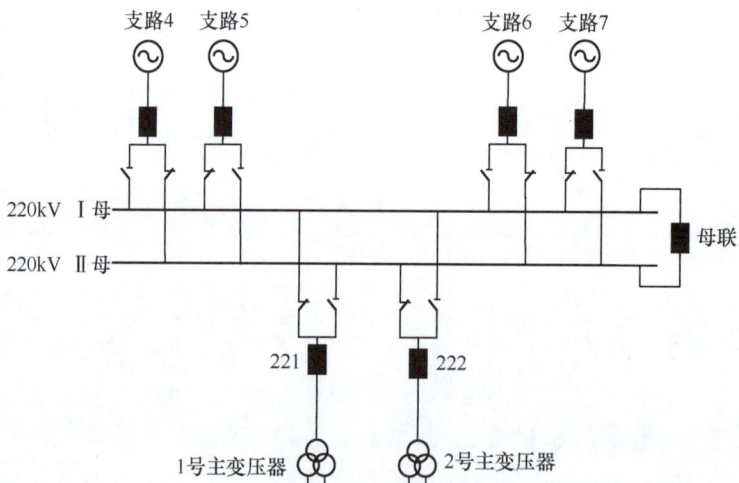

图 6-75　故障前运行方式

2. 故障过程简介

Ⅱ母母线 B 相金属性接地短路，变压器 2、支路 4、支路 6、母联断路器跳开，故障后运行方式如图 6-76 所示。

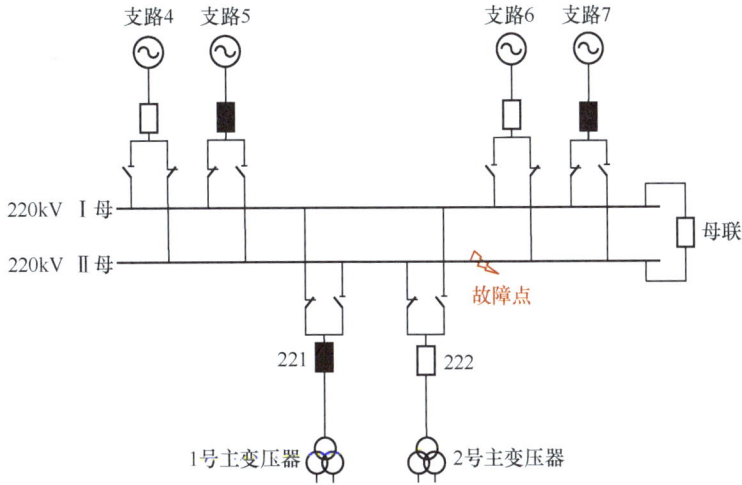

图 6-76 故障后运行方式

3. 保护动作情况

故障发生前，装置正常运行。故障发生后，保护动作情况见表 6-7。

表 6-7　　　　　　　　　　　　　　保护动作情况

0ms	Ⅱ母母线B相金属性接地短路
约10ms	Ⅱ母母差保护动作，跳母联、变压器2、支路6断路器
约159ms	大差后备保护动作，跳支路4断路器，故障隔离

4. 故障录波分析

（1）母线电压。如图 6-77 所示，故障发生后Ⅰ母和Ⅱ母母线 B 相电压均降低为 0，A 相、C 相电压基本不变，Ⅰ母、Ⅱ母复压闭锁开放，推测为 B 相金属性接地故障。母联、变压器 2、支路 6 断路器跳开后Ⅰ母 B 相电压增大，但未恢复到正常值，推测Ⅰ母和Ⅱ母通过变压器或出线有电气联系。支路 4 断路器跳开，故障隔离后，Ⅱ母三相电压均降低，Ⅰ母三相电压恢复正常。

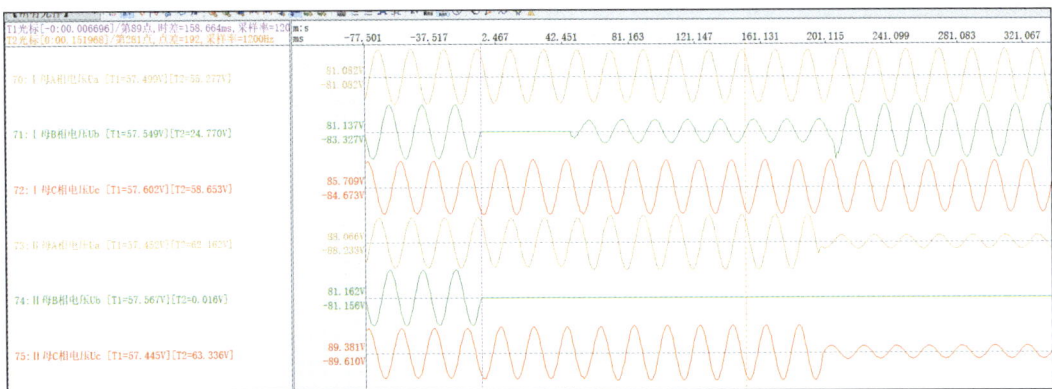

图 6-77 母线电压波形

（2）变压器 1 间隔。母联跳开前，变压器 1 电压和电流如图 6-78 所示；母联跳开后，变压器 1 电压和电流如图 6-79 所示。

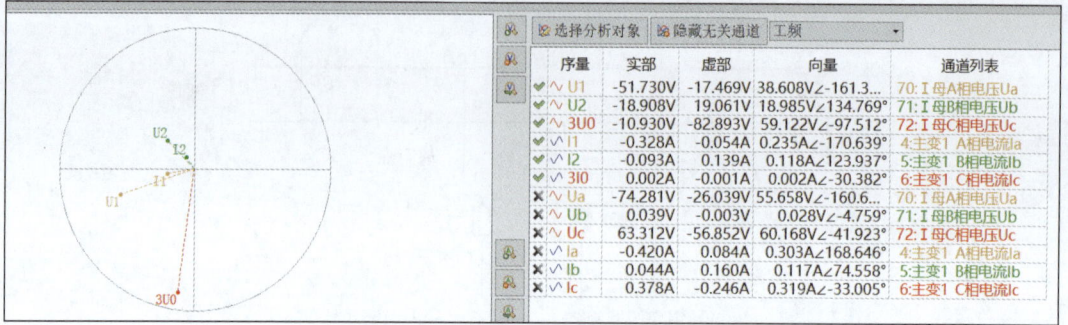

图 6-78　母联跳开前，变压器 1 电压和电流

图 6-79　母联跳开后，变压器 1 电压和电流

由图 6-78 和图 6-79 所示，可以看到，母联跳闸前和跳闸后，变压器 1 间隔均存在负序电流，而零序电流很小，推测变压器中性点未接地。并且，若故障位于正方向，变压器间隔电流应包含零序电流，因此推测故障位于反方向。

（3）变压器 2 间隔。如图 6-80 所示，可以看到，母联跳闸前，变压器 2 间隔存在负序电流和零序电流。零序电压相位超前零序电流约 86°，故障位于反方向。

图 6-80　母联跳开前，变压器 2 电压和电流

（4）支路 4 间隔。母联跳开前，支路 4 电压和电流如图 6-81 所示；母联跳开后，支路 4 电压和电流如图 6-82 所示。

图 6-81　母联跳开前，支路 4 电压和电流

图 6-82　母联跳开后，支路 4 电压和电流

由图 6-81 和图 6-82 可以看到，母联跳闸前和跳闸后，支路 4 间隔均存在负序电流和零序电流。跳闸前，零序电压相位超前零序电流约 80°，故障位于反方向；跳闸后，零序电压相位超前零序电流约 77°，故障位于反方向。

如图 6-83 和图 6-84 所示，支路 4 的 1G 和 2G 隔离开关位置均为 0，但支路 4 存在电流，可以推测为支路 4 隔离开关位置丢失。支路隔离开关位置丢失的情况下，保护装置会自动修正隔离开关位置。但支路电流低时，保护装置可能无法成功修正隔离开关位置。

图 6-83　开关量信息

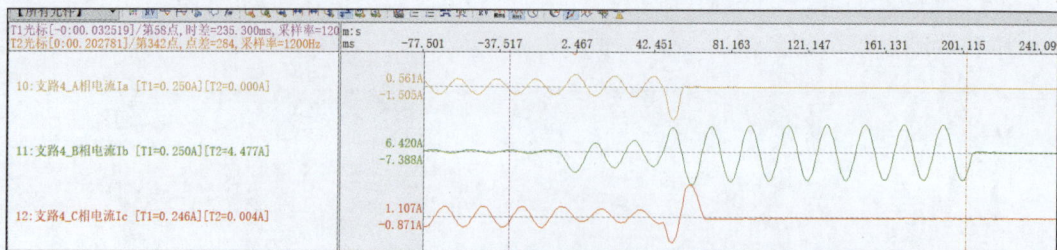

图 6-84　支路 4 电流波形

启动前支路 4 的负荷电流较低，且启动前 Ⅱ 母小差存在差流，Ⅱ 母小差动作未跳支路 4，结合上述现象可以推测保护装置修正隔离开关位置失败。

（5）支路 5 间隔。母联跳开前，支路 5 电压和电流如图 6-85 所示；母联跳开后，支路 5 电压和电流如图 6-86 所示。

图 6-85　母联跳开前，支路 5 电压和电流

图 6-86　母联跳开后，支路 5 电压和电流

由图 6-85 和图 6-86 所示，可以看到，母联跳闸前和跳闸后，支路 5 间隔均存在负序电流和零序电流。跳闸前，零序电压相位超前零序电流约 75°，故障位于反方向；跳闸后，零序电压相位滞后零序电流约 96°，故障位于正方向。推测支路 5 经其他变电站与支路 4 存在电气联系，导致母联跳闸后支路 5 故障位于正方向。

（6）支路 6 间隔。如图 6-87 所示，可以看到，母联跳闸前，支路 6 间隔均存在负序电流和零序电流，且零序电压相位超前零序电流约 74°，故障位于反方向。

序量	实部	虚部	向量	通道列表
U1	51.627V	17.446V	38.534V∠18.671°	73:Ⅱ母A相电压Ua
U2	18.900V	-18.985V	18.943V∠-45.128°	74:Ⅱ母B相电压Ub
3U0	11.034V	82.678V	58.981V∠82.398°	75:Ⅱ母C相电压Uc
I1	-0.992A	1.089A	1.042A∠132.331°	16:支路6 A相电流Ia
I2	-0.639A	-1.068A	0.880A∠-120.884°	17:支路6 B相电流Ib
3I0	2.386A	0.369A	1.707A∠8.801°	18:支路6 C相电流Ic
Ua	74.205V	26.020V	55.603V∠19.323°	73:Ⅱ母A相电压Ua
Ub	-0.036V	-0.013V	0.027V∠-159.898°	74:Ⅱ母B相电压Ub
Uc	-63.135V	56.671V	59.990V∠138.088°	75:Ⅱ母C相电压Uc
Ia	-0.836A	0.144A	0.600A∠170.228°	16:支路6 A相电流Ia
Ib	3.480A	0.419A	2.478A∠6.860°	17:支路6 B相电流Ib
Ic	-0.258A	-0.193A	0.228A∠-143.143°	18:支路6 C相电流Ic

图 6-87　母联跳开前，支路 6 电压和电流

（7）支路 7 间隔。母联跳开前，支路 7 电压和电流如图 6-88 所示；母联跳开后，支路 7 电压和电流如图 6-89 所示。

序量	实部	虚部	向量	通道列表
U1	51.726V	17.469V	38.605V∠18.661°	70:Ⅰ母A相电压Ua
U2	18.911V	-19.064V	18.988V∠-45.230°	71:Ⅰ母B相电压Ub
3U0	10.927V	82.822V	59.072V∠82.484°	72:Ⅰ母C相电压Uc
I1	-0.132A	0.567A	0.412A∠103.138°	19:支路7 A相电流Ia
I2	-0.312A	-0.397A	0.357A∠-128.148°	20:支路7 B相电流Ib
3I0	1.467A	0.038A	1.038A∠1.494°	21:支路7 C相电流Ic
Ua	74.280V	26.013V	55.651V∠19.300°	70:Ⅰ母A相电压Ua
Ub	-0.038V	-0.013V	0.029V∠-160.752°	71:Ⅰ母B相电压Ub
Uc	-63.314V	56.823V	60.156V∠138.093°	72:Ⅰ母C相电压Uc
Ia	0.045A	0.183A	0.133A∠76.280°	19:支路7 A相电流Ia
Ib	1.546A	-0.228A	1.105A∠-8.379°	20:支路7 B相电流Ib
Ic	-0.124A	0.083A	0.106A∠146.117°	21:支路7 C相电流Ic

图 6-88　母联跳开前，支路 7 电压和电流

序量	实部	虚部	向量	通道列表
U1	65.347V	2.035V	46.229V∠1.784°	70:Ⅰ母A相电压Ua
U2	6.615V	-12.676V	10.110V∠-62.443°	71:Ⅰ母B相电压Ub
3U0	18.075V	45.077V	34.341V∠68.150°	72:Ⅰ母C相电压Uc
I1	0.017A	0.373A	0.264A∠87.371°	19:支路7 A相电流Ia
I2	-0.226A	-0.143A	0.189A∠-147.712°	20:支路7 B相电流Ib
3I0	0.828A	-0.256A	0.613A∠-17.181°	21:支路7 C相电流Ic
Ua	77.986V	4.385V	55.232V∠3.218°	70:Ⅰ母A相电压Ua
Ub	-17.215V	-30.517V	24.776V∠-119.428°	71:Ⅰ母B相电压Ub
Uc	-42.696V	71.209V	58.710V∠120.946°	72:Ⅰ母C相电压Uc
Ia	0.067A	0.145A	0.113A∠65.013°	19:支路7 A相电流Ia
Ib	0.827A	-0.411A	0.653A∠-26.419°	20:支路7 B相电流Ib
Ic	-0.066A	0.010A	0.047V∠171.437°	21:支路7 C相电流Ic

图 6-89　母联跳开后，支路 7 电压和电流

由图 6-88 和图 6-89 可以看到，母联跳闸前和跳闸后，支路 7 间隔均存在负序电流和零序电流。跳闸前，零序电压相位超前零序电流约 81°，故障位于反方向；跳闸后，零序电压相位超前零序电流约 85°，故障位于反方向。

（8）母联间隔。如图 6-90 所示，分析母联间隔电流，可以看到启动后 B 相电流明显增大，A 相及 C 相电流变化较小，符合 B 相接地故障特征。

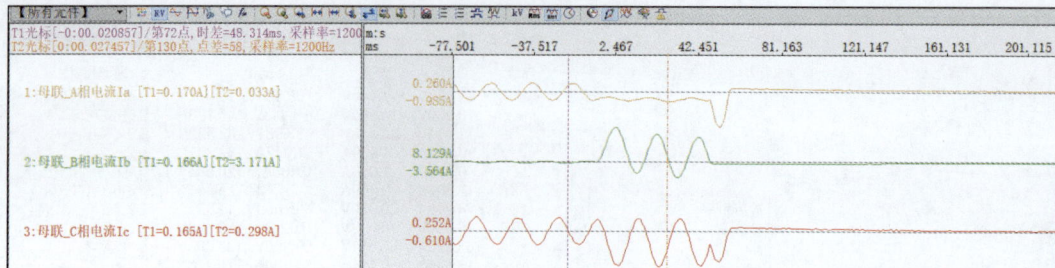

图 6-90　母联电流波形

（9）母线保护动作情况。如图 6-91～图 6-93 所示，从母差差流可以看到，大差在启动前无差流，启动后存在 B 相差流，Ⅱ母差动跳开母联、变压器 2、支路 6 后差流减小，大差后备保护跳开支路 4 后差流消失。

Ⅱ母小差启动前已经存在三相差流，差流幅值与支路 4 电流基本相等，启动后差流较大，母联、变压器 2、支路 6 跳开后差流消失。

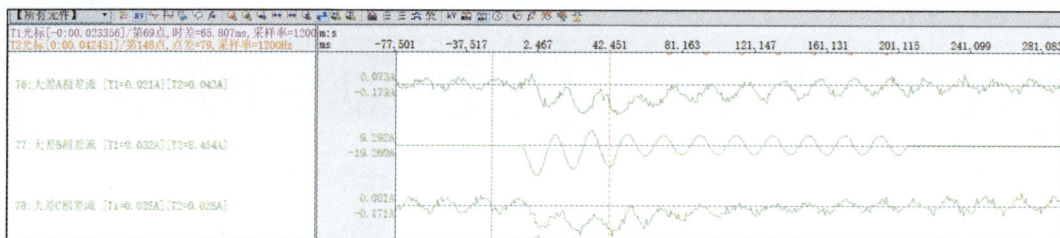

图 6-91　母线保护大差电流波形

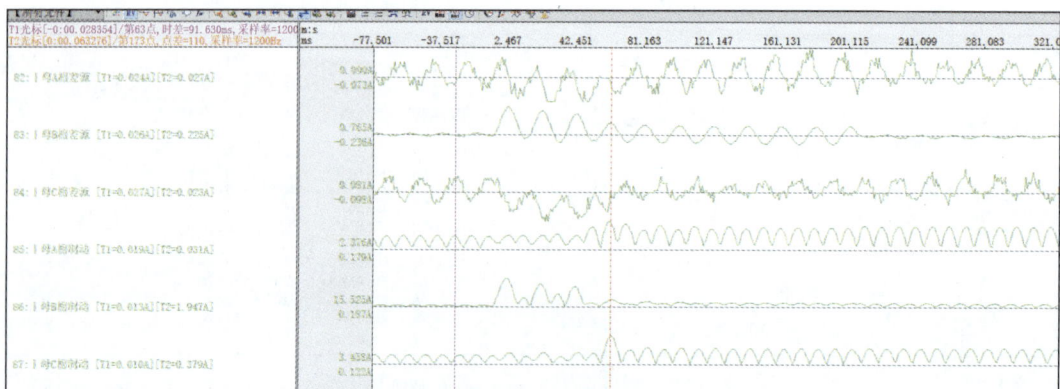

图 6-92　Ⅰ母电流波形

如图 6-94 所示，支路 4 的隔离开关位置丢失，且启动前Ⅱ母小差存在差流，Ⅱ母小差动作未跳支路 4，可以推测保护装置未成功识别支路 4 隔离开关位置。因此Ⅱ母差动动作后故障未被隔离，大差持续存在差流。如图 6-95 所示，大差差流持续 150ms 后满足大差动作条件，大差保护动作会跳开无隔离开关位置的支路，因此跳开支路4，最终隔离故障。

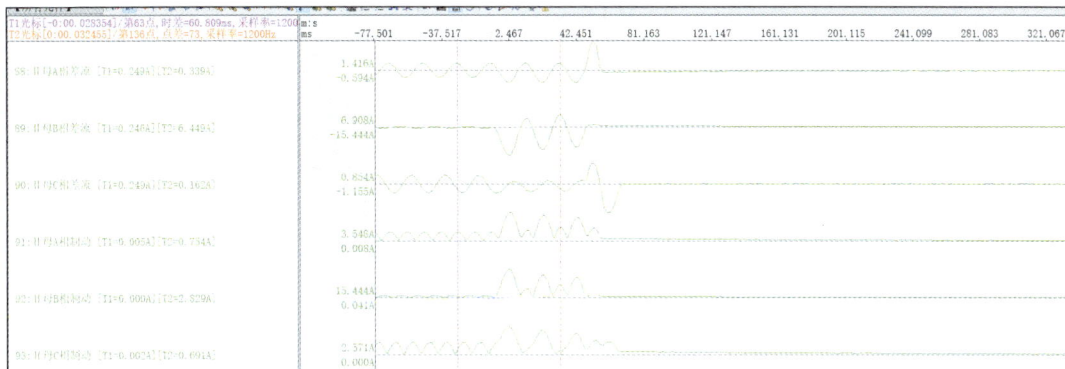

图 6-93　Ⅱ母电流波形

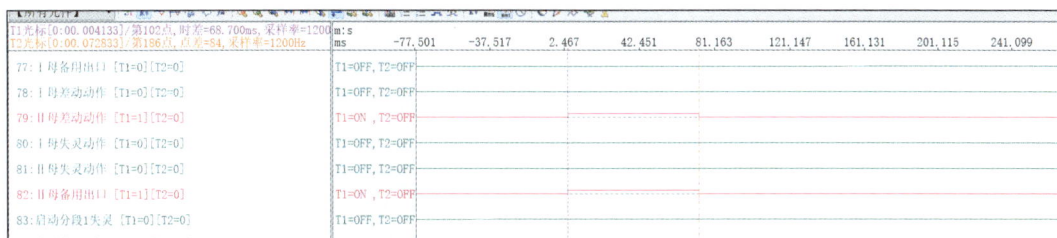

图 6-94　保护动作情况（1）

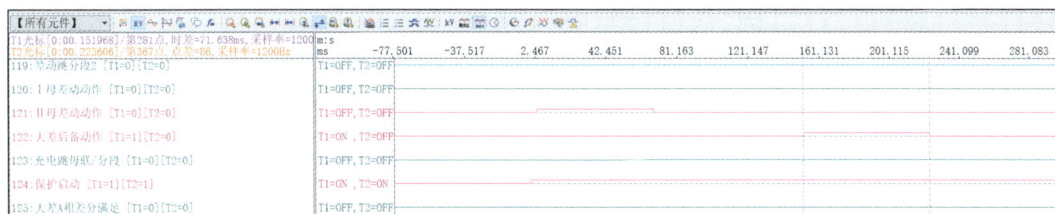

图 6-95　保护动作情况（2）

第五节　手合充电于故障母线

案例一：Ⅱ母故障——手合充电于故障母线

1. 故障前运行方式

某 220kV 变电站母线为双母线接线，Ⅱ母停运，母联分位，变压器 1、变压器 2、支路 4、支路 5、支路 6、支路 7 运行于Ⅰ母。故障前运行方式如图 6-96 所示。

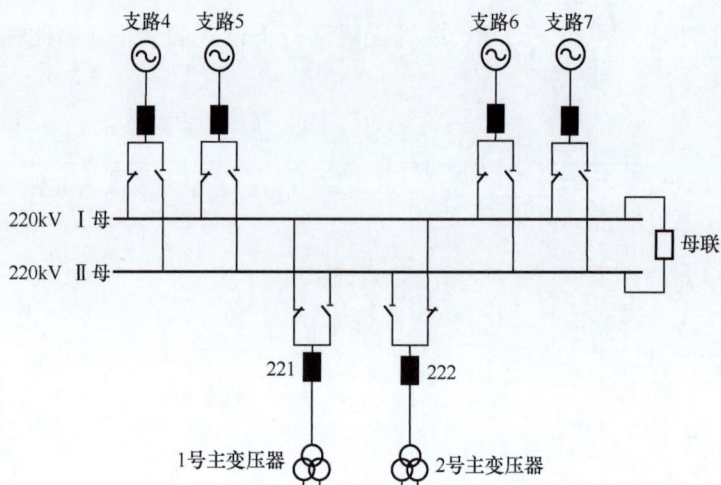

图 6-96　故障前运行方式

2．故障过程简介

通过手合母联向Ⅱ母充电，重合于Ⅱ母 A 相金属性接地短路，母联跳开，故障后运行方式如图 6-97 所示。

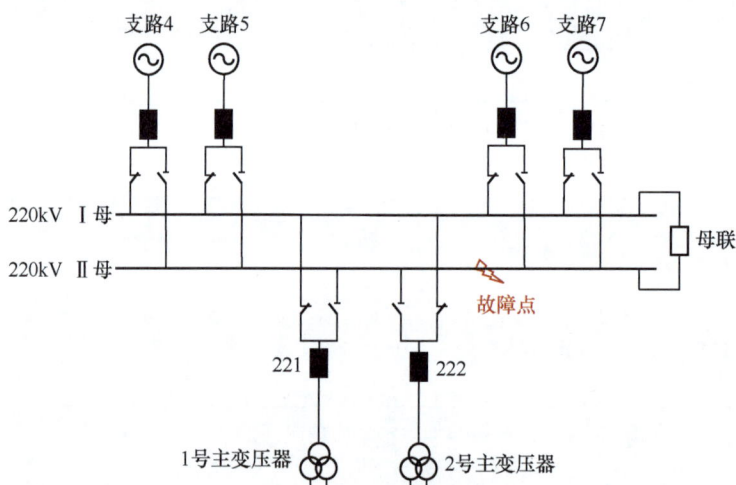

图 6-97　故障后运行方式

3．保护动作情况

故障发生前，装置正常运行。故障发生后，保护动作情况见表 6-8。

表 6-8	保护动作情况
0ms	手合母联向Ⅱ母充电后，Ⅱ母母线A相金属性接地短路
约7ms	Ⅱ母母差保护动作，跳开母联，故障隔离

4. 故障录波分析

（1）母线电压。如图 6-98 所示，故障发生后Ⅰ母和Ⅱ母母线 A 相电压均降低，跳开母联后Ⅰ母三相电压恢复正常，Ⅱ母三相失压，推测Ⅱ母发生 A 相接地故障。

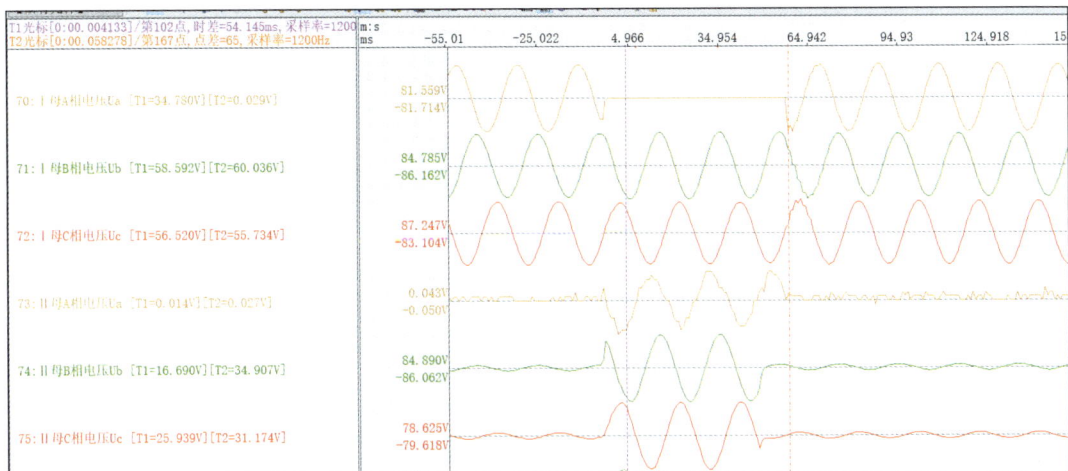

图 6-98 母线电压波形

（2）变压器 1 间隔。如图 6-99 所示，可以看到，变压器 1 间隔均存在负序电流，而零序电流很小，推测变压器中性点未接地。

图 6-99 变压器 1 电压和电流

（3）变压器 2 间隔。如图 6-100 所示，变压器 2 间隔存在负序电流和零序电流。零序电压相位超前零序电流约 88°，故障位于反方向。

支路 4、支路 5、支路 6、支路 7 间隔电压电流情况与变压器 2 类似，均存在零序和负序电流，零序电压相位超前零序电流，故障位于反方向。

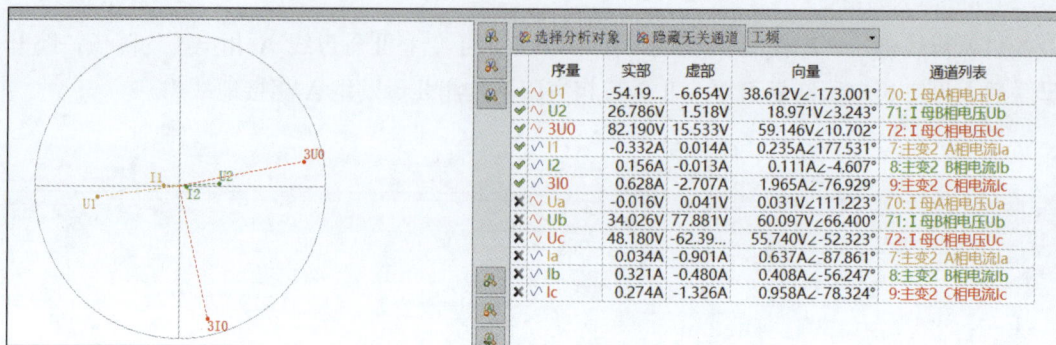

图 6-100　变压器 2 电压和电流

（4）母联间隔。如图 6-101 所示，分析母联间隔电流，可以看到启动后 A 相电流明显增大，B 相及 C 相无电流，符合 A 相接地故障特征。

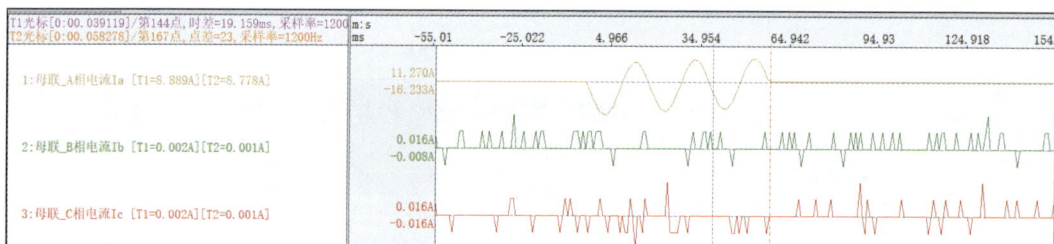

图 6-101　母联电流波形

如图 6-102 所示，启动前母联 SHJ 为 1，母联 TWJ 为 0，可见手合母联向Ⅱ母充电。

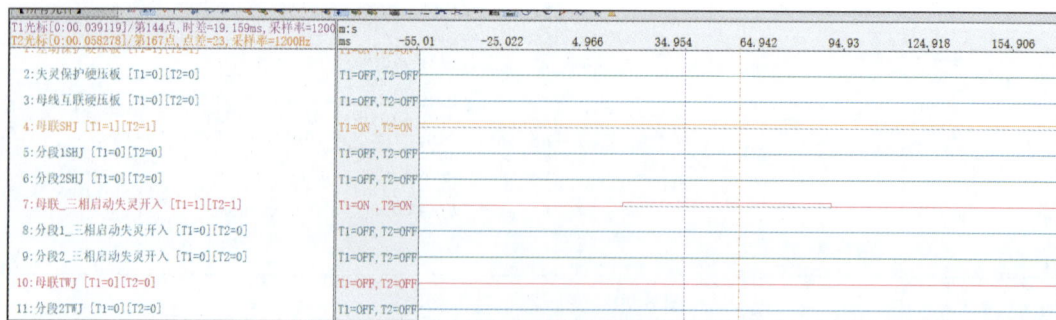

图 6-102　手合母联充电开关量信息

（5）母线保护动作情况。如图 6-103～图 6-105 所示，从母差差流可以看到，大差在启动前无差流，启动后存在 A 相差流，母联跳开后差流消失。Ⅱ母小差启动前无差流，启动后 A 相存在较大差流，母联跳开后差流消失。

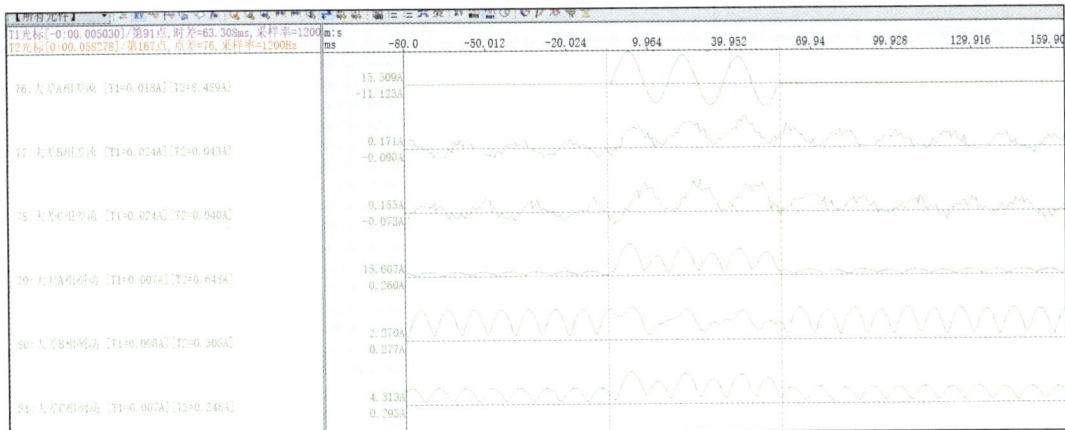

图 6-103　母线保护大差电流波形

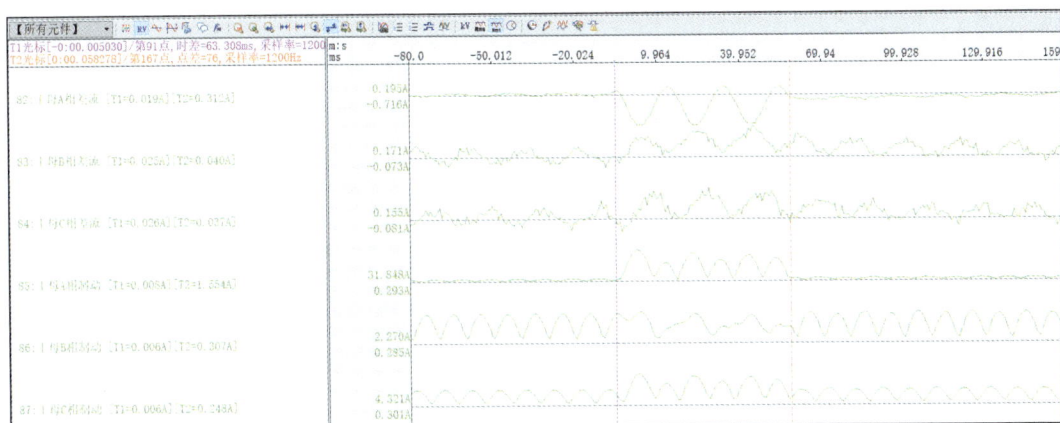

图 6-104　Ⅰ母电流波形

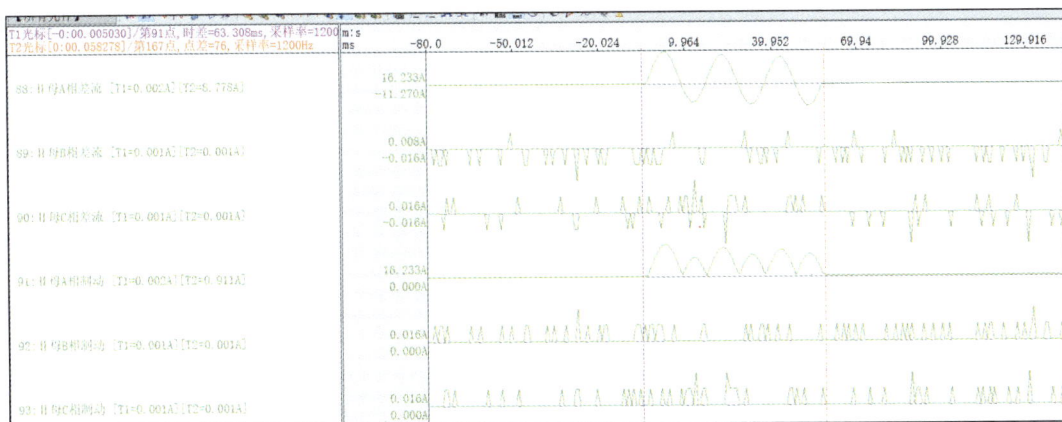

图 6-105　Ⅱ母电流波形

　　如图 6-106 和图 6-107 所示，在手合母联充电过程中，保护装置会根据母联手合开入和母联断路器位置，判断处于母联充电过程，并在发生故障时闭锁差动保护 300ms，"充电闭锁母差 300" 开关量为 1。这是为了防止合闸于母联死区故障时，误跳运行母线。

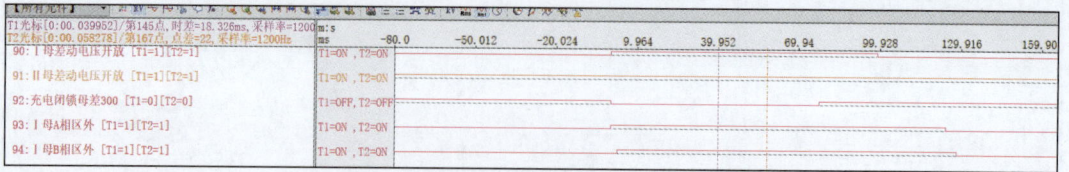

图 6-106　开关量信息

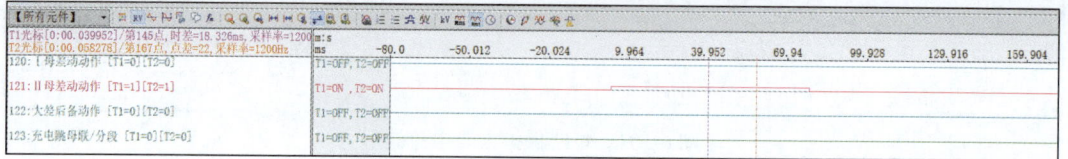

图 6-107　母线保护动作情况

母联死区故障时，母联 TA 不会流过故障电流，母联电流为 0。若充电过程中有故障电流且母联 TA 有流，保护装置则认为充电到故障母线，此时立即解除充电闭锁状态，瞬时投入差动保护，"充电闭锁母差 300" 开关量变为 0。

由于母联 TA 有故障电流，可以判断故障不位于母联死区，而是位于 II 母，因此 II 母差动动作跳开母联，隔离故障。

第七章 复杂转换性故障案例分析

案例一：一起线路单相接地引起的转换性故障

1. 故障前运行方式

故障前运行方式如图 7-1 所示。

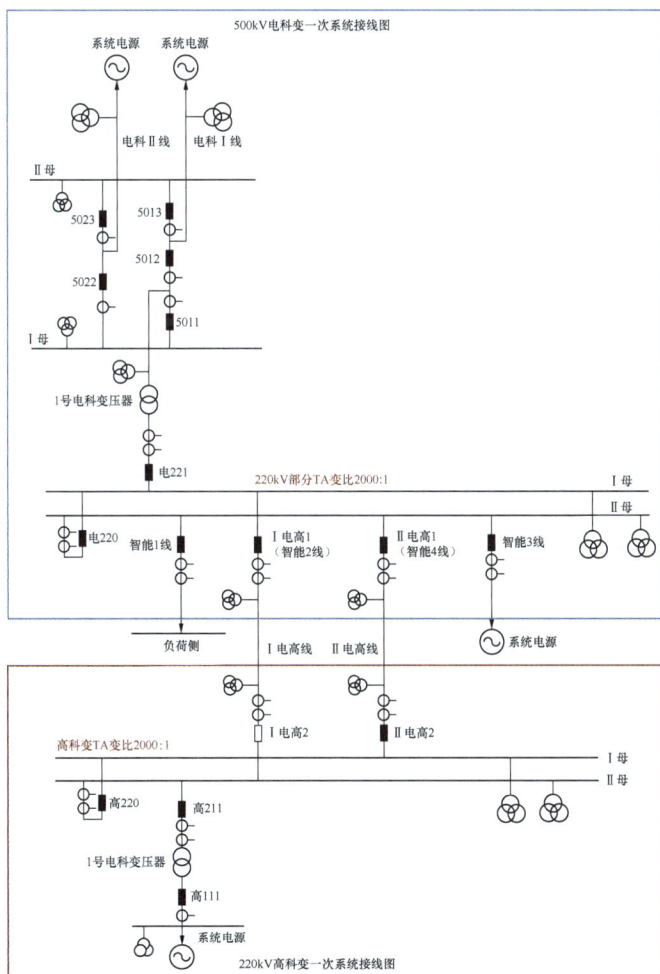

图 7-1 故障前运行方式

2. 故障后运行方式

故障后运行方式如图 7-2 所示。

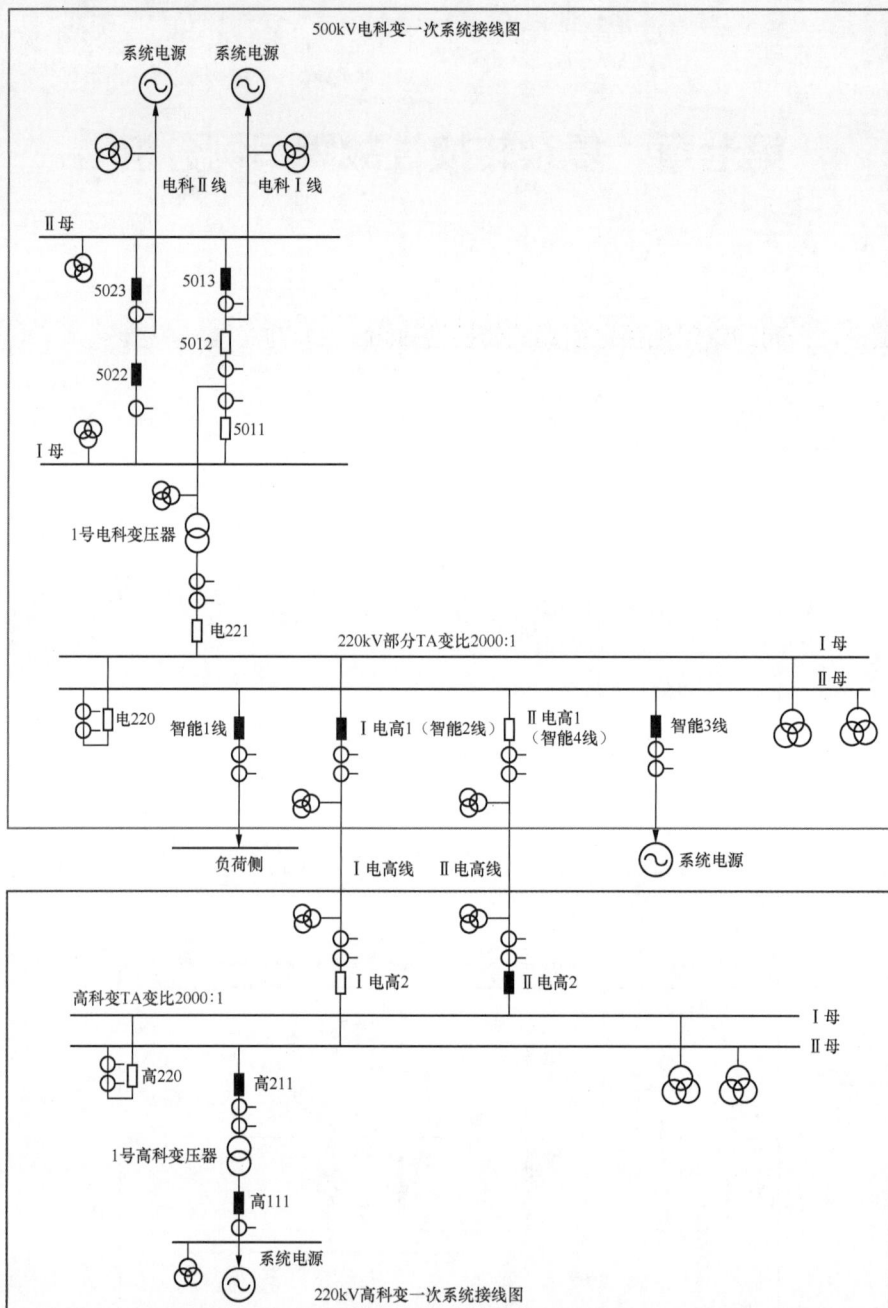

图 7-2　故障后运行方式

3. 保护动作情况及录波波形分析

以故障发生时刻 2019-09-26 10:45:17：611ms 为 0 时刻。0ms，220kVⅡ电高线相发生 B 相金属性瞬时接地故障。

高科变：12ms，Ⅱ电高 2 保护纵差动作跳 B 相，56ms 单跳启动重合，1057ms 重合闸动作，Ⅱ电高 2 断路器三跳三重。220kV 高科变 220kVⅡ电高线路保护动作报文如图 7-3～图 7-8 所示，220kVⅡ电高线路电流电压波形如图 7-9 所示。

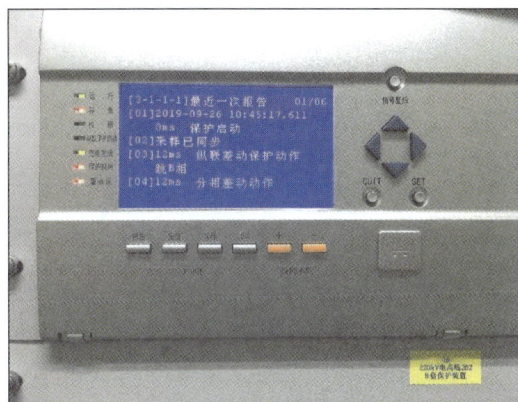

图 7-3　220kV 高科变 220kVⅡ电高线路保护 B 套保护动作报文（1）

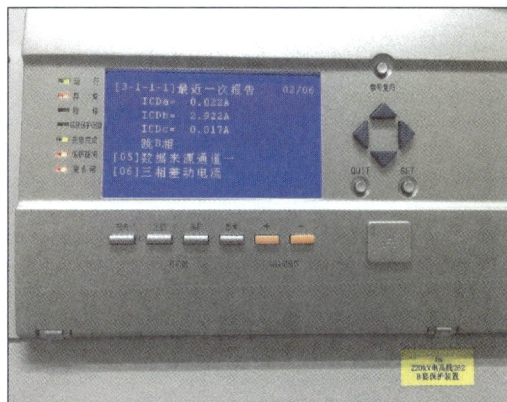

图 7-4　220kV 高科变 220kVⅡ电高线路保护 B 套保护动作报文（2）

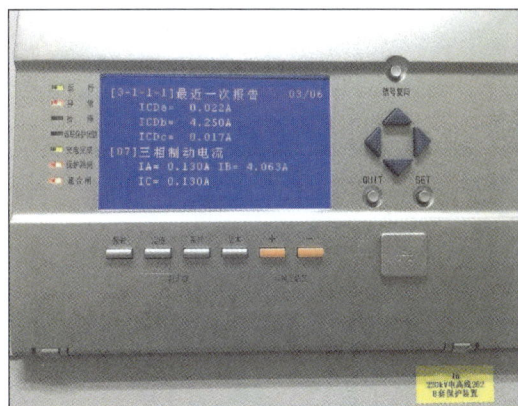

图 7-5　220kV 高科变 220kVⅡ电高线路保护 B 套保护动作报文（3）

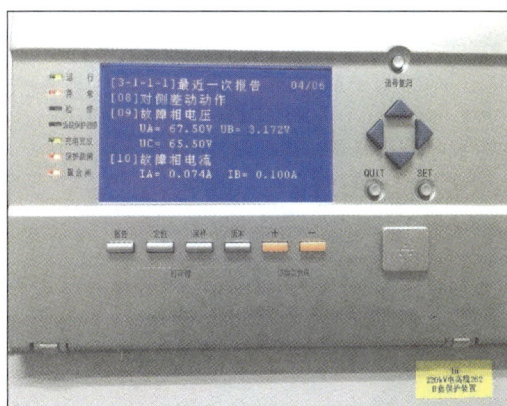

图 7-6　220kV 高科变 220kVⅡ电高线路保护 B 套保护动作报文（4）

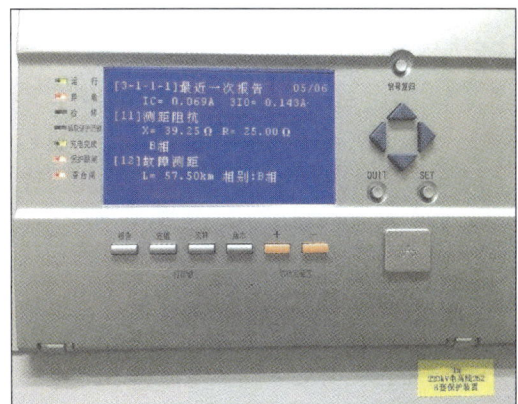

图 7-7　220kV 高科变 220kVⅡ电高线路保护 B 套保护动作报文（5）

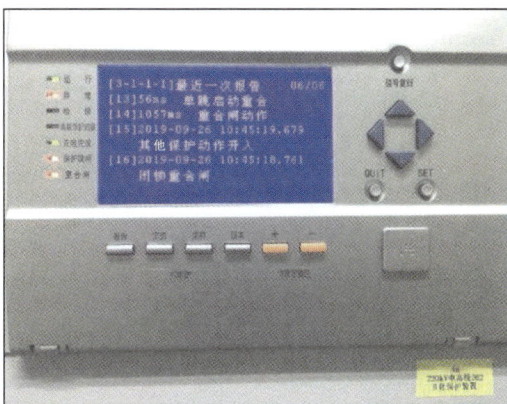

图 7-8　220kV 高科变 220kVⅡ电高线路保护 B 套保护动作报文（6）

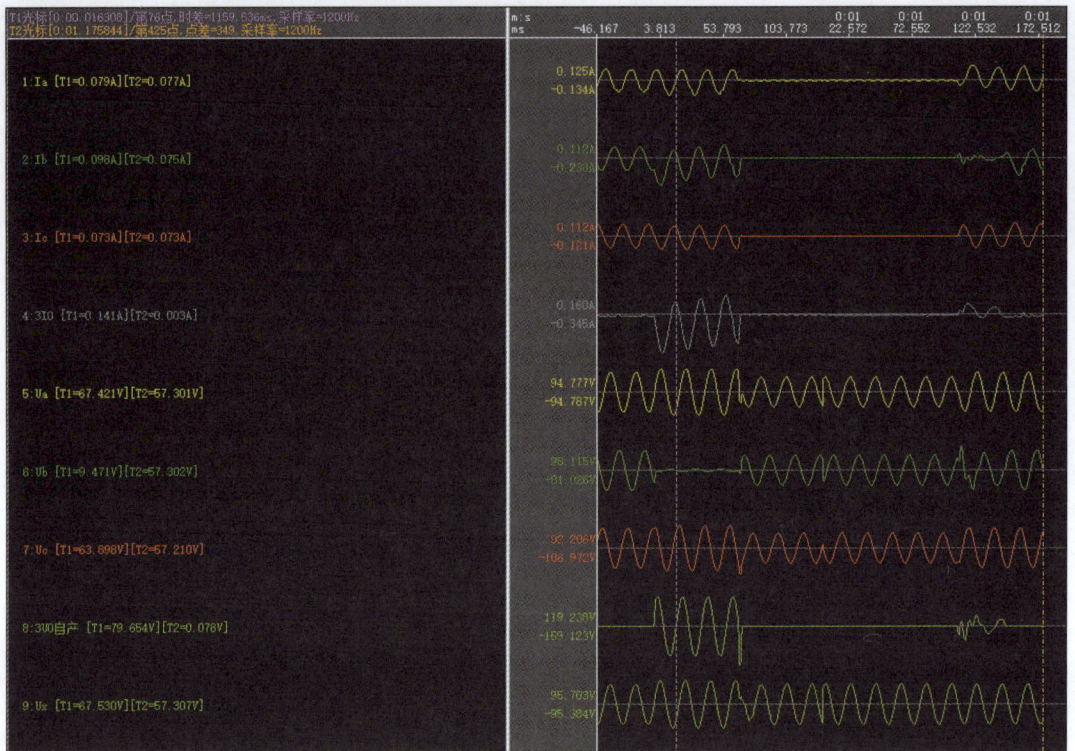

图 7-9　220kVⅡ电高线路电流电压波形

电科变：13ms，纵差动作跳 B 相，16ms 接地距离Ⅰ段动作跳 B 相，94ms 启动重合，1095ms 重合闸动作，Ⅱ电高 1 断路器单跳单重。500kV 电科变 220kVⅡ电高线保护装置报文及波形如图 7-10～图 7-14 所示。

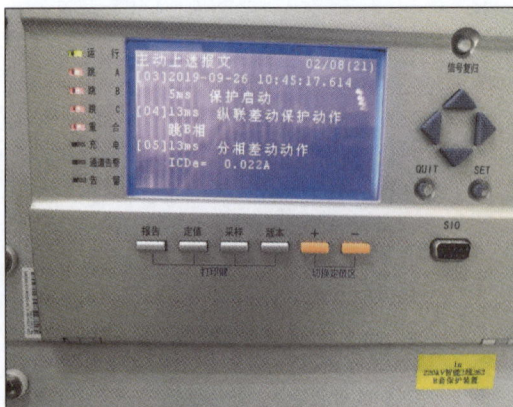

图 7-10　500kV 电科变 220kV
Ⅱ电高线保护装置报文（1）

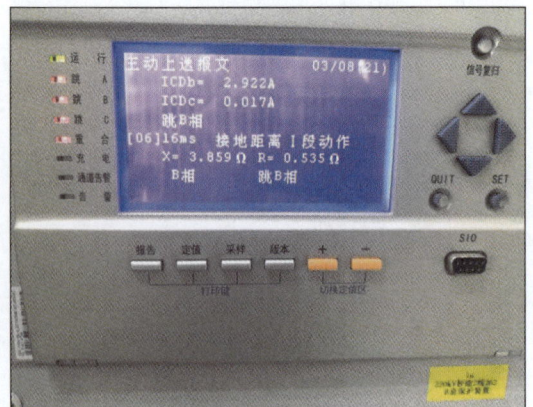

图 7-11　500kV 电科变 220kV
Ⅱ电高线保护装置报文（2）

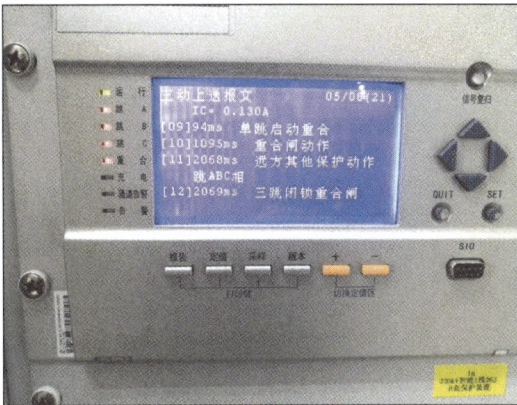

图 7-12 500kV 电科变电站 220kV
Ⅱ电高线保护装置报文（3）

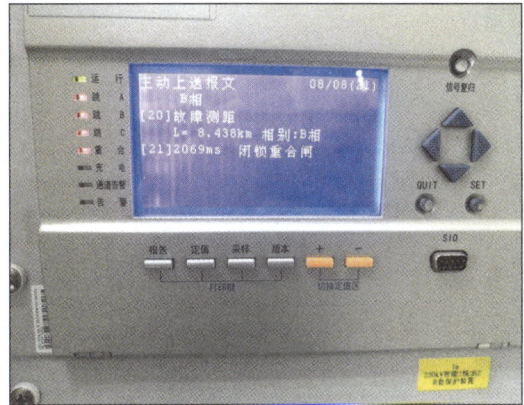

图 7-13 500kV 电科变电站 220kV
Ⅱ电高线保护装置报文（4）

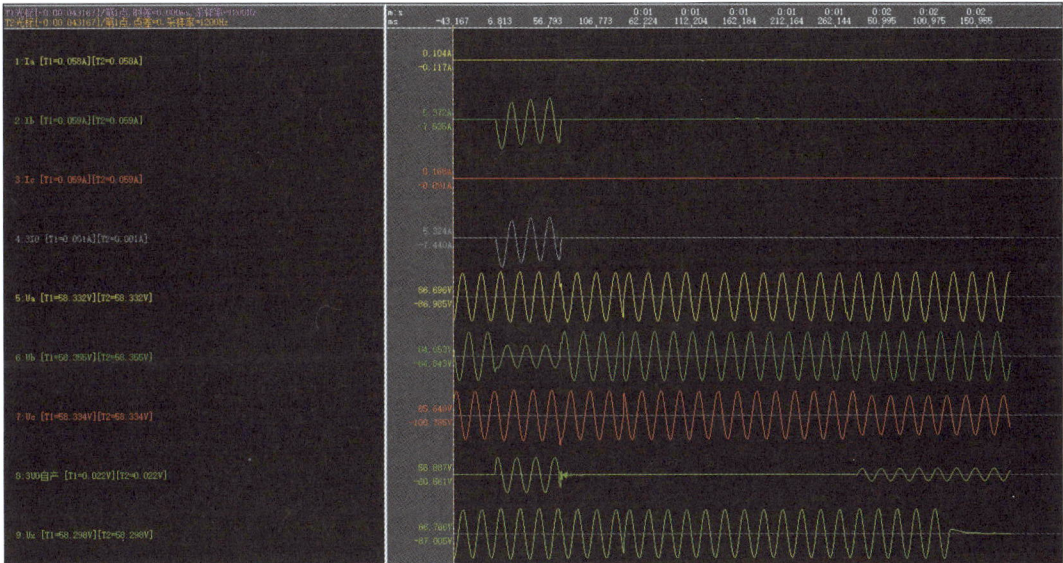

图 7-14 500kV 电科变电站 220kV Ⅱ电高线保护装置波形

如图 7-15 所示，由于Ⅱ电高 2 智能终端订阅保护跳闸 A/C 相信号错误，断路器三跳，又保护订阅智能终端断路器位置错误，保护 TWJ 一直为 0，重合闸充电，保护启动重合并出口，Ⅱ电高 2 断路器三跳三重（保护订阅智能终端位置错拉为隔离开关 1，隔离开关 1为合位）。

	外部信号	外部信号描述	接收端口	内部信号	内部信号描述
1	ILG2204ARPIT/GGIO10.Ind10.stVal	220kV智能4线智能终端A套/压力降低禁止重合闸逻辑2YJJ		PIGO/GOINGGIO10.SPCS...	低气压闭锁重合闸
2	PMG2201APIGO/PTRC7.Tr.general	高科变220KV母线保护A套/支路7_保护跳闸		PIGO/GOINGGIO04.SPCSO...	闭锁重合闸-2
3	PMG2201APIGO/PTRC6.Tr.general	高科变220KV母线保护A套/支路6_保护跳闸		PIGO/GOINGGIO23.SPCS...	其他保护动作-1
4	ILG2204ARPIT/GGIO10.Ind6.stVal	220kV智能4线智能终端A套/闭锁本套保护重合闸		PIGO/GOINGGIO04.SPCSO...	闭锁重合闸-6
5	ILG2204ARPIT/XSWI1.Pos.stVal	220kV智能4线智能终端A套/1G位置		PIGO/GOINGGIO1.DPCSO...	断路器分相跳闸位置TWJa
6	ILG2204ARPIT/XSWI1.Pos.stVal	220kV智能4线智能终端A套/1G位置		PIGO/GOINGGIO2.DPCSO...	断路器分相跳闸位置TWJb
7	ILG2204ARPIT/XSWI1.Pos.stVal	220kV智能4线智能终端A套/1G位置		PIGO/GOINGGIO3.DPCSO...	断路器分相跳闸位置TWJc

图 7-15 220kV 高科变 220kVⅡ电高 2 智能终端订阅虚端子图（一）

	外部信号	外部信号描述	接收端口	内部信号	内部信号描述
1	PLG2204APIGO/goPTRC2.Tr.phsB	高科变220KV智能4线保护A套/断路器跳闸	RPIT/GOINGGIO485.SPCS...	跳A_直跳（网口2）
2	PLG2204APIGO/goPTRC2.Tr.phsB	高科变220KV智能4线保护A套/断路器跳闸	RPIT/GOINGGIO497.SPCS...	跳B_直跳（网口2）
3	PLG2204APIGO/goPTRC2.Tr.phsB	高科变220KV智能4线保护A套/断路器跳闸	RPIT/GOINGGIO509.SPCS...	跳C_直跳（网口2）
4	PLG2204APIGO/goPTRC2.BlkRecST.st...	高科变220KV智能4线保护A套/永跳	RPIT/GOINGGIO521.SPCS...	永跳_直跳（网口2）
5	PLG2204APIGO/goRREC3.Op.general	高科变220KV智能4线保护A套/重合闸	RPIT/GOINGGIO545.SPCS...	合闸(重合)_直跳（网口2）
6	PMG2201APIGO/PTRC7.Tr.general	高科变220KV母线保护A套/支路7_保护跳闸	RPIT/GOINGGIO522.SPCS...	永跳_直跳（网口3）

图 7-15　220kV 高科变 220kVⅡ电高 2 智能终端订阅虚端子图（二）

400ms 高科变Ⅰ电高 2 断路器和 TA 之间发生 C 相金属性永久接地。高科变Ⅰ电高 2 保护 503ms 零序加速动作，600ms 单相运行三跳。220kV 高科变 220kVⅠ电高线 A 套保护装置报文如图 7-16 所示。

高科变母线保护差动、失灵启动，由于复压闭锁，差动、失灵都不动作，220kV 高科变 220kV 母差保护装置报文如图 7-17 所示。

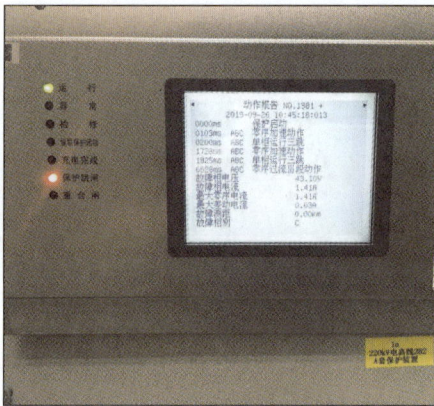

图 7-16　220kV 高科变 220kVⅠ电高线
A 套保护装置报文

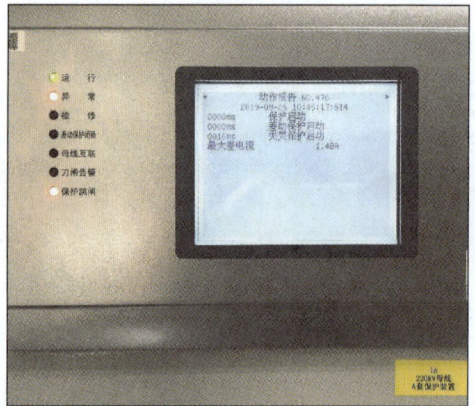

图 7-17　220kV 高科变 220kV 母差保护装置报文

Ⅰ电高 1 断路器重合后，2130ms 高科变Ⅰ电高 2 保护零序加速动作，2225ms 单相运行跳三相，又Ⅰ电高 1 断路器未跳开，7027ms 高科变Ⅰ电高 2 零序Ⅲ段动作，如图 7-18 所示。

如图 7-19 所示，由于两侧光纤通道压板退出，电科变保护收不到对侧加联跳命令。

电科变Ⅰ电高 1 保护接地距离Ⅱ段动作单跳，Ⅱ段闭重控制字 0，1977ms 重合闸动作，2053ms 距离加速动作，2090ms 零序加速动作；又 1980ms 智能终端收到断路器压力异常信号闭锁跳闸，保护虽动作但断路器未跳开。2538ms 电科变Ⅰ电高 1 接地距离Ⅱ段动作。7027ms 电科变Ⅰ电高 1 接地距离Ⅲ段、零序过电流Ⅲ段动作。

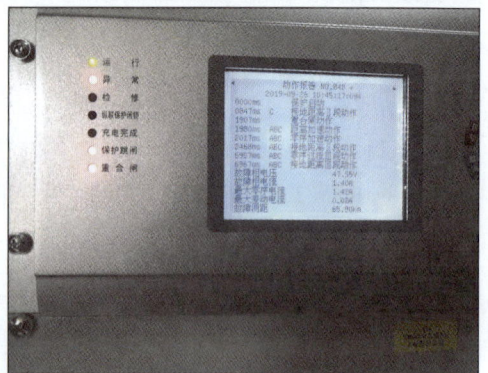

图 7-18　500kV 电科变 220kV
Ⅰ电高线 A 套保护装置报文

2	电科 II 线间隔	线路保护检修	退	电科 II 线线路保护	纵联差动	退
					远方跳闸	**退**
					过电压保护	退
					停用重合闸	退
					Goose 跳边开关	投
					GOOSE 跳中开关	投
					GOOSE 启动边开关失灵	投
					GOOSE 启动中开关失灵	投
					边智能终端 GOOSE 接收	投
					中智能终端 GOOSE 接收	投
					边断路器 GOOSE 接收	投
					中断路器 GOOSE 接收	投
					边开关 SV 接收	投
					中开关 SV 接收	投
					电压 SV 接收	投

图 7-19　500kV 电科变 500kV 电科 II 线软压板投退方式

2034ms 高科变母线保护 II 母差动 C 相动作，跳高 220，高 221，I 电高 2 高 220 断路器跳开，高 221 由于智能终端跳闸出口硬压板未投，由于高科变变压器保护订阅母差失灵联跳错拉成变压器跳闸，变压器开入失灵联跳，但母联 220 跳开后高 221 无流，变压器失灵联跳不出口，高 111 断路器不动作。220kV 高科变母联保护装置报文如图 7-20 所示。

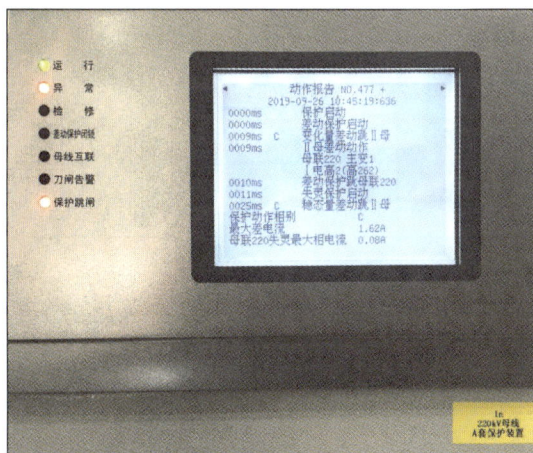

图 7-20　220kV 高科变母线保护装置报文

2317ms 因电科变 I 电高 1 断路器失灵，电科变母差保护失灵 I 时限动作跳母联电 220，由于失灵 II 时限时间整定错误未动作。

案例二：一起线路断线接地引起的转换性故障

1. 故障前运行方式
故障前运行方式如图 7-21 所示。

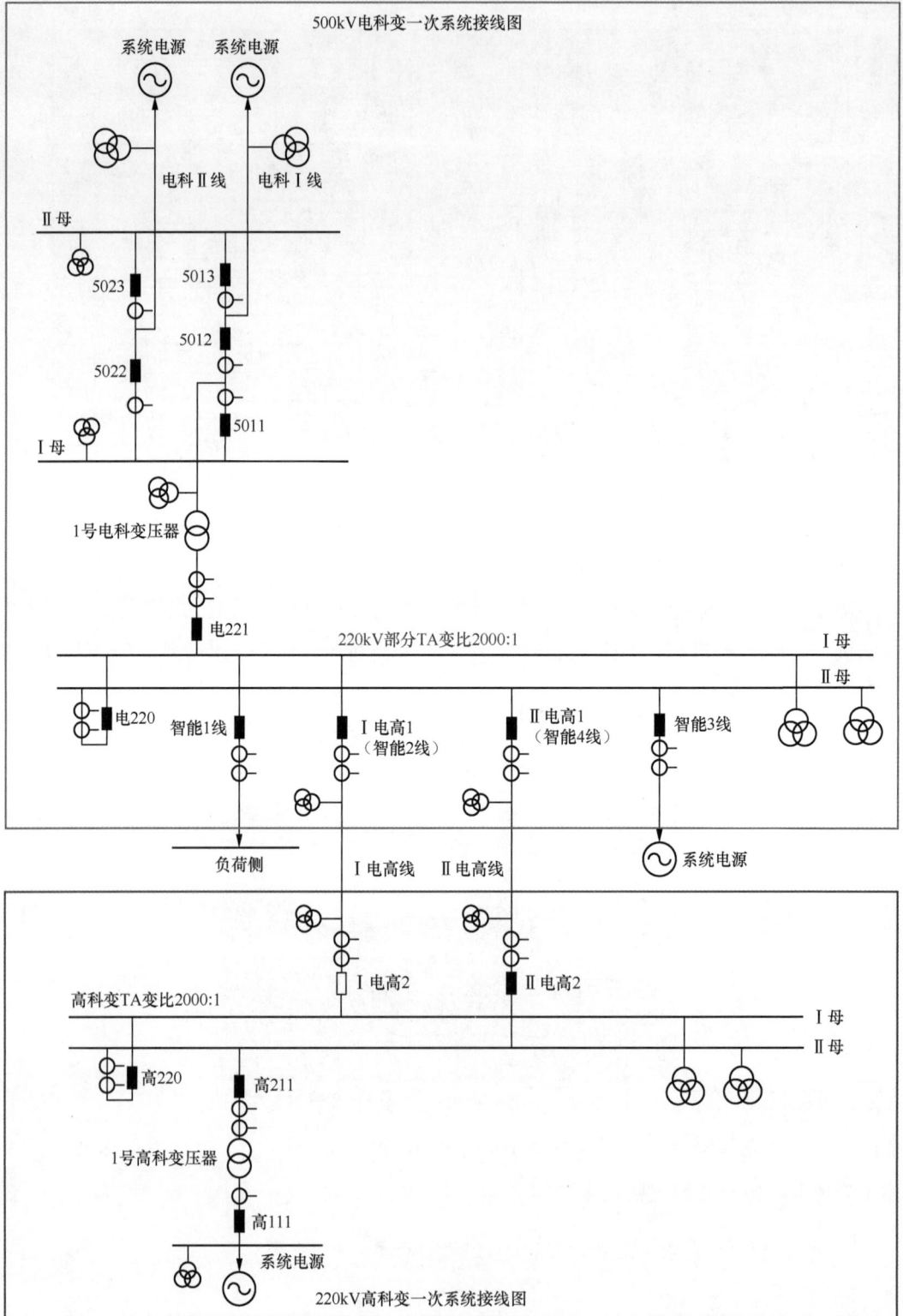

图 7-21 故障前运行方式

2. 故障后运行方式

故障后运行方式如图 7-22 所示。

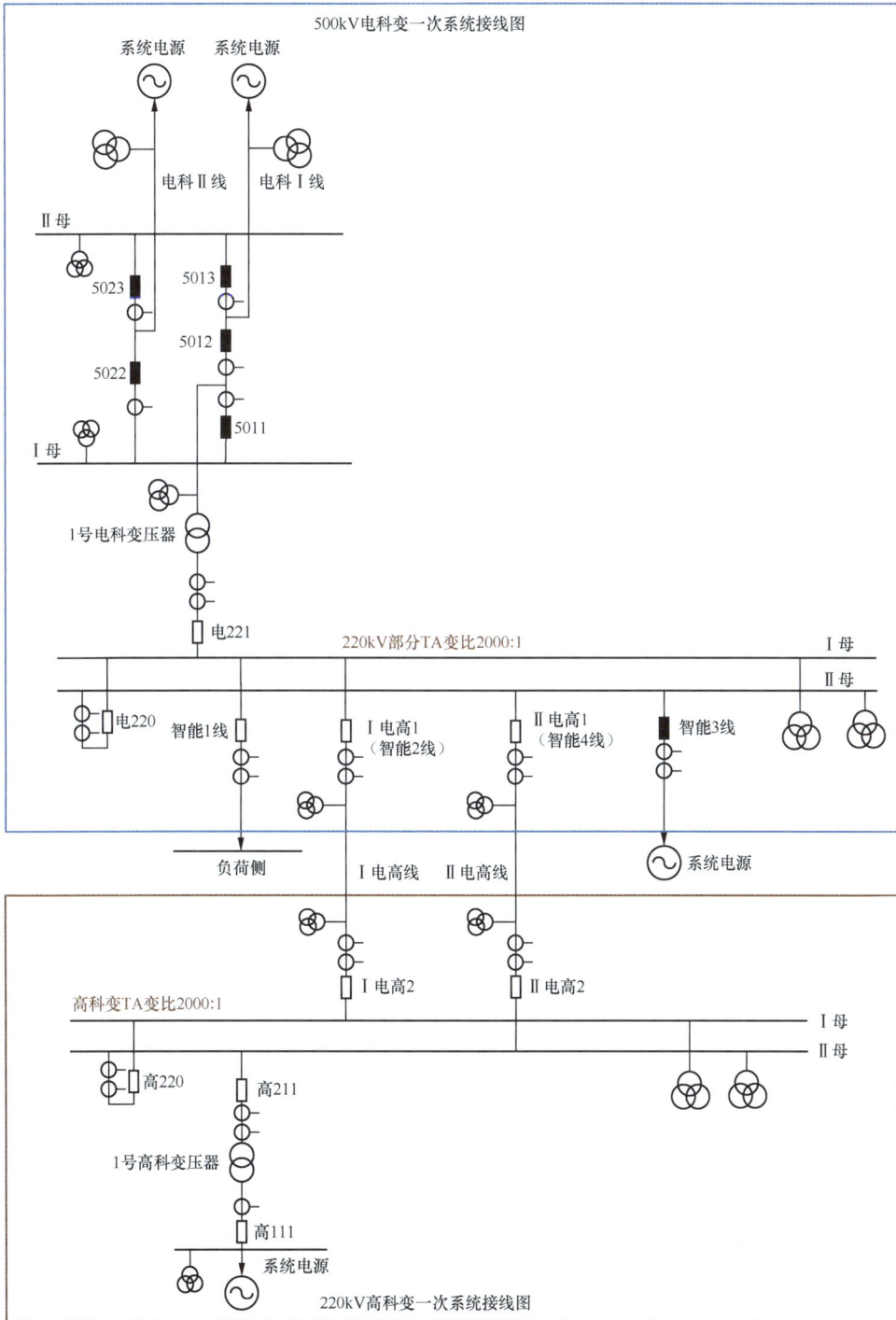

图 7-22　故障后运行方式

3. 保护动作情况及录波波形分析

第一次故障Ⅰ电高1断路器死区断线。第二次故障Ⅰ电高1断路器死区断线后断路器侧A相接地，Ⅰ母差动动作跳开电221、电220、智能1线和Ⅰ电高1断路器，差动保护返回；第三次故障Ⅰ电高1断路器死区TA侧A相接地，Ⅰ母差动再次动作（许继大差有两个：增量差和常规差，都可以开放小差；增量差 K 值固定0.3；常规根据运行状态并列0.5，分列0.3，大差后备走常规差。母联虽然跳开，但不满足分列运行逻辑；Ⅰ电高1断路器跳开后常规差不满足，综上大差后备不开放）。因Ⅰ电高1保护动作较慢（从录波看第二次故障后大约50msⅠ电高1差动才动作），故第三次故障300ms后失灵Ⅰ时限才动作，此时由于Ⅱ电高1零序Ⅱ段误动跳开A相，将故障点隔离。500kV电科变母线保护装置报文如图7-23～图7-24所示。500kV电科变220kVⅠ电高线保护装置报文及智能终端指示灯如图7-25和图7-26所示。220kV高科变220kVⅠ电高线保护装置报文及智能终端指示灯如图7-27和图7-28所示。

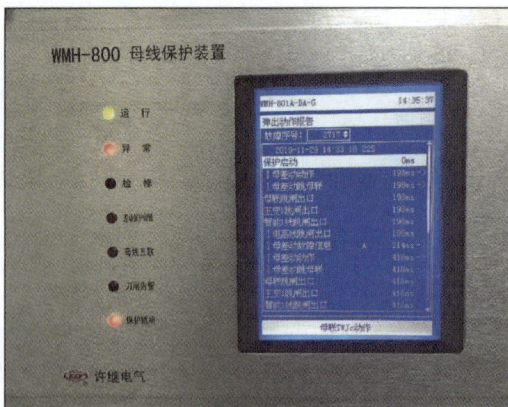

图 7-23 500kV 电科变母线保护装置报文（1）

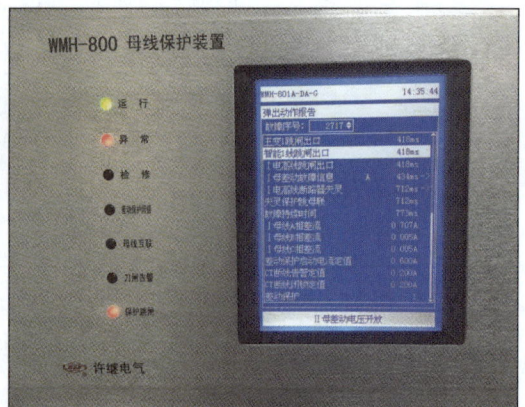

图 7-24 500kV 电科变母线保护装置报文（2）

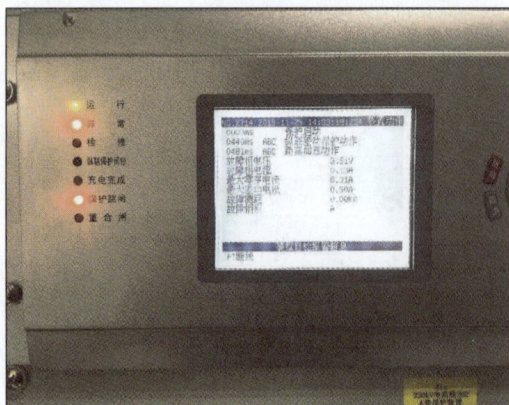

图 7-25 500kV 电科变 220kV
Ⅰ电高线保护装置报文（1）

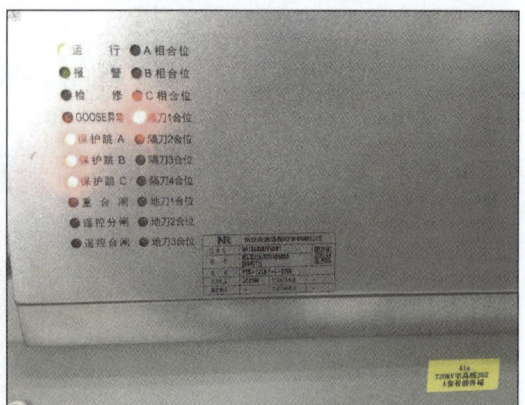

图 7-26 500kV 电科变 220kV
Ⅰ电高线智能终端指示灯

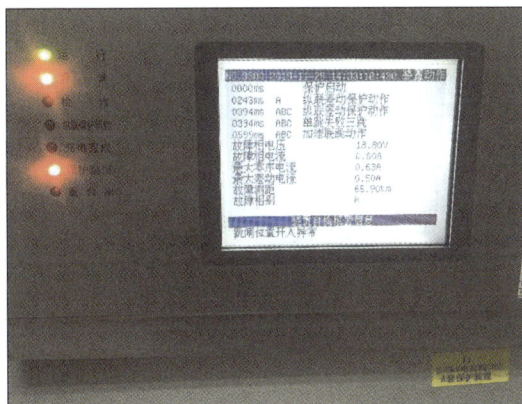

图 7-27　220kV 高科变 220kV
Ⅰ电高线保护装置报文

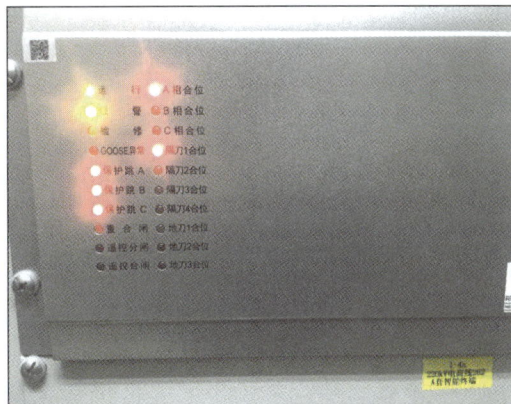

图 7-28　220kV 高科变 220kV
Ⅰ电高线智能终端指示灯

Ⅰ电高 1 断路器死区 A 相断线后，Ⅰ电高 1 保护启动，Ⅰ电高 2 保护未启动。Ⅰ电高 1 死区 TA 侧 A 相接地后，由于Ⅰ电高 1 TA 电流 N 相开路，故区外差动误动，且动作时间较慢（装置录波显示差流初始并不满足动作值）Ⅰ电高 1 因断路器在差动保护动作前已跳开，故距离加速动作，TA 的 N 相断线后无零序电流，故零序加速不动作。Ⅰ电高 2 差动动作跳 A，因 A 相跳闸出口压板未投，150ms 后三跳，Ⅱ电高 1 未跳开 A 相后，Ⅰ电高 2 加速联跳动作（Ⅰ电高 2 保护三跳一直动作，故加速联跳不动作，跳令收回后 30ms 加速联跳动作）。

Ⅱ电高 2 保护不动作，但高科变母差失灵动作跳Ⅱ电高 2 断路器并远跳对侧；Ⅱ电高 1 保护零序Ⅱ段定值和动作时间整定错误，故Ⅰ电高 1 A 相接地时，Ⅱ电高 1 保护零序Ⅱ段误动作单跳 A 相，且Ⅱ段以上闭重控制字为 0，故保护动作后启动重合。但重合期间，高科变母差失灵动作跳Ⅱ电高 2 并发远跳，故Ⅱ电高 1 保护闭重三跳。500kV 电科变 220kV Ⅱ电高线保护装置报文及智能终端指示灯如图 7-29～图 7-34 所示。220kV 高科变 220kV Ⅱ电高线保护装置报文及智能终端指示灯如图 7-35～图 7-37 所示。

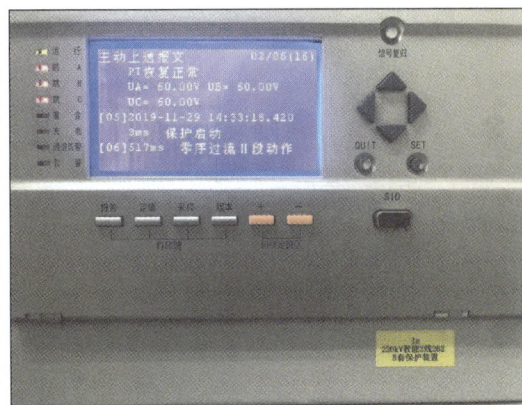

图 7-29　500kV 电科变 220kV
Ⅱ电高线保护装置报文（1）

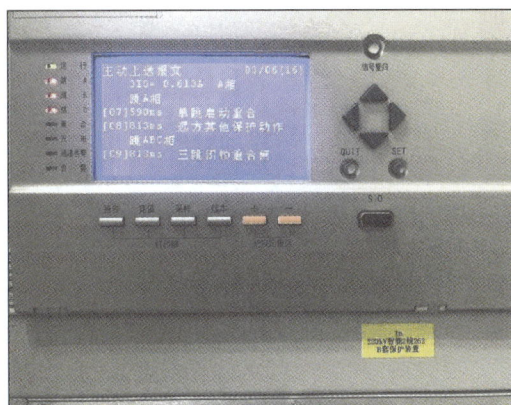

图 7-30　500kV 电科变 220kV
Ⅱ电高线保护装置报文（2）

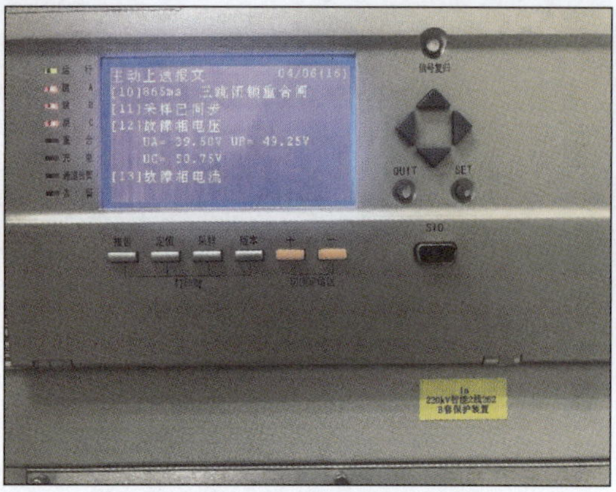

图 7-31 500kV 电科变 220kV
Ⅱ电高线保护装置报文（3）

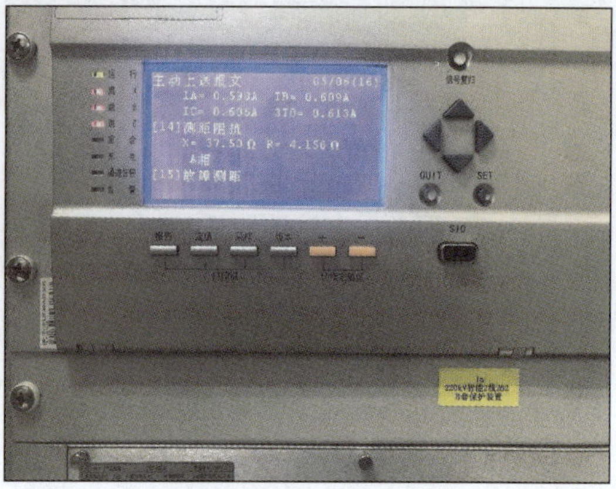

图 7-32 500kV 电科变 220kV
Ⅱ电高线保护装置报文（4）

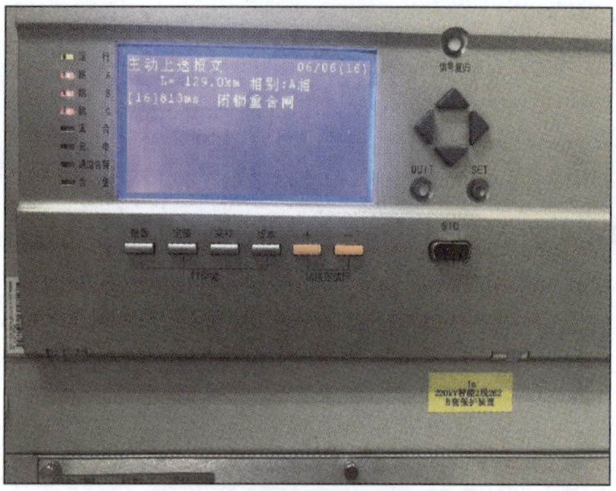

图 7-33 500kV 电科变 220kV
Ⅱ电高线保护装置报文（5）

图 7-34 500kV 电科变 220kV
Ⅱ电高线智能终端指示灯

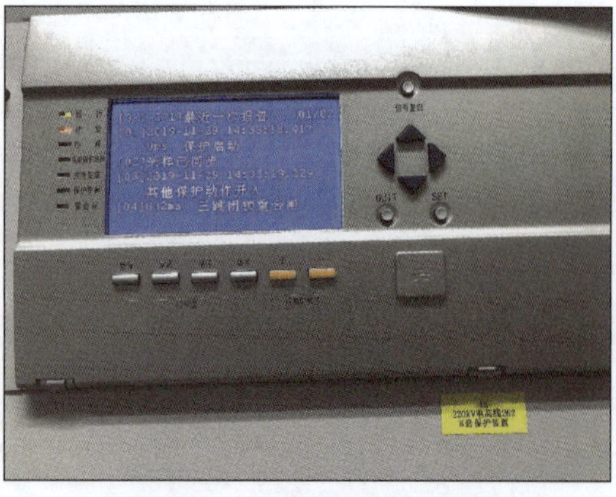

图 7-35 220kV 高科变 220kV
Ⅱ电高线保护装置报文（1）

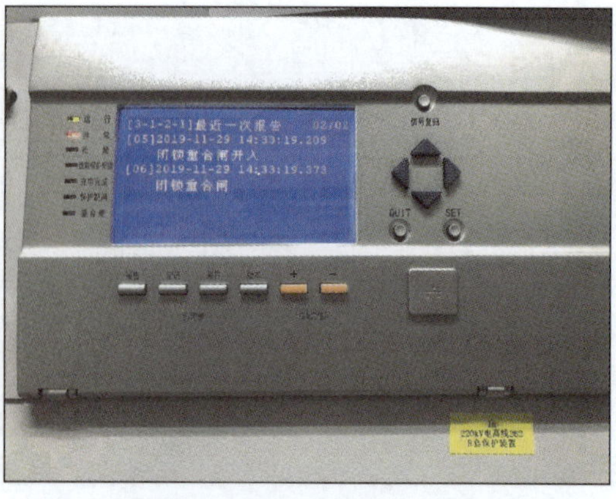

图 7-36 220kV 高科变 220kV
Ⅱ电高线保护装置报文（2）

高科变 1 号变压器因中压侧额定电压设置错误，Ⅰ电高 1 TA 侧 A 相接地时，变压器差动区外误动作，跳开高 111，高 221 因保护跳闸出口软压板未投而不动作，因此时变压器中压侧电源隔离，高压侧 TA 无电流，差动保护返回；当高 111 和 TA 之间死区发生 BC 相间短路后，变压器差动保护再次动作，再次跳两侧断路器，因高 221 无法跳开，启动失灵。220kV 高科变母差保护装置报文如图 7-38 所示，220kV

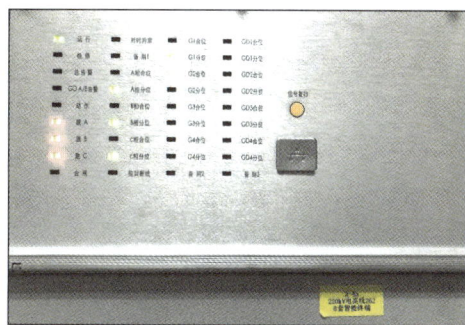

图 7-37　220kV 高科变 220kV
Ⅱ电高线智能终端指示灯

高科变主变压器保护报文及高中压侧智能终端指示灯如图 7-39～图 7-41 所示。

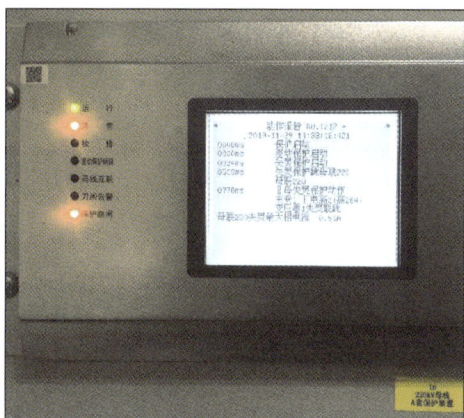

图 7-38　220kV 高科变母差保护装置报文

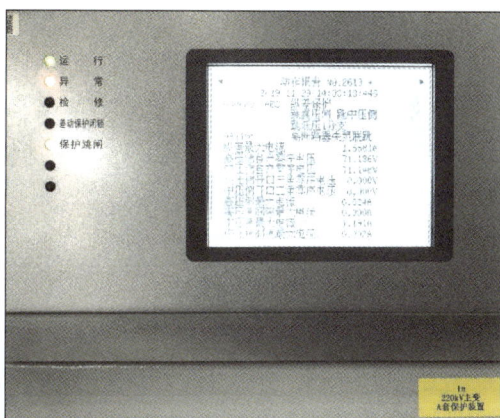

图 7-39　220kV 高科变主变压器保护装置报文

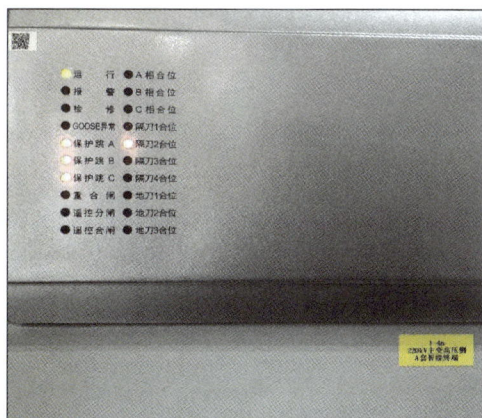

图 7-40　220kV 高科变主变压器高压侧
智能终端指示灯

图 7-41　220kV 高科变主变压器中压侧
智能终端指示灯

高科变Ⅰ电高 2 差动保护在Ⅰ电高 1 TA 侧 A 相接地后一直动作，且无法跳开 A 相，又高科变 220 母差全站系统配置文件（SCD）无接收Ⅰ电高 2 保护启动失灵虚端子，所以不启动失灵。直到高科变变压器中压侧 BC 相间永久故障且高 221 失灵，母差接收变压器启示灵，Ⅰ时间跳高 220，Ⅱ时限跳开Ⅱ电高 2，故障隔离。

案例三：一起母联死区接地引起的转换性故障

1. 故障前运行方式

故障前运行方式如图 7-42 所示。

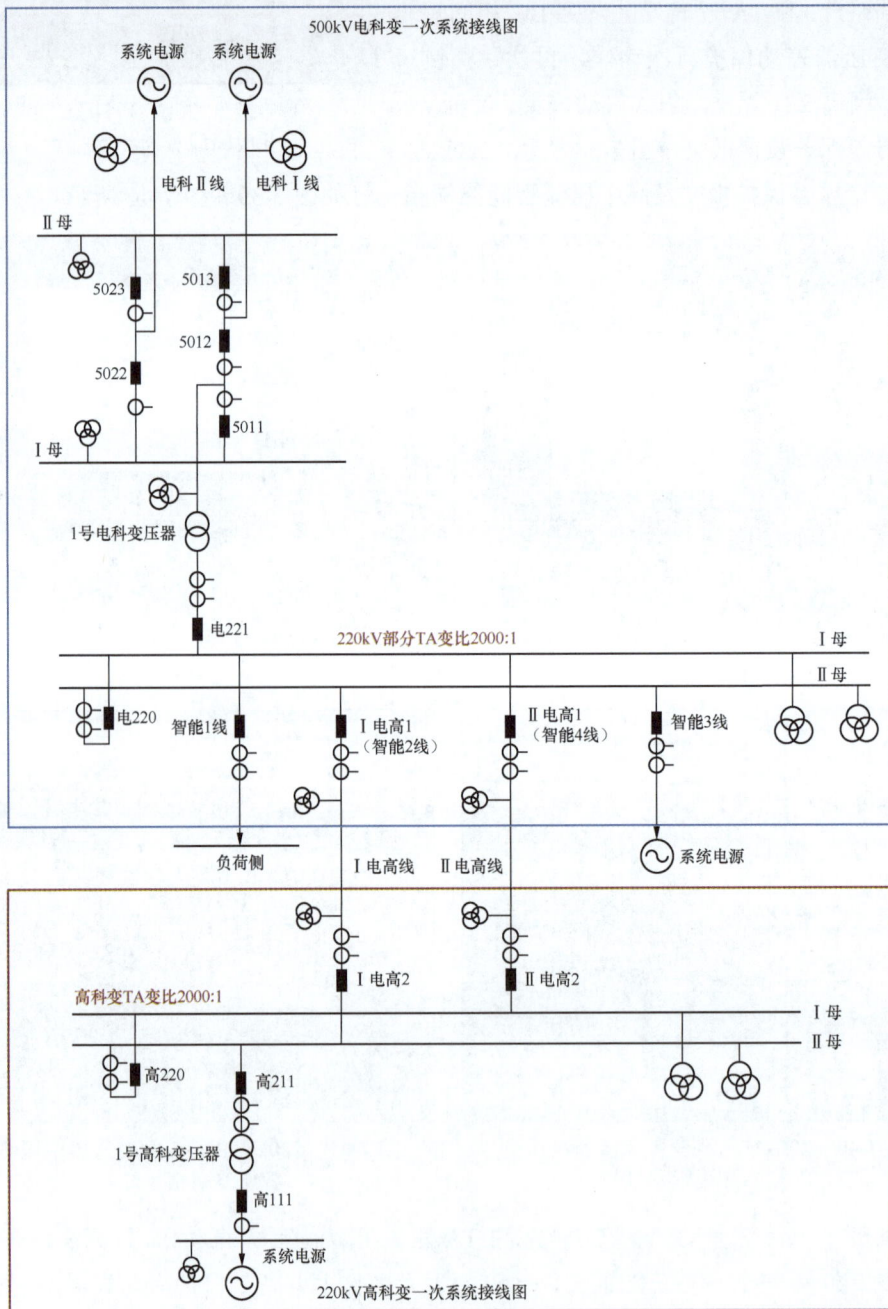

图 7-42 故障前运行方式

2. 故障后运行方式

故障后运行方式如图 7-43 所示。

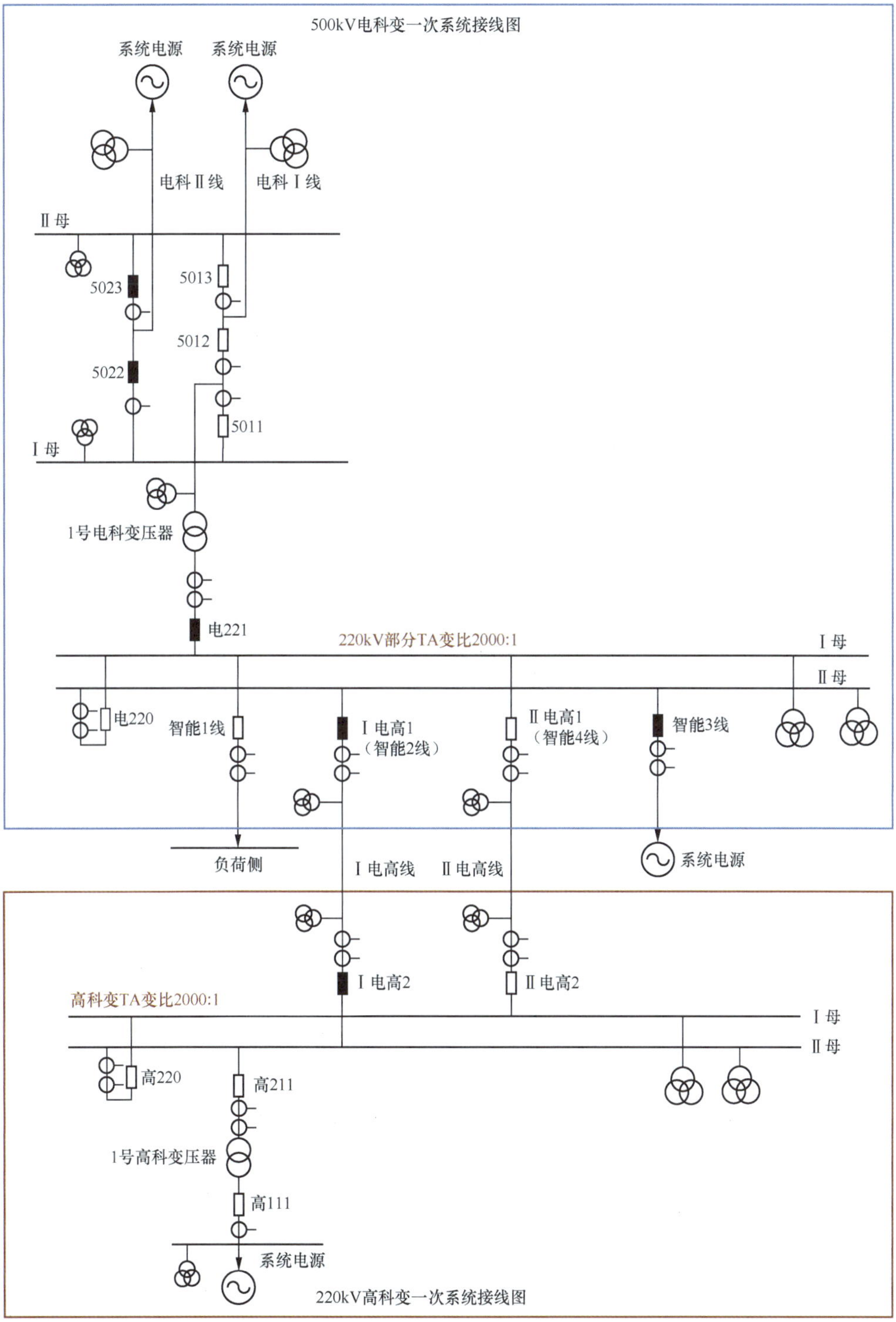

图 7-43　故障后运行方式

3. 保护动作情况及录波波形分析

以故障发生时刻 2019-09-17 16:50:04 517ms 为零时刻，电科变母联断路器与 TA 之间 A 相接地永久性故障。

0ms，电科变 220kV 母线保护 I 母差动动作，跳开电 220、智能 1 线、Ⅱ电高 1 断路器，同时给对侧Ⅱ电高 2 发其他保护动作；32ms，高科变Ⅱ电高线远方其他保护动作，跳开Ⅱ电高 2 断路器。500kV 电科变 220kV 母线保护动作波形如图 7-44 所示，500kV 电科变 220kV 母线保护动作报文如图 7-45 所示，220kV 高科变 220kVⅡ电高 2 保护动作波形如图 7-46 所示。

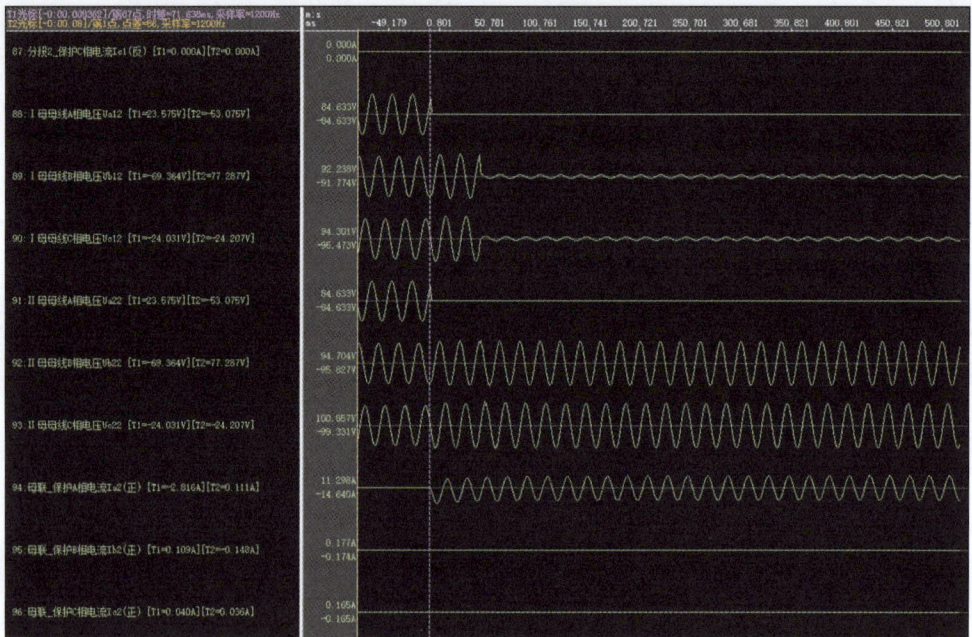

图 7-44　500kV 电科变 220kV 母线保护动作波形

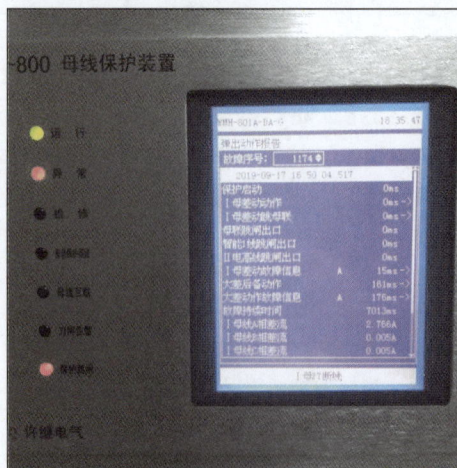

图 7-45　500kV 电科变 220kV 母线保护动作报文

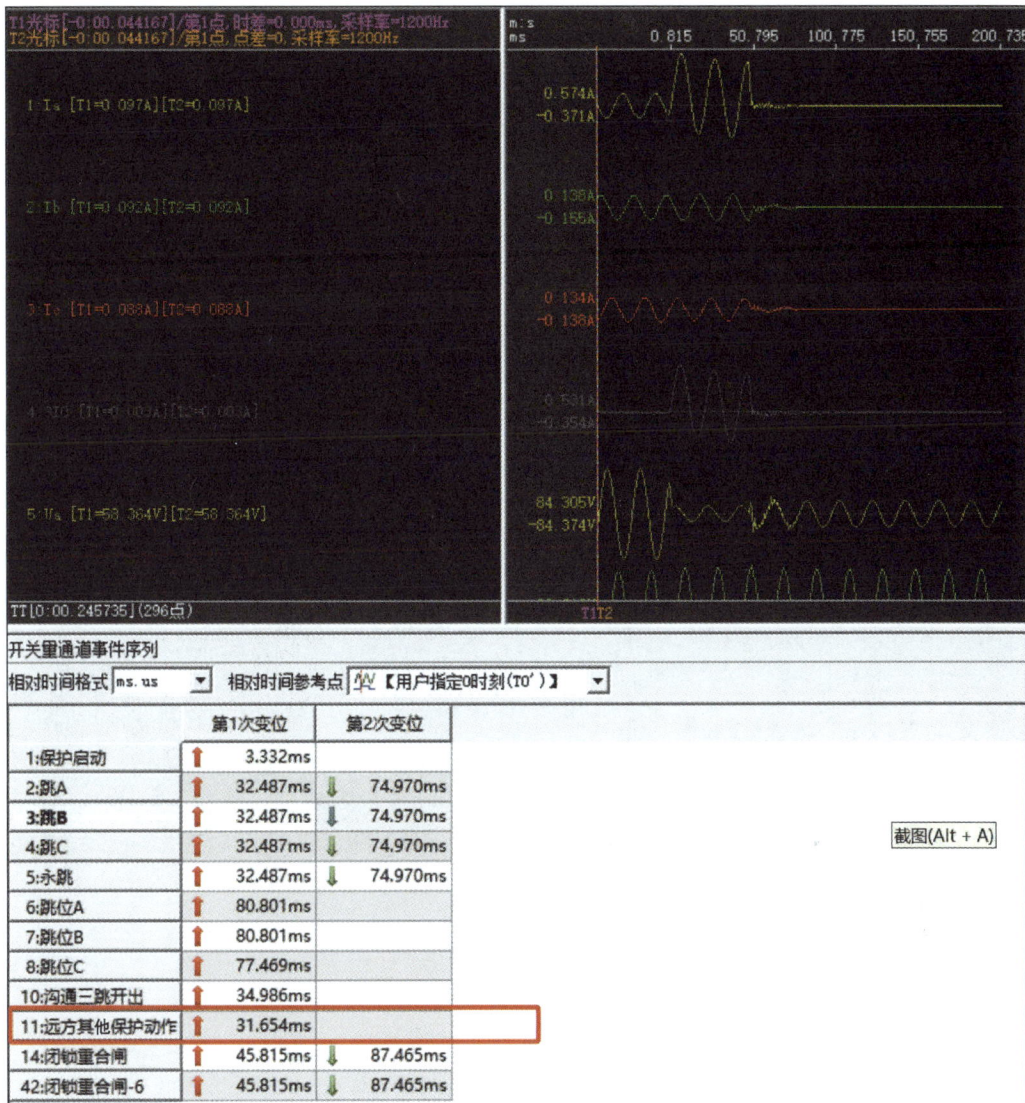

图 7-46　220kV 高科变 220kV Ⅱ 电高 2 保护动作波形

Ⅰ 母隔离，故障点仍然存在，由 Ⅱ 母电 221、Ⅰ 电高 1、智能 3 线继续向故障点供电。

0ms，高科变 1 号变压器差动动作。原因：高科变变压器中压侧 A 相 TA 断线，电科变母联死区故障时，高科变变压器保护差流大于 1.2 倍高压侧额定电流，高科变变压器差动瞬时动作，但因高科变变压器保护差动跳闸矩阵整定为 0000，变压器两侧断路器未跳开。

161ms，电科变 220kV 母线保护大差后备动作，由于电科变 PM2201A 漏订阅 Ⅰ E2201A 母联断路器位置，无法封母联 TA，Ⅱ 母差动保护无法动作。且电科变 220kV 母差保护母联分段失灵时间定值整定为 10s，导致母联失灵不动作及 Ⅱ 母无法动作。220kV 高科变 1 号变压器差动动作波形如图 7-47 所示，220kV 高科变 1 号变压器差动保护矩阵定值如图 7-48 所示。500kV 电科变 220kV 母线保护接收母联智能终端虚端子图如图 7-49 所示；500kV 电科变 220kV 母线保护输入定值采集信息如图 7-50 所示。

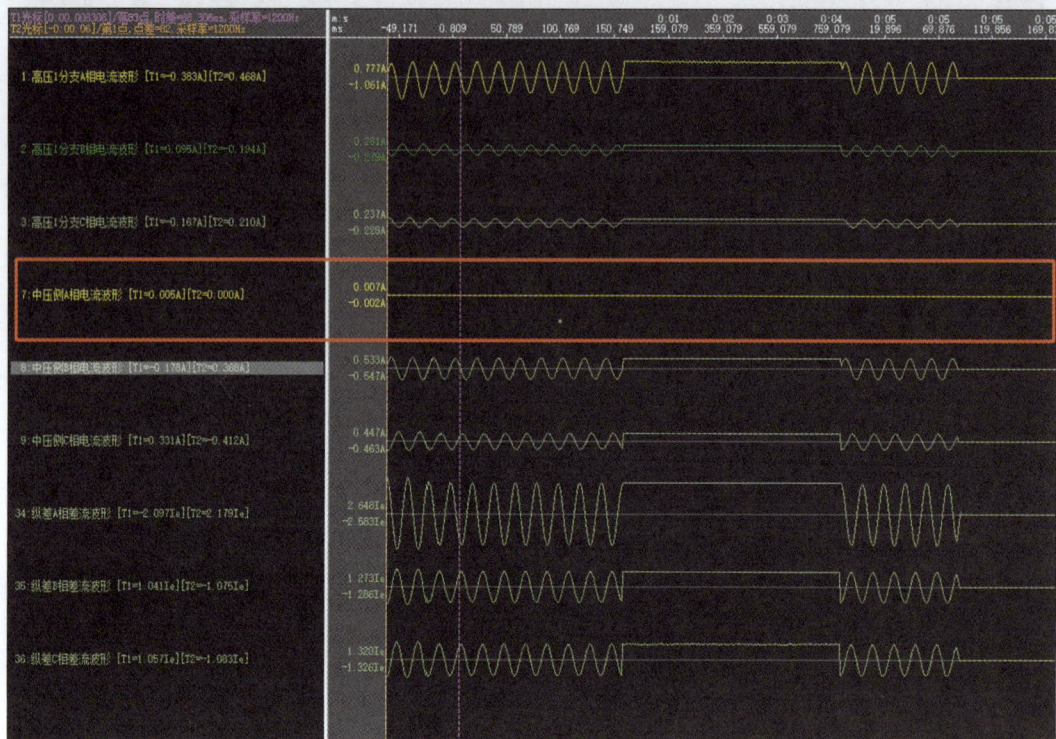

图 7-47　220kV 高科变 1 号变压器差动动作波形

	跳闸矩阵	整定值
1	主保护	0000
2	高复压过流 I 段1时限	0008（跳110）
3	高复压过流 I 段2时限	0004（跳111）
4	高复压过流 I 段3时限	0000
5	高复压过流 II 段1时限	0000
6	高复压过流 II 段2时限	0000
7	高复压过流 II 段3时限	0000
8	高复压过流III段1时限	0015（跳各侧）
9	高复压过流III段2时限	0015（跳各侧）
10	高零序过流 I 段1时限	0002（跳220）
11	高零序过流 I 段2时限	0001（跳221）
12	高零序过流 I 段3时限	0000
13	高零序过流 II 段1时限	0000
14	高零序过流 II 段2时限	0000
15	高零序过流 II 段3时限	0000

图 7-48　220kV 高科变 1 号变压器差动保护矩阵定值

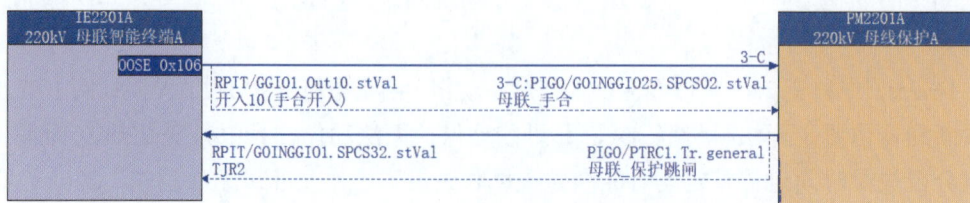

图 7-49　500kV 电科变 220kV 母线保护接收母联智能终端虚端子图

1018ms，高科变Ⅰ电高线接地距离Ⅱ段动作，由于高科变 220kV Ⅰ电高 2 智能终端 ABC 三相跳闸出口硬压板退出，Ⅰ电高 2 断路器无法跳开，5013ms 接地距离Ⅲ段继续动作。同时，1018ms 高科变母线收到失灵开入，由于高科变母线失灵保护控制字误整定为 0，母线失灵保护未能动作。

母线保护定值	
1.差动保护启动电流定值	0.60 A
2.TA 断线告警定值	0.20 A
3.TA 断线闭锁定值	0.20 A
4.母联分段失灵电流定值	0.24 A
5.母联分段失灵时间	10 s

图 7-50 500kV 电科变 220kV 母线保护输入定值采集信息

4013ms 电科变电站的电 1 号变压器中压侧接地阻抗 1 时限动作；4513ms 电科变电站的电 1 号变压器中压侧接地阻抗 2 时限动作，跳电 220 断路器；5013ms 电科变电站的电 1 号变压器中压侧接地阻抗 3 时限动作，由于电科变电站的电 1 号变压器跳中压侧出口软压板、启动中压侧失灵软压板、"解除中压侧母差复压"退出，无法跳开电 221 断路器、无法启动中压侧失灵保护。图 7-51 和图 7-52 为 220kV 高科变变压器保护动作报文；图 7-53 为 220kV 高科变母线保护装置定值输入情况。图 7-54～图 7-57 为 500kV 电科变电站的电 1 号变压器动作报文及压板投退情况。

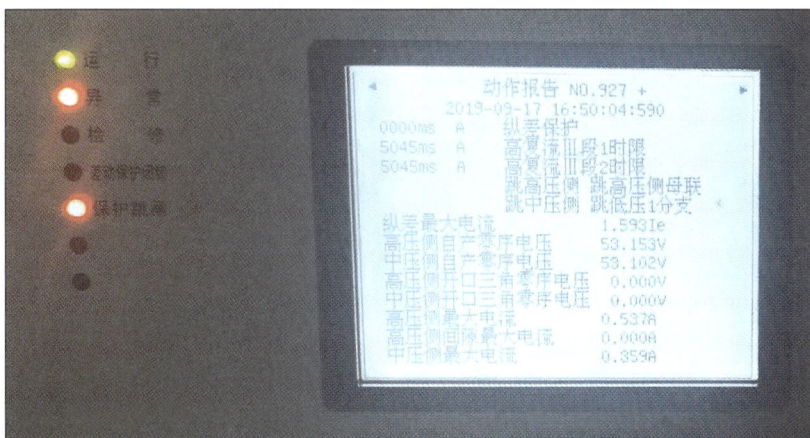

图 7-51 220kV 高科变变压器保护动作报文（1）

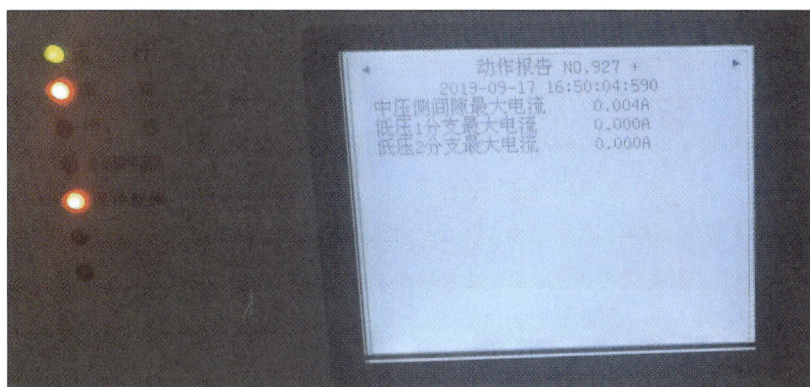

图 7-52 220kV 高科变变压器保护动作报文（2）

220kV母线	基准TA: 2000/1		TV: 2200	
保护定值			软压板	
1. 差动保护启动电流定值	0.60 A		1. 差动保护软压板	1
2. TA断线告警定值	0.05 A		2. 失灵保护软压板	1
3. TA断线闭锁定值	0.06 A		3. 母线互联软压板	0
4. 母联分段失灵电流定值	0.30 A		4. 母联分列软压板	0
5. 母联分段失灵时间	0.25 s		5. 分段1分列软压板	1
6. 低电压闭锁定值	40 V		6. 分段2分列软压板	1
7. 零序电压闭锁定值	6 V		7. 远方投退压板软压板	0
8. 负序电压闭锁定值	4 V		8. 远方切换定值区软压板	0
9. 三相失灵相电流定值	0.25 A		9. 远方修改定值软压板	0
10. 失灵零序电流定值	0.15 A		10. 母联220代路软压板	0
11. 失灵负序电流定值	0.05 A		11. 母联220代路负软压板	0
12. 失灵保护1时限	0.25 s		其他压板现场根据实际情况整定	
13. 失灵保护2时限	0.50 s			
控制字				
1. 差动保护	1			
2. 失灵保护	0			

图 7-53 220kV 高科变母线保护装置定值输入情况

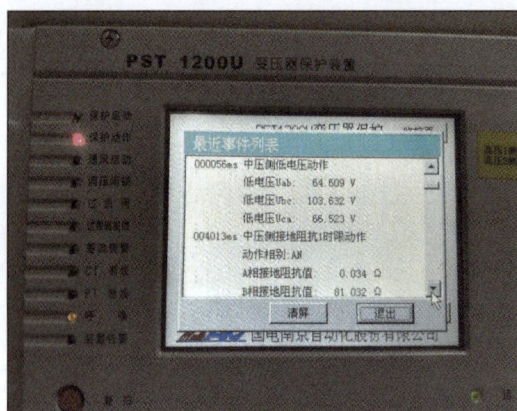

图 7-54 500kV 电科变电站的电 1 号
变压器动作报文（1）

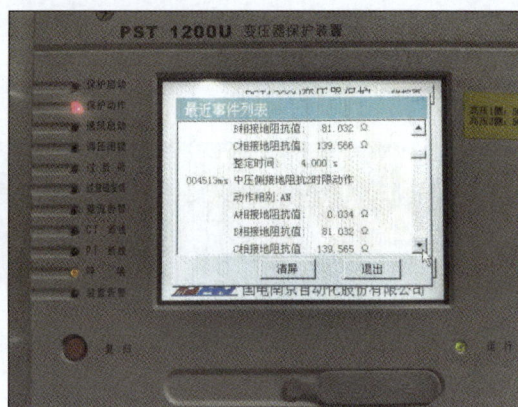

图 7-55 500kV 电科变电站的电 1 号
变压器动作报文（2）

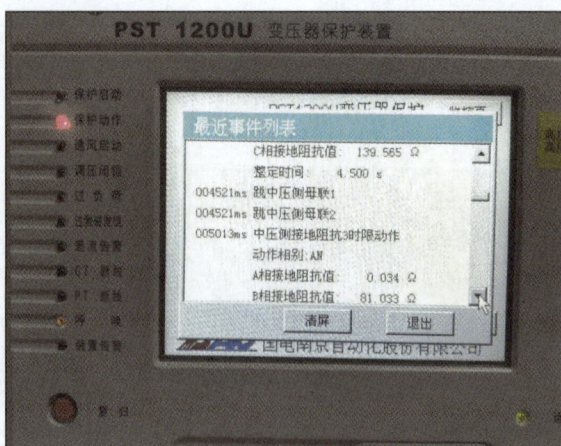

图 7-56 500kV 电科变电站的电 1 号变压器动作报文（3）

　　5045ms 高科变 1 号变压器高复流Ⅲ段 1、2 时限动作，跳开高 220、高 211、高 111 断路器。至此，高科变侧电源已切除。图 7-58 为 220kV 高科变 1 号变压器动作波形。

10	电1号 主变压器	电221智能终端 电221跳闸出口	投	电1号主变压器 保护	主保护	投
		电221智能终端 检修	退		高压侧后备保护	投
		电221合并单元 检修	退		中压侧后备保护	投
		本体合并单元 检修	退		公共绕组后备保护	投
		电1号主变压器 保护装置 检修	退		高压侧电压投入、中压侧电压投入	投
					高压侧中开关_SV接收	投
					高压侧边开关_SV接收	投
					中压侧_SV接收	投
					公共绕组_SV接收	投
					高压侧中开关失灵开入	投
					高压侧边开关失灵开入	投
					中压侧开关失灵开入	投
					跳高压侧中开关出口	投
					启动高压侧中开关失灵	投
					闭锁高压侧中开关重合闸	投
					跳高压侧边开关出口	投
					启动高压侧边开关失灵	投
					闭锁高压侧边开关重合闸	投
					跳中压侧出口	退
					启动中压侧失灵	退
					解除中压侧母差复压	退
					跳中压侧母联出口	投

图 7-57 500kV 电科变电站的电 1 号变压器压板投退情况

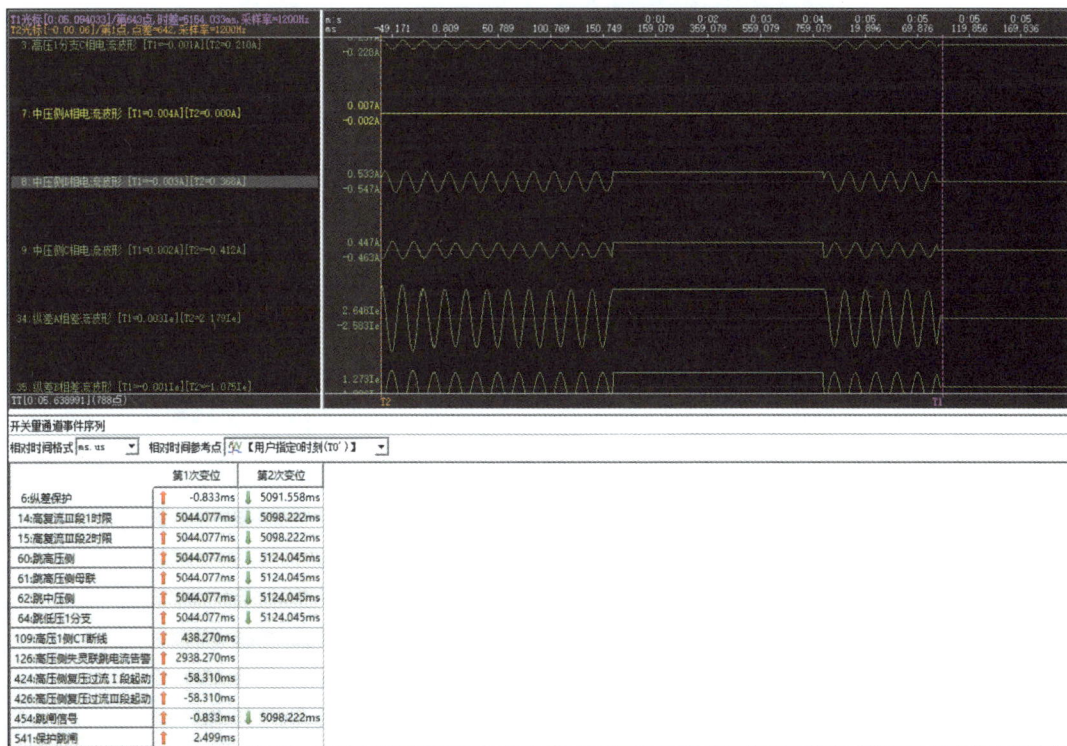

图 7-58 220kV 高科变 1 号变压器动作波形

5513ms 电科变电站的电 1 号变压器中压侧接地阻抗 4 时限动作,跳开 5011 断路器,由于电科变 5012 智能终端订阅变压器跳闸虚端子错接为"闭锁重合闸",无法跳开 5012 断路器,电科变 PB5012 断路器保护投入"禁止重合闸"控制字,PB5011 瞬时沟通三跳,PB5012 沟通三跳未动作,延时 160ms 失灵动作,5674ms 电科变 5012 断路器失灵保护动作,跳开 5012、5013 断路器,隔离高压侧电源点。图 7-59 为 500kV 电科变电站的电 1 号变压器动作报文。图 7-60～图 7-62 为 500kV 电科变 PB5012 断路器保护相关信息。

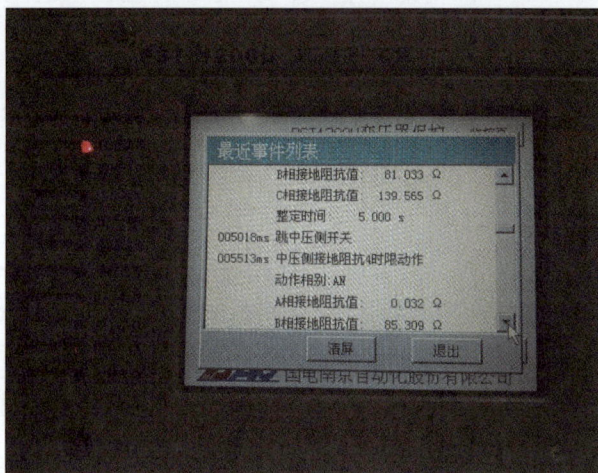

图 7-59 500kV 电科变电站的电 1 号变压器动作报文(4)

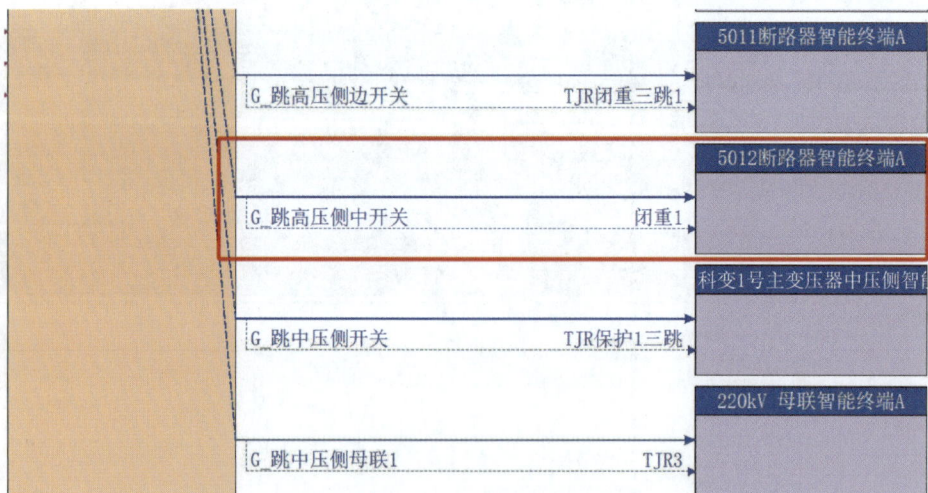

图 7-60 500kV 电科变电站的电 1 号变压器跳 5012 智能终端虚端子图

至此,电科变智能 3 线保护始终未动作、断路器未跳开,原因未知,造成 6508ms 电科变电站的电 1 号变压器中压侧复压闭锁过电流保护动作,6523ms 电科变电站的电 1 号变压器公共绕组零序过电流动作，故障点始终无法隔离。图 7-63 和图 7-64 为 500kV 电科变电站的电 1 号变压器动作报文。

10	单相TWJ启动重合闸	0	
11	三相TWJ启动重合闸	0	
12	单相重合闸	0	
13	三相重合闸	0	
14	禁止重合闸	1	
15	停用重合闸	0	
16	三相不一致保护	1	
17	不一致经零负序电流	1	
18	不一致启动失灵	0	
19	三跳经低功率因数	0	
	软压板		
1	停用重合闸		0
2	充电过流保护		0
3	远方控制软压板		0
4	远方切换定值区		0
5	远方修改定值		0

图 7-61 500kV 电科变 PB5012 断路器保护定值单

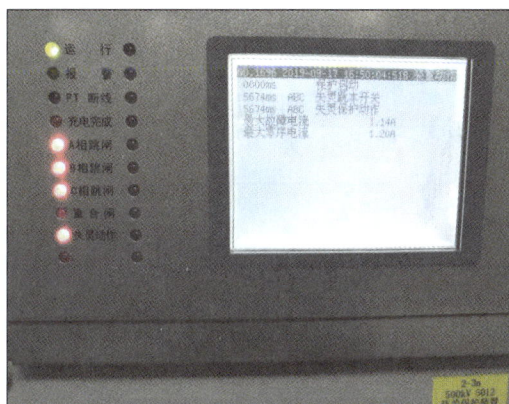

图 7-62 500kV 电科变 PB5012 断路器保护动作报文

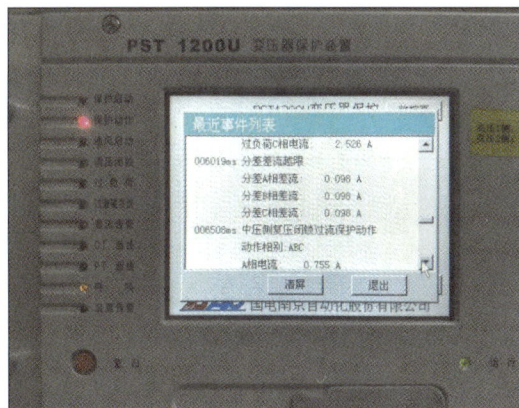

图 7-63 500kV 电科变电站的电 1 号变压器动作报文（5）

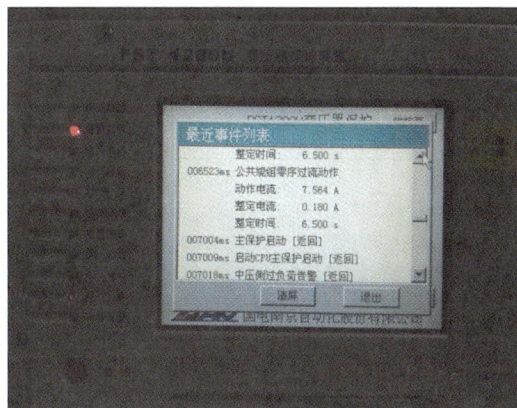

图 7-64 500kV 电科变电站的电 1 号变压器动作报文（6）

案例四：一起线路跨线短路引起的转换性故障

1. 故障前运行方式

故障前运行方式如图 7-65 所示。

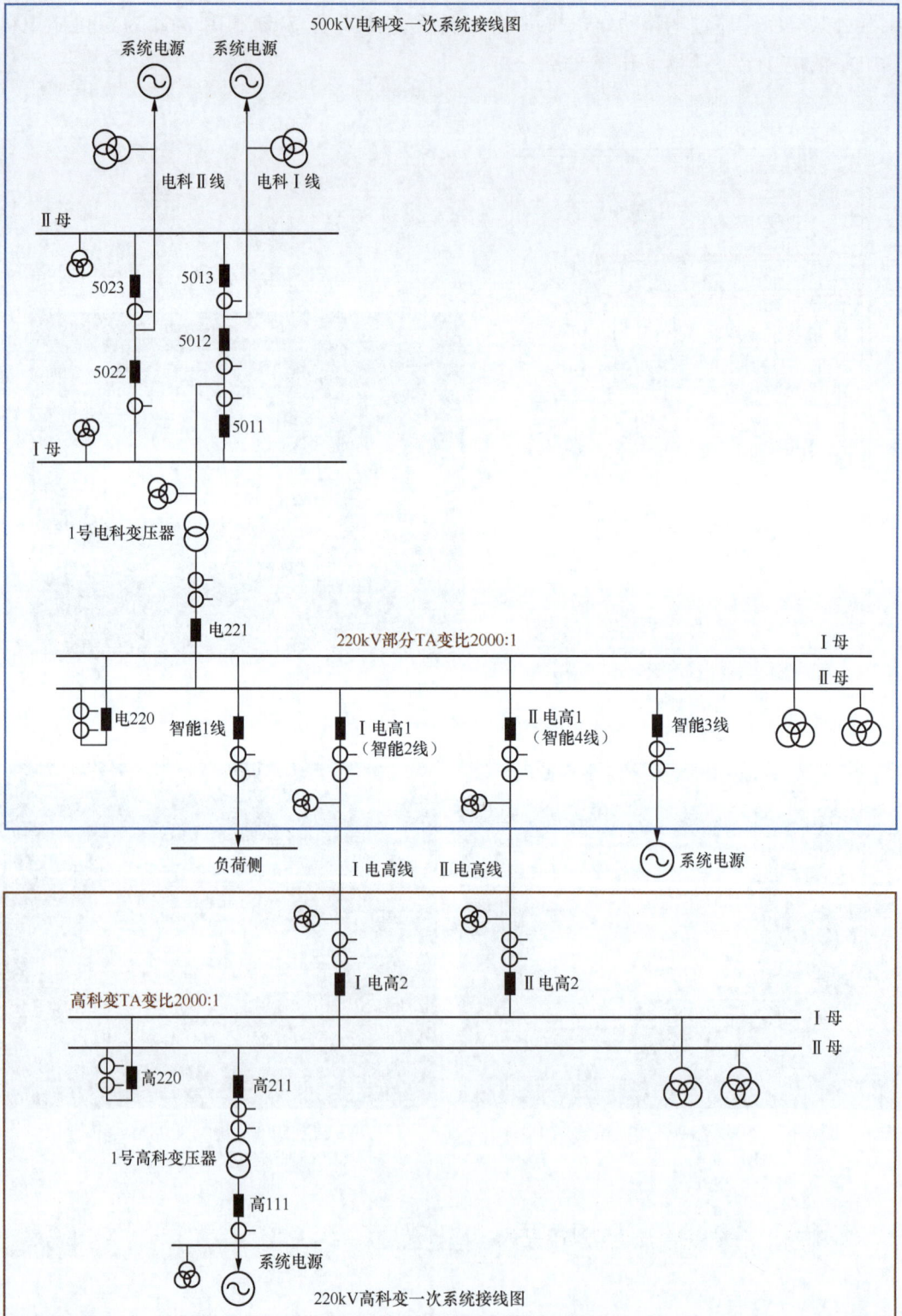

图 7-65　故障前运行方式

2. 故障后运行方式

故障后运行方式如图 7-66 所示。

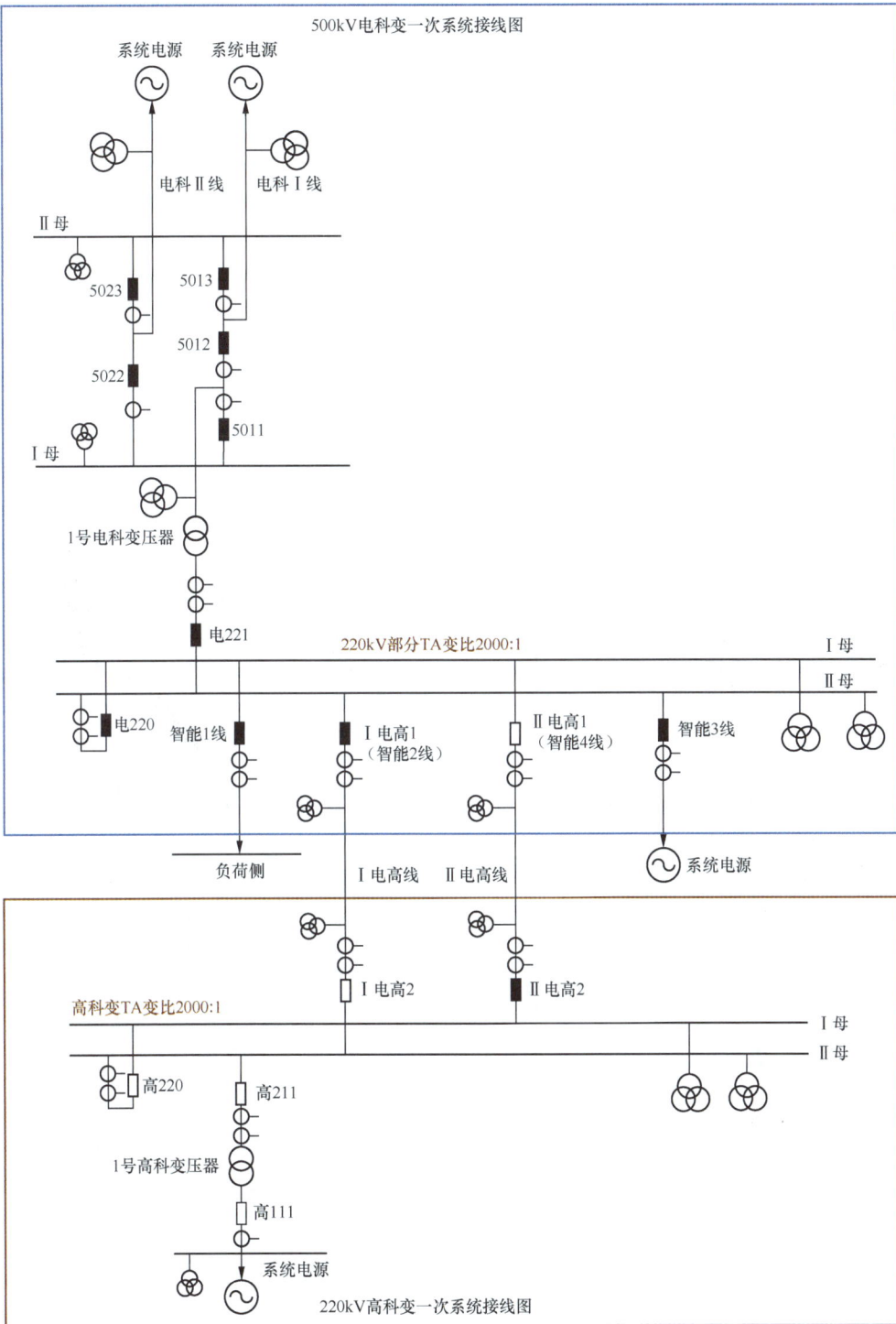

图 7-66 故障后运行方式

3. 保护动作情况及录波波形分析

以故障发生时刻 2019-09-20 15:43:39:076ms 为 0 时刻:

(1)0ms,电科变 I 电高线 A 相与 II 电高线 B 相发生跨线不接地故障,故障点均在靠近电科变 20%处,故障持续时间 1220ms。

1)电科变 I 电高 1 线路保护 112ms 差动保护、119ms 接地距离 I 段、132ms 相间距离 I 段 A 相跳闸,263ms 差动保护、接地距离 I 段、相间距离 I 段三相跳闸。由于电科变 I 电高 1 智能终端错订阅智能 1 线线路保护跳闸虚端子(失灵),实际 A 相跳闸失败,三相跳闸,断路器仍未跳开。图 7-67~图 7-69 为 500kV 电科变 220kV I 电高线装置报文及波形,图 7-70 和图 7-71 为 220kV 高科变 220kV I 电高线装置报文及波形,图 7-72 为 220kV I 电高线保护装置与智能终端之间虚端子图(无跳闸虚端子)。

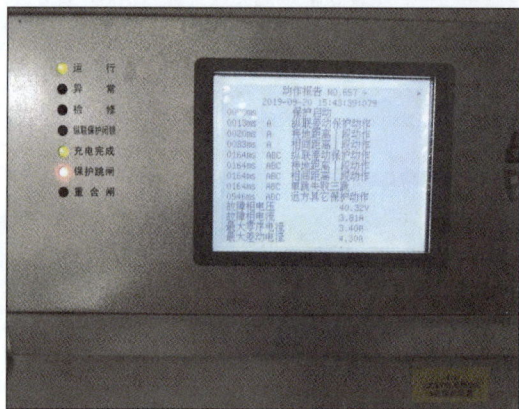

图 7-67 500kV 电科变 220kV I 电高线装置报文(1)　图 7-68 500kV 电科变 220kV I 电高线装置报文(2)

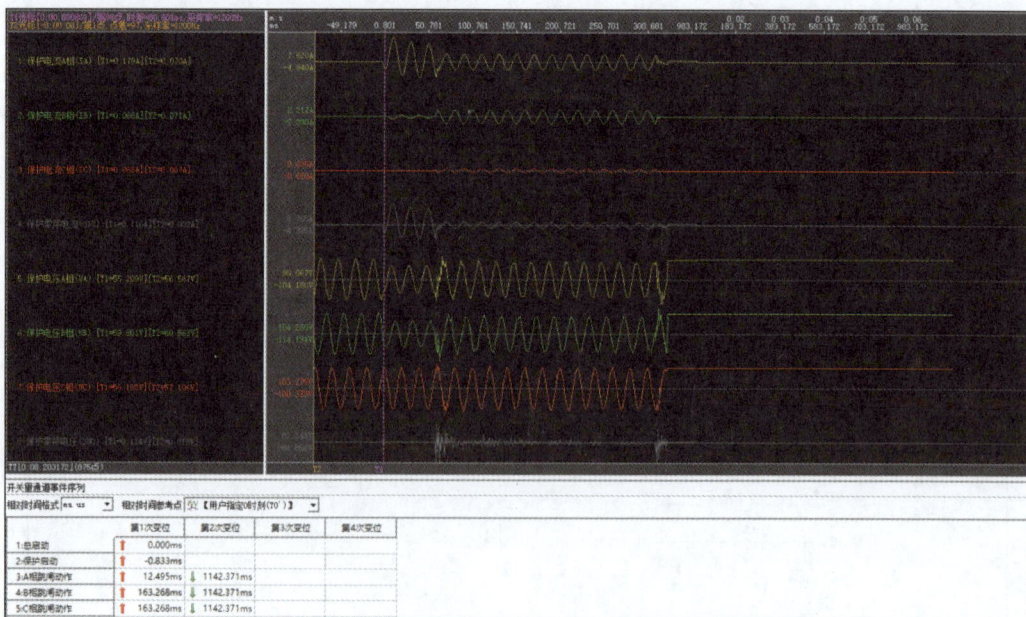

图 7-69 500kV 电科变 220kV I 电高线装置波形

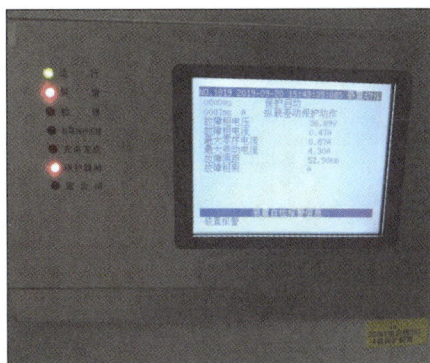

图 7-70 220kV 高科变 220kV Ⅰ 电高线装置报文

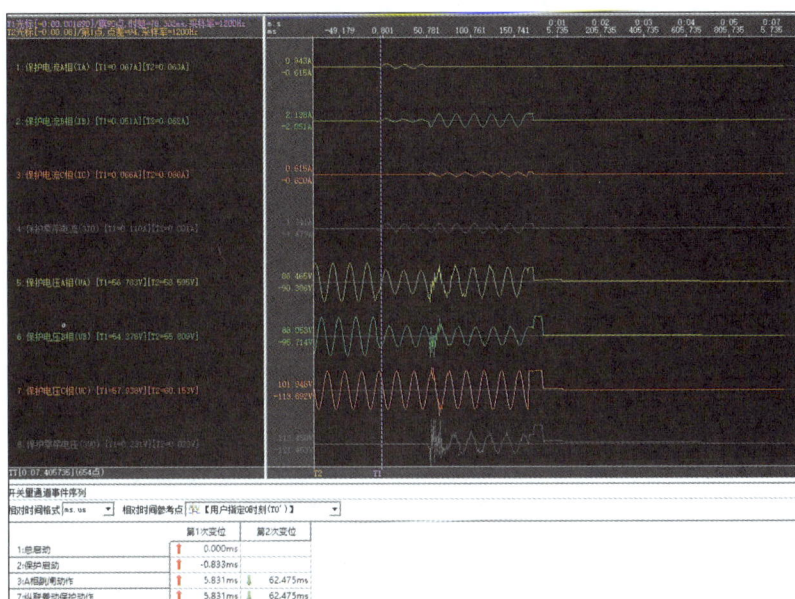

图 7-71 220kV 高科变 220kV Ⅰ 电高线装置波形

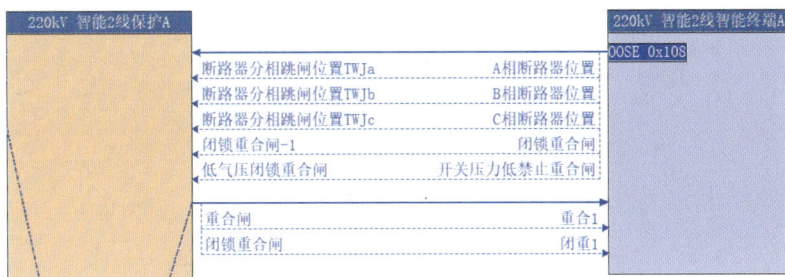

图 7-72 220kV Ⅰ 电高线保护接收智能终端虚端子图

2）电科变Ⅱ电高 1 线路保护 16ms 差动保护、27ms 接地距离Ⅰ段 B 相跳闸，86ms 单跳启动重合，由于电科变Ⅱ电高 1 智能终端订阅线路保护重合闸虚端子漏接，重合闸未动作，A、C 相非全相运行。图 7-73～图 7-78 为 500kV 电科变 220kV Ⅱ 电高线路保护报文、波形、虚端子信息。

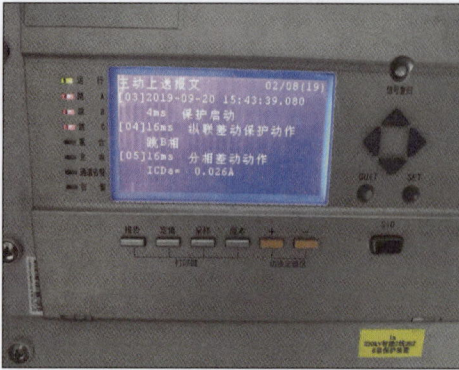

图 7-73　500kV 电科变 220kV
Ⅱ电高线路保护报文（1）

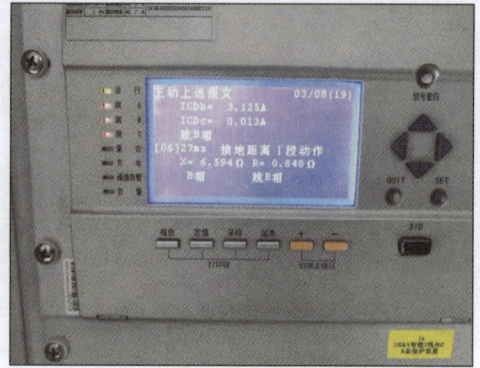

图 7-74　500kV 电科变 220kV
Ⅱ电高线路保护报文（2）

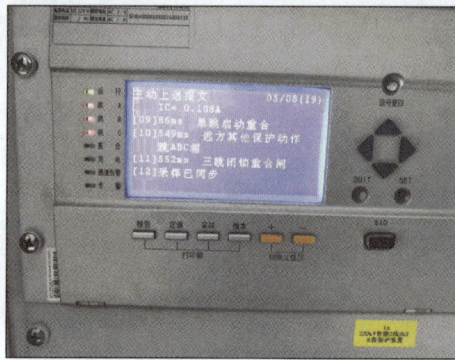

图 7-75　500kV 电科变 220kVⅡ电高线路保护报文（3）

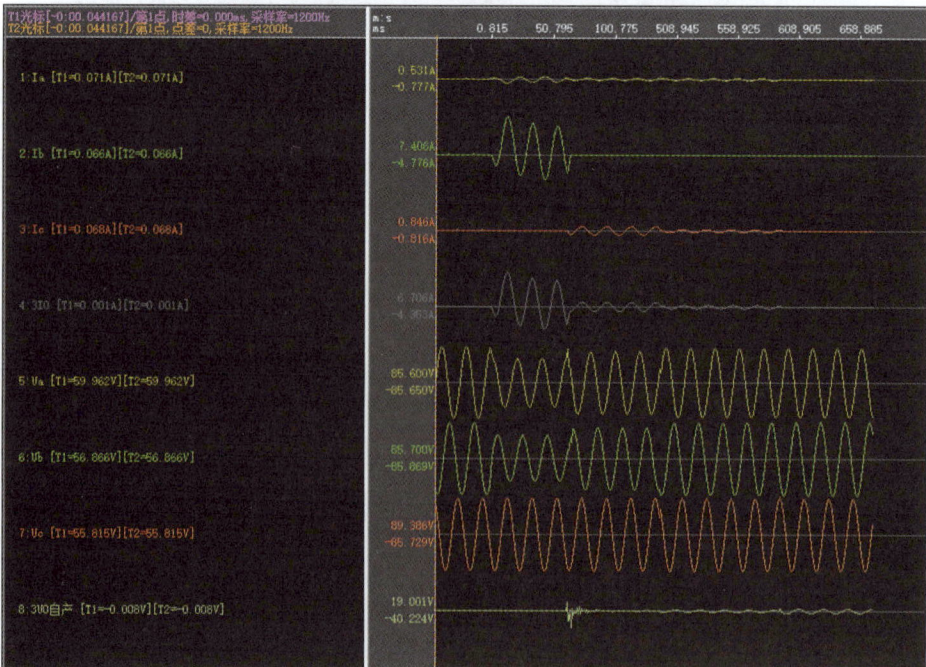

图 7-76　500kV 电科变 220kVⅡ电高线路保护波形

开关量通道事件序列				
相对时间格式 ms.us　　相对时间参考点 【用户指定0时刻(T0′)】				
	第1次变位	第2次变位	第3次变位	第4次变位
1:保护启动	↑ 3.332ms			
2:跳A	↑ 548.947ms	↓ 617.253ms		
3:跳B	↑ 16.660ms	↓ 86.632ms	↑ 548.947ms	↓ 617.253ms
4:跳C	↑ 548.947ms	↓ 617.253ms		
5:永跳	↑ 548.947ms	↓ 617.253ms		
6:跳位A	↑ 599.760ms			
7:跳位B	↑ 70.805ms			
8:跳位C	↑ 601.426ms			
10:沟通三跳开出	↑ 551.446ms			
11:远方其他保护动作	↑ 548.947ms			

图 7-77　500kV 电科变 220kV Ⅱ 电高线路保护断路器量动作列表

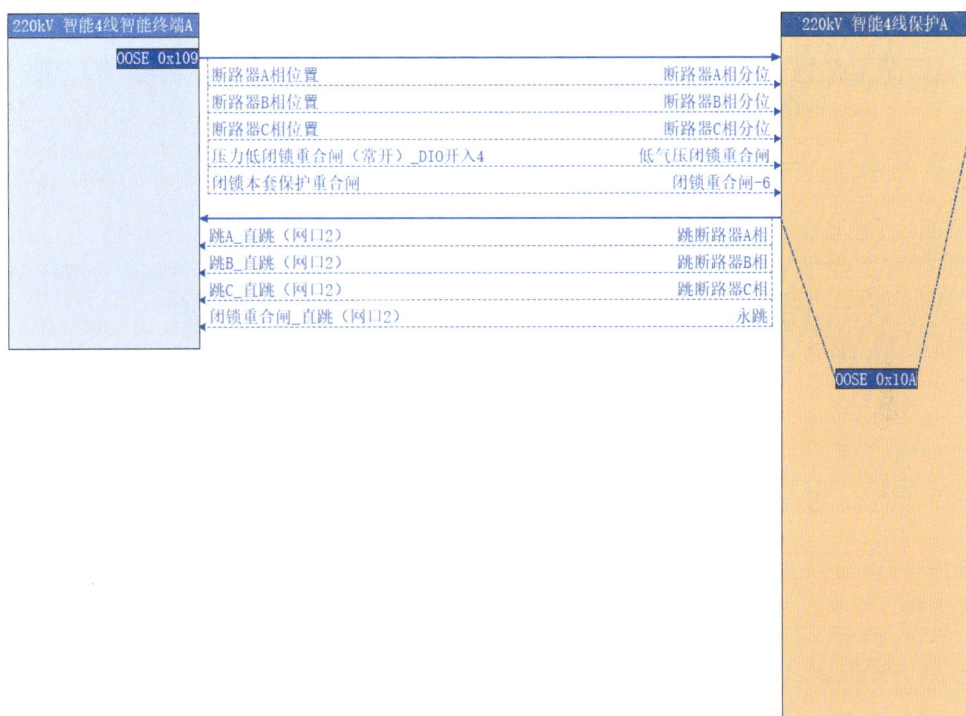

图 7-78　500kV 电科变 220kV Ⅱ 电高智能终端接收线路保护虚端子

3）高科变 Ⅰ 电高线路保护 112ms 差动保护 A 相跳闸，B、C 相非全相运行，图 7-79 为 220kV 高科变 220kV Ⅰ 电高线路保护动作报文。

4）高科变 Ⅱ 电高 2 线路保护 110ms 差动保护 B 相跳闸。261ms 单跳失败三跳。由于高科变 Ⅱ 电高 2 智能终端订阅线路保护 ABC 三相跳闸虚端子漏接（失灵），实际 B 相跳闸失败，三相跳闸，断路器仍未跳开。图 7-80 和图 7-81 为 220kV 高科变 220kV Ⅱ 电高线保护装置报文及智能终端部分虚端子信息。

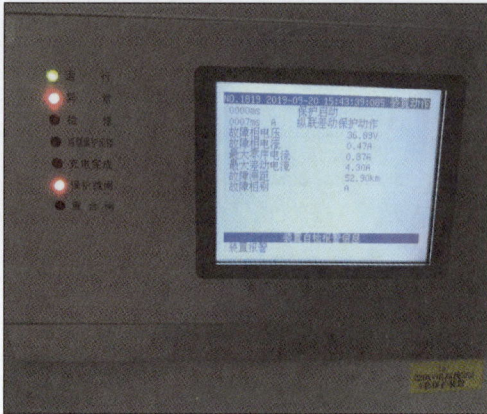

图 7-79　220kV 高科变 220kV
Ⅰ电高线路保护动作报文

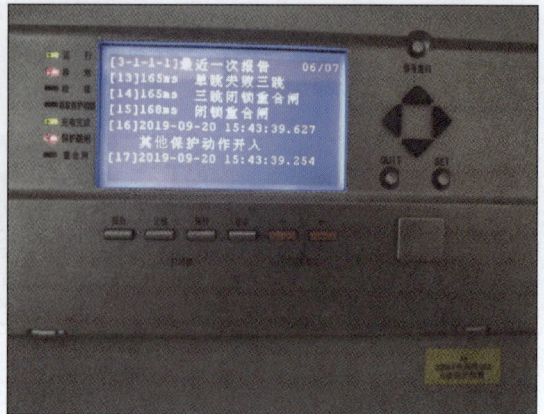

图 7-80　220kV 高科变 220kVⅡ电高线路保护报文

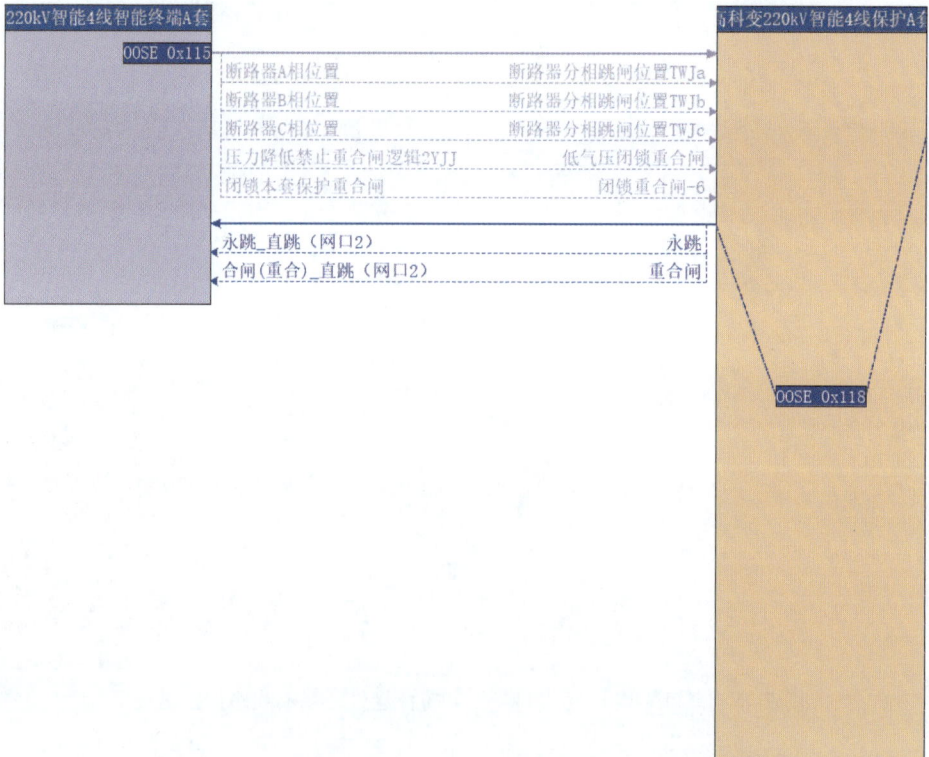

图 7-81　220kV 高科变 220kVⅡ电高智能终端接收线路保护虚端子

5）电科变 220kV 母线保护在 159ms 左右收到Ⅱ电高 1 线 B 相保护启失灵开入。由于Ⅰ电高 1 断路器未跳开，但母线保护订阅Ⅰ电高 1 线路保护启失灵对应支路虚端子错接为支路 17（本应为支路 7），导致母线保护失灵未动作（支路 17 软压板未投，开入量也不会有）。图 7-82 和图 7-83 为 500kV 电科变 220kV 母线保护报文及虚端子信息。

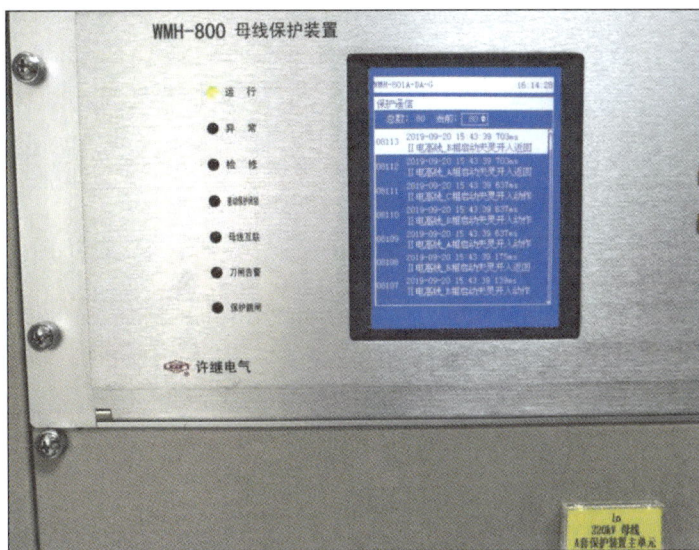

图 7-82　500kV 电科变 220kV 母线保护报文

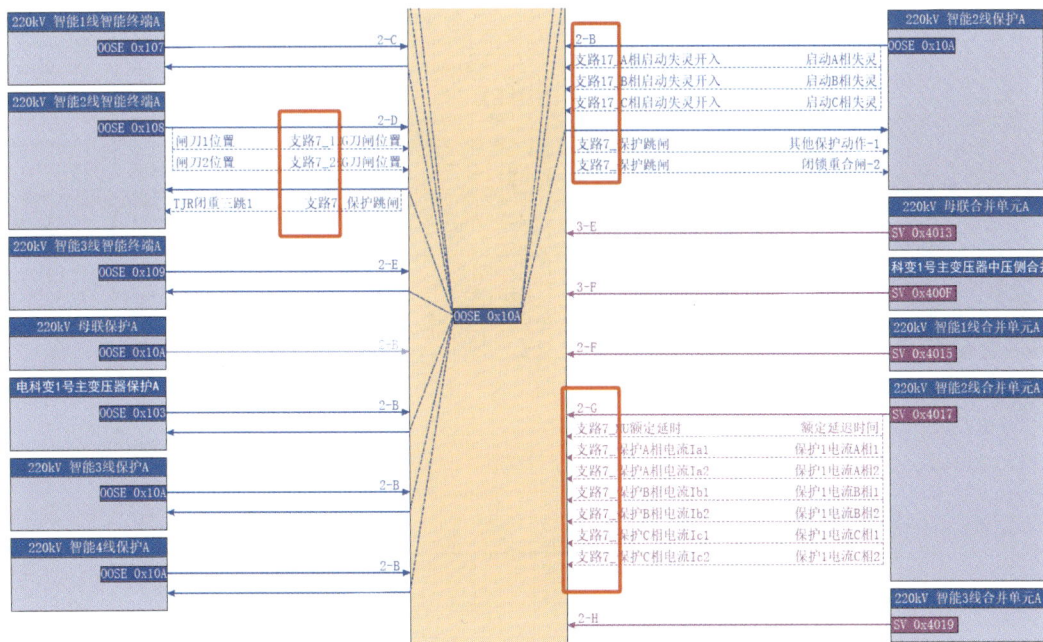

图 7-83　500kV 电科变 220kV 母线保护接收 I 电高线虚端子图

6）高科变 220kV 母线保护在 116ms 左右收到 I 电高 2、Ⅱ电高 2 线路保护启失灵开入，经支路失灵 1 时限延时（250ms），在 404ms 跳开高 220 母联断路器。图 7-84 和图 7-85 为 220kV 高科变 220kV 母线保护报文信息及开关量信息。

由于高科变 220kV 母线保护订阅Ⅱ电高 2 智能终端支路隔离开关位置错误，导致母线保护判断支路隔离开关互联，经支路失灵2时限，在670ms跳开母线所有支路，图7-86为220kV高科变220kV母线保护订阅Ⅱ电高2智能终端虚端子图。

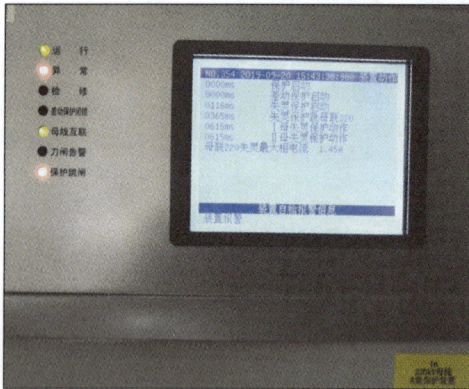

开关量通道事件序列	第1次变位	第2次变位
1:保护启动	↑ -0.833ms	
2:差动保护启动	↑ -0.833ms	
3:失灵保护启动	↑ 114.954ms	
14:Ⅰ母失灵保护动作	↑ 613.961ms	↓ 1231.310ms
15:Ⅱ母失灵保护动作	↑ 613.961ms	↓ 1231.310ms
24:失灵保护跳联220	↑ 364.061ms	↓ 1231.310ms
27:母联220	↑ 364.894ms	↓ 1232.143ms
40:变压器1失灵联跳	↑ 1118.022ms	↓ 1230.477ms
41:主变1	↑ 613.961ms	
44:Ⅰ电高2(高262)	↑ 613.961ms	↓ 1231.310ms
45:Ⅱ电高2(高264)	↑ 613.961ms	↓ 1231.310ms
987:母联220TWJ	↑ 408.210ms	
988:母联220HWJ	↓ 406.544ms	
989:母联220TWJ goose	↑ 406.544ms	
990:母联220HWJ goose	↓ 404.878ms	
1069:主变1 三相启动失灵开入	↑ 1177.998ms	↓ 1257.966ms
1070:主变1 三相启动失灵开入A1 goose	↑ 1176.332ms	↓ 1256.300ms
1097:Ⅰ电高2(高262) A相启动失灵开入	↑ 116.620ms	↓ 173.264ms
1101:Ⅰ电高2(高262) A相启动失灵开入 goose	↑ 114.954ms	↓ 171.598ms
1116:Ⅱ电高2(高264) A相启动失灵开入	↑ 278.254ms	↓ 1243.805ms
1117:Ⅱ电高2(高264) B相启动失灵开入	↑ 114.121ms	↓ 1243.805ms
1118:Ⅱ电高2(高264) C相启动失灵开入	↑ 278.254ms	↓ 1243.805ms
1120:Ⅱ电高2(高264) A相启动失灵开入 goose	↑ 278.254ms	↓ 1242.139ms
1121:Ⅱ电高2(高264) B相启动失灵开入 goose	↑ 112.455ms	↓ 1242.139ms
1122:Ⅱ电高2(高264) C相启动失灵开入 goose	↑ 278.254ms	↓ 1242.139ms
1494:失灵动作	↑ 613.961ms	↓ 1231.310ms
1495:其他动作	↑ 364.894ms	↓ 1232.143ms
1496:保护动作	↑ 364.894ms	↓ 1232.143ms
1497:保护动作保持	↑ 364.894ms	
1577:保护跳闸	↑ 368.226ms	

图7-84　220kV高科变220kV母线保护报文　图7-85　220kV高科变220kV母线保护开关量动作图

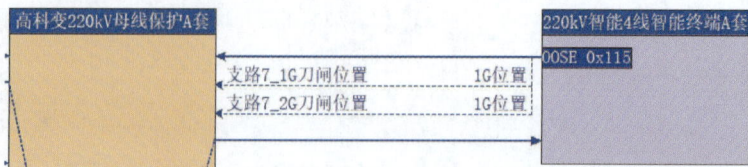

图7-86　220kV高科变220kV母线保护订阅Ⅱ电高2智能终端虚端子图

　　由于Ⅱ电高2线智能终端订阅母线保护跳闸虚端子错误，导致Ⅱ电高2断路器再次未跳开，图7-87为220kV高科变220kVⅡ电高线智能终端订阅母线保护跳闸虚端子图。
　　由于高科变220kV母线保护跳变压器GOOSE出口软压板退出，导致高221断路器未跳开，图7-88为高220kV母线保护装置现场压板整定信息表。

254

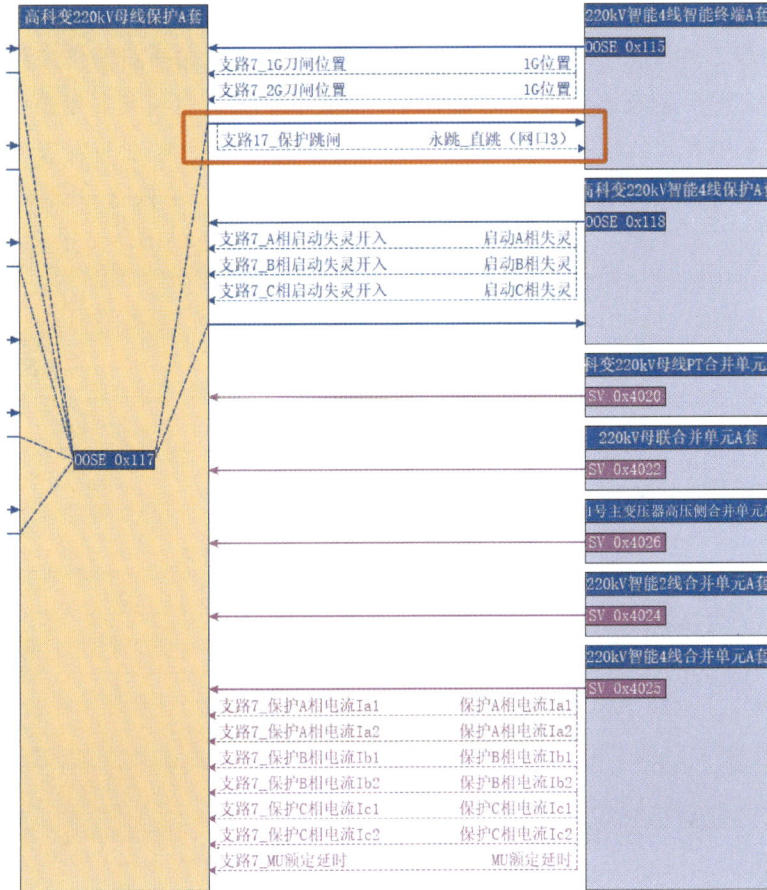

图 7-87 220kV 高科变 220kV II 电高线智能终端订阅母线保护跳闸虚端子图

母线合并单元检修	退		母线保护	投
母线智能终端检修	退		失灵保护	投
母线保护检修	退		母线互联	退
			母线分裂	退
			电压接收软压板	投
			母联接收软压板	投
			I 电高接收软压板	投
高 220kV 母线		高 220kV 母线保护	II 电高接收软压板	投
			高 221 接收软压板	投
			母联跳闸出口	投
			I 电高跳闸出口	投
			II 电高跳闸出口	投
			高 221 跳闸出口	退
			1号主变压器失灵联跳出口	投
			母联失灵开入	投
			I 电高失灵开入	投
			II 电高失灵开入	投
			高 221 失灵开入	投

图 7-88 高 220kV 母线保护装置现场压板整定信息表

高科变 220kV 母线保护失灵 2 时限动作触发远跳电科变Ⅰ电高 1，由于电科变Ⅰ电高 1 智能终端错订阅智能 1 线线路保护跳闸虚端子，实际三相断路器仍未跳开；同时，母线支路失灵 2 时限触发远跳电科变Ⅱ电高 1 三相断路器，电科变Ⅱ电高 1 AC 相断路器跳开。之后高科变母线保护再经支路失灵 2 时限，在 1175ms 左右发失灵联跳高科变变压器信号。图 7-89 为 500kV 电科变 220kVⅠ电高线智能终端接收母线保护虚端子图，图 7-90 为 500kV 电科变 220kVⅡ电高线保护装置接受远方跳闸命令报文，图 7-91 为 220kV 高科变变压器保护接收母线保护失灵联跳报文。

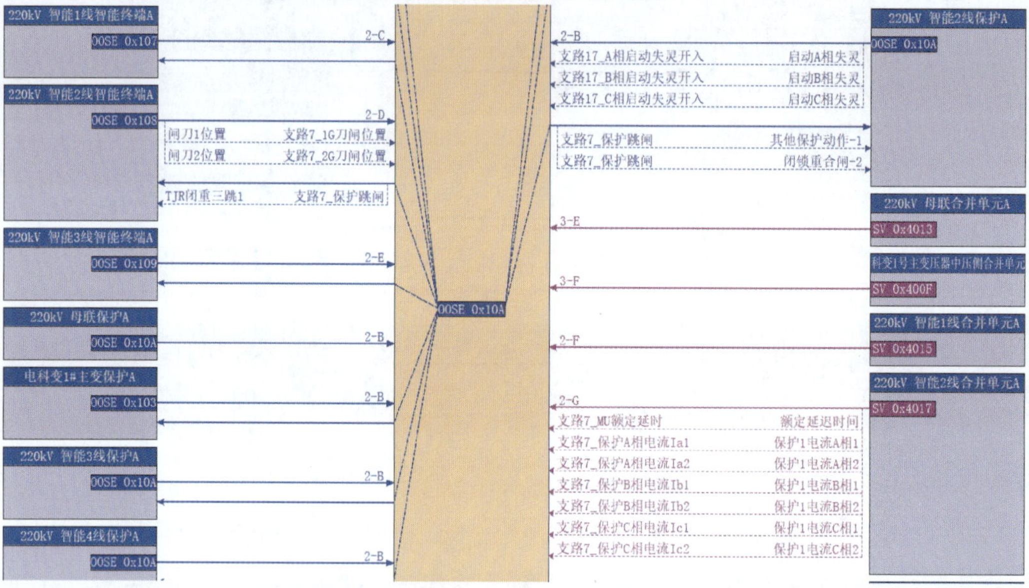

图 7-89　500kV 电科变 220kVⅠ电高线智能终端接收母线保护虚端子图

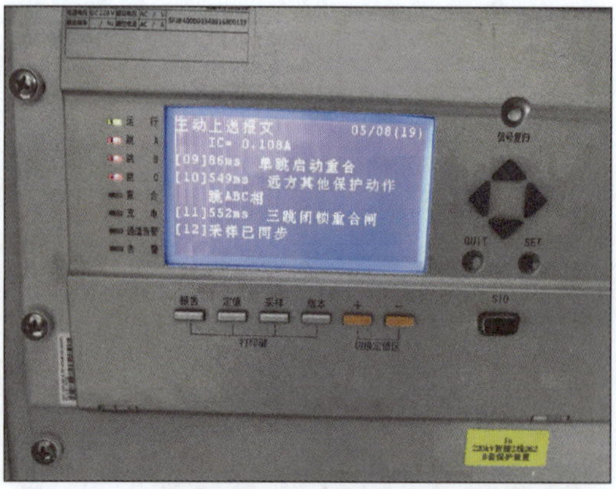

图 7-90　500kV 电科变 220kVⅡ电高线保护
装置接受远方跳闸命令报文

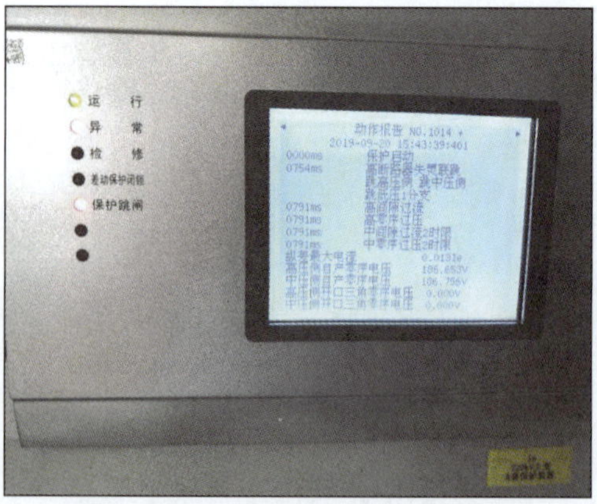

图 7-91　220kV 高科变变压器保护
接收母线保护失灵联跳报文

（2）在 421ms 左右，高科变变压器保护启动，1175ms 左右收到母线保护发送失灵联跳开入，灵保护动作，跳开变压器两侧，隔离电源。